현대 송배전공학

2판 수정판

Transmission Distribution Engineering

이경훈 김남오 공저

진샘미디어

JINSAEM

머리말

발전소는 한국전력공사에 따르면 우리나라 전력계통은 1962년 40만kW에서 2011년 말 기준 7,665만kW로 약 190배가 넘는 대폭적인 확충을 보게 됐다. 송전 시설면에서도 1923년 강원도와 서울을 잇는 66kV 송전선로를 시작으로 급속히 증가하는 전력수요를 충족하기 위해 154kV와 345kV를 거쳐 2002년에는 765kV 송전선의 건설로 비약적인 발전을 거듭하고 있다.

대학의 전기학과의 교육과정과 전기(공사)기사에서 필수 과목인 전력공학(Power Engineering)은 전력발생공학(Power Generation Engineering)과 송배전공학(Transmission Distribution Engineering)이 포함된 과목이다. 전력공학은 대학에서는 2학기 과정이다. 이 책은 전기(공사)기사에서 출제 비율이 높은 송배전공학을 많은 예제와 기사 기출문제들에 대한 풀이과정을 통해 자격증 준비와 동시에 심화 학습할 수 있도록 구성하였다.

기초가 부족한 학생들도 보다 쉽게 익힐 수 있도록 모든 내용을 명확하고 간결하게 표현하려고 최대한 노력을 하였다. 또한 전공용어도 될 수 있으면 순화용어를 사용하고, 어려운 낱말은 풀어서 설명하고 각주를 달아 학습에 도움을 주고자 했다. 이 책은 전체 14장에 걸쳐서 전력의 수송과 배분의 전반에 걸친 송배전계통의 내용을 설명하였다. 책의 앞 단원에서는 송전과 관련된 내용을 다루고, 배전은 13, 14장에서 다룬다.

몇 개월간 이 책을 쓰는데 매진했다. 허리에 무리가 된 듯하지만 10번째 나의 책이 출판하게 되어 매우 기쁘다. 앞으로 좀 더 알찬 내용으로 보완 개정할 것을 약속드리며 송배전을 학습하는데 부족하지만 많은 보탬이 되었으면 한다. 출판의 기회를 주신 김경태 이사님을 비롯한 진샘미디어의 여러분들께 깊은 감사의 뜻을 표하는 바이다.(chunja@pohang.ac.kr)

2018년 8월

저자 씀

차례

제 1 장 송배전계통의 구성

학습목표

- 송전방식의 장단점과 적용을 이해
- 송전전압과 송전전력의 이해

전력이란 발전소에서 발전기를 돌려 생성된 전기에너지를 말한다. 전력을 생산하고 사용자에게 공급하는 일련의 설비를 전력계통이라고 한다. 전력계통은 여러 가지 요소로 구성되어 있는데, 발전소, 수송설비 및 수용가로 나눌 수 있다. 발전소에서 생산된 전력을 수용가까지 수송하고 배분하는 송전선, 변전소, 배전선 등의 수송설비를 일반적으로 송배전계통이라고 부른다. 그림 1.1은 발전소, 송배전계통, 수용설비 등을 포함한 전력계통의 개요를 보인 것이다.

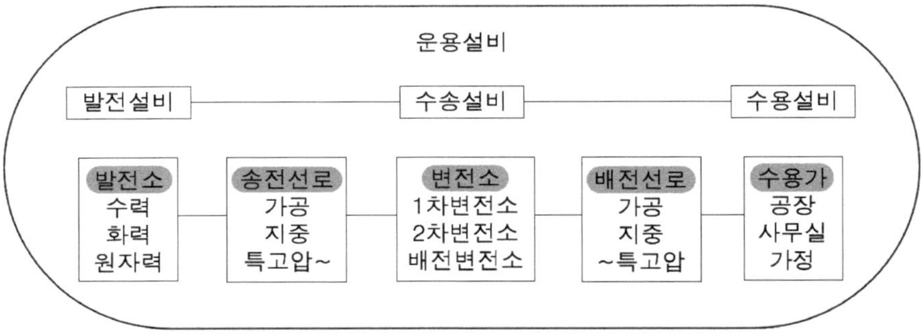

그림 1.1 전력계통

발전소는 일반적으로 18~24[kV] 정도로 낮은 전압의 전기를 생산한다. 이런 낮은 전압으로는 대전력을 먼 지점까지 보내기가 어렵다. 그러므로 대전력의 장거리 송전에 적당한 전압으로 승압하여 이를 수용가 근처의 변전소까지 보내게 된다. 수용가 근처 변전소에서는 공장이나 가정 등에서 사용할 수 있도록 전압을 강압하여 공급한다. 공급된 전력은 수용가에서 전기기계나 기구를 사용하는데 쓰인다. 전기를 소모시켜 동작하는 모든 전기기계나 기구를 통틀어서 전력부하라고 한다.

발전소에서 발생되는 전기량은 일정하다. 전력부하가 커져서 발전되는 전기량보다 많아지면 자동으로 전력이 끊어져 순간적으로 정전사태가 발생된다. 정전으로 인해 전기를 사용하는 공장 등에서는 막대한 손실을 보게 된다. 그러므로 송배전 계통은 경제성과 신뢰성을 고려하여 수용가에게 정전사고 없이 전력을 수송 배분하여야 한다.

1.1 송전과 배전

발전소에서 발생된 전력을 수용가로 보내는 것을 전력전송이라 한다. 전력전송의 목적은 발전소를 통해 발생된 전기를 경제적이고 효율적인 방식으로 수용가로 수송하는 것이다. 전력전송은 송전과 배전으로 구분한다. 송전은 발전소에서 변전소까지의 장거리 구간에서 대전력을 고전압으로 수송하는 것을 말한다. 배전은 변전소(또는 발전소)에서 수용가까지의 단거리구간에서 소전력을 저전압으로 공급하는 것을 말한다.

따라서 송전선로는 발전소에서 변전소 또는 변전소에서 변전소에 이르는 전력전송을 위한 전기설비이고, 배전선로는 발전소에서 수용가 또는 변전소에서 수용가에 이르는 전력전송을 위한 전기설비라고 할 수 있다. 이 책에서는 전력의 수송과 배분의 전반에 걸친 송배전계통의 내용을 설명하기로 한다. 책의 앞 단원에서는 송전에 관련된 내용을 다루고, 배전은 마지막 두 단원에서 살펴보도록 하겠다.

예제 1-1 P·R·E·T·E·S·T

송전과 배전과의 구분에 대해서 설명하여라.

[풀이]

❶ 송전 : 대전력, 고전압, 장거리의 일괄 수송을 맡는 것.

❷ 배전 : 소전력, 저전압, 단거리 수송으로 넓게 분산된 수용가에게 전력을 배분하는 것.

1.2 전력전송방식

1.2.1 전력전송방식의 장단점

송전방식에는 직류송전과 교류송전 방식이 있으나 대부분 교류에 의해서 이루어지고 있다. 우리나라에서 직류송전을 하는 곳은 전라남도 해남과 제주간의(300[MW], ±180[kV] bipole) 101[km] 해저케이블 구간이다. 교류와 직류 송전의 장단점을 살펴보면 다음과 같다.

1. 교류 송전의 장점

(1) **전압의 변성(승압 및 강압)이 용이하다.** 교류송전방식은 변압기를 사용하여 효율적으로 운영하고 사용하기에 적당한 값으로 쉽게 변화시킬 수 있다.

(2) **회전 자계를 쉽게 얻을 수 있다.** 교류 발전기는 직류발전기보다 구조가 간단하고 효율적이다. 특수한 경우를 제외하고 3상 교류발전기를 사용하고 있다. 3상 교류방식에서는 회전자계를 쉽게 얻을 수 있다는 장점이 있다.

(3) **일관된 운용을 기할 수 있다.** 대부분의 부하가 교류용이기 때문에 발전에서부터 배전까지를 교류방식으로 하면 합리적이고 경제적으로 운용할 수 있다.

2. 교류 송전의 단점

(1) 표피 효과 및 코로나손 발생으로 인해 전선의 실효 저항이 증가하고 손실이 커진다. 표피효과는 전선의 바깥쪽으로 전류가 흐르는 현상이고, 코로나손은 전선을 굵게 해야 막을 수 있다

(2) 직류 방식에 비해 계통의 안정도가 저하한다.

(3) 페란티 현상, 자기여자 현상 등의 이상 상태가 발생한다. 페란티 현상은 전압이 송전단보다 높아지는 현상이다. 경부하나 무부하에서 선로의 정전용량에 의해 발생한다.

(4) 인근 통신선에의 유도 장해가 크다.

(5) 주파수가 서로 다른 계통은 연계가 불가능하다.

3. 직류 송전의 장점

(1) **절연 레벨을 경감할 수 있다.** 직류전압은 같은 실효치 교류전압의 최고값에 대하여 $1/\sqrt{2}$ 배 낮다. 예를 들어, 직류로 100[V] 송전하는 것을 같은 실효치 100[V]의 교류로 송전하려면 최고값이 100[V]의 $\sqrt{2}$ 배인 141.4[V]가 되어야 한다. 그러므로 교류방식은 직류방식에 비해 $\sqrt{2}$ 배 큰 전압에 대한 절연을 고려해야한다. 즉, 교류방식에 비해 직류방식은 선로의 절연등급을 낮출 수 있다.

(2) **송전 효율이 좋다.** 직류에서는 주파수가 없으므로 무효전력이 없고 역률은 항상 1

이다. 그러므로 직류에서는 표피효과나 코로나손에 의한 송전손실이 없다.

(3) **안정도가 좋다.** 직류방식에서는 리액턴스와 송·수전단 전압의 상차각을 고려할 필요가 없다. 그러므로 송전전력이 제한되지 않고 교류방식에서 고려되어야 할 안정도의 난점이 없어진다.

(4) **주파수가 다른 두 교류 계통을 연계할 수 있다.** 변환 장치를 이용하므로 서로 다른 주파수 교류계통 연결 가능하다. 교류계통을 직류 연계로 분할해 두면 단락시 전류를 억제할 수 있다. 또한 단락용량이 증가하지 않으므로 교류계통의 차단용량이 작아도 된다.

(5) **유도 장해가 적다.**

4. 직류 송전의 단점

(1) 교류에서와 같이 전류의 영점이 없음으로, 직류 전류의 차단이 곤란하다.

(2) 일단 전류로 변환된 후에는 승압 및 강압이 곤란하다.

(3) 인버터 및 컨버터, 무효전력 공급장치의 설치 및 정비 비용이 든다.

(4) 직·교류 변환 장치(인버터 및 컨버터)에서 발생하는 고조파의 억제대책 및 제거장치 필요하다.

(5) 변환 장치는 유효 전력의 50~60% 정도의 무효 전력을 소비하므로 이를 공급하기 위한 무효 전력 보상 설비가 비싸다.

그림 1.2는 직류송전계통의 개념도이다. 직류송전과 교류송전의 장단점으로 볼 때 직류 송전 방식은 500~700[km] 이상의 장거리 대전력 수송, 해저 케이블, 계통간의 비동기 연계 또는 주파수가 서로 다른 두 계통의 연계 등에 유리하고, 그 외의 경우에는 교류방식이 유리함을 알 수 있다.

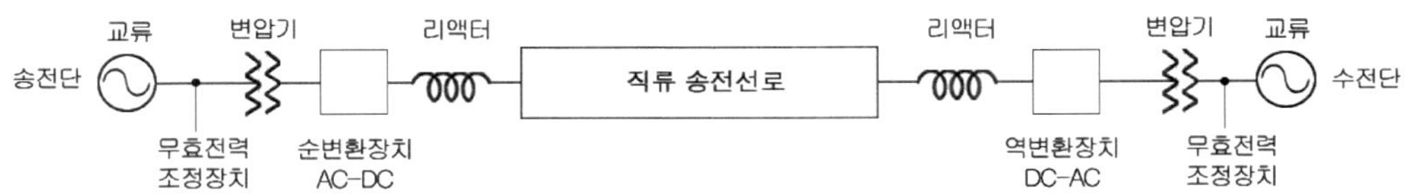

그림 1.2 직류송전계통

예제 1-2 P·R·E·T·E·S·T

직류 송전 방식과 교류 송전 방식의 장·단점을 비교, 설명하여라.

[풀이]

❶ 직류 송전 : 절연 계급을 낮출 수 있다.
송전 효율이 좋다.
무효전력, 표피효과가 없다.
안정도가 좋다.

❷ 교류 송전 : 전압의 승압, 강압 변경이 용이하다.
회전자계를 쉽게 얻을 수 있다.
교류 방식으로 일관된 운용이 가능하다.

1.2.2 교류 전력전송 방식

교류에 의한 전력전송방식에는 그림 1.3과 같이 단상2선식, 단상3선식, 3상3선식, 3상4선식 등이 있다. 여러 가지 전송방식 중에서 경제성을 고려하여 송전에서는 대부분 3상3선식을 채용하고 있고 배전에서는 3상4선식 등이 이용되고 있다. 이러한 채택은 전력전송방식 중에서 경제성을 고려한 결과이다.

비교할 때에는 전선 1가닥당의 송전전력을 부하의 역률($\cos\theta$), 송전거리(ℓ), 전선재료 고유저항(ρ)이 같다는 조건하에서 이루어진다. 또한 송전선로에서는 전압이 높고 절연비용이 최고전압과 관련하므로 선간전압[1](V)이 같다는 조건하에서 비교하고, 배전선로에서는 전압이 낮고 선로부하가 주로 단상이므로 상전압[2](E)이 같다고 보고 비교한다.

---

1) 3상회로에서 한 도체와 다른 도체와의 전위차
2) 3상회로에서 한 도체와 중성점 사이에 걸리는 전압

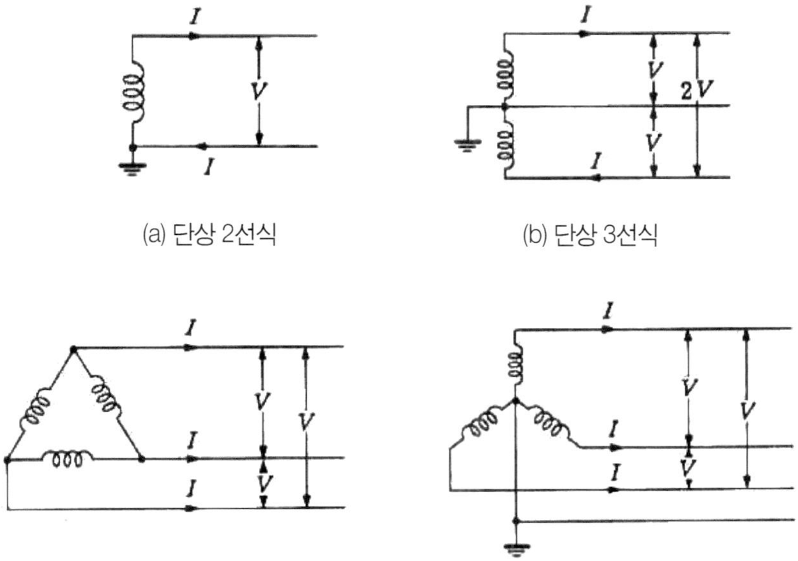

(a) 단상 2선식 (b) 단상 3선식

(c) 3상 3선식 (d) 3상 4선식

그림 1.3 각종 교류 전기 방식

표 1.1과 2에 나타난 것처럼 송전선로에서는 3상3선식이 선당 전송전력이 가장 크고 배전선로에서는 3상4선식이 선당 전송전력이 가장 크다는 것을 알 수 있다.

표 1.1 송전선로 비교(선간전압(V)이 같은 조건)

전송방식	전송전력	1선당 전송전력	비율
단상2선식	$P_{12} = VI\cos\theta$	$\frac{1}{2}P_{12}$	100
단상3선식	$P_{13} = VI\cos\theta$	$\frac{1}{3}P_{12}$	67
3상3선식	$P_{33} = \sqrt{3}\ VI\cos\theta$	$\frac{\sqrt{3}}{3}P_{12}$	115
3상4선식	$P_{34} = \sqrt{3}\ VI\cos\theta$	$\frac{\sqrt{3}}{4}P_{12}$	87

단, 전압선의 굵기=중성선의 굵기

표 1.2 배전선로 비교(상전압(E)이 같은 조건)

전송방식	전송전력	1선당 전송전력	비율
단상2선식	$P_{12} = EI\cos\theta$	$\frac{1}{2}P_{12}$	100
단상3선식	$P_{13} = 2EI\cos\theta$	$\frac{2}{3}P_{12}$	133
3상3선식	$P_{33} = \sqrt{3}\,EI\cos\theta$	$\frac{\sqrt{3}}{3}P_{12}$	115
3상4선식	$P_{34} = 3EI\cos\theta$	$\frac{3}{4}P_{12}$	150

단, 전압선의 굵기=중성선의 굵기

예제 1-3 PRETEST

현재 우리나라에서 많이 사용되는 송배전 방식은?

[풀이]

❶ 송전방식 : 3상3선식($3\phi 3w$)(표 1.1 참조)

❷ 배전방식 : 3상4선식($3\phi 4w$)(표 1.2 참조)

예제 1-4 PRETEST

송전 식에서 같은 전압, 같은 상차각일 때 $\frac{3상3선식}{단상2선식}$의 1선당 전력비 [%]를 구하여라.

[풀이]

$$\frac{3\phi 3w}{1\phi 2w}\times 100 = \frac{\frac{\sqrt{3}\,VI}{3선}}{\frac{VI}{2선}}\times 100 = \frac{2\sqrt{3}}{3}\times 100 = 115[\%]$$

예제 1-5 P·R·E·T·E·S·T

송전전력, 부하역률, 송전거리, 전력손실 및 선간전압이 같을 경우 3상3선식에서 전선 한 가닥에 흐르는 전류는 단상2선식의 경우의 몇 배가 되는가?

[풀이]

$$\frac{I_3}{I_2} = \frac{P/(\sqrt{3}\,V\cos\theta)}{P/V\cos\theta} = \frac{1}{\sqrt{3}}$$

예제 1-6 P·R·E·T·E·S·T

송전전력, 부하역률, 송전거리, 전력손실 및 선간전압이 같을 경우 3상3선식에서 전선 한 가닥에 흐르는 전류는 단상2선식에서 전선 한 가닥에 흐르는 경우의 몇 배가 되는가?

[풀이]

동일 전력 $VI_1\cos\theta = \sqrt{3}\,VI_3\cos\theta$

$$\therefore \; I_3 = \frac{1}{\sqrt{3}} I_1$$

1.3 전력전송 전압

1.3.1 전력전송 전압과 전력

수압이 높으면 수돗물이 잘 나오듯이, 전압을 높이면 전기의 질도 좋아지는지를 알아보기로 하자. 그림 1.4와 같이 3상3선식 송전선로에 있어서 수전단의 부하 전력 P[W], 선간전압을 V[V], 부하의 역률을 $\cos\theta$라고 하면 선전류 I[A]는 다음 식(1.1)로부터 식(1.2)처럼 나타낼 수 있다.

$$P = \sqrt{3}\,VI\cos\theta\,[\mathrm{W}] \tag{1.1}$$

$$\therefore \quad I = \frac{P}{\sqrt{3}\,V\cos\theta}[\mathrm{A}] \tag{1.2}$$

선로 1가닥의 저항을 $R[\Omega]$이라고 하면, 전력손실 P_ℓ은 식(1.2)의 선전류 I를 대입하여 풀면 다음 식(1.3)과 같다.

$$P_\ell = 3I^2R = 3\left(\frac{P}{\sqrt{3}\,V\cos\theta}\right)^2 R = \frac{P^2R}{V^2\cos^2\theta} \tag{1.3}$$

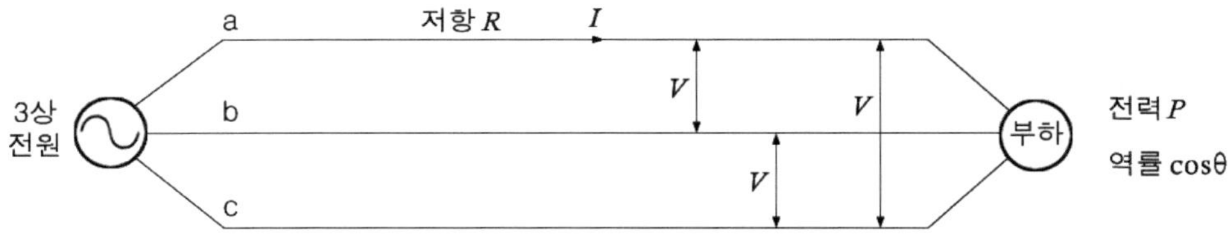

그림 1.4 3상3선식 선로

이와 같이 전력 P, 저항 R, 부하역률 $\cos\theta$가 일정하다면 전력손실 P_ℓ은 전압 V의 제곱에 반비례함을 알 수 있다.

$$P_\ell \propto \frac{1}{V^2} \tag{1.4}$$

또한 전력손실 P_ℓ과 전력 P와의 비를 전력 손실률이라고 하는데 전력 손실률을 h라고 하면 전력 P는 다음 식(1.6)과 같다.

$$h = \frac{P_\ell}{P} = \frac{PR}{V^2\cos^2\theta} \tag{1.5}$$

$$\therefore \ P = \frac{hV^2\cos^2\theta}{R}[\mathrm{W}] \tag{1.6}$$

즉, 전력 P는 저항 R, 손실률 h, 부하역률 $\cos\theta$가 일정할 경우 전압 V의 제곱에 비례해서 증가함을 알 수 있다.

$$P \propto V^2 \tag{1.7}$$

다음은 소요되는 전선량에 관해서 살펴보자. 식(1.6)으로부터 저항 R에 관한 식(1.8)을 유도한다.

$$R = \frac{hV^2\cos^2\theta}{P}[\Omega] \tag{1.8}$$

유도되어진 식(1.8)의 저항 R을 전선의 고유저항을 $\rho[\Omega/\mathrm{m}\cdot\mathrm{mm}^2]$, 전선의 단면적 $A[\mathrm{mm}^2]$, 전선의 길이 $\ell[\mathrm{m}]$로 표현된 식(1.9)와 같이 풀면 전선의 단면적 A는 식(1.10)과 같이 나타낼 수 있다.

$$R = \rho\frac{\ell}{A} = \frac{hV^2\cos^2\theta}{P} \tag{1.9}$$

$$\therefore\ A = \frac{\rho\,\ell\,P}{hV^2\cos^2\theta} \tag{1.10}$$

따라서 전선재료의 밀도를 $\sigma[\mathrm{kg/mm^3}]$ 라고 하면 전선의 전중량 $W[\mathrm{kg}]$는 다음 식(1.11)과 같다.

$$W = 3\sigma\ell A = \frac{3\sigma\rho\ell^2P}{hV^2\cos^2\theta}[\mathrm{kg}] \tag{1.11}$$

즉, ℓ, P, h, $\cos\theta$ 및 전선의 재료(σ, ρ)가 일정할 경우 소요되는 전선의 중량 W는 전압의 제곱에 반비례함을 알 수 있다.

$$W \propto \frac{1}{V^2} \tag{1.12}$$

여기서, 전선의 중량이 일정하다면(같은 전선을 사용한다면), 식(1.11)로부터 수전단의 전력 P는 다음과 같은 관계가 성립한다.

$$P = \frac{WhV^2\cos^2\theta}{3\sigma\rho\ell^2} = \frac{(3\sigma\ell A)hV^2\cos^2\theta}{3\sigma\rho\ell^2} = \frac{AhV^2\cos^2\theta}{\rho\ell} \tag{1.13}$$

그러므로 σ, ℓ, $\cos\theta$를 일정하게 하면 수전전력은 선간전압의 제곱에 비례한다. 수전전력에서 어느 정도의 선로 손실을 감안하더라도 결국 대전력을 전송하려면 가능한 한

전압을 높게 승압해서 송전하여야 함을 알 수 있다.

예제 1-7 P·R·E·T·E·S·T

송전전력 P, 부하역률 $\cos\theta$, 전류 I, 선간전압 V가 같다고 하고, 전선의 전중량을 동일하게 할 경우 단상 2선식과 3상3선식의 전력 손실비는 어떻게 되겠는가?

[풀이]

단상 : $P_{\ell 2} = 2I_2^2 R_2 = 2R(\frac{P}{Vcos\theta})^2$(식 1.2 참조)

3상 : $P_{\ell 3} = 3I_3^2 \cdot (\frac{3}{2}R) = 3(\frac{P}{\sqrt{3}\,Vcos\theta})^2(\frac{3}{2}R)$ ($\frac{3}{2}$이 되는 이유는 2가닥인 단상에 비해서 저항이 $\frac{3}{2}$배 크기 때문)

$= \frac{3}{2}R(\frac{R}{Vcos\theta})^2$

로 되므로 전력 손실비는 $\frac{P_{\ell 3}}{P_{\ell 2}} = \frac{3}{4}$ 또는 75[%]로 된다.

$\therefore\ I_3 = \frac{1}{\sqrt{3}} I_1$

예제 1-8 P·R·E·T·E·S·T

3상3선식 송전선로에서 송전전력 P[kW], 송전전압 V[kV], 전선의 단면적 A[mm^2], 송전거리 ℓ[km], 전선의 고유저항 ρ[$\Omega \cdot$ mm^2/m], 역률 $\cos\theta$일 때 선로손실 P_ℓ은 몇 [kW]인가?

[풀이]

$P = \sqrt{3}\,VI\cos\theta$[W]에서 $I = \frac{P}{\sqrt{3}\,V\cos\theta}$[A]

전력손실 $P_\ell = 3I^2R = 3\left(\frac{P}{\sqrt{3}\,V\cos\theta}\right)^2 R = \frac{P^2R}{V^2\cos^2\theta}$ ← 식 1.3

$R = \rho\frac{\ell}{A} \times 10^3[\Omega]$을 대입하면($\because\ \ell[\text{km}] = \ell \times 10^3[\text{m}]$)

$\therefore$ 전력손실 $P_\ell = \frac{\rho \ell P^2}{AV^2\cos^2\theta}$[kW]

예제 1-9 PRETEST

동일 전력을 동일 선간전압, 동일 역률로 동일 거리에 보낼 때 사용하는 전선의 총 중량이 같으면, 3상3선식인 때와 단상2선식일 때의 전력손실비는?

[풀이]

전력과 전압, 역률이 동일하므로 $\sqrt{3}\,VI_3\cos\theta = VI_1\cos\theta \quad \therefore\ I_1 = \sqrt{3}\,I_3$

중량이 동일($W_1 = W_3$)하므로, $2\sigma A_1\ell = 3\sigma A_3\ell$ (식 1.11 참조)

여기서, σ:전선밀도, A:전선단면적, ℓ:전선길이

$$\therefore\ \frac{A_1}{A_3} = \frac{3}{2} = \frac{R_3}{R_1} \quad \left(\because\ W \propto A,\quad R \propto \frac{1}{A}\right)$$

전력손실비 $\dfrac{3\phi 3w}{1\phi 2w} = \dfrac{3I_3^2R_3}{2I_1^2R_1} = \dfrac{3}{2}\times\left(\dfrac{1}{\sqrt{3}}\right)^2\times\dfrac{3}{2} = \dfrac{3}{4}$

예제 1-10 PRETEST

송전전압을 345[kV]에서 765[kV]로 높일 때 전선이 같고 송전 손실률도 같다고 하면 송전 전력은 몇 배로 증가시킬 수 있는가?

[풀이]

송전 전력은 송전 전압의 제곱에 비례하므로(식 1.7 참조)

$$P \propto V^2 = \left(\frac{765}{345}\right)^2 = 4.92$$

가된다. 즉, 345[kV]에서 765[kV]로 승압할 경우 손실률이 같다면 5배가량 전력을 송전할 수 있다.

1.3.2 경제적인 전송 전압

전송 전압을 높이면 전류가 감소하므로 전선의 굵기는 가늘어도 된다. 즉, 전선의 비용은 낮아지고 전송 전력은 증가한다. 하지만 절연 내력을 높여야 하기 때문에 애자 등의 소요량이 증대되고 철탑 등의 건설비용이 커진다. 또한 운전 유지비도 전압과 더불어 증가한다. 따라서 여러 항목을 고려하여 연간지출이 최소가 되는 경제적인 전압을 결정

해야 한다. 그림 1.5는 전압과 건설비 및 운용비와의 관계를 보인 것이다.

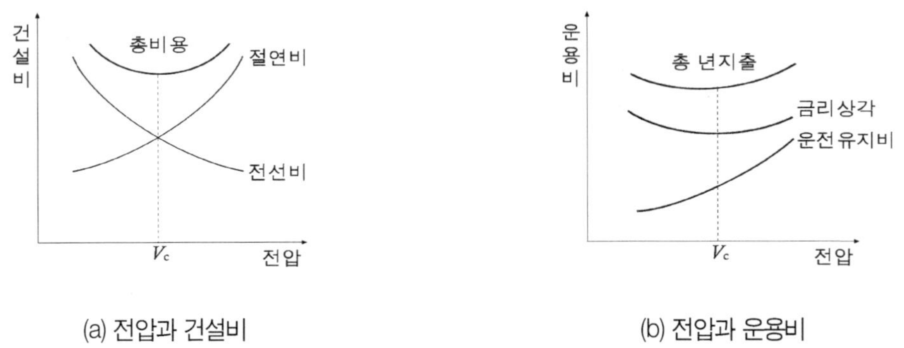

그림 1.5 경제적인 전압의 선정

예제 1-11 P·R·E·T·E·S·T

송전전압을 높일 때 발생하는 경제적인 문제는?

[풀이]

❶ 송전전력과 전선의 단면적이 일정하면 선로의 전력손실이 적어진다.

❷ 절연 애자의 개수가 증가한다.

❸ 변전소에 시설할 기기의 값이 고가로 된다.

❹ 정비에 필요한 비용이 많이 든다.

미국인 Alfred Still은 경제적인 전압으로 다음과 같은 식을 제안했다.

$$\text{송전전압}[\text{kV}] = 5.5\sqrt{0.6\ell + \frac{P}{100}} \tag{1.14}$$

여기서, 송전거리 $\ell[\text{km}]$이고 송전 전력 $P[\text{kW}]$ 이다.

이 식은 많은 실례를 종합해서 구한 송전전압의 경제적인 계산값으로서 장거리 송전선로에는 적합하지 않고 중거리 송전선로 이하에서 적용할 수 있는 대략적인 값이다.

예제 1-12 P·R·E·T·E·S·T

송전전력이 44[MW], 송전거리가 34[km] 인 경우의 경제적인 송전전압은 몇[kV] 인가? 단, Still 식에 의하여 산정할 것.

[풀이]

$$송전전압[kV] = 5.5\sqrt{0.6\ell + \frac{P}{100}} = 5.5\sqrt{0.6 \times 34 + \frac{44,000}{100}} = 118[kV] \quad (식\ 1.14\ 참조)$$

선로 및 설비의 표준화를 위하여 송배전 계통의 전압을 여러 등급으로 표준화해서 정한 것이 표준전압(Standard Voltage)이다. 표준전압에는 공칭전압(Nominal Voltage)과 최고전압(Maximum Voltage)이 있다. 공칭전압이란 전선로를 대표하는 선간전압(보통 수전단보다10% 높게 정함)을 말하고 이 전압으로써 그 계통의 송전 전압을 나타낸다. 최고전압은 정상 운전할 때 선로에 발생하는 최고의 선간전압(보통 수전단보다 15% 높게 정함)으로서 염해 대책, 1선 지락고장 등의 내부 이상전압, 코로나 장해, 정전유도장해 등을 고려할 때의 표준이 되는 전압이다. 표 1.3은 우리나라에서 채택하고 있는 표준전압의 일부를 보인 것이다.

표 1.3 우리나라의 표준전압

공칭전압	최고전압	비고
765[kV] 345[kV] 154[kV]	800[kV] 362[kV] 161[kV]	송전전압
22.9[kV-Y]	24[kV-Y]	배전전압

1.4 우리나라의 송배전 계통 전압

한국전력공사에 따르면 우리나라 전력계통은 1962년 40만[kW]에서 2011년 말 기준 7,665만[kW]로 약 190배가 넘는 대폭적인 확충을 보게 됐다. 송전 시설면에서도 1923년

강원도와 서울을 잇는 66[kV] 송전선로를 시작으로 급속히 증가하는 전력수요를 충족하기 위해 154[kV]와 345[kV]를 거쳐 2002년에는 765[kV] 송전선의 건설로 비약적인 발전을 거듭하고 있다.

1970년대 초반, 전력수요의 높은 성장과 대용량 발전소의 건설에 따라 전원지와 수요지역을 잇는 154[kV] 기간선로가 많이 건설돼 지역간 또는 지역 내 전력융통이 원활해졌다. 345[kV] 신여수 송전선로가 착공 4년만인 1976년 최초로 운전에 들어가고 이어 1977년 345[kV] 신울산 및 신고리 송전선로와 서서울 송전선로가 가압됨으로써 전국에 걸쳐 초고압 간선계통망이 구성, 전력수송 능력의 증대와 전력손실 감소에 많은 효과를 거두는 초고압시대에 들어서게 됐다. 이에 따라 연관된 154[kV] 송전선로 건설물량도 대폭 늘어나고 전선은 단도체에서 다도체를 채용하게 됐으며 시공법도 기계화시공으로 변해갔고 계통전압도 단순화돼 22[kV], 66[kV] 가공송전선로는 점진적으로 사라지게 됐다.

우리나라는 국토가 협소하고 발·변전소 입지나 송전선로 경과지 확보의 어려움이 대두되기 시작했다. 이에 따라 전원과 수요지를 연결하는 장거리 대용량 송전설비의 필요성이 커졌고 기존의 345[kV]급 송·변전 설비 건설로는 이에 대응할 능력이 부족해 2002년부터 765[kV] 당진화력 송전선로, 신서산 송전선로, 신태백 송전선로 등 3개 송전선로 331km, 강관철탑 667기를 건설하게 됐으며 곧이어 765[kV] 울진-신태백 송전선로도 건설됐다. 그림 1.6은 2011년 6월 기준 국내 송전선로 계통도이다.

765[kV] 송전선로를 다른 송전선로와 비교하면 표 1.4와 같다. 표 1.4에 의하면 345[kV] 선로의 송전용량이 1800[MW]인 반면 765[kV]의 경우에는 8400[MW]이므로 4.7배나 많은 전력을 송전할 수 있다. 송전손실은 345[kV]의 경우 전체전력의 0.26%인 반면에 765[kV]의 경우 0.05%이다. 그러므로 765[kV]는 345[kV]에 비해 대략 80%정도 전력 손실을 줄일 수 있다.

전력과 전력손실의 비교는 전압과의 관계식을 통하여 알아볼 수도 있다. 전력은 전압의 제곱에 비례함을($P_\ell \propto V^2$) 이용하여 765[kV]의 전력이 345[kV]에 비하여 5배정도 증가할 수 있음을 다음 식으로도 알 수 있다.

$$765[\text{kV}]\text{의 전력} \;\; P_{765} = \left(\frac{765}{345}\right)^2 P_{345} = 4.92\, P_{345} \tag{1.15}$$

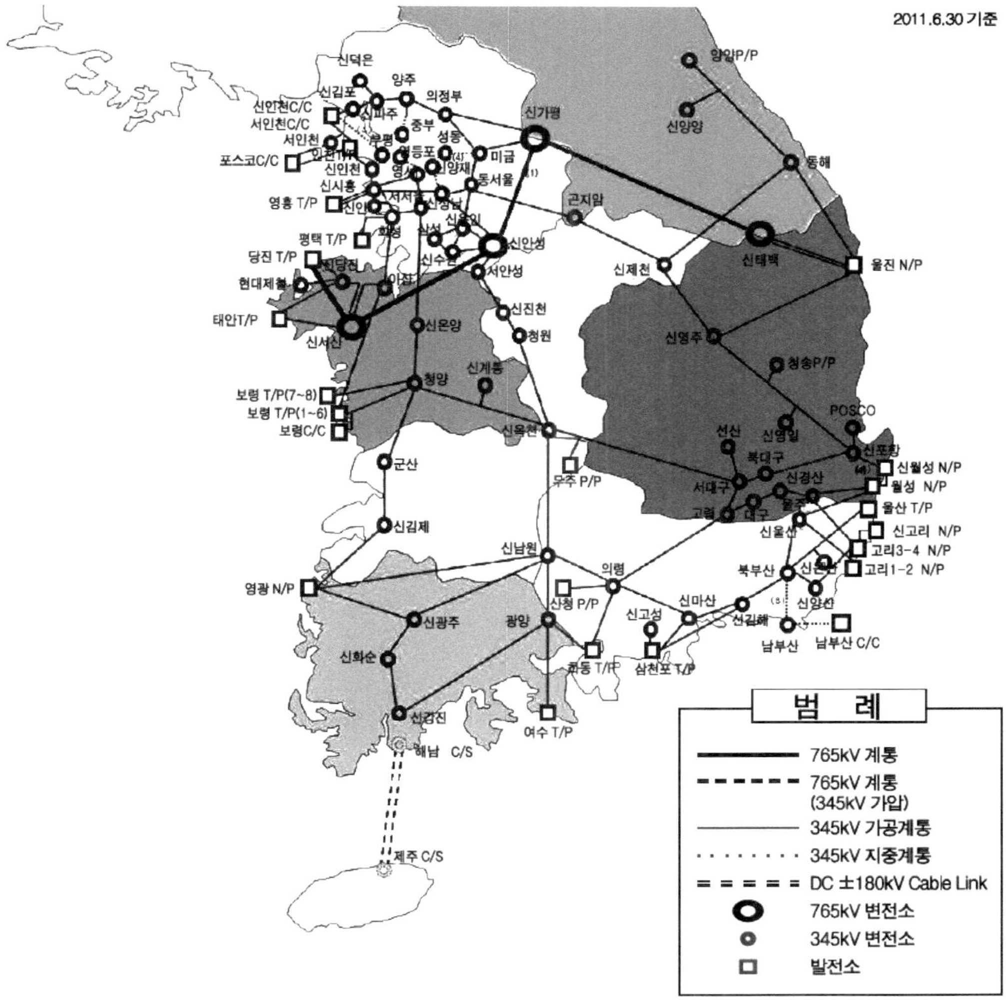

그림 1.6 국내 송전선로 계통도(출처:KEPCO)

전력손실은 전압의 제곱에 반비례함을($P_l \propto \dfrac{1}{V^2}$) 이용하여 345[kV]에 대한 765[kV]의 상대적인 전력손실을 식(1.16)처럼 계산해보면 20%정도로 표 1.4를 통해 살펴본 결과와 같음을 알 수 있다.

$$765[\text{kV}]\text{의 전력손실} \quad P_{\ell 765} = \left(\frac{345}{765}\right)^2 P_{\ell 345} = 0.203 P_{\ell 345} \tag{1.16}$$

철탑 1기당 부지면적을 보면 345[kV]가 198[m^2] 정도인데 비해 765[kV]는 528[m^2] 정

도로 소요면적이 매우 크다. 하지만 송전용량당 부지면적[m^2/GW]으로 환산해서 살펴보면 345[kV]가 110[m^2/GW]인 반면 765[kV]는 62.8[m^2/GW]이 소요되므로 소요면적이 57%에 불과하다.

예제 1-13 PRETEST

765[kV] 송전의 경제성에 대해서 설명하여라.

[풀이]

❶ 송전용량 증대: 345[kV]에서는 공급능력이 1800[MW]정도이나 765[kV]에서는 8400[MW]로 약 5배정도 많은 전력을 송전할 수 있다.

❷ 시설원가 절감: 단위 전력당 건설 원가는 345[kV]에 비하여 약 65% 정도로 낮아진다.

❸ 전력손실 최소화: 송전손실은 전압의 제곱에 반비례하는 특성을 가지고 있어서 345[kV]에 비하여 20%정도이다.

❹ 효율적인 국토 이용: 345[kV] 송전선로와 비교해서, 철탑부지 및 선하지[3] 면적을 대폭 줄일 수 있으므로 국토의 효율적인 이용 측면에서 매우 큰 장점을 가지고 있다.

표 1.4 송전선로의 특성비교

구분		154kV	345kV	765kV
송전용량[MW/2회선]		340	1800	8400
손실[%]		1.2	0.26	0.05
1련애자개수[개]		10	18	45
손실율 비교[%] 154kV기준		100	$\left(\frac{154}{345}\right)^2 \times 100 = 20$	$\left(\frac{154}{765}\right)^2 \times 100 = 4.0$
철탑	부지면적	181.5m^2(55평)	198m^2(60평)	528m^2(160평)
	전력수송 용량당 면적	$\frac{181.5[m^2]}{340[MW]} = \frac{181.5[m^2]}{0.34[GW]} = 534[m^2/GW]$	$\frac{198[m^2]}{1800[MW]} = \frac{198[m^2]}{1.8[GW]} = 110[m^2/GW]$	$\frac{528[m^2]}{8400[MW]} = \frac{528[m^2]}{8.4[GW]} = 62.8[m^2/GW]$
	면적비교[%] 154kV기준	100	21	11.8

3) 위에 고압선이 가설되어 있는 토지(고압선 아래의 토지)를 말한다.

전기를 수송하는 과정에서 불가피하게 전력 손실이 발생하게 되며, 이 전력 손실을 최소화하기 위해 발전소에서 생산된 전기는 변압기를 통해 전압을 154~765[kV]로 승압해 수요지 인근 변전소나 대용량 수용가로 수송하게 된다. 또한 수요지 변전소는 저압 수용가에서 사용할 수 있도록 전압을 22.9[kV]로 낮춰 배전선로로 수송하고 최종적으로 배전선로의 주상변압기[4]를 통해 220[V], 380[V] 등 다양한 전압으로 낮춰 가정이나 소규모 공장에 공급하게 된다. 그림 1.7은 송배전계통의 개념도이다.

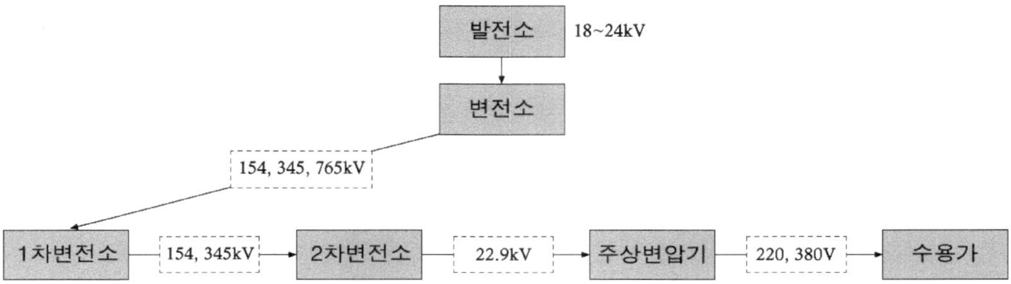

그림 1.7 송배전계통의 개념도

우리나라의 송전계통 전압은 기간 송전망인 345[kV]와 지역송전망인 154[kV]로 구성되어 있으며, 미래 기간 송전망인 765[kV] 대전력 송전망을 단계적으로 구축하고 있다.

4) 배전용 변압기를 말하며, 전주에 설치하여 고압에서 저압으로 강압하기 위해 사용되는 것을 말한다.

연 습 문 제

1 장거리 대전력 송전에 교류송전방식에 비해서 직류송전 방식의 장점이 아닌 것은?

① 송전효율이 높다 ② 안정도 문제없다

③ 선로 절연이 수월하다 ④ 변압이 쉬워 고압송전이 유리하다.

답 ④

2 직류송전방식에 대한 설명으로 틀린 것은?

① 직류방식은 선로 전압이 교류 전압의 최고값보다 낮아 절연계급이 낮아진다.

② 직류방식은 교류방식의 표피효과가 없어 송전효율은 떨어진다.

③ 직류방식은 리액턴스나 위상각을 고려할 필요가 없어서 안정도가 좋다.

④ 장거리 송전의 경우에는 교류방식보다 직류송전방식이 유리하다.

답 ②

3 직류송전방식의 장점이 아닌 것은?

① 리액턴스 강하가 생기지 않는다.

② 코로나손 및 전력손실이 작다.

③ 회전자계가 쉽게 얻어진다.

④ 유전체손 및 충전 전류의 영향이 없다.

답 ③

4 교류송전이 직류송전 방식의 장점이 아닌 것은?

① 고전압, 대전류의 차단이 용이함

② 기기 및 선로의 절연에 요하는 비용을 절감한다.

③ 안정도의 한계가 없으므로 송전용량을 높일 수 있다.

④ 1선지락 고장시 인접통신선의 전자유도장해를 경감시킬 수 있다.

답 ②

5 교류 송전방식에 비교하여 직류 송전방식을 설명할 때 옳지 않은 것은?

① 선로의 리액턴스가 없으므로 안정도가 높다.

② 유전체손은 없지만 충전용량이 커지게 된다.

③ 코로나손 및 전력손실이 적다.

④ 표피효과나 근접효과가 없으므로 실효저항의 증대가 없다.

답 ②

6 송전방식에는 교류송전과 직류송전방식이 있다. 교류에 비하여 직류송전 방식의 장점은?

① 전압변경이 쉽다. ② 송전효율이 좋다.

③ 회전자계를 쉽게 얻을 수 있다. ④ 설비비가 싸다.

답 ②

7 다음 식은 무엇을 결정할 때 쓰이는 식인가?

$$5.5\sqrt{0.6\,\ell + \frac{P}{100}}$$ 단, l 은 송전거리. P는 송전전력 [kW]이다.

① 송전전압을 결정할 때

② 송전선 굵기를 결정 할 때

③ 역률 개선시 콘덴서의 용량을 결정할 때

④ 발전소의 발전 전압을 결정할 때

답 ①

8 송전전력이 400[MW], 송전거리가 200[km] 인 경우의 경제적인 송전전압은 몇 [kV] 인가? 단, Still 식에 의하여 산정할 것.

① 645 ② 353 ③ 173 ④ 57

답 ②

9 송전전압을 높일 때 발생하는 경제적인 문제 중 옳지 않은 것은?

① 송전전력과 전선의 단면적이 일정하면 선로의 손실이 적어진다.

② 절연 애자의 개수가 증가한다.

③ 변전소에 시설한 기기의 값이 고가로 된다.

④ 정비에 필요한 비용이 적어진다.

답 ④

10 선로의 전압을 6,600[V]에서 22,900[V] 로 높이면 송전전력이 같을 때, 전력손실은 처음의 몇 배로 줄일 수 있겠는가?

① 1/3 ② 1/4 ③ 1/10 ④ 1/12

답 ④

11 고압 배전선로의 선간전압을 3300[V]에서 5700[V]로 승압하는 경우, 같은 전선으로 전력손실을 같게 한다면 약 몇 배의 전력을 공급할 수 있겠는가?

① 1.5 ② 2 ③ 3 ④ 4

풀이 공급 전력은 전압의 n배 승압 시 n^2배가 되므로

$$P_2 = \left(\frac{V_2}{V_1}\right)^2 P_1 = \left(\frac{5700}{3300}\right)^2 P_1 \fallingdotseq 3P_1$$

답 ③

12 부하역률이 $\cos\theta$인 경우의 배전선로의 전력손실은 같은 크기의 부하전력으로 역률이 1인 경우의 전력 손실에 비하여 몇 배인가?

① $\frac{1}{\cos^2\theta}$ ② $\frac{1}{\cos\theta}$ ③ $\cos\theta$ ④ $\cos^2\theta$

답 ①

13 3상3선식 송전선로에서 송전전력 P[kW], 송전전압 V[kV], 전선의 단면적 A[mm^2], 송전거리 l[km], 전선의 고유저항 ρ[Ω−mm^2/m], 역률 $\cos\theta$일 때 선로손실 P_l은 몇 [kW]인가?

① $\frac{\rho l P^2}{AV^2\cos^2\theta}$ ② $\frac{\rho l P^2}{A^2 V\cos^2\theta}$ ③ $\frac{\rho l P}{AV^2\cos^2\theta}$ ④ $\frac{\rho l P}{A^2 V\cos^2\theta}$

풀이 $P = \sqrt{3}\,VI\cos\theta$[kW]에서 $I = \frac{P}{\sqrt{3}\,V\cos\theta}$[A]

전력손실 $P_l = 3I^2R = 3\left(\frac{P}{\sqrt{3}\,V\cos\theta}\right)^2 R = \frac{P^2R}{V^2\cos^2\theta}$

$R = \rho\frac{l}{A}\times 10^3[\Omega]$을 대입하면($\because l[\text{km}] = l\times 10^3[\text{m}]$)

$\therefore$ 전력손실 $P_l = \frac{\rho l P^2}{AV^2\cos^2\theta}$[kW]

답 ①

14 송전 전력, 부하 역률, 송전 거리, 전력손실 및 선간전압이 같을 경우 3상3선식에서 전선 한 가닥에 흐르는 전류는 단상2선식에서 전선 한 가닥에 흐르는 경우의 몇 배가 되는가?

① $\frac{1}{\sqrt{3}}$배 ② $\frac{2}{3}$배 ③ $\frac{3}{4}$배 ④ $\frac{4}{9}$배

풀이 동일 전력 $VI_1\cos\theta = \sqrt{3}\,VI_3\cos\theta$

$\therefore\ I_3 = \frac{1}{\sqrt{3}}I_1$

답 ①

15 송전 식에서 같은 전압, 같은 상차각일 때 $\frac{3상3선식}{단상2선식}$의 1선당 전력비 [%]는?

① 66.7 ② 75.0 ③ 87.0 ④ 115.0

풀이 $\frac{3\phi 3w}{1\phi 2w} \times 100 = \frac{\frac{\sqrt{3}\,VI}{3선}}{\frac{VI}{2선}} \times 100 = \frac{2\sqrt{3}}{3} \times 100 = 115[\%]$ **답** ④

16 단상2선식과 3상3선식에 있어서 선간전압, 송전 거리, 수전 전력, 역률은 같게 하고 선로 손실을 동일하게 할 때 3상에 필요한 전선의 무게는 단상의 전선 무게의 얼마인가?

① 1/4 ② 2/4 ③ 3/4 ④ 2/3

풀이 송전 전력은 동일하므로 $\sqrt{3}\,VI_3\cos\theta = VI_1\cos\theta \quad \therefore I_1 = \sqrt{3}\,I_3$

전력손실이 동일하므로 $3I_3^2\rho\frac{l}{A_3} = 2I_1^2\rho\frac{l}{A_1} \quad \left(\because R = \rho\frac{l}{A}\right)$

$$3I_3^2\rho\frac{l}{A_3} = 2(\sqrt{3}\,I_3)^2\rho\frac{l}{A_1} \quad \therefore A_3 = \frac{1}{2}A_1$$

전선량(무게) 비 $\frac{3\phi 3w}{1\phi 2w} = \frac{3A_3}{2A_1} = \frac{3}{2} \times \frac{1}{2} = \frac{3}{4}$ **답** ③

17 3상4선식 배전선로에서 3상3선식과 같은 종류의 전선을 사용하여 같은 부하에 같은 전력손실로 송전 할 경우 그 소요 전선의 중량은 3상3선식의 몇 배인가?(4선식의 외선은 중선선과 굵기가 같고 외선과 중성선간의 전압은 3선식의 선간전압하고 같다고 한다.)

① 4/9 ② 6/9 ③ 8/9 ④ 12/9

풀이 배전 전력은 동일하므로 $\sqrt{3}\,VI_3\cos\theta = 3\,VI_4\cos\theta \quad \therefore I_3 = \sqrt{3}\,I_4$

전력손실이 동일하므로 $3I_3^2\rho\frac{l}{A_3} = 3I_4^2\rho\frac{l}{A_4} \quad \left(\because R = \rho\frac{l}{A}\right)$

$$3(\sqrt{3}\,I_4)^2\rho\frac{l}{A_3} = 3I_4^2\rho\frac{l}{A_4} \quad \therefore A_3 = 3A_4$$

전선량(무게) 비 $\frac{3\phi 4w}{3\phi 3w} = \frac{4A_4}{3A_3} = \frac{4}{3} \times \frac{1}{3} = \frac{4}{9}$ **답** ①

18 동일 전력을 동일 선간전압, 동일 역률로 동일 거리에 보낼 때 사용하는 전선의 총 중량이 같으면, 3상3선식인 때와 단상2선식일 때의 전력손실비는?

① 1/2 ② 2/3 ③ 3/4 ④ 1/3

풀이 전력과 전압, 역률이 동일하므로 $\sqrt{3}\,VI_3\cos\theta = VI_1\cos\theta \quad \therefore I_1 = \sqrt{3}\,I_3$

중량이 동일($W_1 = W_3$)하므로, $2\sigma A_1 l = 3\sigma A_3 l$

여기서, σ:전선밀도, A:전선단면적, l:전선길이

$$\therefore \frac{A_1}{A_3} = \frac{3}{2} = \frac{R_3}{R_1} \quad \left(\because W \propto A, \quad R \propto \frac{1}{A}\right)$$

전력손실비 $\frac{3\phi 3w}{1\phi 2w} = \frac{3I_3^2R_3}{2I_1^2R_1} = \frac{3}{2} \times \left(\frac{1}{\sqrt{3}}\right)^2 \times \frac{3}{2} = \frac{3}{4}$

답 ③

19 옥내 배선을 단상2선식에서 단상3선식으로 변경 하였을 때 전선 1선당 공급전력은 몇 배로 되는가? 단, 선간전압(단상3선식의 경우 중성선과 타선간의 전압) 선로전류(중성선의 전류 제외) 및 역률은 같을 경우이다.

① 0.71배 ② 1.33배 ③ 1.41배 ④ 1.73배

풀이 단상2선식 전력은 $VI\cos\theta$, 1선당 전력은 $\frac{VI\cos\theta}{2}$

단상3선식 전력은 $2\,VI\cos\theta$, 1선당 전력은 $\frac{2\,VI\cos\theta}{3}$

$$\frac{P_{1\phi 3w/1w}}{P_{1\phi 2w/1w}} = \frac{\frac{2\,VI\cos\theta}{3}}{\frac{VI\cos\theta}{2}} = \frac{4}{3} = 1.33$$

답 ②

20 배전전압을 3000[V]에서 5200[V]로 높일 때 전선이 같고 배전 손실률도 같다고 하면 수송 전력은 몇 배로 증가 시킬 수 있는가?

① 약 $\sqrt{3}$배 ② 약 $\sqrt{2}$배 ③ 약 2배 ④ 약 3배

풀이 전력은 전압의 제곱에 비례하므로

$$P \propto V^2 = \left(\frac{5{,}200}{3{,}000}\right)^2 = 3$$

답 ④

21 배전전압을 3000[V]에서 5200[V]로 높일 때 수송 전력이 같다고 하면 전력손실은 몇 배로 줄일 수 있는가?

① 2배 ② 1/2배 ③ 1/3배 ④ 3배

풀이 전력손실은 전압의 제곱에 반비례하므로

$$P \propto \frac{1}{V^2} = \frac{1}{\left(\frac{5{,}200}{3{,}000}\right)^2} = \frac{1}{3}$$

답 ③

제 2 장 가공전선로

학습목표

- 가공전선로의 이해
- 전선의 종류 및 허용전류
- 가공전선로 설비의 이해
- 애자 및 기타 지지대의 종류와 사용목적 이해

전선로는 크게 가공전선로[5)]와 지중전선로로 나눌 수 있다. 가공전선로는 도체를 목주, 철주, 철근콘크리트주 또는 철탑 등에 애자로 지지하는데 비해 지중전선로는 도체에 특수한 절연을 입힌 케이블을 지하에 매설하는 방법이다. 각 방식은 각각 장단점을 가지고 있다. 이장에서는 가공전선로의 개요 및 구성과 전선의 종류, 허용전류 및 전선의 처짐을 파악한다.

전선은 안전하고 효율적으로 전력을 수송해야 하므로 가공전선은 다음과 같은 조건을 갖추어야 한다.

① 도전율이 클 것.
② 기계적 강도가 클 것.
③ 가공성(유연성)이 클 것.
④ 내부식성이 있을 것.
⑤ 가격이 싸고 대량 생산이 가능할 것.
⑥ 전선 설치가 용이할 것.
⑦ 비중이 작을 것(중량이 가벼울 것.)

이러한 모든 조건을 만족하는 전선을 구하기는 어려울 것이다. 그러므로 사용하는 곳에 따라서 적당한 전선을 고를 필요가 있다.

2.1 전선의 종류

도체에 절연피복을 하지 않은 선을 나전선이라고 한다. 나전선은 비피복인 상태 그대로 사용되거나 절연전선의 심선으로 사용된다. 나전선은 많은 종류가 있는데 구조와 재질에 따라서 분류할 수 있다. 구조상으로는 단선, 연선, 중공연선으로 구분하고, 재질상으로는 단금속선, 합금선, 쌍금속선, 합성연선으로 나눌 수 있다.

---

5) 도체뿐만 아니라 도체를 지지하는 철탑, 전주 등을 포함한 공중에 설치된 전선로를 말한다.

2.1.1 전선의 구조에 따른 분류

1. 단선

도체 한 가닥으로 구성된 전선으로서 굵기의 단위는 지름[mm]으로 나타낸다. 주로 배전선로에서 5[mm]이내의 것이 쓰인다.

2. 연선(꼬은선)

여러 가닥의 소선[6]을 꼬아서 만든 전선으로서 전류 용량이나 강도가 큰 도체를 만들 수 있다. 특히 가요성[7]을 필요로 하는 경우에 사용된다. 전선의 크기는 공칭단면적 [mm^2]으로 표시하고 있지만, 이 경우 다음의 예처럼 소선의 개수와 지름이 명기된다.

[예] 소선수/소선지름 : 19/4.0 → 지름 4[mm]의 소선 19개를 꼬음

그림 2.1은 1가닥의 소선을 중심으로 여러 층의 동심원으로 소선들을 연합시킨 동심연선의 외관 및 단면의 구조이다.

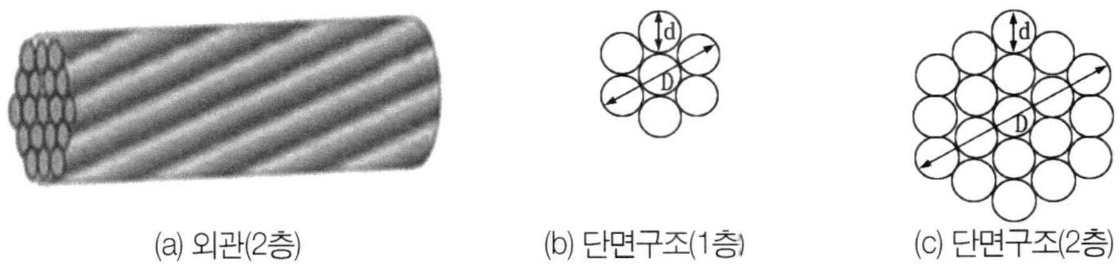

그림 2.1 동심연선의 외관 및 단면 구조

연선의 소선 지름이 같을 경우 연선의 층수, 연선의 바깥지름, 연선의 단면적을 다음의 관계식으로 계산할 수 있다.

(1) 연선의 층수

연선은 중심소선을 중심으로 1층에 6개, 2층에 12개, 3층에 18개로 층수에 따라 6의 배수만큼씩 소선들이 둘러싼 구조이다. 그러므로 소선의 층수가 n이면 소선의 전체 개

6) 소선(strand, 素線): 꼬은선을 구성하는 한 가닥의 단선.
7) 가요성(flexibility, 可撓性): 탄성체가 외부로부터 회전력을 받았을 때 휘는 성질.

수(N)은 다음 식(2.1)과 같이 나타낼 수 있다.

$$\begin{aligned} N &= 1+6(1+2+3+\ldots+n) \\ &= 1+6\times\frac{(n+1)n}{2} \\ &= 1+3n(n+1)[\text{가닥}] \end{aligned} \tag{2.1}$$

(2) 연선의 바깥지름

연선의 바깥지름 D와 소선의 지름 d와의 관계는 식(2.2)와 같다.

$$D=(2n+1)d[\text{mm}] \tag{2.2}$$

(3) 연선의 단면적

연선의 단면적 A와 소선의 단면적 a와의 관계는 식(2.3)과 같다.

$$A=aN=\frac{\pi d^2}{4}N[\text{mm}^2] \quad \because a=\pi\left(\frac{d}{2}\right)^2 \tag{2.3}$$

여기서 A를 계산 단면적이라 하는데 실제는 계산값에 가까운 공칭단면적으로 나타낸다. 예를 들어, 공칭단면적이 30[mm^2]인 연선의 구성(소선수/지름)은 7/2.3이다. 앞의 식(2.3)에 의해서 계산하면 $A=\frac{\pi\times 2.3^2}{4}\times 7=29.1[\text{mm}^2]$로서 계산식은 29.1[mm^2]인데 공칭단면적을 30[mm^2]으로 정한 것이다.

예제 2-1 PRETEST

연선의 구성이 19/1.8[mm]인 경동연선의 바깥지름[mm]을 계산하여라.

[풀이]

소선총수 $N=3n(1+n)+1=19$에서 층수 n은 2

$D=(2n+1)d=5\times 1.8=9[\text{mm}]$

3. 중공(中空)도체

송전선의 전압이 220[kV] 이상인 초고압 송전선이 되면 코로나 발생을 방지하기 위해서 지름이 큰 것이 필요한데, 무게를 증가시키지 않고 도체의 지름을 크게 한 것이 중공 도체이다.

【참고】 코로나 방지 대책을(코로나 임계 전압을 높게 하기) 위하여 전선의 지름을 크게 한다. (중공연선, ACSR, 복도체 채용)

2.1.2 전선의 재질에 따른 분류

1. 단금속선

구리, 알루미늄, 철 등과 같이 하나의 금속으로 만든 전선을 단금속선이라 한다. 단금속선에는 동선(구리선), 알루미늄선, 강선 등이 있다.

(1) 동선

동선은 연동 및 경동의 상태로 나전선 또는 절연 전선의 도체로서 사용된다. 경동선이란 것은 거칠게 빼낸 그대로의 동선으로서 강도가 큰 전선이다. 이에 비해 연동선은 상온에서 가공한 동선을 약 600℃로 가열한 다음 서서히 식혀서 만든다. 경동선에 비해 연하고 신장이 현저히 크고 도전율도 높다. 따라서 기계적 강도를 별로 필요로 하지 않는 경우나 가요성을 필요로 하는 옥내 배선, 전기 기기의 권선 등에 많이 사용된다. 표준 연동의 도전율은 20℃에서 58[℧/m]이고, 이 도전율을 100%로 하여 다른 전선과 백분율로 비교한다. 이를 %도전율이라고 한다. 표 2.1은 경동선과 연동선의 성질을 비교한 것이다.

표 2.1 경동선과 연동선의 비교

구분	상태	고유저항 [$\Omega mm^2/m$]	도전율 [%]	인장강도 [kg/mm^2]	용도
경동선	압연 및 신선으로 가공된 그대로의 것.	$\rho = \dfrac{1}{55}$	96~98	35~48	기계적 강도를 요구하는 옥외 배선
연동선	350~500(℃)의 온도에서 불활성가스 또는 진공 중에서 풀림한 것.	$\rho = \dfrac{1}{58}$	98~102	20~25	연함과 가요성을 필요로 하는 옥내 배선

(2) 알루미늄선

순알루미늄선에는 가공 그대로의 경알루미늄선과 열처리한 연알루미늄선이 있다. 보통 전선으로 사용되는 것은 경알루미늄선이다. 알루미늄선의 도전율은 동선의 약 2/3이고 비중은 대략 1/3이다. 전기저항이 동선과 같은 알루미늄선을 채택하면 중량은 동선의 약 1/2이 된다.

경알루미늄연선의 고유저항은 $\rho = \frac{1}{35}[\Omega \cdot \mathrm{mm}^2/\mathrm{m}]$로서 %도전율이 61% 정도이다. 전선으로서는 구리선에 다음가는 양도체이다. 그러나 인장강도가 15 ~ 20[kg/㎟] 정도에 지나지 않으므로 송전선로에서는 거의 사용되지 않고 옥내배선용으로 사용한다.

(3) 철 및 강선

철의 저항율은 10[$\mu\Omega \cdot$ cm] 정도로, 구리에 비해 비교적 크지만, 강선은 강도가 크므로, 케이블의 외장, 강심알루미늄연선의 심선으로서 또는 바인드선[8] 등에 사용된다. 사용 목적에 따라서는 산화를 방지하기 위해 아연 도금을 하고 있다.

2. 합금선

합금선은 도체의 인장강도를 증대시키기 위해서 구리나 알루미늄에 다른 금속재료를 섞어서 만든 전선이다. 합금의 결과 단금속선에 비해 도전율은 약간 저하되지만 기계적 강도가 좋아진다.

(1) 구리 합금선

순동에 다른 원소를 첨가해서 합금한 것인데, 대단히 많은 종류의 것이 있다. 0.8%정도의 주석과 소량의 규소를 섞은 규동선, 1%정도의 카드뮴을 섞은 카드뮴동선, 구리를 특수처리해서 만든 C합금선 등이 있다.

(2) 알루미늄 합금선

알루미늄 합금선은 소량의 규소와 마그네슘을 배합한 전선이다. 순알루미늄선에 비해 인장강도가 크며, 비교적 유전율이 크고, 내식성 및 내진동 피로성도 우수하다. 따라서 큰 장력이 걸리지 않는 송배전선로용으로 쓰인다.

8) 애자 등에 선을 붙들어 매는 선.

3. 쌍금속선

2종류의 금속을 녹여 붙인 전선이다. 대표적인 것이 강선의 외부를 구리로 피복한 동복강선이다. 보통 %도전율은 40%정도, 인장강도는 90~120[kg/㎟] 정도이다. 인장강도가 크기 때문에 지지물간의 거리가 긴 송전선로에 쓰인다. 또한 낙뢰(벼락) 차폐 목적의 가공지선으로 사용되기도 한다.

4. 합성 연선

두 종류 이상의 금속을 합성한 것으로 강심알루미늄연선(ACSR: Aluminum Cable Steel Reinforced)이 대표적이다. 도전율이 양호한 알루미늄선의 강도를 증가시키기 위해 그림 2.2와 같이 알루미늄연선의 가운데에 아연도금 강선이 들어가 있는 구조이다.

그림 2.2 강심알루미늄연선(ACSR)의 구조

표 2.2 강심알루미늄연선의 특성

공 칭 단면적 [㎟]	도체구성[㎜]		계산단면적[㎟]		인장 하중 [kg]	바깥지름[㎜]		중량 [kg/km]	전기 저항 [Ω/km]
	알루미늄 (Al)	강 (St)	알루미늄 (Al)	강 (St)		Al	St		
32	6/2.6	1/2.6	31.85	5.309	1,140	7.8	2.6	128.6	0.899
58	1/3.5	1/3.5	57.73	9.621	1,980	10.5	3.5	233.1	0.497
95	6/4.5	1/4.5	95.40	15.90	3,180	13.5	4.5	385.1	0.301
97	12/3.2	7/3.2	96.5	56.29	10,600	16.0	9.6	708.9	0.301
160	30/2.6	7/2.6	159.3	37.16	6,990	18.2	7.8	732.8	0.182
240	30/3.2	7/3.2	241.3	5629	10,210	22.4	9.6	1,110	0.120

무게가 가볍고 비용이 저렴하며, 높은 장력의 특성을 가지고 있기 때문에 하천 횡단 등의 지지물간의 거리가 긴 경우에도 적합하다. 또한 바깥지름이 커지므로 코로나에 의한 전력손실을 방지할 수 있다. 코로나 방지 및 큰 인장하중[9)]을 필요로 하는 154[kV]급 이상의 고전압 송전선로 등의 가공전선에 광범위하게 사용되고 있다.

예제 2-2 PRETEST

저항이 동일한 경우 강심알루미늄연선을 경동연선과 비교 기술하여라.

[풀이]

강심 알루미늄 연선은 경동 연선에 비하면 도전율이 낮고 인장 하중은 강심이 있으므로 크다. 코로나는 외경이 커지므로 발생하기 어려우며 알루미늄선은 동선보다 표면이 연하므로 상하기 쉽기 때문에 취급에 주의해야 한다.

2.2 전선 굵기의 선정

전선의 굵기를 선정할 때 고려해야 할 요소는 허용전류, 전압강하, 전력손실 등의 전기적 특성과 기계적 강도, 중량 등의 기계적 특성 및 내부식성, 시공상의 난이도, 경제성 등이 있다. 이러한 요소 중에서 전선의 굵기를 선정할 때 가장 중점을 두는 것은 허용전류이다.

2.2.1 허용전류

전선에 전류를 흘리면 I^2R에 의한 주울열에 의해 반드시 온도가 상승한다. 온도가 너무 높으면 전선의 인장 강도가 저하되거나 표면이 산화된다. 그러므로 전선의 연속 사용 조건에서의 최고 허용온도를 정해 그때의 전류 값을 가지고 허용전류라고 한다. 다시 말해서 허용전류란 전선에 전류를 연속적으로 흘릴 때 도체의 수명적 관점에서 안전하게 사용할 수 있는 전류이다. 일반적으로 허용전류의 결정에는 루크(Luke)의 식이 이용되

9) 축 방향으로 도체를 잡아 늘려지도록 작용하는 하중.

고 있다. 허용전류는 전선의 부하 전류에 의한 열손실(I^2R)과 전선의 주위에의 대류에 의해 방산하는 열량($\pi d\ell kt$)이 같아지는 조건으로부터 다음 식(2.5)와 같이 구해진다.

$$I^2R = \pi d\ell kt \tag{2.4}$$

$$\therefore\ I = \sqrt{\frac{\pi d\ell kt}{R}} \tag{2.5}$$

여기서 I : 허용전류[A]

d : 전선의 바깥지름[cm]

ℓ : 전선의 길이[cm]

k : 열방산계수[W/℃·cm2](풍속, 일사량, 주위 온도에 따라서 정해지는 계수)

t : 전선의 온도 상승분[℃]

R : 최고 사용 온도에서의 길이 ℓ인 전선의 직류 저항[Ω]

따라서 허용전류는 전선의 재료, 구조, 표면의 상태, 주위의 온도, 풍속 등에 따라서 달라진다. 최고 허용온도는 단시간에는 100℃로 잡고 있으나 연속적인 사용의 경우 전선의 접속부분이 열화되는 점을 고려하여 90℃로 한다. 다음 표 2.3과 4는 송전용 경동연선과 ACSR에 대한 허용전류 값의 일부를 나타낸 것이다.

표 2.3 경동연선(송전용)의 허용전류

공칭단면적[mm^2]	연선구성	허 용 전 류(A) (주위온도40℃)	
		연속사용최고온도 (90℃)	최고허용온도 (100℃)
200	19/3.7	660	740
150	19/3.2	540	610
100	7/4.3	420	470
75	7/3.7	350	395
38	7/2.6	225	245

표 2.4 ACSR(송전용)의 허용전류

공칭단면적[mm^2]	연선구성		허 용 전 류(A) (주위온도40℃)	
	알루미늄(Al)	강(St)	연속사용최고온도 (90℃)	최고허용온도 (100℃)
610	54/3.8	7/3.8	1,075	1,200
520	54/3.5	7/3.5	955	1,090
410	26/4.5	7/3.5	830	945
330	26/4.0	7/3.1	720	810
200	30/2.9	7/2.9	520	590

2.2.2 경제적 단면적

경제적인 전선의 굵기를 선정할 수 있는 방법으로 켈빈의 법칙이 있다. 켈빈의 법칙이란 "1년간의 전력손실량에 대한 환산전기요금과 전선 시설비에 대한 1년간의 이자 및 감가상각비가 같게 되도록 하는 전선의 굵기가 가장 경제적이다."라고 하는 것이다.

예제 2-3 P·R·E·T·E·S·T

전선 굵기를 결정할 때 가장 중요한 요소는?

[풀이]

전선의 굵기를 선정하는 데 필요한 요소는 허용전류, 전압강하, 전력손실, 기계적 강도, 시공상의 난이, 회로의 단락전류 등이 있으나 가장 중점을 두는 요소는 허용전류이다.

2.3 전선의 이도

지지물에 전선을 설치할 때는 약간 느슨하게 처지도록 한다. 전선의 지지점을 연결하는 수평선으로부터 처진 최대 수직 길이를 이도(Dip; 처짐)라고 한다. 전선은 온도에 따라 그 길이가 변화하고 또 장력을 받으면 전선 고유의 탄성에 따라 신축한다. 그러므로 가공전선의 이도는 설치지역에 따라 고온계 및 저온계 최악조건에서 전선의 최대 사용장력이 전선의 안전율을 초과하지 않도록 해야 한다.

2.3.1 이도의 계산

그림 2.3처럼 전선 지지점의 높이가 같을 때 즉, A와 B점의 높이가 같을 때 이도(D)는 다음 식(2.6)과 같다.

$$D = \frac{WS^2}{8T} \tag{2.6}$$

여기서, D : 이도[m]

W : 합성하중(전선의 중량[kg/m], 풍압하중[kg] 등)

S : 경간(지지물 간의 거리)[m]

T : 전선의 수평장력[kg]

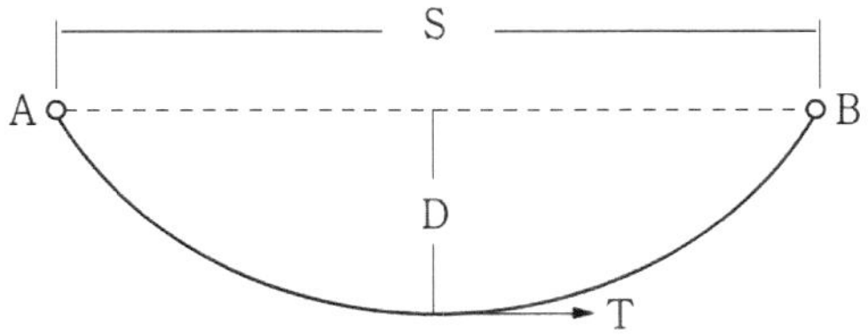

그림 2.3 전선 지지점의 높이가 같을 때

위 식(2.6)에서 수평장력 T는 최악의 기상조건에서 전선이 가져야 할 허용장력이다. 전선의 수평장력은 다음 식(2.7)과 같이 전선의 인장하중(T')과 안전율(f)의 비이다. 안전율(f)은 전기설비기술기준에 의거 경동선 또는 내열 동합금선은 2.2이상, 그 밖의 전선은 2.5이상을 적용하고 있다.

$$T = \frac{T'}{f} \tag{2.7}$$

표 2.5 이도가 클 경우의 장단점

장 점	단 점
• 안정도 증가 • 진동 방지 • 지지물에 가해지는 장력이 감소	• 지지물이 높아진다. • 전선접촉사고가 많아진다.

예제 2-4 PRETEST

경간 200[m]의 지지점이 수평인 가공전선로가 있다. 전선 1[m]의 무게는 2[kg], 풍압하중은 없는 것으로 하고 전선의 인장 하중은 4,000[kg], 안전율은 2.2라고 할 때 이도[m]를 계산하여라.

[풀이]

$$D=\frac{WS^2}{8T}=\frac{2\times 200^2}{8\times\dfrac{4,000}{2.2}}=5.5[\mathrm{m}]\quad\left(\because \text{수평장력}\,T=\frac{\text{인장하중}\,T'}{\text{안전율}\,f}\right)$$

2.3.2 전선의 실제길이

다음 식(2.8)과 같이 전선의 실제길이 L[m]를 이도 D와 경간 S의 길이로 나타낼 수 있다.

$$L=S+\frac{8D^2}{3S} \tag{2.8}$$

즉, 이도로 인하여 전선의 실제길이는 경간의 길이보다 $8D^2/3S$ 만큼 길어진다.

예제 2-5 P·R·E·T·E·S·T

공칭단면적 160[mm2]인 ACSR선을 경간이 300[m]이고 지지점의 높이가 같은 철탑에 가설하였다. 사용전선의 실제 길이[m]를 계산하여라. 단, 전선의 하중은 0.733[Kg/m], 풍압하중은 없는 것으로 하고 전선의 인장 하중은 7,000[Kg]이며, 안전율은 2.5라고 한다.

[풀이]

이도 $D=\frac{WS^2}{8T}=\frac{0.733\times 300^2}{8\times\frac{7,000}{2.5}}=2.95$

전선의 길이 $L=S+\frac{8D^2}{3S}=300+\frac{8\times 2.95^2}{3\times 300}=300.08[\mathrm{m}]$

예제 2-6 P·R·E·T·E·S·T

경간이 300[m]일 때 측정한 이도가 9[m]이었다. 이도를 10[m]로 하려면 추가적으로 소요되는 전선의 길이[m]를 계산하여라.

[풀이]

전선의 길이 $L=S+\frac{8D^2}{3S}[\mathrm{m}]$

이도가 9[m]일 때 $L_1=300+\frac{8\times 9^2}{3\times 300}=300.72[\mathrm{m}]$

이도가 10[m]일 때 $L_2=300+\frac{8\times 10^2}{3\times 300}=300.89[\mathrm{m}]$

추가로 필요한 전선의 길이는 300.89 - 300.72 = 0.17[m]

2.3.3 전선에 가해지는 하중

위의 예제 2.4에서 이도를 계산할 때 합성하중 W를 전선 자체의 중량만을 고려하였다. 실제는 빙설이 부착되거나 바람으로 인한 풍압하중까지 생각한 합성하중을 적용하여야 한다.

1. 고온계 하중조건

고온계 하중조건은 하계(4월~11월)에서 전선에 작용하는 최대하중으로 태풍을 고려한 것이다. 고온계 하중은 그 지방의 평균온도에서 전선의 중량과 그 전선의 수직 투영면적 1[㎡]당의 수평풍압과의 합성하중을 뜻한다. 수평풍압은 과거에는 전기설비기술기준에 의거 모든 지역에 76[kg/㎡]을 적용하였으나, 최근 태풍의 풍속 증가로 인한 설비피해를 최소화하기 위하여 해안지역은 100[kg/㎡], 기준을 강화한 지역은 125[kg/㎡]을 적용하고 있다.

2. 저온계 하중조건

저온계 하중조건은 동계(12월~3월)에 전선에 작용하는 최대하중으로 그 지방의 최저온도에서 빙설과 풍압을 고려한 하중조건을 말하며, 다음의 3가지 조건으로 구분하여 합성하중을 적용한다.

빙설이 많지 않은 지역에서는 전선의 중량과 그 전선의 수직 투영면적 1[㎡]당 38[kg]의 수평풍압과의 합성하중을 적용한다.

빙설이 많은 지역에서는 전선의 주위에 두께 6[㎜], 비중 0.9의 빙설이 부착한 때의 전선 및 빙설의 중량과 그 피빙[10]전선의 수직 투영면적 1[㎡]당 38[kg]의 수평풍압과의 합성하중을 적용한다.

빙설이 많은 해안지역, 동계에 최대풍압이 생기는 지역에서는 전선의 중량과 그 전선의 수직 투영면적 1[㎡]당 76[kg]의 수평풍압과의 합성하중 또는 전선의 주위에 두께 6[㎜], 비중 0.9의 빙설이 부착한 때의 전선 및 빙설의 중량과 그 피빙전선의 수직투영면적 1[㎡]당 38[kg]의 수평풍압과의 합성하중 중 큰 것을 적용한다.

3. 합성하중 계산식

이와 같이 전선의 설계시에는 지지물간 거리의 고온계하중과 저온계하중을 검토하여 그 중 큰 것을 적용한다. 전선의 자체중량을 W_0, 부착 빙설의 중량을 W_i, 수평 풍압을 W_w라고 한다면 합성하중 W는 다음 식(2.9)와 같다.

$$W = \sqrt{(W_0 + W_i)^2 + {W_w}^2} \tag{2.9}$$

10) 피빙(ice coating, 被氷): 전선 주위에 부착된 눈이 얼어붙은 상태.

위 식은 빙설하중을 고려한 저온계의 합성하중이고, 여기에서 빙설하중 $W_i = 0$을 적용하면 고온계에서의 합성하중 식 $W = \sqrt{W_0^{\ 2} + W_w^{\ 2}}$가 된다. 다음 그림 2.4와 2.5는 고온계(빙설이 없는 경우)와 저온계(빙설이 있는 경우)의 합성하중을 나타낸다.

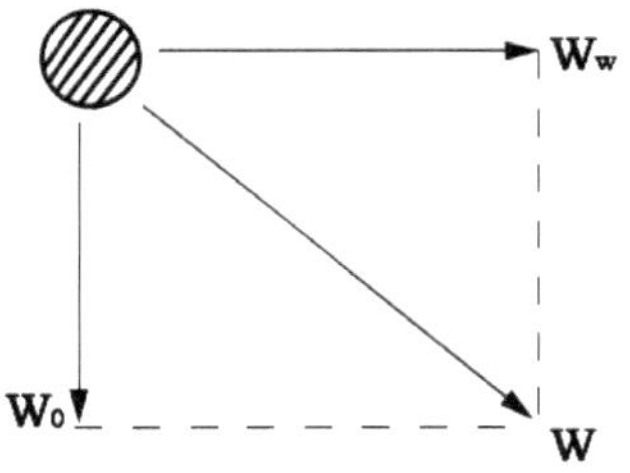

그림 2.4 고온계 합성하중

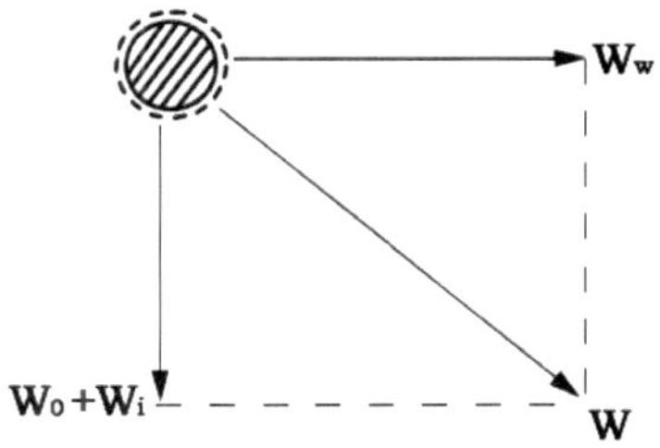

그림 2.5 저온계 합성하중

2.3.4 전선의 진동과 도약

가공전선로의 설비는 크게 안정상의 이유에 의한 절연설비와 전선로의 구조설비로 나눌 수 있다. 절연설비로는 애자가 대표적이며, 구조설비로는 철탑 등 지지대와 전선의 진동 및 안전을 담당하는 댐퍼(damper) 등이 있다. 이 절에서는 전선의 진동을 제어하는 댐퍼와 전선 도약으로 인한 전선의 단락을 방지하기 위한 오프셋(off-set)에 대하여 다룬다.

1. 전선의 진동 방지 : 댐퍼

가공전선로에는 풍속, 풍향, 지형, 기후조건 등에 따라 다양한 진동현상이 나타나며, 이러한 진동현상은 전선의 마모 또는 단선사고를 일으켜 전기적 사고를 유발할 수 있다. 진동 대책용 댐퍼로는 스톡브릿지 댐퍼, 토셔널 댐퍼, 베이트 댐퍼 등 다양한 것들이 있다. 이중 우리나라의 경우는 주로 스톡브릿지 댐퍼와 베이트 댐퍼만을 사용하고 있다.

(1) 스톡브릿지 댐퍼(stock bridge damper)

그림 2.6에 나타낸 스톡브릿지 댐퍼는 아연도금한 강선의 양단에 추를 매단 것으로서 전선의 좌·우 진동방지를 위하여 사용한다. 설치 지점은 전선 지지점에 가장 가까운 진동 루프 길이의 1/2∼1/3정도이다.

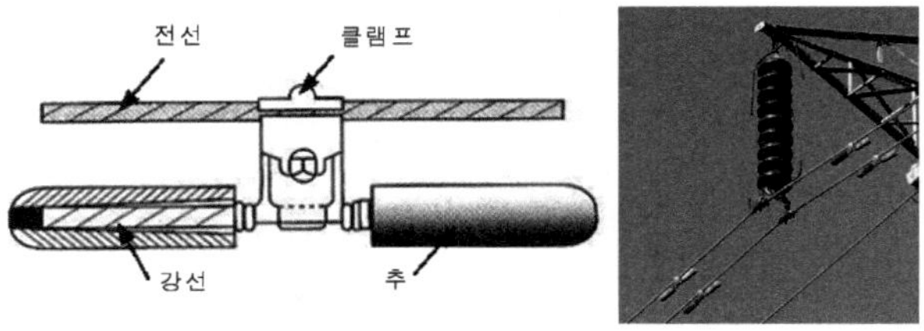

그림 2.6 스톡브릿지 댐퍼 구조와 설치 예

(2) 토셔널 댐퍼(torsional damper)

스톡브릿지 댐퍼가 전선과 수평으로 설치하는 반면 토셔널 댐퍼는 전선의 상·하 도약 현상방지를 위하여 전선과 수직으로 설치한다.

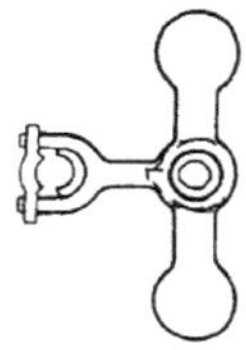

그림 2.7 토셔널 댐퍼

(3) 베이트 댐퍼(bate damper)

진동방지 및 보강효과를 기대할 수 있어 가공지선에 널리 사용된다. 그림 2.8에 나타낸 것처럼 지지점 부근에 가공지선과 같은 첨선을 양쪽으로 각각 5.5~7.5[mm] 정도씩 클립으로 묶어 보강한 것이다.

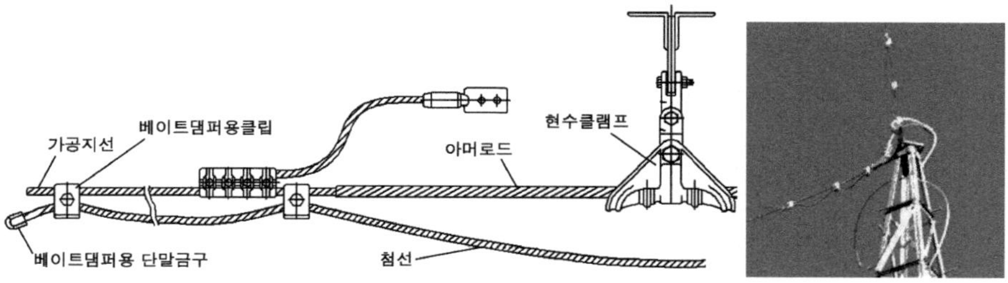

그림 2.8 베이트 댐퍼구조와 설치 예

그림 2.8의 베이트 댐퍼 구조에서 보인 아머로드(armour rod)는 지지점 부근의 전선을 보강하여 지지점에서의 단선을 방지하기 위해서 사용된다. 즉, 그림 2.9에서 처럼 1~3[m]정도 길이의 같은 종류의 전선 8~10가닥을 전선 지지점 부근에 감아 붙인 것이다. 전선 지지점에서의 단선 방지를 위해서 사용된다.

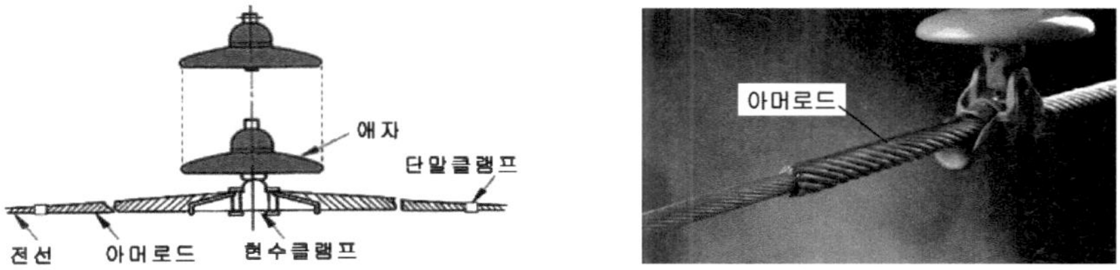

그림 2.9 아머로드 구조와 설치 예

3. 스페이서 댐퍼

스페이서 댐퍼는 다도체 방식 가공전선로에 설치되는 방진장치로서 주요역할은 소도체간의 간격을 유지시켜줌과 동시에 진동발생을 줄여주는 것이다. 스페이서 댐퍼는 지지물 사이에 평균 40~50[m] 간격으로 설치된다.

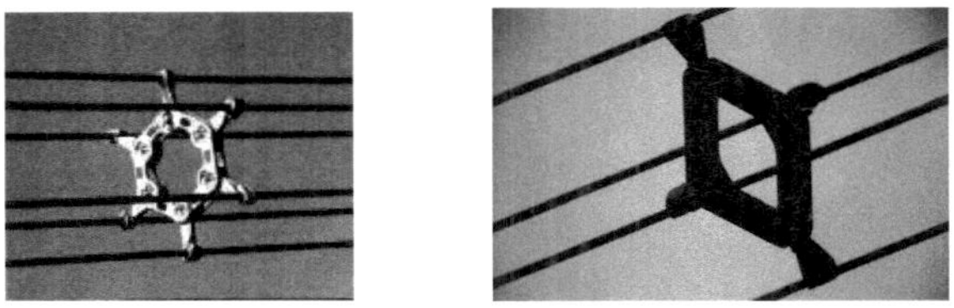

그림 2.10 스페이서 댐퍼

4. 전선의 도약

겨울철에는 전선에 부착된 빙설이 어떤 원인(기온상승, 풍압, 주울열 등)에 의해 떨어지면 전선은 갑자기 장력을 잃게 되어 반동적으로 튀어 오른다. 또한 눈이나 습기에 의한 전선의 피빙이 비대칭일 경우 비행기의 날개와 같이 바람에 의한 양력이 발생하여 진동하는 갤러핑 현상이 일어난다. 그러므로 눈이 많이 오는 지역에서는 전선의 도약이나 갤러핑 현상 등에 의한 선간 섬락 사고를 방지하여야한다.

사고 우려가 있는 곳에서는 1회선 철탑을 사용하거나 위아래 전선이 같은 수직선상에 배치되지 않도록 오프셋(off set)을 두어 설치한다. 오프셋이란 그림 2.11과 같이 위아래 전선 상호간의 수평간격을 말한다. 강원도의 눈이 많이 오는 지역은 다른 지역에 비하여 표 2.6과 같이 오프셋을 크게 잡고 있다.

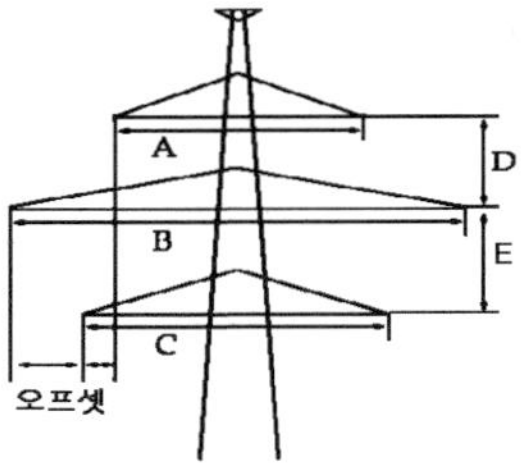

그림 2.11 철탑오프셋

표 2.6 다설지구와 보통지구의 송전탑(154kV) 비교치

지역	A	B	C	D	E	비고
다설 지구	8,000	14,100	10,300	4,900	3,900	강릉태백 지구
보통 지구	7,000	9,200	7,200	4,200	3,600	

예제 2-7 PRETEST

가공 전선로에 사용되는 오프셋의 의미를 설명하여라

[풀이]

부착빙설로 인한 전선의 처짐 또는 빙설이 떨어질 때 그 반동으로 전선이 도약하거나 갤러핑 현상 등에 의한 선간 섬락 사고 방지를 위하여 전선을 수직으로 배치할 경우에 상, 중, 하 전선 상호간의 수평 거리(오프셋)를 둔다.

2.4 애자

애자(insulator)는 전기도체를 절연하고 지지(支持)할 목적으로 장치하는 절연지지체이다. 즉, 전선을 철탑 등의 지지물에 고정시킴과 동시에 전선과 대지(지지물) 사이를 절연시키기 위해 사용되는 것을 애자라고 한다.

고전압 전기설비의 외부 절연은 모두 애자에 의존하므로 그 종류도 다양하다. 수십 [kV]이상의 고전압 송전선에서는 현수애자를 송전선의 전압등급에 따라 여러 개를 직렬로 매달고 그 밑에 전선을 고정시킨다. 두 가닥 이상의 도체를 평행으로 가설하는 다도체의 송전선에서는 인장하중이 크다. 그러므로 인장하중에 따라서 현수애자를 2열 또는 그 이상의 다열(多列)로 하여 고정시킨다. 특히 270[kV] 이상의 초고압송전선에서는 전선의 인장하중이 커지기 때문에 표준 250[mm] 지름의 현수애자보다 장력이 큰 280~380[mm] 지름의 애자를 최대 4열까지 다열로 설치하고 있다.

애자는 다음과 같은 조건이 요구된다.

① 선로의 정격전압은 물론 각종 사고에 의한 이상전압에 대해서도 견딜 수 있어야 한다.
② 눈, 비, 안개 등에 대해서도 충분한 전기적 표면저항을 가지고 누설 전류도 적어야 한다.
③ 전선 등의 자체 중량 외에 바람, 눈 등의 외력에 대해서도 충분한 기계적 강도를 가져야 한다.
④ 온도 급변에 견디고 습기를 흡수하지 않아야 한다.
⑤ 오랜 기간이 지나도 전기적 및 기계적 성능이 떨어지지 않아야 한다.
⑥ 다루기 쉽고 가격이 저렴해야 한다.

예제 2-8 P·R·E·T·E·S·T

송전선로용 애자가 구비해야 할 일반적인 요건에 대해서 말하여라.

[풀이]

❶ 충분한 절연내력을 가질 것.
❷ 충분한 절연저항을 가질 것.
❸ 충분한 기계적 강도를 가질 것.
❹ 누설전류가 적을 것.
❺ 온도변화에 잘 견디고 습기를 흡수하지 말 것.
❻ 가격이 싸고 다루기 쉬울 것.

2.4.1 애자의 종류

일반적으로 애자의 절연체 주재료로는 자기[11]를 사용한다. 자기는 온도 변화와 태양 광선 등의 환경에도 강한 기계력과 전기절연성이 좋고 변질되지 않기 때문이다. 게다가 원료가 풍부해서 비교적 값이 싸서 많이 사용한다. 그러나 특수한 용도에는 유리나, 폴리머(polymer)[12]를 절연물로 쓰기도 한다. 사용 목적, 장소, 전압 등에 따라 각종 재질과 형상의 것이 만들어지고 있다.

전선로용 애자는 크게 핀애자, 현수애자, 장간애자 및 지지애자로 나누어 볼 수 있다. 일반적으로 핀애자는 배전선용으로 사용되고, 현수애자와 장간애자는 송전선용으로 사용된다. 지지애자 중 LP애자는 배전선로에서 절연전선을 지지하는데 사용한다.

1. 핀애자(pin insulator)

핀애자는 그림 2.12와 같이 접시를 여러 개 겹친 것 같은 형상으로 핀이 달린 구조를 갖는다. 시멘트로 접합한 2~3겹의 접시모양 절연체, 절연체를 지지하는 주철제 베이스, 아연도금한 철강제 핀으로 구성되었다. 사용전압이 높으면 접시 모양의 절연체 크기가 커져 제작이 곤란하고 기계적 강도에도 한도가 있으므로 30[kV]이하의 배전선로에 주로 사용되고 있다.

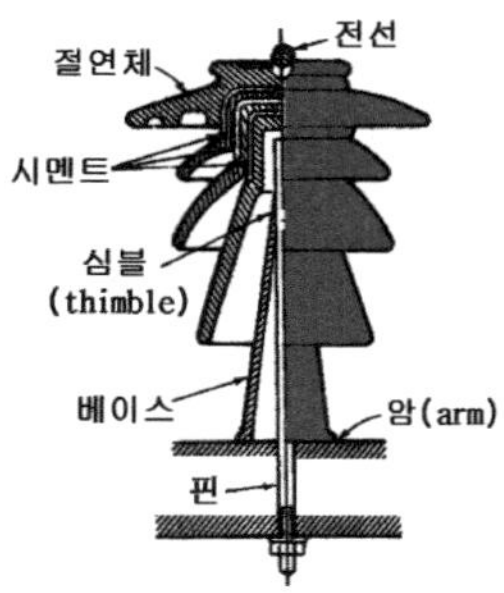

(a) 핀애자 구조

(b) 핀애자

(c) 핀애자 설치 예

그림 2.12 핀애자

11) 광물원료(점토, 장석, 석영 등)로 만들어진 경질(硬質)의 사기그릇
12) 분자가 중합하여 생성되는 화합물

2. 현수 애자(suspension insulator)

거의 대부분 송전선로에 현수 애자를 사용하고 있다. 전기적으로 충분한 절연내력을 가지게 하기 위하여 원판형 절연체 안쪽에 주름을 만들어 표면거리를 크게 하였다. 이것은 표면에 습기가 있을 때, 특히 염분이나 먼지 등이 부착하였을 때 절연내력이 저하되는 것을 방지하는데 효과가 있다. 절연체의 연결 쇠붙이는 시멘트로 부착시켰다. 그림 2.13과 같이 연결 쇠붙이 모양에 따라 클리비스형과 볼소켓형이 있다.

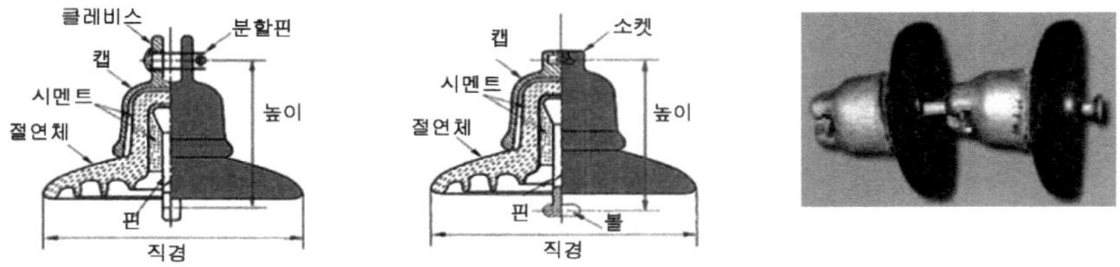

(a) 클레비스형 (b) 볼소켓형 (c) 볼소켓형 연결

그림 2.13 현수애자의 구조 및 연결 모습

과거에는 클레비스형을 주로 사용하였으나, 활선작업[13]등의 편의상 볼소켓형을 주로 많이 사용한다. 자기 부분의 최대지름에 따라서 180[mm], 250[mm], 280[mm], 320[mm] 등이 있다. 중성선 지지용으로 180[mm]를 사용하고 전압선 지지용으로 표준 250[mm](실제 직경은 254[mm])이상을 사용한다.

자기애자와 함께 전 세계적으로 널리 사용되고 있는 유리애자는 70% 이상의 규토(Silica, SiO_2)로 구성되어 있다. 절연체가 유리로 되어 있다는 점을 제외하면 자기애자와 큰 차이가 없으나, 자기애자와 달리 내부 절연파괴가 발생하지 않아 일부 국가에서는 자기애자보다 선호되기도 한다.

특히 폴리머애자는 특고압 배전선로에서 장력이 크게 걸리는 도체를 고정하는데 사용한다. 폴리머애자는 자기애자류에 비해 전기적인 특성이 양호하고 신뢰성이 높아 중요지역 및 염진해지역의 공급선로에 주로 사용한다.

13) 전류가 통하고 있는 채로 전선로의 작업을 행하는 일

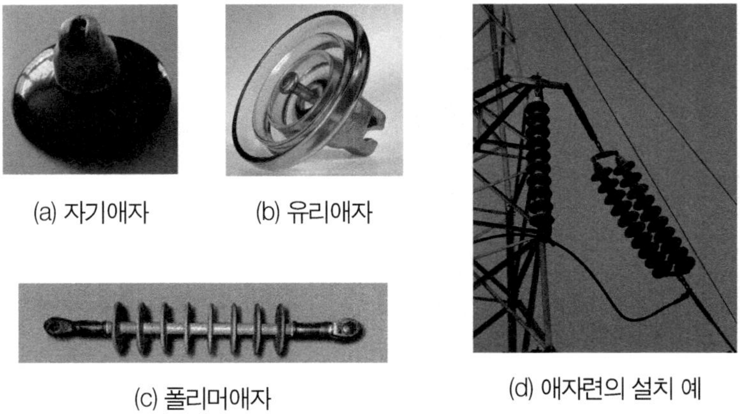

(a) 자기애자 (b) 유리애자

(c) 폴리머애자 (d) 애자련의 설치 예

그림 2.14 애자별 형상 및 애자련의 설치 예

현수애자는 전압에 따라 필요한 개수만큼 연결해서 사용한다. 애자 여러 개를 직렬로 연결한 것을 애자련이라고 한다.

3. 장간애자(long rod insulator)

그림 2.15와 같이 장간 애자는 같은 간격으로 주름을 잡은 원통형의 자기봉 양단에 시멘트로 연결용 캡을 덮어씌운 것이다. 일종의 막대기형 현수애자로서 사용전압에 따라 연결 개수를 달리할 수 있다.

장간애자의 특징은 열화현상이 거의 없으므로 불량 애자 검출 작업이 거의 필요하지 않다. 또한 표면 누설거리가 비교적 길어서 염분에 의한 애자 오손이 적고, 비에 잘 씻기기 때문에 내무성이 좋아서 내염(내무)애자[14]로 적당하다. 단점은 기계적 강도가 약하다.

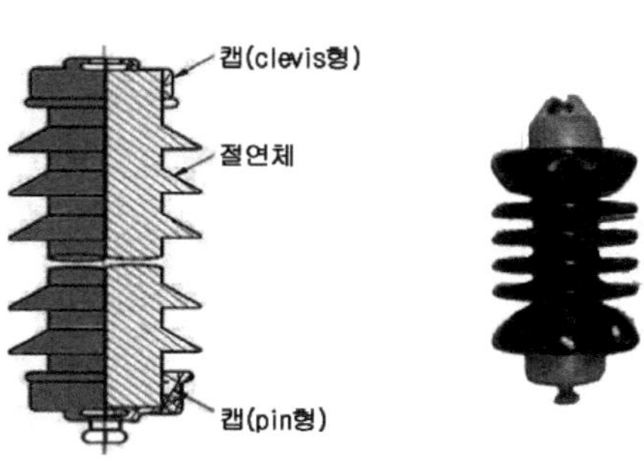

그림 2.15 장간애자

14) 해안이나 공장 지대에서의 염분이나 먼지, 매연 대책으로 채용.

4. 지지애자(Post insulator)

발변전소나 개폐소 모선, 단로기, 기타의 기기를 지지하는 SP애자(Station Post Type)와 연가용 철탑 등에서 점퍼선을 지지하는 전선로용의 LP애자(Line Post type)가 있다. LP 애자는 장간애자와 같은 장점을 구비하고 있기 때문에 77[kV] 이하의 가공배전선로에서 절연전선을 지지하는데 사용한다.

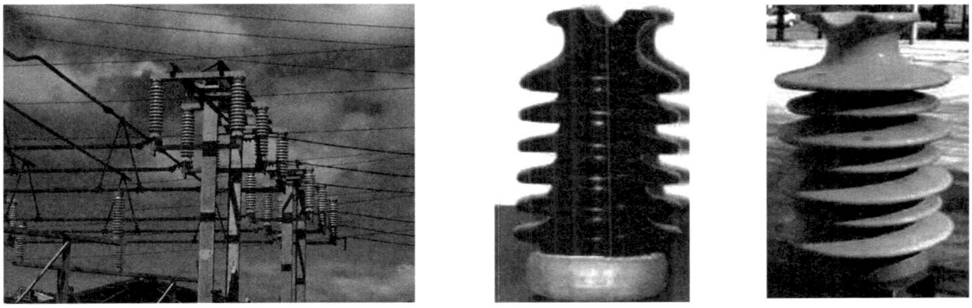

(a) SP애자의 설치 예　(b) 일반 LP애자　(c) 내염 LP애자

그림 2.16 지지애자

예제 2-9 PRETEST

송전선로용 애자의 종류에 대해서 말하여라.

[풀이]

❶ 핀애자 : 직선 전선로를 지지하기 위한 곳에 채용.

❷ 현수애자 : 철탑에서 전선을 아래로 늘어뜨려 지지하기 위한 애자.

❸ 장간 애자 : 지지물간 거리가 멀거나 해안지역에서의 염진해 대책 및 코로나 방지 목적으로 채용.

❹ 지지 애자 : 전선로에서의 점퍼선을 절연, 지지하기 위해 채용.

2.4.2 애자의 전기적 특성

1. 애자의 정전 용량

핀애자는 전선과 핀 사이에, 현수애자는 캡과 핀 또는 볼 사이에 각각 정전 용량이 있다. 특히 절연체 표면이 빗물로 젖을 경우에는 평행판 콘덴서의 극판 면적이 증가한 것처럼 정전 용량이 증대하게 된다. 그 대략적인 값을 핀애자 2호(20[kV]급용)와 250[mm]를 10개 연결한 현수 애자련에 대해서 살펴보면 다음과 같다.

- 핀애자 2호 : 건조상태의 정전 용량이 14~16[pF]이고, 주수상태의 정전 용량은 20~26[pF]이다.
- 현수애자 10개련 : 건조상태의 정전 용량이 8~9[pF]이고, 주수상태의 정전 용량은 12~15[pF]이다.

[참고] 정전용량

절연된 도체간에서 전위를 주었을 때 전하를 축적하는 것. 두 극판간의 정전용량 C는 $C=\frac{Q}{V}=\varepsilon\frac{A}{d}$ 이다. 이 식에서 Q는 전하량, A는 극판의 면적, ε는 극판 사이의 절연물의 유전율, d는 극판사이의 거리이다. 그러므로 정전용량은 극판의 면적에 비례한다($C \propto A$). 단위는 1[V]의 전위를 주었을 때 1[C]의 전하를 축적하는 정전 용량을 1패럿이라 하고 [F]로 나타낸다.

2. 애자의 섬락 전압

애자 양끝의 쇠붙이에 전압을 걸고 서서히 높이면 어느 순간 애자 표면에 있는 공기를 통해 아크 방전이 일어나게 된다. 이러한 현상을 섬락이라 하고, 이때의 전압을 섬락전압(FOV: FlashOver Voltage)이라고 한다.

애자의 표면을 따라 두 쇠붙이간의 최단거리를 표면 누설거리라고 한다. 애자의 절연내력을 높이려면 절연체의 두께를 두껍게 하고 안쪽에 올록볼록하게 주름을 많이 만들어 표면 누설거리를 크게 해야 된다. 또한 애자의 한쪽 쇠붙이에서 공기를 통하여 다른 쇠붙이까지 도달할 수 있는 최단거리를 섬락거리라고 한다. 공기 중에 습기가 많이 있거나, 눈·비 등으로 애자의 표면이 젖어 있으면 섬락거리가 짧아져서 섬락전압이 낮아진다.

섬락전압은 표 2.7에서와 같이 애자의 형상, 치수, 오손 상태, 외기 밀도, 온도, 습도 등에 따라서 달라진다.

표 2.7 현수애자의 섬락전압과 유중파괴전압

현수애자		섬락전압			유중파괴전압 [kV-rms]
		건조 [kV-rms]	주수 [kV-rms]	50% 충격 [kV-peak]	
종류	250[mm]	80	50	125	140이상
	180[mm]	60	32	100	120이상

(1) 건조 섬락전압

깨끗하고 건조된 애자(련)의 두 쇠붙이에 상용주파수의 전압을 걸어 섬락이 일어날 때의 전압 실효값(rms)이다. 이때 온도는 20℃, 기압은 760[mmHg], 습도는 11[g/m³](상대습도 63%) 기준이다.

(2) 주수 섬락전압

애자 표면이 비에 젖어 있을 때의 섬락 전압으로서 개폐서지(switching surge)에 대한 하나의 절연기준이 된다. 주수 시험은 고유저항 $\rho = 10 \pm 2[\Omega \cdot \text{cm}]$인 물을 비가 오듯이 애자축에 45°각도로 분당 3[mm]의 비율로 주수한 상태에서 행하며, 이때의 섬락전압 실효값(rms)이다.

예제 2-10 P·R·E·T·E·S·T

애자의 건조 섬락전압 및 주수 섬락전압에 대해서 설명하고 각각의 특징을 비교하여라.

[풀이]

❶ 건조 섬락 전압 : 건조한 애자가 섬락할 때의 전압의 실효값.
250[mm] 현수애자 1개의 건조 섬락 전압 : 80[kV]

❷ 주수 섬락 전압 : 비에 젖은 애자가 섬락할 때의 전압의 실효값.
250[mm] 현수애자 1개의 주수 섬락 전압 : 50[kV]

(3) 50% 충격 섬락전압

애자의 전선측에 (+)극성의 표준충격전압파[15]를 걸었을 때, 섬락 회수가 전압공급 회수의 50[%] 정도일 때의 섬락전압의 파고값(peak)을 말한다. 낙뢰(벼락) 등으로 인한 외부 이상전압에 대한 애자의 절연설계 기준이 된다.

예제 2-11 PRETEST

50[%] 섬락 전압이란 무엇을 의미하는가?

[풀이]

표준 충격파 전압을 여러 번 걸었을 때, 전압을 공급한 회수의 절반이 섬락된 때의 전압이다. 파고값으로 나타낸다.

(4) 유중 파괴 전압

절연유 속에 넣은 상태에서의 절연파괴전압을 가리키는 것으로 섬락전압보다는 훨씬 높다. 이것은 공기 중에서 섬락이 생기기전에 애자가 절연파괴 되는 일이 없어야 하기 때문이다.

현수애자는 전압에 따라 섬락전압을 높이기 위해 필요한 개수만큼 연결해서 사용한다. 전압별 애자의 개수는 애자에 가해지는 주수 섬락전압이 선로의 상규대지전압[16]의 4배 이상이 되도록 하는 개수를 기준으로 한다. 애자의 전체 개수는 불량 애자가 있을 것을 감안하여 기준 개수보다 많게 결정한다. 현수 애자련의 개수는 22.9[kV-Y]에서는 2∼3개, 154[kV]는 9∼11개, 345[kV]는 18∼20개, 765[kV]는 40∼45개이다.

---

15) 전기기기의 충격절연강도를 측정하기 위해 사용하는 전압. 우리나라는 파두장이 1.2[μs]이고 파미장이 50[μs]인 1.2×50[μs]의 파형을 사용한다.

16) 각 상의 대지에 대한 전압, 154[kV]의 상규 대지전압은 $\frac{154}{\sqrt{3}}$ 인 88.9[kV]이다.

예제 2-12 P·R·E·T·E·S·T

송전 선로에 사용하는 현수 애자련의 애자 개수는 어떻게 정해지는가를 154[kV]를 예를 들어 설명하여라.

[풀이]

선로의 개폐시 또는 고장시에 발생하는 서지(surge)에 의한 이상전압은 최대상규대지전압(상전압)의 4배정도이다. 그러므로 강우시에도 견딜 수 있도록 주수 섬락전압이 선로의 상규대지전압의 4배 이상이 되는 개수를 파악한다. 여기에 불량 애자가 있어도 지장이 없도록 전체 개수를 늘려서 결정한다.

154[kV]의 상규대지전압은 $154/\sqrt{3}$ 인 88.9[kV]이고, 표준 현수애자(250[mm])의 주수섬락전압은 50[kV]이다. 그러므로 상규대지전압의 4배($88.9 \times 4 = 356$[kV])가 되려면 현수애자 8개($50 \times 8 = 400$[kV])가 필요하다. 여기에 불량애자를 감안하면 154[kV]의 현수애자 개수는 9~11개 정도가 되는 것이다.

3. 현수애자의 연효율

일반적으로 현수애자는 여러 개의 애자를 덧이은 애자련으로 사용한다. 애자련의 각 애자는 그림 2.17에 나타낸 것처럼 애자 자체의 정전용량(C) 외에 애자와 철탑(대지)사이의 정전용량(C_E), 애자와 도체 사이의 정전용량(C_L)을 갖고 있다. 각 애자의 전압 부담은 균등하지 않다. 도체에서 제일 가까운 애자의 분담비가 가장 크다. 분담비가 가장 작은 애자는 도체에서 철탑 쪽으로 약 3/4이상 지점이며 여기에서 다시 철탑 쪽으로 갈수록 약간 커진다.

그림 2.18은 애자가 10개인 애자련을 예를 들어 각 애자의 전압 분담비를 나타낸 그래프이다. 전선 쪽의 1번 애자의 분담비(20%)가 가장 크고, 철탑에서 3번째인 8번 애자의 분담비(5%)가 제일 낮다.

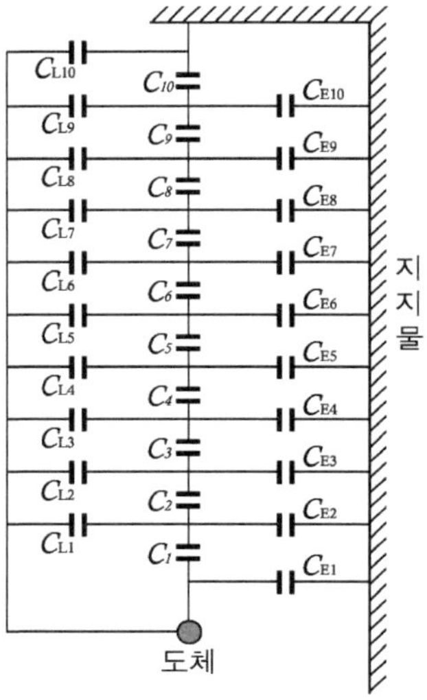

그림 2.17 애자련의 등가회로

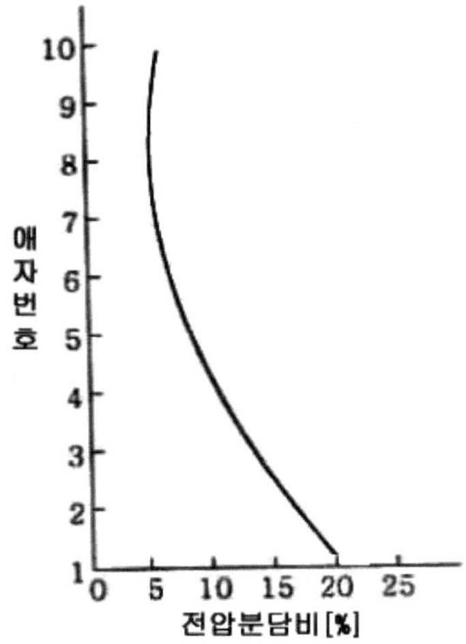

그림 2.18 애자련의 전압분포

예제 2-13 PRETEST

현수 애자련의 전압 분포가 균등하지 않는 이유를 설명하여라.

[풀이]

애자련의 각 애자는 자체의 전정 용량 외에 애자와 철탑사이의 정전용량, 애자와 도체사이의 정전 용량을 갖는다. 따라서 각 애자의 전압 분담은 균등하지 않고 도체에 가장 가까운 애자가 가장 분담비가 크고 중간의 것은 낮고 철탑에 가까운 것은 약간 커진다.

이와 같이 각 애자의 부담전압은 서로 다르기 때문에 애자련의 애자 개수를 늘린다고 해서 애자련의 섬락전압이 애자 연결개수에 비례하여 증가하지 않는다. 전압분포가 균등하지 않을 경우에는 분담비가 큰 애자 쪽이 그만큼 더 열화 되기 쉬우므로 애자련 전체의 이용률은 저하된다. 애자 1개의 섬락전압을 V_1이라고 하고, n개로 연결된 애자련의 섬락전압을 V_n이라 하면 애자련의 효율 η은 다음과 같다.

$$\text{연효율 } \eta = \frac{V_n}{n V_1} < 1 \tag{2.9}$$

연효율 η를 1에 가깝도록 하면 각 애자의 부담전압이 같게 되므로 그만큼 선로의 절연은 향상된다.

예제 2-14 P·R·E·T·E·S·T

250[mm] 현수애자 10개를 직렬로 접속한 애자련의 건조 섬락 전압이 590[kV]이고 연효율이 0.74이다. 현수 애자 한 개의 건조 섬락 전압을 계산하여라

[풀이]

연효율 $\eta = \frac{V_n}{nV_1}$ 이다.

그러므로 $V_1 = \frac{V_n}{n\eta} = \frac{590}{10 \times 0.74} = 79.7[\mathrm{kV}]$

다음절에서 설명할 소호환을 설치하면 전선에 대한 정전용량(C_d)을 늘리게 되어 애자의 전압 분담비를 균등하게 만들어 주는 효과가 있다. 10개 애자련에 대하여 소호환을 설치하기 전후의 전압 분담비를 비교하면 다음 표 2.8과 같다.

표 2.8 소호환 설치 전후의 전압분담비(10개 애자련의 경우)

구분	1번 애자 전압 분담비[%]	8번 애자 전압 분담비[%]
소호환 설치 전	20	5
소호환 설치 후	12	8

2.4.3 소호(초호)장치

역섬락[17] 등의 아크를 애자로부터 멀리 유도하기 위하여 애자련의 양쪽 끝에 소호장치를 설치한다. 소호장치는 모양에 따라 소호환(아킹링)과 소호각(아킹혼)으로 구분한다. 소호각은 이상전압으로 섬락이 발생하는 경우 아크경로를 애자련보다 소호각에서

17) 낙뢰 전류가 철탑으로 흐를 때 철탑에서 도체로 아크가 발생하는 현상

먼저 섬락이 발생되도록 하여 애자련이 섬락으로 손상되는 것을 보호한다. 특히 소호환은 평상시 애자련의 전압 분포의 불균등을 완화시켜 주기 위해 장치한 금속링으로 코로나 잡음이 발생하지 못하도록 억제하는 효과와 소호각의 기능도 가지고 있다.

도체 쪽에만 링을 설치하여 애자의 전압분포를 균등화하거나, 코로나 장해 또는 전파장해를 방지하기 위한 경우도 있기 때문에 부착 위치나 용도에 따라 균압환, 차폐환 등으로 부르기도 한다. 선로 사고일 때 차단시간이 짧은 154[kV] 계통에는 일반적으로 사용하지 않고, 345[kV]이상의 중요 계통 선로에 사용한다.

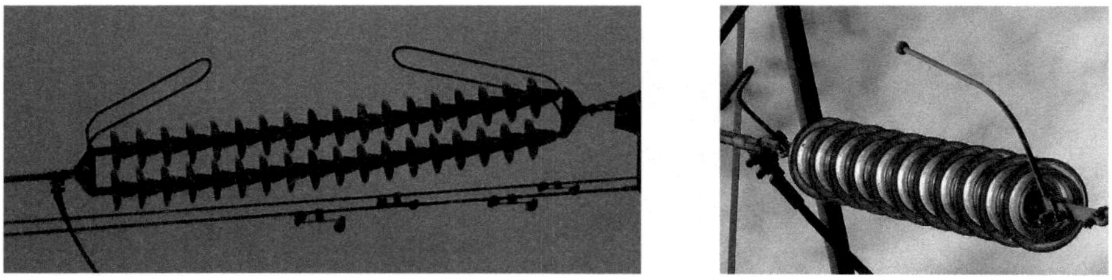

그림 2.19 소호장치의 설치 예

예제 2-15 PRETEST

소호장치를 설치하는 이유를 설명하여라.

[풀이]

* 이상전압으로 부터 애자련을 보호한다.
* 애자련의 분담 전압을 균등화한다.
* 발생한 코로나를 억제한다.

2.5 지지물의 종류

1. 철탑

철탑은 각철(Angle) 또는 원형강관의 하나하나가 조립된 구조물로서 각 다리마다 1개씩의 기초를 가진 지지물을 말한다.

(1) 철탑의 구조

철탑의 구조는 그림 2.20과 같이 상부, 몸체, 다리로 나눌 수 있다. 상부는 지지대, 암현수애자 등으로 구성되어 있고, 몸체는 주각재, 수평재 등이 있다. 철탑의 다리는 철탑에 걸리는 하중을 지반에 전달하고 안전하게 지지하여야 한다.

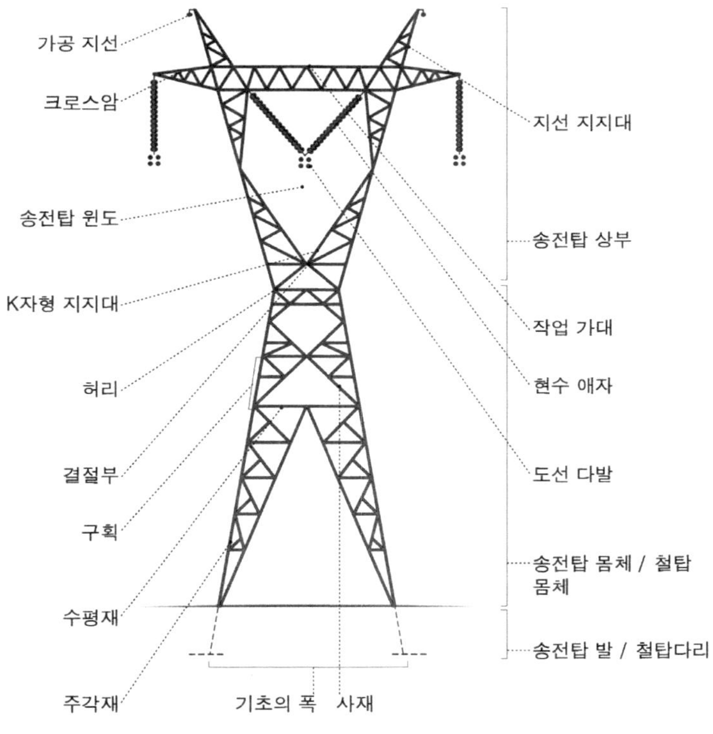

그림 2.20 철탑의 구조(출처:ikonet.com)

(2) 전선 배열에 따른 분류

1회선 전선배열별로 철탑을 구분하면 수평배열, 삼각배열, 직삼각배열 등이 있다.

수평배열은 해외에서 1회선 배열로 가장 널리 사용되는 형상이다. 3상의 전력선이 모두 평행으로 같은 높이에 배열된다. 일반적으로 수평배열의 특성상 암의 길이가 길어지게 되는데 산악지가 많은 우리나라에서는 철탑의 높이가 상대적으로 높아져 경제성 및 미관상 불리하다.

삼각배열은 다른 형상에 비하여 건설, 정비 측면에서는 다소 불리하나 전기적으로 가장 우수하다. 3상의 전력선이 정삼각형 배치라 가장 이상적이다. 우리나라 765[kV] 1회선 송전선로의 철탑 형상이다. 철탑 상부의 모양으로 우두(牛頭)형 철탑이라고도 한다.

직삼각배열은 한쪽에 2상, 다른 쪽에 1상을 배치한 형상으로 시각적으로 한쪽으로 치우진 느낌을 준다. 시공성이나 제작성은 우수하나 상배치가 비대칭이므로 전계 강도 계산결과가 다르게 나타난다.

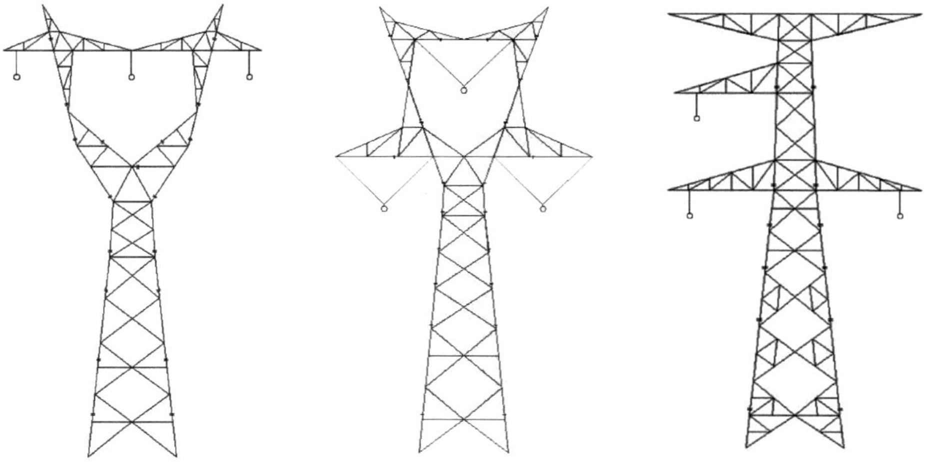

(a) 수평배열 (b) 삼각배열 (c) 직삼각배열

그림 2.21 전선 배열별 철탑 형상

다음 그림 2.22는 765[kV] 2회선에서 채용한 수직배열 철탑의 구조이다.

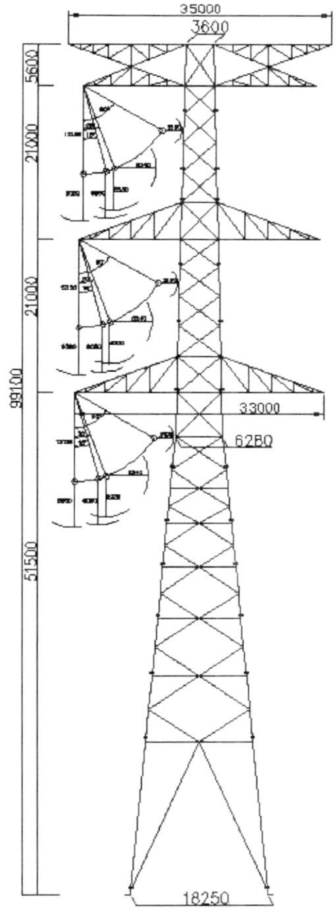

그림 2.22 765kV 2회선 수직배열

(3) 사용목적에 따른 분류

표준경간[18]에 사용하는 표준철탑과 지지물간의 거리가 멀거나 특수한 곳에 사용되는 특수형 철탑이 있다.

표준철탑은 전선로의 표준경간에 대하여 설계하는 것으로 수평각도가 적은 개소에 사용하는 현수애자장치의 직선철탑(A형 철탑: 수평 각도 3° 이내), 수평각도가 있는 경우

18) 송전선의 표준이 되는 경간으로서 송전선로의 계획 설계상 기본이 되는 중요한 사항이다. (765kV 철탑선로 : 500m, 345kV 철탑선로 : 350～400m, 154kV 철탑선로 : 300m)

내장애자장치를 갖는 각도철탑(B형철탑:수평 각도 4∼20°, C형철탑:수평 각도 21∼30°), 내장애자장치를 갖는 철탑 중 전선로 보강을 위하여 사용하는 내장철탑(E형 철탑), 전체의 공중선을 한쪽에서 당겨야하는 곳에서 사용하는 인류철탑(D형 철탑: 수평각도 30°이상), 전선을 설치할 때 가지선의 설치를 생략할 목적으로 하는 연선단말철탑(X형)이 있다.

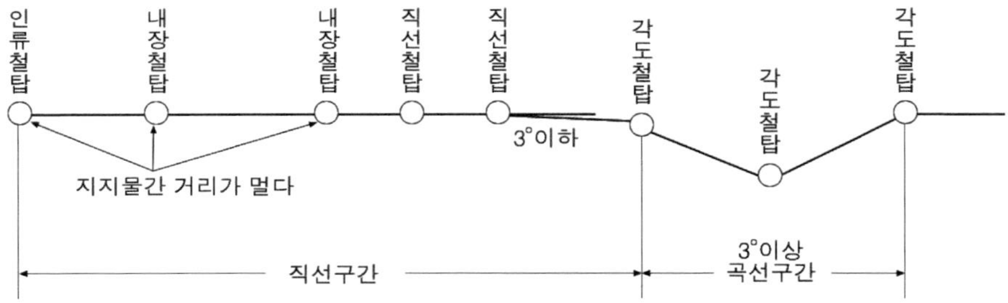

그림 2.23 철탑의 사용목적에 따른 분류

특수철탑은 하천횡단, 계곡횡단 등의 지지물간 거리가 먼 곳에 사용하고 기타 특수성으로 표준철탑을 사용할 수 없는 곳에 적용하도록 특수 설계된 철탑을 말하며 기호는 표준철탑의 기호 뒤에 S자를 첨가하고 연가철탑기호는 TC로 한다. 그리고 철탑은 각 주주재마다 단독기초를 갖는 것이 보통이며 4각을 공통으로 1개의 기초를 갖는 철주와 구별된다.

2. 철주

철탑과 마찬가지로 강재로 구성하여 소요강도를 자유롭게 설계할 수 있다. 강도에 비하여 경량이고 내구성이 비교적 높다. 전주길이에 제약이 없으며 분할운반이 가능하다. 철탑과 철주를 명확하게 구별하기 어려울 경우가 있으나 보통 철주는 66[kV]이하의 선로에 사용된다.

3. 목주

주로 전나무가 많이 사용되고 기계적 강도는 떨어지지만 운반, 건립, 전선설치가 쉬워 소규모의 배전선로에 주로 쓰인다. 부식 때문에 지지물의 강도가 저하되므로 다른 지지물에 비해서 신뢰성이 낮고, 또한 화재에 대해 약하다. 교체주기는 10년이고, 방식처리를 한 경우는 20년이다. 현재는 자재 구입난과 재질이 고르지 못한 점 때문에 실질적으로 사용되고 있지 않으며, 단기간의 임시설비 정도로 사용되고 있다.

4. 철근 콘크리트주

철근 콘크리트 또는 철골 콘크리트를 골조로 하는 반영구적인 구조물로서 철탑에 비하여 강재가 적게 들어 값이 싸며 기계적 강도는 목주보다 훨씬 크다. 강도를 자유롭게 선택할 수 있고 정비가 필요 없다. 그러나 중량이 무거워 운반, 취급이 불편하고 현지에서 건립 작업이 어렵다. 철탑에서와 같이 용도에 따라서 표준형과 특수형으로 나누며, 각각 직선형, 각도형, 인류형, 내장형, 보강형으로 분류한다.

연 습 문 제

1 전선 굵기를 결정할 때 고려할 주요 요건이 아닌 것은?
① 허용전류 ② 전압강하 ③ 기계적강도 ④ 전선의 하중

풀이 전선 굵기의 결정은 허용전류, 전압강하, 전력손실, 기계적 강도 등이 있으나 가장 중점을 두는 요소는 허용전류이다.

답 ④

2 전선의 지름을 결정하는 가장 중요한 요소는?
① 허용전류 ② 전압강하 ③ 기계적강도 ④ 옥내구조

풀이 전선의 굵기를 선정하는 데 필요한 요소는 허용전류, 전압강하, 전력손실, 기계적 강도, 시공상의 난이, 회로의 단락전류 등이 있으나 가장 중요한 요소는 허용전류이다.

답 ①

3 옥내 배선의 굵기를 설계하는 요령으로 가장 적당하게 설명한 것은?
① 부하의 위치와 전압 강하를 고려하여 결정하여야 한다.
② 승강기 등의 부하와 동일 굵기로 사용할 수 있도록 하여야 한다.
③ 부하의 수용률과 허용전류를 고려하여 결정하여야 한다.
④ 전압강하, 허용전류, 기계적 강도 등을 고려하여 결정 하여야 한다.

답 ④

4 켈빈의 법칙이 적용되는 경우는?
① 전력 손실량을 축소시키고자 하는 경우
② 전압강하를 감소시키고자 하는 경우
③ 부하 배분의 균형을 이루고자 하는 경우
④ 경제적인 전선의 굵기를 선정하고자 하는 경우

답 ④

5 가공전선로에 사용하는 전선의 구비 조건으로 바람직하지 못한 것은?
① 비중 (밀도) 이 클 것 ② 도전율이 높을 것
③ 기계적인 강도가 클 것 ④ 내구성이 있을 것

풀이 전선의 구비 조건(* 도전율이 클 것 * 기계적 강도가 클 것 * 유연성이 클 것 * 내구성이 있을 것 * 비중이 작을 것 * 값이 쌀 것) **답** ①

6 가공전선로에 사용하는 전선의 구비 조건으로 관계없는 것은?

① 도전율 ② 기계적 강도 ③ 기계적 강도 ④ 절연 성능

풀이 가공 송전선은 애자에 의해 절연이 유지되므로 절연 성능은 문제되지 않는다. **답** ④

7 저항이 동일한 경우 강심 알루미늄 연선을 경동 연선과 비교한 기술로서 잘못된 것은?

① 도전율이 낮다. ② 인장 하중이 크다.
③ 외상이 나기 어렵다. ④ 코로나를 발생하기 어렵다.

풀이 강심 알루미늄 연선은 경동 연선에 비하면 도전율이 낮고 인장 하중은 강심이 있으므로 크며 코로나는 외경이 커지므로 발생하기 어려우며 알루미늄선은 동선보다 표면이 연하므로 상하기 쉽기 때문에 취급에 주의해야 한다. **답** ③

8 ACSR는 동일한 길이에서 동일한 전기 저항을 갖는 경동 연선에 비해 어떠한가?

① 바깥지름은 크고 중량은 작다. ② 바깥지름은 크고 중량은 크다.
③ 바깥지름은 작고 중량은 작다. ④ 바깥지름은 작고 중량은 크다.

답 ①

9 층수 n, 소선 지름 d인 연선의 바깥지름은?

① $2nd$ ② $(2n-1)d$ ③ $(1+n)d$ ④ $(1+2n)d$

풀이 연선의 바깥지름 $D = d + 2d \times n = (1+2n)d$ **답** ④

10 19/1.8[mm] 경동 연선의 바깥지름은 몇[mm]인가?

① 34.2 ② 10.8 ③ 9 ④ 5

풀이 소선 총수 $N = 3n(1+n) + 1 = 19$에서 층수 n은 2
$D = (2n+1)d = 5 \times 1.8 = 9$[mm] **답** ③

11 전선의 표피효과에 관한 기술 중 옳은 것은?

① 전선이 굵을수록 주파수가 높을수록 커진다.
② 전선이 굵을수록 주파수가 낮을수록 커진다.
③ 전선이 가늘수록 주파수가 낮을수록 커진다.
④ 전선이 가늘수록 주파수가 높을수록 커진다.

풀이 표피효과는 전선에 교류가 흐를 경우 전류는 고르게 흐르지 않고 중심부일수록 자속 쇄교수가 크기 때문에 전류 밀도가 작고, 전류는 주변부에 많이 흐르는 현상으로 주파수가 높을수록 단면적이 클수록 도전율이 클수록 비투자율이 클수록 커진다. **답** ①

12 3상 수직 배치인 선로에서 오프셋을 주는 이유는?

① 전선의 진동 억제 ② 단락 방지
③ 철탑의 중량 감소 ④ 전선의 풍압 감소

답 ②

13 철탑으로부터의 전선의 오프셋을 주는 이유로 가장 알맞은 것은?

① 불평형 전압의 유도방지 ② 지락사고 방지
③ 전선의 진동 방지 ④ 상하 전선의 접촉 방지

답 ④

14 송전선에 댐퍼(damper)를 다는 목적은?

① 전선의 진동 방지 ② 전자유도 감소
③ 코로나 방지 ④ 현수 애자의 경사 방지

답 ①

15 가공전선로의 전선 진동을 방지하기 위한 방법으로 옳지 않은 것은?

① 토셔널 댐퍼의 설치
② 스프링 피스톤 댐퍼와 가튼 진동 제지권을 설치
③ 경동선을 ACSR로 교환
④ 클램프나 전선 접촉기 등을 가벼운 것으로 바꾸고, 클램프 부근에 적당히 전선을 첨가

답 ③

16 송전선로에서 역섬락이 생기기 쉬운 때는?

① 선로 손실이 클 때 ② 코로나 현상이 발생할 때
③ 선로상수가 균일하지 않을 때 ④ 철탑의 접지저항이 클 때

답 ④

17 애자가 갖추어야 할 구비조건으로 옳은 것은?

① 온도의 급변에 잘 견디고 습기도 잘 흡수해야 한다.
② 지지물에 전선을 지지할 수 있는 충분한 기계적 강도를 갖추어야 한다.
③ 비, 눈, 안개 등에 대해서도 충분한 절연저항을 가지며, 누설전류가 많아야 한다.

④ 선로전압에는 충분한 절연내력을 가지며, 이상전압에는 절연내력이 매우 적어야 한다.

답 ②

18 현수애자에 대한 설명이 아닌 것은?

① 애자를 연결하는 방법에 따라 클래비스형과 볼소켓형이 있다.
② 2~4층의 갓 모양의 자기편을 시멘트로 접착하고 그 자기를 주철재 base로 지지한다.
③ 애자의 연결개수를 가감함으로써 임의의 송전전압에 사용할 수 있다.
④ 큰 하중에 대하여는 2련 또는 3련으로 하여 사용할 수 있다.

풀이 ②항은 핀애자에 대한 설명이다.

답 ②

19 우리나라에서 가장 많이 사용하는 현수애자의 표준은?

① 160 ② 250 ③ 280 ④ 320

답 ②

20 4개를 한 줄로 이어 단 현수 애자를 사용하는 송전선 전압은?

① 22[kV] ② 66[kV] ③ 154[kV] ④ 345[kV]

답 ②

21 345kV 초고압 송전선로에 사용되는 현수애자는 1련 현수인 경우 대략 몇 개 정도 사용되는가?

① 6~8 ② 12~14 ③ 18~20 ④ 28~38

답 ③

22 가공 송전선에 사용하는 애자련 중 전압 부담이 최대인 것은?

① 전선에 가장 가까운 애자 ② 중앙에 있는 것
③ 철탑에서 가까운 것 ④ 모두 같다.

풀이 * 전압 분담 최대 : 전선쪽 애자 * 전압 분담 최소 : 철탑에서 1/3(전선에서 2/3) 지점 애자

답 ①

23 154[kV] 송전선로에 10개의 현수애자가 연결 되어 있다. 가장 전압 분담이 작은 것은?

① 철탑에서 가장 가까운 것 ② 철탑에서 3번째
③ 전선에서 가장 가까운 것 ④ 전선에서 3번째

풀이 철탑에서 3번째, 전선에서 8번째 애자로 6% 정도이다. **답** ②

24 현수애자의 연효율 η는? 단, V_1은 현수애자 1개의 섬락전압, n은 1련의 애자 개수이고, V_n은 애자련의 섬락 전압이다.

① $\eta = \dfrac{V_n}{nV_1} \times 100$ [%]
② $\eta = \dfrac{nV_1}{V_n} \times 100$ [%]
③ $\eta = \dfrac{nV_n}{V_1} \times 100$ [%]
④ $\eta = \dfrac{V_1}{nV_n} \times 100$ [%]

풀이 연효율 $\eta = \dfrac{V_n}{nV_1} \times 100[\%]$ **답** ①

25 250[mm] 현수 애자 한 개의 건조 섬락 전압은 80[kV]이다. 10개 직렬로 접속한 애자련의 건조 섬락 전압은 590[kV]일 때 연효율은?

① 1.35 ② 13.5 ③ 0.74 ④ 7.4

풀이 연효율 $\eta = \dfrac{V_n}{nV_1} = \dfrac{590}{10 \times 80} = 0.74$ **답** ③

26 250[mm] 현수애자 10개를 직렬로 접속돼 애자련의 건조 섬락 전압이 590[kV] 이고 연효율이 0.74이다. 현수 애자 한 개의 건조 섬락 전압은 약 몇 [kV] 인가?

① 80 ② 90 ③ 100 ④ 120

풀이 $\eta = \dfrac{V_n}{nV_1}$ 에서 $V_1 = \dfrac{V_n}{n\eta} = \dfrac{590}{10 \times 0.74} = 79.7[\text{kV}]$ **답** ①

27 가공송전선의 뇌해를 방지하는 것은?

① 아킹혼 ② 가공지선 ③ 현수애자 ④ 접지봉

답 ①

28 소호각의 역할은?

① 애자의 파손을 방지한다.
② 풍압을 조절한다.
③ 송전효율을 높인다.
④ 고 주파수의 섬락 전압을 높인다.

풀이 소호각의 역할(* 애자련의 섬락을 소호각으로 옮겨서 애자련을 보호한다. * 애자련의 분담 전압을 평준화한다. * 금구의 코로나 발생을 억제한다.) **답** ①

29 소호환의 설치 목적은?

① 애자련의 보호
② 크램프 보호

③ 이상 전압의 발생의 방지 ③ 코로나손의 방지

답 ①

30 송전선로에서 소호환을 설치하는 이유는?

① 전력손실 감소 ② 송전 전력 증대

③ 애자에 걸리는 전압분포균일 ④ 누설전류에 의한 편열 방지

답 ③

31 아킹혼의 설치 목적은?

① 섬락사고에 대한 애자 보호 ② 전선의 진동방지

③ 코로나손의 방지 ④ 이상전압의 소멸

풀이 아킹혼은 섬락시 애자를 보호하고 애자련의 전압 분담을 균일하게 한다. 답 ①

32 애자의 전기적 특성에서 가장 높은 전압은?

① 건조섬락전압 ② 주수섬락전압 ③ 충격섬락전압 ④ 유중파괴전압

풀이 * 건조섬락전압 : 80[kV] * 주수섬락전압 : 50[kV] * 충격섬락전압 : 125[kV] * 유중파괴전압 : 140[kV]이상

답 ④

33 송전선에 낙뢰가 가해져서 애자에 섬락이 생기면 아크가 생겨 애자가 손상되는 경우가 있다. 이것을 방지하기 위하여 사용되는 것은?

① 댐퍼 ② 아모로드 ③ 가공지선 ④ 아킹혼

답 ④

34 가공전선로에서 전선의 단위길이당 중량과 경간이 일정할 때 이도는 어떻게 되는가?

① 전선의 장력에 비례한다. ② 전선의 장력에 반비례한다.

③ 전선의 장력의 제곱에 비례한다. ④ 전선의 장력의 제곱에 반비례한다.

답 ②

35 경간 200[m]의 지지점이 수평인 가공전선로가 있다. 전선 1[m]의 하중은 2[Kg], 풍압하중은 없는 것으로 하고 전선의 인장 하중은 4000[Kg], 안전율은 2.2로 하면 이도[m]는?

① 4.7 ② 5 ③ 5.5 ④ 6

풀이 $D=\frac{WS^2}{8T}=\frac{2\times 200^2}{8\times\frac{4000}{2.2}}=5.5$ $\left(\because \text{수평장력 } T=\frac{\text{인장하중}}{\text{안전율}}\right)$ 답 ③

36 경간 200[m], 전선의 자체 무게 2[kg/m], 인장하중 5000[kg], 안전율 2인 경우, 전선의 이도(dip)는 몇 [m]인가?

① 2　② 4　③ 6　④ 8

풀이 $D=\frac{WS^2}{8T}=\frac{2\times 200^2}{8\times\frac{5000}{2}}=4$ $\left(\because \text{수평장력 } T=\frac{\text{인장하중}}{\text{안전율}}\right)$ **답** ②

37 전주 사이의 경간이 100 [m]인 가공전선로에서 전선 1[m]의 무게는 0.2 [Kg], 전선의 수평 장력은 250[Kg]이 필요하다면 전선의 이도는?(단, 안전율은 2이다.)

① 0.8　② 0.9　③ 1.0　④ 1.2

풀이 $D=\frac{WS^2}{8T}=\frac{0.2\times 100^2}{8\times 250}=1$ **답** ③

38 어떤 전선로의 전선 지지점이 동일 수평면에 있다고 할 때 전선의 길이를 산출하는 공식은? 단, D는 이도, S는 경간, L은 전선의 길이이다.

① $L=S+\frac{8D^2}{3S}$　② $L=S\frac{8D^2}{3S}$　③ $L=S+\frac{3D^2}{8S}$　④ $L=S\frac{3D^2}{8S}$

풀이 전선의 길이 $L=S+\frac{8D^2}{3S}$ 이다. **답** ①

39 330[mm2]인 ACSR선이 경간 300[m]에서 이도가 7.2[m]였다고 한다. 전선의 실제 길이는 약 몇[m] 인가?

① 300.23　② 300.46　③ 300.69　④ 300.92

풀이 $L=S+\frac{8D^2}{3S}=300+\frac{8\times 7.2^2}{3\times 300}=300.46[\text{m}]$ **답** ②

40 가공전선로에서 이도를 D라고 하면 전선의 길이는 경간S보다 얼마나 긴가?

① $\frac{8D^2}{3S}$　② $\frac{5D}{8S}$　③ $\frac{3D^2}{3S}$　④ $\frac{3D}{8S^2}$

풀이 전선의 길이 $L=S+\frac{8D^2}{3S}$ 이므로 경간S보다 $\frac{8D^2}{3S}$ 만큼 길다. **답** ①

41 경간 200[m]인 가공전선로가 있다. 사용전선의 길이[m]는 경간 보다 얼마나 크면 되는가? 단, 전선 1[m]의 하중은 2[Kg], 풍압하중은 없는 것으로 하고 전선의 인장 하중은 4000[Kg]이며, 안전율은 2라 한다.

① 1/3 ② 1/2 ③ $\sqrt{2}$ ④ $\sqrt{3}$

풀이 $D = \dfrac{WS^2}{8T} = \dfrac{2 \times 200^2}{8 \times \dfrac{4000}{2}} = 5$

전선의 길이 $L = S + \dfrac{8D^2}{3S}$ 이므로 경간 S보다 $\dfrac{8D^2}{3S}$ 만큼 길다. $\therefore \dfrac{8D^2}{3S} = \dfrac{8 \times 5^2}{3 \times 200} = \dfrac{1}{3}$ **답** ①

42 전선의 지지점 높이가 31[m]이고, 전선의 이도가 9[m]라면 전선의 평균 높이[m]는 얼마인가?

① 31.0 ② 26.0 ③ 25.5 ④ 25

답 ④

43 전선로의 지지물 양쪽에 경간차가 큰 곳에 쓰이며, E철탑이라고도 하는 철탑은?

① 인류형 철탑 ② 보강형 철탑 ③ 각도형 철탑 ④ 내장형 철탑

답 ④

44 그림과 같이 높이가 같은 거리에 가설되어 있다. 지금 지지물 B에서 전선의 지지점에서 떨어졌다고 하면, 전선의 이도 D_2는 전선의 떨어지기 전의 D_1의 몇 배가 되겠는가?

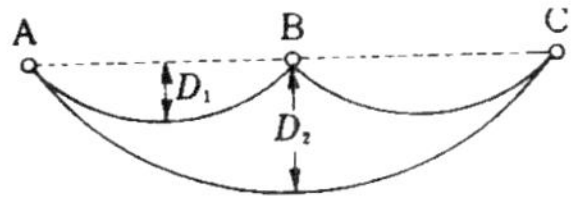

① $\sqrt{2}$ ② 2 ③ 3 ④ $\sqrt{3}$

풀이 전선의 실제 길이는 떨어지기 전과 떨어진 후가 같으므로

$$2L_1 = L_2, \quad 2\left(S + \frac{8D_1^2}{3S}\right) = 2S + \frac{8D_2^2}{3 \times 2S}$$

$$\frac{8D_2^2}{3 \times 2S} = 2\left(S + \frac{8D_1^2}{3S}\right) - 2S = \frac{2 \times 8D_1^2}{3S} \qquad \therefore D_2 = \sqrt{4D_1^2} = 2D_1$$

답 ②

45 전선의 자중과 빙설하중을 W_1, 풍압하중을 W_2라 할 때 그 합성하중은?

① $\sqrt{W_1^2 + W_2^2}$ ② $W_1 + W_2$ ③ $W_1 - W_2$ ④ $W_2 - W_1$

풀이 합성하중 $W = \sqrt{(\text{빙설하중} + \text{자중})^2 + (\text{풍압하중})^2} = \sqrt{W_1^2 + W_2^2}$ **답** ①

제 3 장

지중전선로

학습목표

- 지중전선로 개요 파악
- 케이블 등 지중전선로 설비 이해

3.1 지중전선로의 개요

지중전선로[19]는 가공전선로에 비해 건설비가 많이 든다는 단점이 있지만 신뢰성, 안전성, 보안 등에서 다양한 장점을 가진다. 이장에서는 가공전선로와 비교되는 지중전선로의 개요 및 여러 설비에 대해 살펴본다.

인구밀집지역에서 보안 및 환경과의 조화를 위하여 지중전선로의 건설이 증가되고 있는 실정이다. 지중전선로를 채용하는 이유는 다음과 같다.

① 도시의 미관을 확보하기 위한 경우
② 장경간 및 보안상의 제한조건 등으로 가공전선로의 건설이 곤란한 경우
③ 높은 수용밀도로 인해 설치해야할 회선[20]수가 많은 경우
④ 뇌, 풍수해 등에 의한 사고에 대해서 높은 신뢰도가 요구되는 경우

지중전선로는 가공전선로에 비하여 경과지를 확보하기 쉽고 화재에 대한 위험과 기상조건에 따른 영향이 적다. 사고로 가축이나 사람이 다치는 것을 줄일 수 있고 건축물에 미치는 위험도 적다. 또한 시설 보안이 유리하고 송배전의 신뢰도가 높으며 차폐 케이블의 사용으로 유도장해를 줄일 수 있다.

그러나 지중전선로는 가공전선로에 비해서 건설비가 비싸고 사고가 나면 고장점 검출이 어려우며 복구에도 많은 시간이 소요된다. 상대적으로 도체에 발생되는 열을 식히기 어려워 같은 굵기의 가공선로에 비하여 송전용량이 작은 단점이 있다. 하지만 케이블 제작 기술의 발달과 함께 정비 기술의 향상 등으로 대도시를 중심으로 그 사용 범위가 점차 확대되고 있다.

---

19) 강관, 주철관 등의 관로와 부대설비인 맨홀, 핸드홀 및 그 밖의 것을 포함한 지하 관로와 그 관로 내에 시설된 지하 케이블을 말한다.

20) 송전선로의 1회선이란 단상의 경우는 2개, 3상의 경우는 3개의 도체를 사용하여 전력이 공급되는 경우를 말한다. 단 3상4선식의 중성선은 회선 수에서 제외한다. 예를 들어 3상3선식 2회선이라고 하면 6개의 도체를 사용하는 송전선로이다.

3.2 전력 케이블의 종류

전력케이블은 그림 3.1과 같은 구조를 갖고 도체, 절연물, 외피 등으로 구성되어 있다. 도체로는 구리(Cu) 또는 알루미늄(Al)이 사용되며 심선의 가닥수에 따라 그림 3.2와 같이 단심, 2심, 3심 케이블 등으로 구분된다. 절연물에는 크래프트(kraft)지, 절연유, 고무, 폴리에틸렌(PE) 등이 있으며, 절연물의 보호와 습기침투방지를 위하여 절연물의 외장으로 시스[21]를 씌운다. 납, 알루미늄 등의 금속시스는 고장전류 귀환경로 및 전기적 차폐를 목적으로도 사용된다. 외피는 도체 및 절연물을 기계적, 화학적 외상으로부터 보호하기 위한 방식[22]층으로 폴리염화비닐(PVC), PE 등이 사용된다.

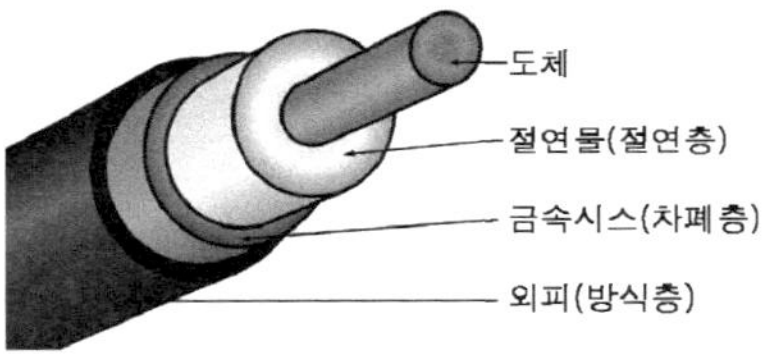

그림 3.1 케이블의 구조

그림 3.2 케이블 심선 수

일반적으로 사용되는 CV케이블, OF케이블, POF케이블에 대해서 살펴보면 다음과 같다.

1. CV 케이블

가교 폴리에틸렌 절연 케이블(XLPE; Crosslinked Polyethylene Insulated Vinyl Sheathed Cable)은 폴리에틸렌을 가교하고, 분자를 입체망 구조로 하여 폴리에틸렌의 결점인 열연화성을 대폭적으로 개선한 것이다.

구성요소별 특성을 살펴보면 도체는 보통 고순도의 동 또는 알루미늄이다.

내부 반도전층은 도체면의 전하분포를 고르게 하여 절연체의 절연내력을 향상시킨다.

21) 시스(sheath): 케이블의 정전차폐, 절연체의 내전압 값을 향상, 중성선 역할 등을 위해 절연물 외장으로 감은 것.

22) 방식층(anti corrosion covering): 케이블 시스의 부식을 막기 위하여 시스 위에 방식성 아스팔트, 고무, 합성 고무 등을 씌운 것.

또한 도체와 절연체간의 간극형성을 방지하여 코로나방전 및 이온화(오존 O_3 발생) 방지효과가 있다.

절연물로는 가교폴리에틸렌을 사용한다. 폴리에틸렌은 플라스틱의 일종으로서 전기적, 기계적 성질이 매우 우수하고, 가요성[23], 내마모성, 내오존성, 내코로나성, 내수성 등도 우수하지만 내열성이 약한 단점이 있다. 그러므로 폴리에틸렌 분자들을 가교시켜 열 특성을 향상시킨 가교폴리에틸렌을 절연물로 사용한다. 250° 정도에서도 변형되지 않고 연속사용 온도도 90° 정도로 우수하다.

외부 반도전층은 전기력선 분포를 개선하여 절연체의 절연내력을 향상시킨다.

차폐층은 정전차폐와 절연체의 내전압[24] 값을 향상한다. 고장전류의 귀환 경로를 제공하는 중성선 역할을 겸비한다. 차폐층이 연동 테이프로 된 CV-CU케이블(보통 CV 케이블이라 한다)과 연동선으로 된 CN-CV(Concentric Neutral CV Cable) 케이블로 구분된다. 그림 3.3과 4는 CV 케이블과 CN-CV 케이블의 구조를 나타낸다. 연동 테이프대신 연동 중성선을 사용한 CN-CV 케이블은 중성선 수밀층[25]이 있다. 중성선 수밀층은 중성선 안쪽은 반도전성 테이프를 사용하고, 바깥쪽에는 물이 묻으면 물을 흡수하여 부푸는 부풀음 테이프를 사용한다.

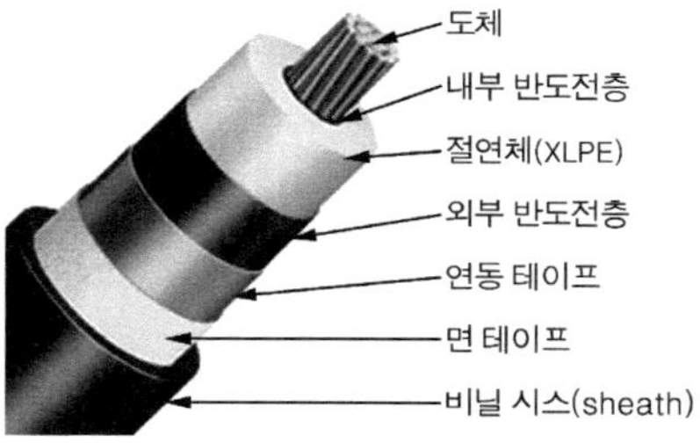

그림 3.3 CV 케이블

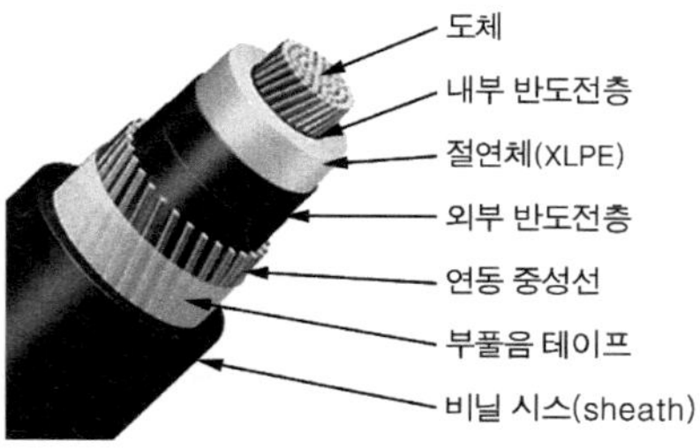

그림 3.4 CN-CV 케이블

외피로는 주로 PVC와 PE를 사용한다. PVC는 난연성[26]이 우수하고 PE는 내한성, 내수성이 우수하다.

---

23) 탄성체가 외부로부터 회전력을 받았을 때 휘는 성질.
24) 기기나 부품의 절연 부분이 파괴될 염려 없이 사용할 수 있는 공급 전압의 한도.
25) 물의 차단을 위하여 밀봉하는 층
26) 불이 쉽게 붙지 않고, 붙은 불도 쉽게 꺼지는 성질.

CV 케이블의 특징은 가볍고 절연 성능도 우수하다. 접속작업이 쉽고 유전체 손실이 작다. 다음에 설명할 OF 케이블처럼 절연유를 사용하지 않아 점검 및 정비가 간편하다. 도체의 허용온도가 높기 때문에 전류용량이 크다. 이러한 장점들로 인해 600[V]에서 345[kV]까지 넓은 전압 범위에서 국내 전력 케이블의 주류를 이루고 있다.

2. OF 케이블

유입케이블 OF(Oil Filled)는 케이블 내에 대기압 이상의 압력($1[kg/cm^2]$ 이상)으로 절연유를 가득 채워 밀봉한 것이다. 사용 중에 케이블을 피복한 납(鉛被)이 팽창하여 절연체에 틈이 생기더라도 가압하여 주입한 기름에서 방전하여 열화되는 것을 방지할 수 있다. 그림 3.5의 구조에서 나타낸 바와 같이 단심 케이블의 경우 기름 통로를 도체 가운데에 두고 있다. 재질은 아연도금 강대를 사용하며 원통형 중공 나선형으로 만들어 사용한다.

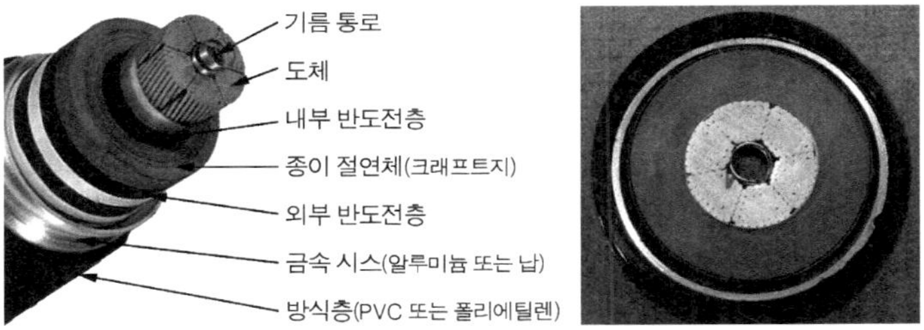

그림 3.5 OF 케이블

내부 반도전층에는 도체표면의 전계완화를 위해 도체에 여러 장의 카본지나 금속화지를 감는다. 이는 케이블의 절연내력을 향상시키기 위한 수단이다.

도체를 외부와 전기적으로 절연시켜 주는 절연체는 도체에 종이 절연체를 균일하게 감아 가열진공 건조로 습기 및 공기를 제거한 후 절연유를 채운다. 절연지는 탈이온 수세처리한 것을 사용하고 절연유는 합성유를 사용한다.

외부 반도전층은 절연두께 편차에 따른 전계 불평등을 억제하기 위해 비자성 금속테이프, 금속화지 또는 반도전성 카본지를 조합해서 절연체 위에 형성하고, 그 위에 금속 시스와의 전기적 접촉을 좋게 하기 위하여 동선 직입포 테이프를 감는다.

시스는 절연층에 침입하는 습기를 방지하고 케이블을 기계적 외상으로부터 보호하며, 지락전류나 충전전류의 귀환경로를 제공하는 역할을 한다.

방식층은 기본적으로 PVC 와 PE가 사용되며, 케이블이 기중 또는 전력구에 시설될 경우는 난연성이 좋은 PVC를 사용하고 그 이외의 경우 내구성이 우수한 PE를 사용한다.

국내에서 운전되고 있는 154[kV]급 지중선로의 대부분은 OF 케이블을 사용하고 있는데 그 특징은 절연유를 가압하여 채우므로 틈새가 생기지 않고, 온도 변화에 대한 팽창, 수축을 급유탱크에서 흡수하고, 외기의 침입이 방지되는 구조이고, 절연체의 두께를 얇게 할 수 있고, 허용 온도가 높아 송전용량을 증대시킬 수 있다.

3. POF 케이블

그림 3.6은 파이프형 유입 케이블 POF(Pipe type Oil Filled)의 개요도인데 강관 내에 3가닥의 절연된 도체를 삽입하고 기름을 가득 채운 것이다. 가스를 채운 파이프형 케이블을 PGF(Pipe type Gas Filled)케이블이라 한다. OF 케이블과 마찬가지로 높은 유압으로 가압된 절연유를 가득 채워서 온도상승으로 인한 틈이 생기지 않으므로 안정된 절연성능을 가진다.

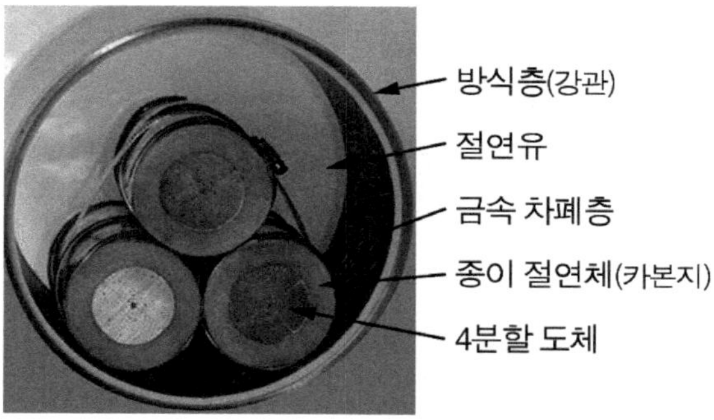

그림 3.6 POF 케이블

POF케이블의 특성은 강관에 대한 부식방지 대책이 필요하지만, 케이블의 중량이 가볍고 제조 과정이 용이하다. OF케이블에 비하여 접속이 쉽다. 기계적 강도가 강하고, 가압장치가 대규모로 된다. 특히 절연유를 순환시킴으로써 케이블의 온도를 쉽게 제어할 수 있고 강제 냉각 장치를 설치함으로써 송전 용량을 증대 시킬 수 있다는 장점을 지니고 있어 66~500[kV]급 케이블로서 많이 쓰이고 있다.

예제 3-1 P·R·E·T·E·S·T

OF 케이블에 비해 CV 케이블의 유리한 점을 설명하여라.

[풀이]

❶ 케이블의 설비가 단순해 시공, 정비가 간편하다.

❷ 동급 규격 OF 케이블에 비해 송전용량이 크다.

❸ 절연유가 없어 누유로 인한 환경오염이 유발하지 않는다.

❹ 난연성이 우수하다.

3.3 케이블의 손실

지중케이블은 도체, 절연체, 시스, 방식층으로 구성되어 있다. 케이블의 운전 중에는 이들 각각의 요소들에 의해 열이 발생되며, 열은 케이블을 둘러싼 매질을 통해 외부로 내보내진다. 케이블에서 생기는 손실은 도체손실, 유전체손실, 시스손실(연피손) 등이 있다.

1. 도체 손실

도체 내에서 소비되는 전력손실이다. 도체 손실은 도체의 저항 R을 통하여 흐르는 전류를 I라고 하면 I^2R[W]에 비례하는 주울열이 발생하므로 손실이 일어난다. 저항손이라고도 하며 다음 식(3.1)과 같이 도체 손실 W_c를 나타낸다.

$$W_c = I^2 R \ [\mathrm{W/km}] \tag{3.1}$$

여기서 도체의 저항 R은 다음 식(3.2)와 같이 나타낸다.

$$R = \frac{1}{58} \times \frac{100}{C} \times \frac{\ell}{A} \ [\Omega] \tag{3.2}$$

단, C : %도전율(연동선은 100이다)

A : 단면적[mm^2]

ℓ : 길이[m]

2. 유전체 손실

전극사이에 절연체(유전체)가 존재하는 상태에서 교류전압을 공급할 때 생긴 손실을 유전체 손실이라고 한다. 케이블에도 절연체가 존재하므로 유전체 손실이 생긴다. 케이블에 유전체 손실이 생기는 이유는 절연체가 도체와 금속시스 사이에 존재하기 때문이다. 즉, 케이블에 전압을 공급하면 콘덴서 성분이 있게 된다. 완전한 절연체는 있을 수 없다. 어떤 유전체라도 아주 적은 양의 전류는 흐를 수 있다. 케이블의 절연부분은 그림 3.7에 나타낸 바와 같이 등가적으로 정전용량 C와 누설저항 R의 병렬회로로 생각할 수 있다. 병렬로 연결된 누설저항은 매우 높은 저항을 나타내며, 이 절연체를 통해 전압과 같은 상의 누설전류(I_R)가 흐른다. 이때 유전체 손실(W_d)인 "상전압 E와 누설전류 I_R의 곱($W_d = EI_R$)"이 생기는 것이다.

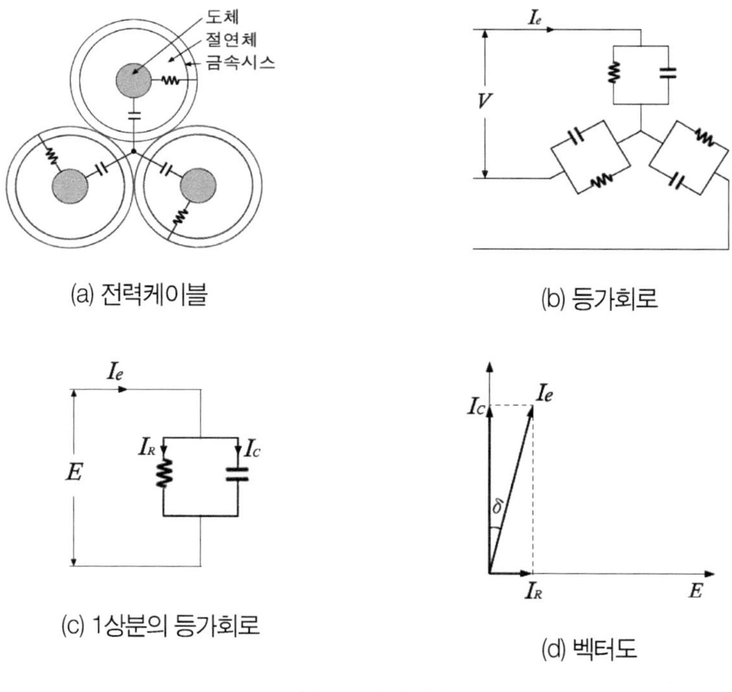

그림 3.7 유전체 손실

일반적으로 단심 케이블의 유전체 손실 W_{d1}는 식(3.3)과 같이 계산된다.

$$W_{d1} = EI_R = EI\cos\theta = EI_c \tan\delta \tag{3.3}$$

여기에 $I_c = \omega CE = 2\pi f CE$를 대입하면 식(3.4)와 같이 $\tan\delta$에 비례하는 관계식이 된다.

$$W_{d1} = 2\pi f CE^2 \tan\delta \tag{3.4}$$

여기서, $\tan\delta$: 유전 탄젠트(CV케이블: 0.003, OF케이블: 0.005)

3심 케이블의 유전체 손실 W_{d3}는 식(3.5)와 같이 나타낸다.

$$W_{d3} = 3 \times 2\pi f CE^2 \tan\delta = 2\pi f CV^2 \tan\delta \tag{3.5}$$

여기서, V : 선간전압[V](상전압 $E = \frac{V}{\sqrt{3}}$[V])

위 식(3.3)과 (3.4)에서 $\cos\theta$를 유전체 역률이라 하고, $\tan\delta$는 유전 탄젠트(정접)라고 한다. 보통 δ는 매우 작으므로 유전체 역률 $\cos\theta$를 근사적으로 $\tan\delta$와 같은 것으로 다루어지고 있다. $\tan\delta$는 사용되는 절연물의 온도, 습도, 상태 등에 관계되는 고유의 값으로 형상이나 치수에 관계없기 때문에 절연물 상태를 파악하는데 유용하다.

그러므로 케이블 절연층의 유전체 손실은 주파수와 온도 및 공급전압에 영향을 받는다. 도체 손실에 비해서 작은 값이지만 전압의 제곱(V^2)에 비례하므로, 50[kV]이상의 절연을 설계할 때 중요하게 고려되어야 한다.

3. 시스손실

케이블에서 도체 이외의 금속성 재질은 교류전류에 의해 그 재료에 유도되는 전류에 의해 주울 손실이 발생한다. 이로 인하여 시스에서 발생되는 손실은 와전류 손실과 시스회로 손실이 있다. 시스의 와전류는 도체에서 발생된 교류자속이 시스에 의해 차단될 때 발생하는데 이 전류는 금속 시스 내부에서만 순환한다. 시스회로 손실은 케이블의 금속시스가 땅이나 다른 케이블의 금속시스와 연결되어 순환회로를 구성할 때 교류 도체 전류가 전자유도 현상에 의해서 금속시스에 유기되어 생기는 손실이다.

일반적으로 시스손실은 시스의 저항률이 작을수록, 전류나 주파수가 클수록 또 1회선을 형성하는 각 상의 단심 케이블 사이의 거리가 클수록 큰 값을 나타낸다. 따라서 단심 케이블은 되도록 근접해서 시공하는 것이 좋다. 3심 케이블은 도체 간격이 작아서 각 심선을 흐르는 기자력이 서로 상쇄하여 시스 손실은 무시할 수 있을 정도로 작다. 시스손실을 줄이기 위한 수단으로서 케이블을 적당히 연가하는 방법도 취해지고 있다.

이상과 같이 케이블에서의 손실은 도체손실, 유전체손실 및 시스손실로 이루어져 있다. 이러한 손실은 열을 발생시키고, 열은 케이블 주위의 공기나 대지와 같은 물질을 통하여 내보내진다. 케이블의 송전용량은 케이블의 허용온도에 크게 좌우되므로 케이블이 매설되어 있는 주위환경은 발생된 열을 흡수할 수 있는 열 저항이 작은 물질로 구성되어야 한다.

예제 3-2 PRETEST

지중 케이블에 발생하는 손실의 종류와 그 개요를 설명하여라.

[풀이]

❶ 저항손

전력손실의 대부분은 저항손이다. 손실이 I^2R로 계산되는 것은 가공전선로와 마찬가지다.

❷ 유전체손

유전체에 교류 전압을 가했을 때 유전체 내부에서 잃는 전력 손실이다. 유전체 손실 $W_d = 2\pi f CE^2 \tan\delta$로 주어진다. 전압의 제곱에 비례하고 $\tan\delta$에 비례한다.

❸ 시스손

시스에서 발생되는 손실은 와전류 손실과 시스회로 손실이 있다. 일반적으로 시스손은 시스의 저항률이 작을수록, 전류나 주파수가 클수록 또 1회선을 형성하는 각 상의 단심 케이블의 이격거리가 클수록 큰 값을 나타낸다.

케이블 시스에 전압이 유기되면 인체의 위험 및 시스 노출 부분에서 아크발생으로 케이블 손상 위험이 있어, 시스 유기전압을 저감시키기 위하여 시스접지를 한다. 시스를 접지하여 폐회로가 되면 시스 내에 흐르는 전류에 의하여 시스손실이 커지고 송전용량이 감소된다. 따라서 시스접지는 유기전압과 전류를 동시에 줄일 수 있는 접지방식을 선택하여야 한다.

(1) 편단 접지(Single Point Bond)

편단 접지는 발변전소 인출용 선로와 같이 케이블의 길이가 짧은 구간에 적용한다. 그림 3.8과 같이 케이블의 한쪽 단자에서 접지하고 다른 쪽 단자를 개방하여 시스회로 손실을 영(0)이 되게 하는 방식이다. 양단을 접지하게 되면 시스 유기전압은 크게 감소하지만 시스에 큰 전류가 흘러 시스회로 손실이 커지고 송전용량이 감소하므로 장거리 케이블에는 양단 접지를 적용하지 않는다.

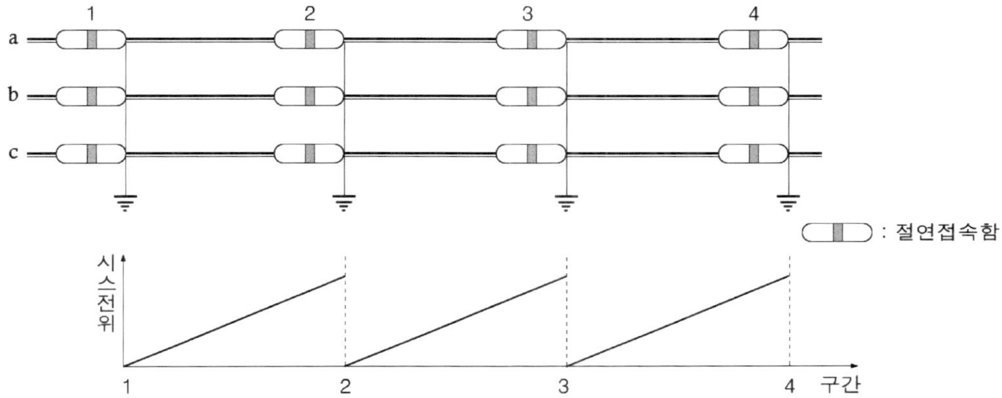

그림 3.8 편단 접지

(2) 크로스본드 접지

케이블의 길이가 길어 편단접지로 효과가 없을 때 사용한다. 국내에서는 일정구간(약 350[m]~400[m])마다 시스회로를 분리하는 크로스본드 접지방식을 선택하고 있다. 본드선으로 3상은 연가한 후 접지하는 방식이다. 경제성과 정비면에서 유리하므로 대규모 선로에 가장 많이 채용한다. 그림 3.9와 같이 1구간은 금속시스를 3상 일괄 접지하여 영전위로 차폐된다. 시스전위는 1~2번 구간에서는 증가하며, 2~3번 구간에서는 감소하다가 증가하며, 3~4번 구간에서는 감소하는 경향을 보인다.

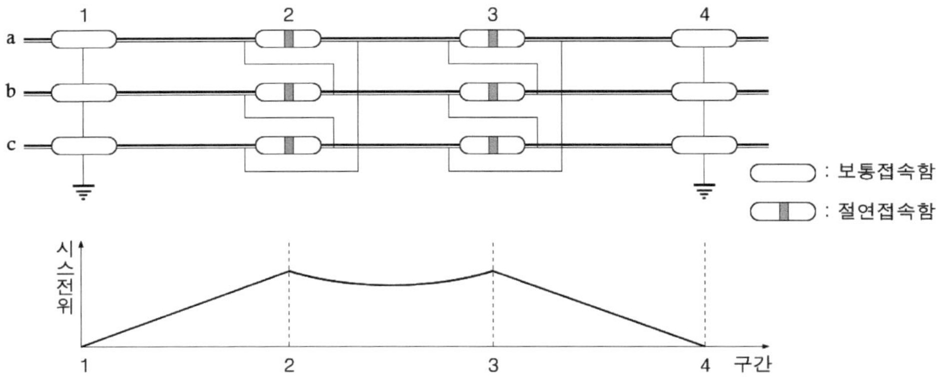

그림 3.9 크로스본드 접지

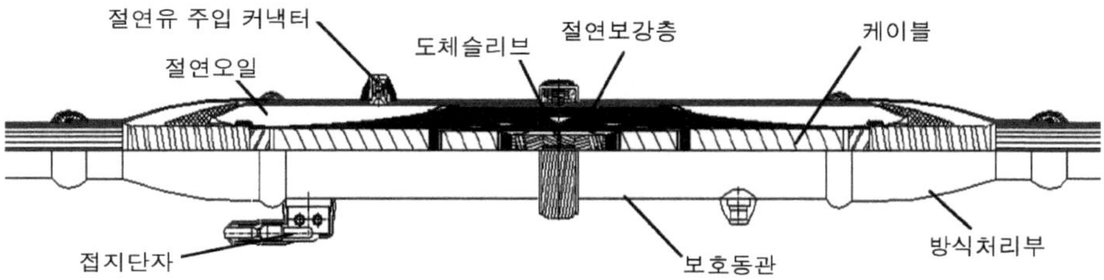

그림 3.10 보통접속함

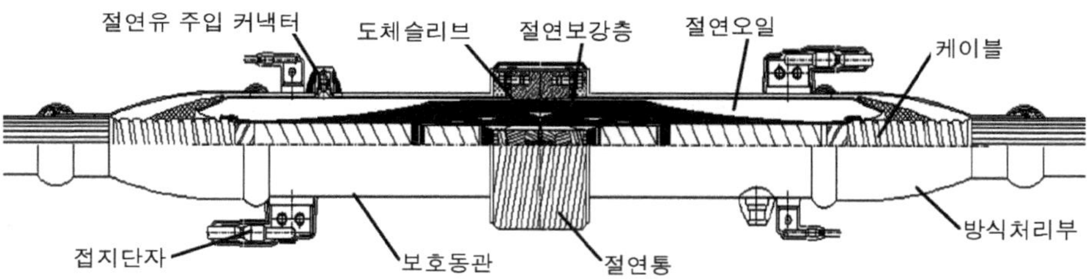

그림 3.11 절연접속함

그림 3.11과 같은 절연접속은 케이블 접속부에서 좌우의 시스를 분리하여 크로스본드하고 시스전류를 저감시켜 전력손실을 방지하고 송전용량을 증대시키기 위하여 사용되는 접속이다. 절연접속은 도체 차폐층은 연결되고 양측 케이블의 시스 상호간을 절연해서 시스 전위상승 및 시스 손실을 저감하는 목적의 접속방법이다. 방식층을 전기적으로

보호할 필요가 있는 곳에는 보호장치(SVL: Surge Voltage Limiter)를 부착한다.

이와 같이 3가지 손실 중 저항손실과 유전체손실은 케이블을 사용하기 때문에 불가피하게 생기는 손실이다. 하지만 시스손실은 금속외피 등의 시스를 적당히 접지함으로써 어느 정도 줄일 수 있는 것이다.

예제 3-3 P·R·E·T·E·S·T

지중 케이블의 전류 용량의 증대 방법에 대해서 설명하여라.

[풀이]

❶ 시스손실을 저감시킨다.

❷ 유전 탄젠트(tanδ)가 작은 절연물을 사용한다.

❸ 케이블의 도체를 굵게 한다.

❹ 케이블의 가닥수를 늘린다.

❺ 케이블을 외부로부터 냉각시킨다.

3.4 케이블의 설치방식

지중전선로는 대부분 도로나 보도를 점용하여 지중에 매설되는데 그 설치방식은 일반적으로 직매식, 관로식 및 전력구식으로 크게 구분된다. 케이블 설치방법의 선택은 입지조건, 경제성 및 향후계획 등을 고려하여야 한다.

1. 직매식

직매식(Direct burial type)은 그림 3.12와 같이 전력케이블을 바로 땅 속에 매설하는 방식이다. 일정한 깊이로 판 땅속에 케이블을 트러프(trough)나 기타 방호물로 보호하여 매설한다. 트러프 속에는 케이블과 함께 모래를 채우고 철근콘크리트제 뚜껑으로 덮은 다음 흙으로 묻는다. 지표면으로부터 트러프 상단까지의 매설깊이는 지하매설물의 보호를 위하여 기준을 두고 있다. 차량이나 중량물의 압력을 고려하여 보도 및 자전거도로는 0.6[m]이상, 차도는 1.2[m]이상, 철도는 1.5[m]이상 등이다.

상대적으로 토목설비 설치가 필요 없어 공사비가 대폭 절감되는 장점이 있지만 점검 및 증설이 어렵고 신뢰성이 떨어지는 단점이 있다. 직매식은 보통 다음과 같은 경우에 적용한다.

- 케이블 회선수가 2 회선 이하
- 장래 회선증설이 예상되지 않는 경우
- 추후 굴착이 용이한 경우
- 기타 여건상 부득이한 경우

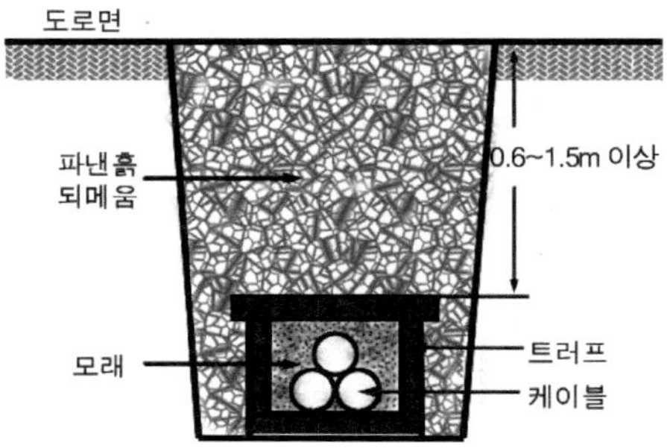

그림 3.12 직매식 케이블 설치

2. 관로식

관로식(Draw-in conduit type)은 그림 3.13과 같이 미리 관재(pipes)를 사용하여 관로와 맨홀을 만든 후 케이블을 설치하는 방식이다. 관로는 케이블을 보호하기 위해 지하에 매설하는 통로로서 콘크리트관, 강관, 합성수지관 등을 사용한다. 맨홀은 적당한 간격으로 관로 양끝에 설치한다. 맨홀은 사람이 들어가서 케이블의 인입, 교체, 접속 등의 공사와 점검 및 기타 정비작업을 할 수 있다. 작업자가 맨홀 안에서 원활하게 작업할 수 있는 공간의 일반적 설치기준은 수평 작업공간이 0.9[m]이상, 수직 작업공간은 1.8[m]이상이다.

직매식에 비해 건설비가 많이 들고 공사기간도 길어지지만 점검과 증설 및 교체가 유리한 장점이 있다. 관로식은 보통 다음의 경우에 적용한다.

- 케이블 회선수가 3회선 이상 9회선 미만

- 장래 회선증설이 예상되는 경우
- 도로예정지역으로 도로포장계획이 있는 경우
- 직매식이 불리한 경우

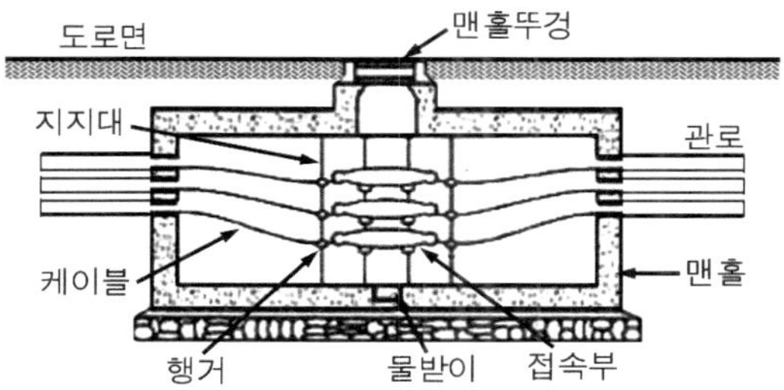

그림 3.13 관로식 케이블 설치

[참고] 핸드홀(Hand hole)

케이블의 인입, 교체, 접속 등의 공사와 점검 및 기타 정비작업을 하기 위한 시설물로서 사람이 들어가서 작업할 수 없는 작은 시설을 말한다.

3. 암거식

암거식(Closed conduit type)은 그림 3.14와 같이 케이블 등을 수용하기 위해 지하에 설비한 터널 구조로, 철근 콘크리트로 만들고 내부에는 조명, 배수, 환기 등의 부대시설도 갖추어져있다. 전력구(電力構)나 공동구(共同構)에 시설하는 지중관로는 암거식에 포함된다. 전력구식는 내부 벽에 지지대를 설치하고 행거[받침대] 위에 다수의 전력케이블을 설치하는 방식이다. 전력케이블뿐만 아니라 전화케이블, 가스관, 수도관 등의 다른 지중 매설물을 함께 공동으로 시공한 것을 공동구식이라 한다. 건설비가 많이 소요되어 보통 다음과 같은 경우에 적용한다.

- 케이블 회선수 9회선 이상
- 도로양측에 관로의 분할시공(8공 이하)이 불가능할 경우
- 발·변전소의 케이블 다회선 인출개소
- 직매식, 관로식이 곤란한 경우

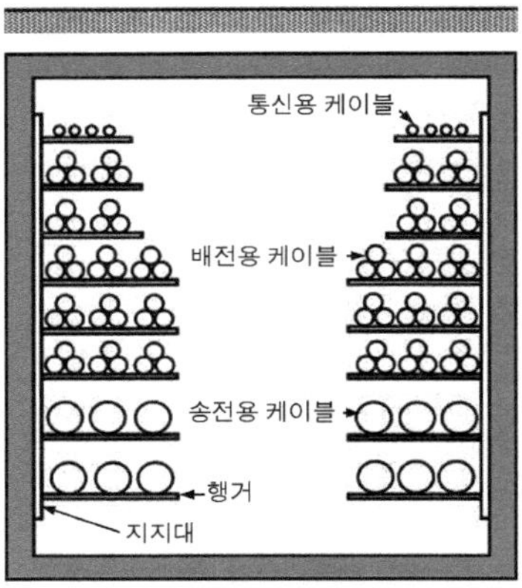

그림 3.14 전력구식 케이블 설치

[참고] 덕트식

발변전소의 구내 등에서 관로나 전력구로 시설하기가 곤란하고 중량물의 영향을 받을 우려가 없는 경우에 설치하며 상부전체가 개폐 가능한 형태의 지하구조물.

표 3.1 케이블 설치방식의 비교

설치방식	장점	단점
직매식	• 공사비가 저렴하다. • 굴곡이 있어도 시공이 쉽다. • 열방산 양호(허용전류 크다) • 공사기간이 짧다.	• 케이블 외상을 받기 쉽다. • 점검 및 정비가 불편하다. • 교체 및 증설이 곤란하다.
관로식	• 교체, 증설이 편리하다. • 케이블 외상이 비교적 적다. • 점검 및 정비가 편리하다.	• 관로공사비가 많다. • 회선수가 많을수록 송전용량이 감소한다. • 신축, 진동에 의한 케이블의 피로(疲勞)가 크다. • 굴곡이 있으면 시공이 곤란하다.
암거식	• 열방산 양호(허용전류 크다) • 많은 케이블 설치에 적합하다.	• 공사비용이 상당히 크다. • 공사기간이 길다.

예제 3-4 P·R·E·T·E·S·T

지중 케이블의 시공 방법 3가지를 들고 그 장단점을 설명하라.

[풀이]

❶ 직매식

전력케이블을 직접 지중에 매설하는 방식으로, 일반적으로 케이블 보호재로서 트러프(trough)를 사용하여 케이블을 보호하며, 모래를 충진 뒤 뚜껑을 덮고 되메우기 한다. 이 방식의 특징은 관로식에 비해서 공사비가 싸고 케이블의 열발산이 좋아 허용 전류가 크며 케이블의 도중 접속이 가능하므로 케이블의 융통성이 있으며 공사 기간이 짧은 장점이 있으나 반면 케이블이 손상을 받기 쉽고 케이블의 재시공이나 증설이 곤란하고 점검 및 정비가 불편하다.

❷ 관로식

철근 콘크리트관, 합성수지관, 강관 등을 사용하여 관로를 축조한 후 케이블을 설치하는 방식으로서, 일정 거리의 관로 양끝에는 맨홀을 설치하여 케이블을 설치하고 접속한다. 관로식은 직매식과 비교해서 건설비가 많이 들고, 공사기간도 길어지지만 사고가 적고, 또 사고가 나더라고 땅을 파낼 것 없이 그냥 맨홀에서 케이블을 관로로부터 뽑아내어 쉽게 복구할 수 있다

❸ 암거식(전력구식, 공동구식)

전력구식은 터널과 같은 상부가 막힌 형태의 지하구조물로서 내부 벽에 케이블을 설치한다. 정비작업을 위한 작업원의 통행이 가능한 크기로 보통 회선수가 많은 케이블을 수용할 경우에 사용된다. 관로식과 마찬가로 맨홀을 설치한다. 도로에서 상하수도, 가스, 전화, 전력 등의 지중 공작물을 시설할 경우에 공동의 지하구를 만들어서 시공하는 공동구식은 도시 시설로서 중요한 의의를 갖는다.

3.5 전력 케이블의 고장탐색법

지중선은 가공선에 비해 사고 발생 빈도는 적은 편이지만 육안으로 점검이 곤란하므로 고장발생 지점의 측정 및 계산하는 방법이 필요하다. 일반적인 고장점 탐색법은 휘스톤브리지의 원리를 이용한 머레이 루프법, 건전상의 정전용량과 사고상의 정전용량을 비교하여 고장점을 추정하는 정전용량법, 펄스를 보내고 반사파를 측정하는 펄스 탐색법, 단속전류를 흘리고 탐색용 코일로 찾는 코일 탐색법 등이 사용되고 있다. 이러한 고

장 탐색법은 고장점의 지락, 단선, 단락 등의 유형에 따라 적용된다. 그러나 고장의 유형이 명확하게 구분되지 않고 고장점 측정오차가 클 수 있기 때문에 한 가지 방법보다는 여러 방법을 적용한 후 종합적으로 고장점을 판단하는 것이 좋다.

1. 머레이 루프법(Murry Loop Method)

머레이 루프법의 동작원리는 고장이 예상되는 케이블 구간에서 건전상 케이블과 고장 케이블을 단락시킨 후 고장점을 기준으로 건전상과 고장점간의 도체 고유저항값을 그림 3.15와 같은 휘스톤브리지 회로를 응용하여 측정하는 것이다.

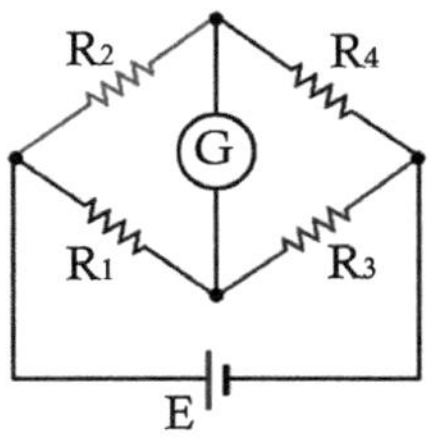

〈 평형상태의 저항비〉

전류가 흐르지 않아 검류계 G가 0을 가리킬 때를 평형상태라 한다.

평형상태일 때의 저항비는

$\frac{R_2}{R_1} = \frac{R_4}{R_3}$이다. 즉, $R_1 R_4 = R_2 R_3$이다.

그림 3.15 휘스톤브리지 회로와 평형상태 조건

브리지의 평형상태를 이용하기 위하여 그림 3.16과 같이 건전 케이블과 고장 케이블의 한쪽 끝을 서로 단락시킨 다음 반대편 끝부분은 R_1과 R_2가 있는 브리지회로에 연결한다.

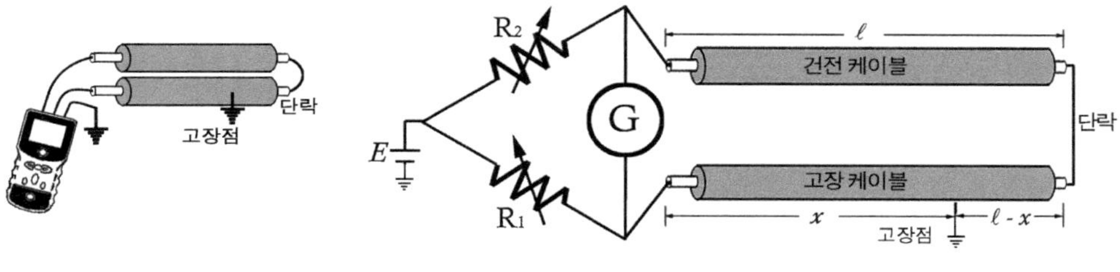

그림 3.16 머레이 루프법

케이블의 길이를 ℓ, 측정장소에서 고장점까지의 거리를 x라고 하면 건전 케이블쪽의 고장점까지의 거리는 $(2\ell - x)$이다. 케이블의 길이는 선로 저항과 비례하므로 거리를 그

림 3.15의 브리지회로 저항으로 보면, 고장 케이블에서 고장점까지의 거리 x는 R_3, 건전 케이블에서 고장점까지의 거리 $(2\ell - x)$는 R_4로 간주할 수 있다. 브리지회로에서 R_1과 R_2는 가변저항인데 브리지회로가 평형이 되도록 검류계 G가 영(0)을 가리킬 때까지 조정한다. 브리지회로가 평형을 이루면 $R_2 x = R_1(2\ell - x)$가 되므로 x는 식(3.6)과 같이 계산된다.

$$x = \frac{R_1}{R_1 + R_2} 2\ell \tag{3.6}$$

케이블사고의 대부분은 1선 지락사고이므로 적용범위가 가장 넓고 사용실적이 가장 많다. 도체저항을 이용하고 브리지법이기 때문에 오차는 1%이하로 측정의 정밀도가 비교적 높다. 다른 방법에 비하여 측정조작 및 측정기 운반이 쉽다. 하지만 휘스톤브리지회로를 이루기 위해서는 선로에 건전상이 하나 필요하게 된다. 따라서 3상단락이나 3상지락 고장의 경우에는 이 방법을 적용할 수 없다. 특히 단선사고의 경우에도 브리지회로 구성이 되지 않으므로 별도의 펄스에 의한 측정법을 사용해야 한다. 또한 1선 지락사고일 때에도 지락저항이 높고 고장점이 방전하는 경우 측정이 곤란하다.

예제 3-5 PRETEST

머레이 루프법으로 고장점을 탐색한다. 케이블의 길이가 12[km], 최대 1000의 습동저항선 234에서 검류계의 눈금이 0이 되었다. 고장점의 거리[km]를 계산하여라.

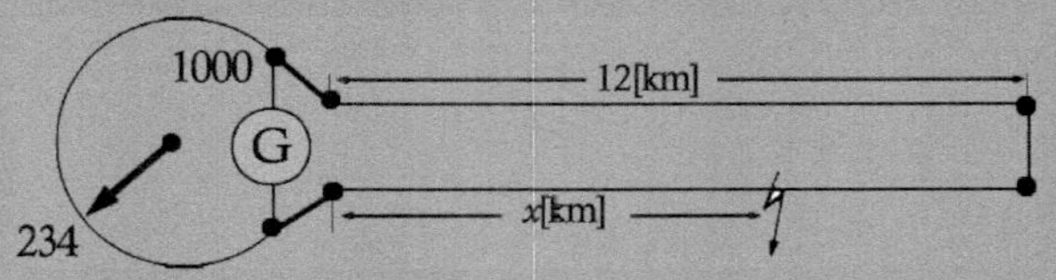

[풀이]

우측의 등가회로로 표현하여 평형조건을 풀면

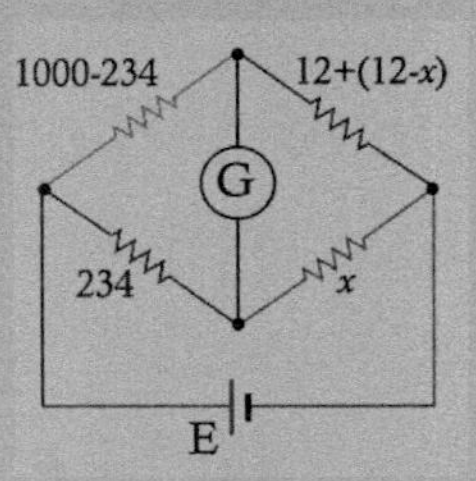

$(1,000 - 234)x = 234(24 - x)$

$766x = 5,616 - 234x$

$1,000x = 5,616$

$\therefore x = \frac{5,616}{1,000} = 5.616[\text{km}]$

2. 펄스 탐색법(Pulse Radar Method)

펄스법의 원리는 그림 3.17과 같이 고장점이 있는 케이블에 펄스를 보내면 고장점에서 반사되는 반사파의 도착시간을 측정하여 케이블 고유의 펄스전파속도와 비교하여 고장점의 거리를 예측하는 것이다.

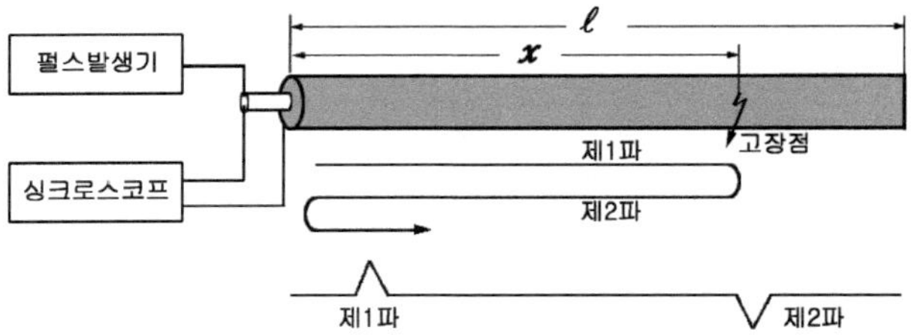

그림 3.17 펄스에 의한 탐색법

펄스를 보내고 되돌아올 때까지의 시간을 $t[\mu s]$, 펄스의 전파속도를 $v[m/\mu s]$, 고장점까지의 거리를 $x[m]$라고 하면 펄스의 진행 길이는 고장점까지 왕복하였으므로 $vt = 2x$가 된다. 그러므로 고장점까지의 거리는 다음 식(3.7)과 같다.

$$x = \frac{1}{2}vt \tag{3.7}$$

펄스에 의한 측정법은 지락, 단락, 단선사고의 어느 것에나 적용이 가능하다. 머레이 루프법처럼 병행건전상이 필요 없어 3상의 동시 고장점 측정에도 적합하고, 케이블 전장의 길이가 불분명하여도 측정이 가능하다. 결점으로는 오차가 2~5% 정도로서 측정 정밀도가 머레이 루프법에 뒤진다.

3. 정전용량 탐색법

정전용량법은 단선사고에만 적용할 수 있는 방법이다. 정전용량 $C = \varepsilon\frac{A}{d}$ 이다. 케이블에서 유전율 ε과 도체와 시스간의 거리 d는 같다. 케이블의 길이가 길어지면 극판의 단면적 A가 커지는 것과 같다. 그러므로 정전용량은 케이블 길이 ℓ에 비례한다. 이 관계($C \propto \ell$)를 이용하여 건전 케이블의 정전용량과 고장 케이블의 정전용량을 비교하면 고장점을 산출할 수 있다. 그림 3.18은 정전용량법의 원리를 나타낸다.

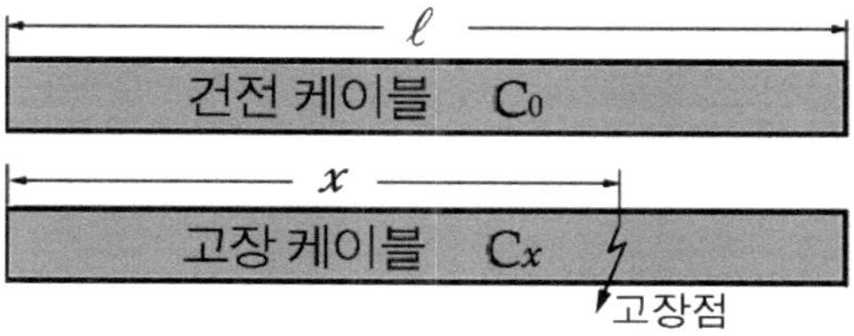

그림 3.18 정전용량 탐색법

식(3.8)과 같이 건전케이블의 정전용량 C_0와 고장점까지의 정전용량 C_x와의 비는 건전케이블의 길이 ℓ과 고장점까지의 거리 x와의 비와 같다.

$$C_0 : C_x = \ell : x \tag{3.8}$$

위 식(3.8)을 통하여 고장점까지의 거리 x는 식(3.9)와 같이 계산된다.

$$C_0 : C_x = \ell : x, \quad C_0\, x = C_x\, \ell \quad \therefore\ x = \frac{C_x}{C_0}\ell \tag{3.9}$$

단선사고의 간편한 측정법으로서 원리적으로는 측정정도가 높으나 고장점의 접지저항 변동 및 케이블 개개의 특성상 정전용량이 불균일하여 오차가 발생할 수 있다.

4. 코일 탐색법

코일법은 고장점 정밀 탐색법(pinpointing)의 하나로서 그림 3.19와 같이 케이블 한쪽에서 600[Hz] 정도의 단속전류[27]를 흘리고 지상에서는 탐색용 코일(search coil)에 증폭기와 수화기를 설치하여 케이블을 따라 고장점을 탐색한다. 전원과 고장점 사이에는 단속전류로 인하여 탐색용 코일에 전압이 유도되므로 진동음이 들리지만 고장점을 넘어서면 진동음이 작아지므로 고장점이 찾아진다. 탐색용 코일은 2×3×10[cm] 정도인 철심에 0.5[mm] 정도의 에나멜선을 3000회 정도 감은 것이 사용된다.

27) 한 방향으로 규칙적 또는 불규칙적인 간격으로 흐르거나, 흐르다가 멈추는 전류.

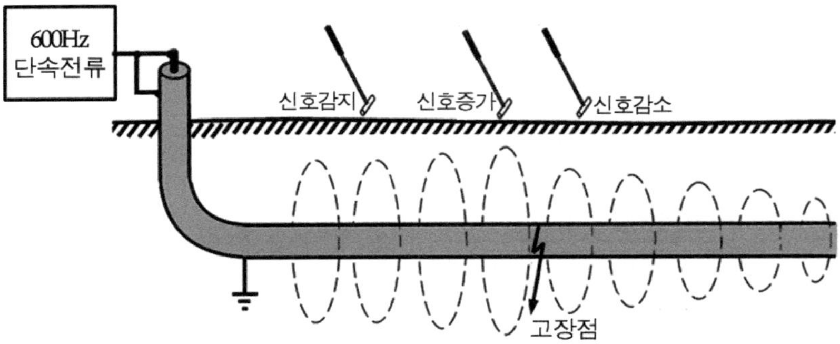

그림 3.19 탐색용 코일에 의한 탐색법

5. 음향 탐색법

음향법은 서지(surge) 펄스에 의한 자기장과 섬락 방전음간의 시차를 이용하는 방법이다. 고장점 정밀 탐색법의 하나로서 가장 많이 사용하는 방법이다. 그림 3.20과 같이 서지를 고장 케이블에 보낸 후, 고장점에서 섬락으로 인한 방전음을 탐지한다. 자기장 감지시간은 케이블 전구간에서 동일하고, 음향 감지시간은 고장점에 가까울수록 짧으므로, 자기장 감지와 음향 감지시간차가 가장 짧은 위치가 고장점이 된다. 고장점에 가까울수록 방전음이 커진다.

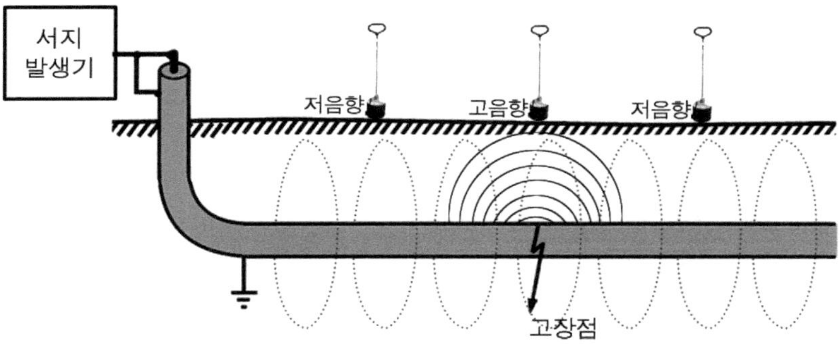

그림 3.20 음향 탐색법

예제 3-6 PRETEST

지중케이블에서 고장점 찾는 방법을 설명하여라.

[풀이]

❶ 머레이 루프법 : 휘스톤브리지법을 이용한 고장점까지의 거리 계산법으로서 측정 정밀도가 높다. 대부분 1선지락사고 이므로 활용도가 높다.

❷ 펄스 탐지법 : 고장 케이블에 펄스 전압을 공급하여 고장점에서 반사되는 펄스파를 감지하여 전파시간을 측정함으로써 고장점가지의 거리를 계산하는 방식이다. 지락, 단락, 단선 등의 모든 사고에 적용이 가능하다.

❸ 정전용량 탐지법 : 건전 케이블의 정전용량과 고장 케이블의 정전용량을 비교하여 고장점을 검출하는 방식으로 단선된 경우에만 적용가능하다.

❹ 코일 탐지범 : 단속전류를 흘리고 탐색용 코일에 증폭기와 수화기를 설치하여 케이블을 따라 고장점을 탐색하는 방법이다.

❺ 음향 탐지법 : 서지를 고장케이블에 보낸 후 서지 펄스에 의한 자기장과 섬락 방전음간의 시차를 이용하여 고장점을 탐지하는 방법이다.

3.6 전기 방식법

레일 부근에 매설된 금속체(케이블, 가스 철관 등)가 누설 전류에 의해 부식되는 전식(電蝕; Electrolytic Corrosion) 현상이 발생한다. 이러한 금속 외피의 전식 현상을 방지하기 위한 방식(防蝕)법이 필요하다. 이장에서는 전식의 발생요인과 전기 방식법에 대해서 살펴본다.

3.6.1 전식의 발생요인

전철은 대부분 DC 1,500[V]의 직류급전시스템으로 운행된다. 전차선을 양극선, 레일을 음극선으로 사용한다. 그러므로 레일이 대지와 완벽하게 절연되어 있지 않다면 누설전류가 발생하게 된다. 그림 3.21에서 보듯이 발생한 누설전류는 저항이 낮은 금속의 매설관으로 흐르고 변전소 부근에서 유출되어 부급전선로[28])로 귀환한다. 레일에서 매설관으로 전류가 누설되는 지점에서는 레일보다 매설관 전위가 낮아 매설관의 부식이 억제되나 반대로 변전소 부근에서는 누설전류가 매설관으로부터 토양을 통해 레일로 귀환하므로 레일보다 매설관의 전위가 높은 양극이 되어 전식이 발생하게 된다.

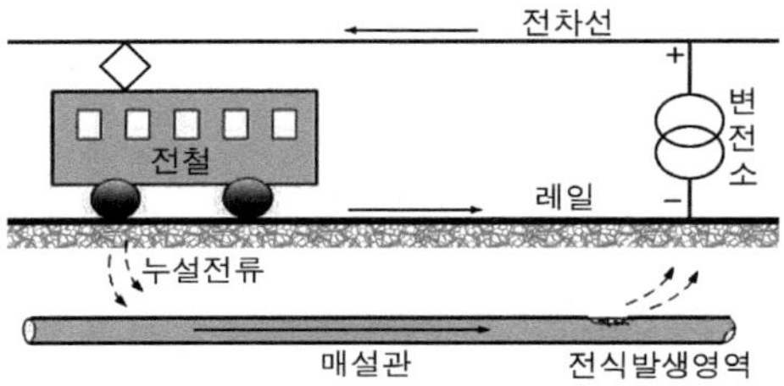

그림 3.21 도시철도 전식발생 개요

대부분의 케이블은 관로식 또는 전력구식으로 설치하므로 전식사고는 거의 발생하지 않는다. 그러나 대도시에 직매식으로 설치한 POF 케이블과 같은 경우에는 누설전류에 의한 전식을 방지하기 위한 전기 방식법을 고려해야 한다. 전기 방식법으로는 서로 다른 금속간의 전위차를 이용하여 방식전류를 얻는 희생 양극법, 직류전원장치를 이용하여 누설전류를 상쇄시키는 외부 전원법, 누설전류가 대지로 유출하지 않고 바로 철도레일로 돌아가도록 전기적으로 접속하는 배류법이 있다.

3.6.2 전기 방식법의 종류

1. 희생 양극법

희생양극법이란 그림 3.22과 같이 서로 다른 금속의 부식원리를 이용하여 매설관보다 상대적으로 전위가 높은 금속을 전기적으로 연결함으로써 매설관을 음극으로 만들고 두 금속 간에 전위차에 의한 방식전류를 얻어 전식으로부터 보호하는 방법이다. 일부분에 한정적으로 사용한다. 방식전류가 양극에서 음극으로 흐르게 한다. 매설관보다 부식하기 쉬운 물질을 양극으로 사용한다. 마그네슘, 아연, 알루미늄 등의 합금은 양극합금이 되기 위한 물리적, 화학적, 경제적 성질을 고루 갖추고 있다.

---

28) 부급전선(sub-feeder) : 통신유도장해 경감을 위하여 귀선 레일에 병렬로 시설하여 운전용 전기를 변전소로 통하게 하는 전선.

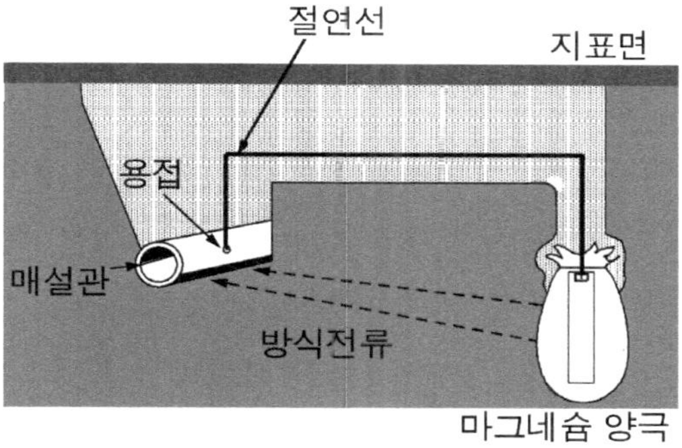

그림 3.22 희생 양극법

2. 외부 전원법

외부 전원법은 그림 3.23과 같이 직류전원을 연결하여 양극을 전해질 내에 설치한 양극(희생양극)에 접속하고 매설관을 음극에 접속한다. 강제적으로 방식전류를 양극에서 매설관으로 전해질을 통해 공급하는 방식이다. 방식범위가 크고 유효 범위가 넓으나 다른 매설물 간섭에 의한 전식의 발생 가능성이 있다. 양극의 재질은 여러 가지가 있으나 국내에서는 흑연, 납합금, 산화철, 백금도금 등이 사용되고 있다. 교류를 직류로 변환하는 정류기를 많이 사용하며 태양전지 등을 사용하기도 한다.

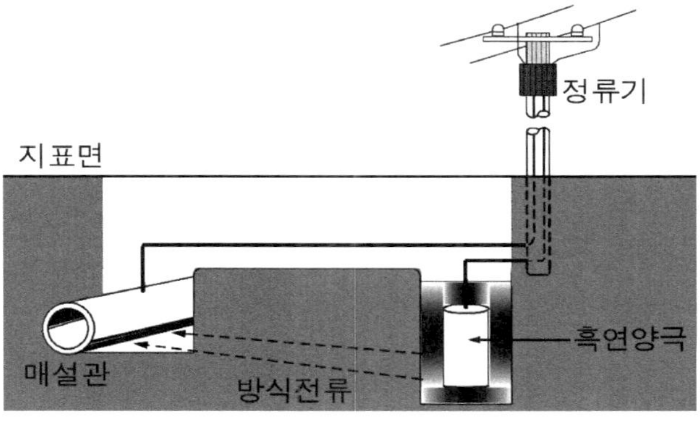

그림 3.23 외부 전원법

3. 배류법

매설관에 유입된 전철로부터의 누설전류를 대지로 유출시키지 않고 직접 레일로 되돌려 주는 방식이다. 유지비가 싸고 효과적이기 때문에 많이 채용한다. 국내에 적용되고 있는 배류법은 전식방지를 위한 전기설비기술기준의 판단기준에 따라 설치되고 있다. 종류로는 레일과 지중매설배관을 전기적으로 연결하고 전압 공급 없이 레일과 배관 사이의 전위차에 의해 선택적으로 누설전류를 귀환시키는 선택 배류법과 레일과 매설관 사이에 전압을 걸어 매설관으로 유입된 누설전류를 강제로 레일로 귀환시키는 강제 배류법으로 나뉜다. 선택 배류기는 제어불가능한 반도체 소자인 다이오드를 사용하여 매설관의 전위가 레일전위보다 높을 때만 배류기를 통해 흐르도록 하고 있으며, 강제 배류기인 경우 제어 가능한 사이리스터(Thyristor) 직류 전원장치 등을 이용하여 강제로 지중매설 배관으로부터 레일 방향으로 전류가 흐르도록 제어한다. 그림 3.24와 그림 3.25는 선택 배류법과 강제 배류법의 누설전류 흐름도를 나타낸다.

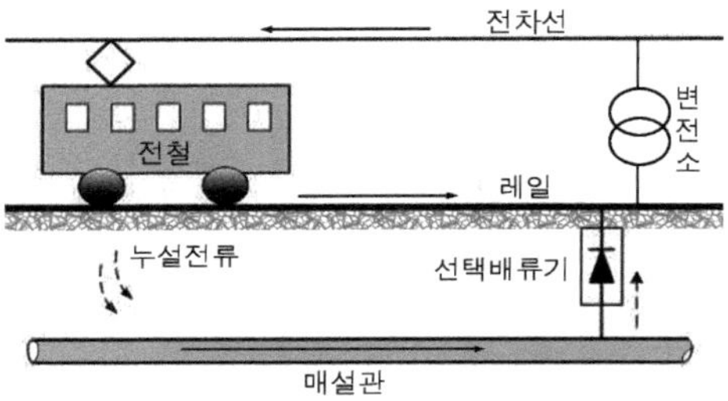

그림 3.24 선택 배류법의 원리

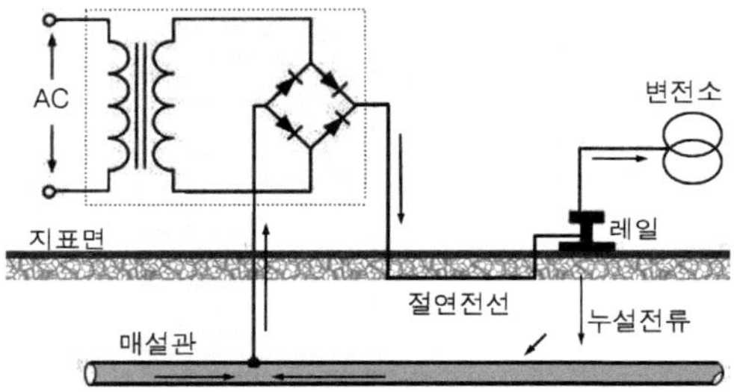

그림 3.25 강제 배류법의 원리

연 습 문 제

1 케이블의 시스손(연피손)의 원인은?

① 표피작용 ② 히스테리시스 현상

③ 전자 유도 작용 ④ 수전체손

풀이 단심케이블에 교류를 흘리면, 도체 회로로부터의 전자유도작용으로 시스에 전압이 유기되고, 또 와전류가 흐르게 되어 손실이 생긴다.

답 ③

2 다음의 고무 플라스틱 절연 전력케이블 중에서 154[kV]급 송전선에 사용하는 케이블은?

① EP형 ② EV형 ③ CV형 ④ BN형

풀이 EP:에틸렌 클로로프렌 고무 절연 케이블, EV:폴리에틸렌 절연 비닐 외장 케이블, CV:가교폴리에틸렌 절연 비닐 외장 케이블, BN: 부틸 고무 절연 클로로프렌 외장 케이블

답 ③

3 OF케이블의 유압은 얼마인가?

① 0.001[kg/cm^2] 이하 ② 0.1~0.3[kg/cm^2]

③ 0.3~0.7[kg/cm^2] ④ 1[kg/cm^2] 이상

풀이 OF케이블은 케이블 내에 대기압 이상의 압력(1[kg/cm^2] 이상)으로 절연유를 가득 채워 밀봉한 것이다.

답 ④

4 CV케이블의 심선 절연에 쓰이는 절연물은?

① 가교폴리에틸렌 ② 염화비닐

③ 클로로프렌 고무 ④ 부틸 고무

풀이 CV케이블은 절연물로는 가교폴리에틸렌을 쓰고 차폐층이 연동 테이프로 된 케이블이다.

답 ①

5 케이블의 손실을 크기순으로 옳게 표시한 것은?

① 동손-유전체손-시스손 ② 시스손-유전체손-동손

③ 동손-시스손-유전체손　　④ 유전체손-동손-시스손

풀이 케이블의 손실의 크기는 저항손실(동손), 시스손실(연피손), 유전체손실의 순이다.

답 ③

6 케이블의 전력손실과 관계없는 것은?

① 도체의 저항손　② 유전체손　③ 연피손　④ 철손

풀이 케이블의 손실은 저항손실(동손), 시스손실(연피손), 유전체손실이다. **답** ④

7 주파수 f, 전압 E일 때 유전체 손실은 다음 어느 것에 비례하는가?

① E/f　② fE　③ f/E^2　④ fE^2

풀이 $W_d = 2\pi f CE^2 \tan\delta$ 그러므로 $W_d \propto fE^2$ **답** ④

8 케이블 설치 후 절연내력을 시험할 때 직류로 하는 이유로 가장 적당한 것은?

① 절연 파괴시까지의 피해가 적다.
② 절연내력은 직류가 크다.
③ 시험용 전원의 용량이 적다.
④ 케이블의 유전체손이 없다.

풀이 설치 후의 현장 시험에는 절연 저항과 절연 내력을 측정한다. 절연 내력 시험을 교류로 하면 충전전류가 커지고 유전체손이 많으므로 시험용 전원의 용량이 커진다. 그러므로 케노트론 정류장치 또는 기계적 저유기를 사용하여 직류로 대행한다. **답** ④

9 지중케이블의 고장점 탐색법이 아닌 것은?

① 머레이 루프법　② 펄스로 하는 방법
③ 탐색 코일로 하는 방법　④ 메거에 의한 측정법

풀이 메거에 의한 측정법은 절연저항을 측정하기 위함이다. **답** ④

10 지중케이블의 고장점을 펄스법으로 구하는 경우 고장선의 한쪽에서 전파속도 v로 보내고 고장점에서 반사되어 돌아올 때까지의 시간이 t였다면 케이블 고장점까지의 길이는?

① $vt/2$　② $vt^2/2$　③ vt　④ vt^2

풀이 고장점까지의 거리를 x라고 하면 펄스의 진행 길이는 고장점까지 왕복하였으므로 $vt = 2x \quad \therefore x = vt/2$

답 ②

11 선택 배류기는 다음 어느 공작물에 설치하는가?

① 급전선 ② 가공통신 케이블

③ 가공 전화선 ④ 지하전력 케이블

풀이 지중전선로 방식법에는 희생양극법, 외부전원법, 배류법 등이 있다. 배류법에는 선택적으로 누설전류를 귀환시키는 선택 배류법과 강제로 레일로 귀환시키는 강제 배류법으로 나뉜다.

답 ④

12 CV 케이블의 특성이 아닌 것은?

① 절연 내력 및 체적 저항률이 높고 유전율이 적다.

② 내약품성이 우수하다.

③ 내코로나성 및 내임펄스 특성이 매우 우수하다.

④ 종이 절연에 비하여 절연체가 두껍다.

⑤ 연속 허용 온도가 90[℃]로 매우 높다.

답 ③

제 4 장 선로상수

학습목표

- 선로상수의 개요 파악
- 저항 및 인덕턴스 파악
- 정전용량 및 누설 컨덕턴스 파악

송배전선로는 저항(R), 인덕턴스(L), 정전용량(C), 컨덕턴스(g)의 특성이 내포되어 있는 전기회로이다. 송배전선로의 특징 중에서 R, L, C, g의 특징을 이해하는 것이 가장 핵심이 된다. 송배전선로에 내포된 이러한 4가지 특성을 선로상수(line constant)라고 한다. 선로상수는 전선의 종류, 굵기, 재질에 따라서 정해지며 전압과 전류, 기온 등에는 영향을 받지 않는다. 하지만 같은 규격의 전선이라도 설치된 지리적 여건, 송전선로에서의 전류 밀도차 등에 의하여 송배전선로별 특성이 다르다. 그러므로 선로상수를 이용하여 전압, 전류의 관계, 전압강하, 송수전단의 전력량 등 송배전선로별 특성을 계산하게 된다. 이장에서는 선로상수 개념 및 송전선로에 미치는 영향을 알아본다.

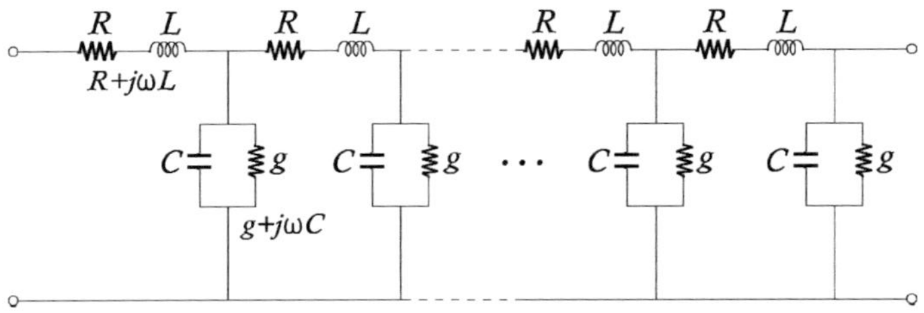

그림 4.1 선로상수

4.1 저항

1. 도체의 저항

도체의 저항 R은 식(4.1)과 같이 그 길이 ℓ에 비례하고, 단면적 A에 반비례한다.

$$R = \rho \frac{\ell}{A} \tag{4.1}$$

여기서 비례상수 ρ는 고유저항으로서 20℃ 에서 1[mm^2]의 단면을 갖는 길이 1[m]의 저항[$\Omega \cdot \mathrm{mm}^2/\mathrm{m}$]이다. 표준으로 삼고 있는 연동선의 고유저항 $\rho = \frac{1}{58}[\Omega \cdot \mathrm{mm}^2/\mathrm{m}]$이다. 고유저항의 역수를 도전율 $\sigma = \frac{1}{\rho}$[℧/m]이라고 한다. 표준연동의 도전율을 100%라 하여 이와 비교한 백분율을 %도전율 C라고 한다. 따라서 %도전율 C%와 고유저항 ρ사이

에는 식(4.2)와 같은 관계가 성립한다.

$$\rho = \frac{1}{58} \times \frac{100}{C} \tag{4.2}$$

C의 값은 경동선에서 97%, 경알루미늄선에서 60%가 표준이다.

2. 온도변화에 의한 저항의 변화

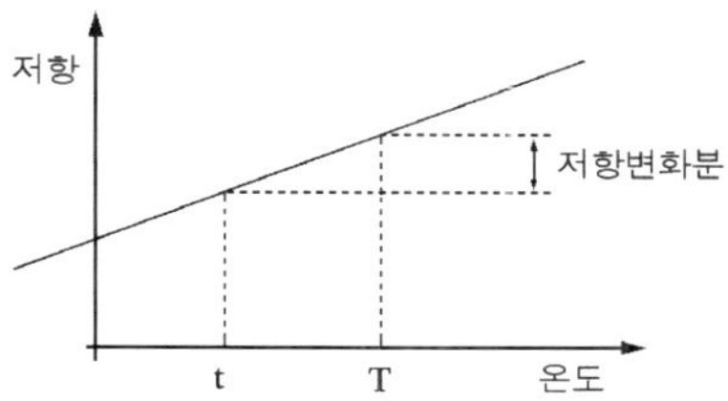

그림 4.2 온도에 따른 저항 변화

일반적으로 도체는 온도상승에 따라 길이가 증가하고 단면적이 감소하여 저항이 커진다. 온도가 t[℃]일 때 저항이 $R_t[\Omega]$인 도체는 온도가 상승하여 T[℃]가 되면 도체의 저항 $R_T[\Omega]$는 다음과 같다.

$$R_T = R_t[1 + \alpha_t(T - t)] \tag{4.3}$$

여기서 α_t는 저항의 온도계수로서 다음 식과 같이 기준 온도에 따라 그 값이 약간 달라진다.

$$\alpha_t = \frac{1}{234.5 + t}$$: 기준 온도 t[℃]에서의 저항 온도 계수

일반적으로 20℃의 값을 기준으로 하고 있다. 도전율[%]의 경동선에서는 α_0=0.00413, α_{20}=0.00381, α_{30}=0.0037정도 이다.

【참고】 도선의 온도가 1[℃] 상승 → 저항은 약 0.4[%] 증가

예제 4-1 PRETEST

온도 0[℃]일 때의 저항이 0.12[Ω]인 ACSR 전선에서 온도가 50[℃]일 때의 저항[Ω]을 계산하여라.

[풀이]

$$R_T = R_t[1+\alpha_t(T-t)]$$

$$\alpha_t = \frac{1}{234.5+t} \rightarrow \alpha_0 = \frac{1}{234.5} = 0.004$$

$$\therefore \ R_{50} = R_0[1+\alpha_0(50-0)] = 0.12(1+0.004\times 50) = 0.144[\Omega]$$

위 결과는 온도가 1℃ 상승될 때 저항이 약 0.4% 증가한다는 사실과 일치한다. $50\times 0.4 = 20$[%] 증가한 것이다.

3. 표피효과에 의한 저항

앞서 설명한 도체의 저항은 그 단면을 전부 같은 전류밀도의 직류가 흐르고 있을 경우의 저항이다. 하지만 도체에 교류 전류가 흐르면, 그림 4.3과 같이 도체 내부에 전류 방향과 직각으로 원형 자기장이 형성되고, 또한 렌츠의 법칙에 의한 자기장의 변화를 방해하는 맴돌이전류(와전류)가 흐른다. 맴돌이 전류는 중심부근에서는 주 전류를 일부 상쇄하고, 표면 부근에서는 주 전류를 강화한다. 그러므로 도체 중심부근일수록 전류의 흐름이 작고 도체 표면으로 갈수록 전류가 많이 흐르게 된다. 이것을 표피효과(skin effect)라고 한다. 표피효과로 인해 전류가 흐르는 단면적을 줄이게 되어 저항이 2~3%정도 증가한다.

표피효과는 주파수가 클수록 역기전력이 강화되어 표피효과가 심해진다. 도체 단면적이 클수록 도체와 쇄교하는 자속이 서로 중첩 되어 많아지므로 표피효과가 심해진다. 도체 비투자율이 큰 경우에는 도체 내부에 원형 자속이 많이 발생하여 와전류가 증가하므로 표피효과가 심해진다. 원형 자속이 같더라도 도전율이 크면(저항이 작으면) 더 많은 와전류가 흐르고 표피효과도 커진다.

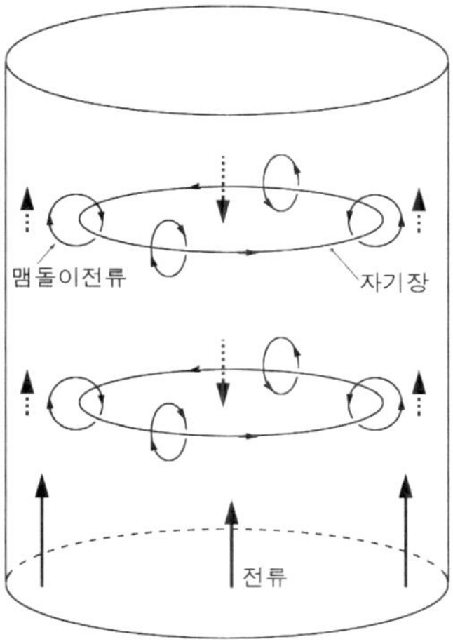

그림 4.3 표피효과

이와 같은 표피효과의 적용 예는 가운데가 빈 중공케이블과 가운데를 기름으로 채운 OF 케이블이 있다. 강심알루미늄연선(ACSR)은 바깥쪽의 알루미늄연선으로만 전류가 흐른다. 가운데에 있는 철의 비투자율이 크기 때문이다. 또한 표피효과로 전류가 흐르는 부분이 줄어드는 것을 막기 위해 송전선로에서 단도체가 아닌 복도체나 다도체를 사용한다. 케이블의 굵기가 커야할 경우 단선보다도 연선을 사용하는 것은 표피효과 때문이다.

4.2 인덕턴스

4.2.1 인덕턴스의 정의

1. 자기인덕턴스

어떤 회로에 전류가 흐르면 자속이 생긴다. 전류로 인해 생긴 자속과 그 회로는 항상 쇄교한다. 회로에 흐르는 전류 i를 변화시키면 자속과 회로와의 쇄교수가 변화하여 회로 내에는 자속의 변화를 방해하는 역기전력 e가 유도된다. 이 역기전력 e는 쇄교 자속 ϕ의 시간적 변화로서 식(4.4)와 같이 표현된다.

$$e = -\frac{d\phi}{dt} \tag{4.4}$$

여기서 자속 ϕ를 전류 i와의 관계식으로 나타낼 수 있는데 식(4.5)와 같다.

$$\phi = Li \tag{4.5}$$

위 식의 비례상수 L을 자기인덕턴스라고 한다. 즉, 자속 ϕ는 자기인덕턴스 L과 전류 i를 곱한 것이다. 또, 비투자율이 일정하다면 자기인덕턴스는 회로에 단위 전류가 흘렀을 경우에 그 회로와 쇄교하는 총자속수로 표시된다. 식(4.5)를 식(4.4)에 대입하면 역기전력 e를 전류 i의 시간적 변화에 비례하는 식(4.6)과 같이 표현할 수도 있다.

$$e = -L\frac{di}{dt} \tag{4.6}$$

2. 상호인덕턴스

그림 4.4와 같이 A, B 두 개의 회로에 각각 전류 i_a, i_b가 흐를 때 i_b에 의해서 A회로에 유기되는 기전력 e_a는 다음과 같다.

$$e_a = -\frac{d\phi_b}{dt} = -M\frac{di_b}{dt} \tag{4.7}$$

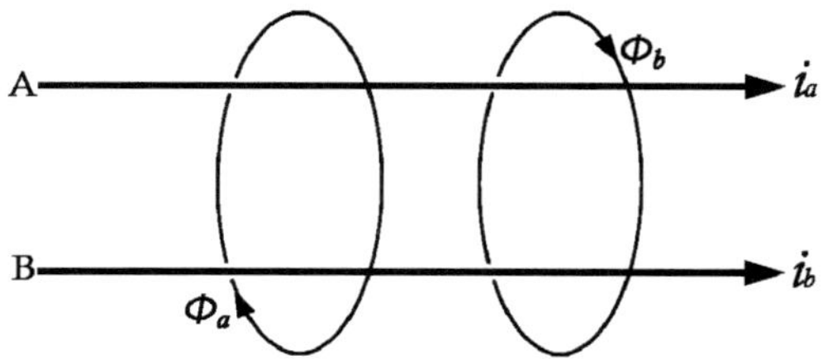

그림 4.4 상호인덕턴스

마찬가지로 i_a에 의한 B회로의 유기 기전력 e_b는 다음과 같이 된다.

$$e_b = -\frac{d\phi_a}{dt} = -M\frac{di_a}{dt} \tag{4.8}$$

식(4.7)과 식(4.8)의 비례상수 M은 서로 같은 값이며, 이것을 A와 B회로 사이의 상호 인덕턴스라고 부른다. 이 경우 비투자율이 일정하다고 하면 상호인덕턴스는 B회로에 흐르는 단위 전류에 의해서 A회로와 쇄교하는 총자속수가 된다.

보통 송배전선로의 경우 왕복선을 생각하게 되므로 편의상 자기인덕턴스와 상호인덕턴스를 합쳐서 그 도체의 인덕턴스라고 부르며 단위는 헨리[H]를 사용한다. 1[H]란 매초 1[A]의 비율의 전류 변화가 있었을 경우에 1[V]의 역기전력을 유기하는 회로의 인덕턴스를 말한다.

4.2.2 1도체 인덕턴스

인접한 회로의 영향이 없는 도체 1가닥의 인덕턴스는 두 부분으로 나눌 수 있다. 도체 내부의 자속 쇄교에 의한 내부 인덕턴스와 도체 외부에서 쇄교하는 자속에 의한 외부 인덕턴스이다. 인덕턴스는 회로에 흐르는 단위 전류 1[A]당 쇄교하는 총자속수이므로, 도체 내부의 총자속수와 외부의 총자속수를 합치면 도체 1가닥의 인덕턴스가 된다.

1. 외부 인덕턴스

자속은 중심이 같은 원통모양으로 도체를 감싸듯이 분포된다. 그림 4.5와 같이 반지름이 r[m]인 도체의 중심으로부터 x[m] 떨어진 지점에서 두께가 dx[m]이고 도체 길이 방향으로 1[m]인 원통모양의 자기회로를 생각한다. 도체에 I[A]의 전류를 흘릴 때 원통모양의 자계의 세기 H는 전류의 방향과 직각으로 식(4.9)와 같이 나타낸다.

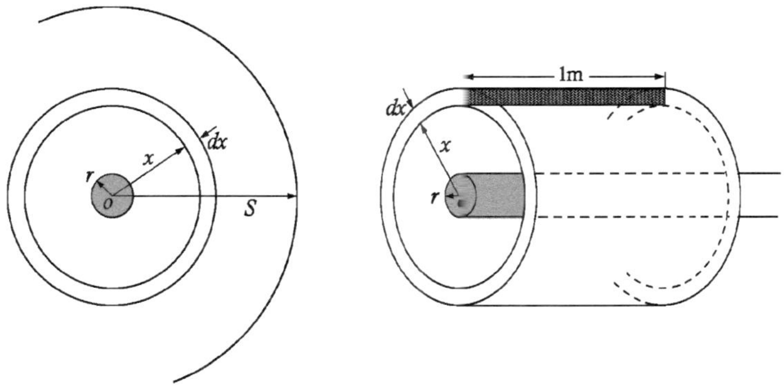

그림 4.5 도체 외부의 자속

$$H = \frac{I}{2\pi x}[\mathrm{AT/m}] \tag{4.9}$$

단위면적을 통과하는 자속수인 자속밀도 B는 도체외부의 투자율이 μ이면 다음과 같다.

$$B = \mu H = \mu_0 \mu_s H \ [\mathrm{Wb/m^2}] \tag{4.10}$$

여기서, μ : 매질의 투자율($\mu = \mu_0\mu_s$)
μ_0 : 진공의 투자율($4\pi \times 10^{-7}$)
μ_s : 매질의 비투자율(공기$\mu_0 \simeq 1$)

식(4.9)의 자계의 세기 H를 식(4.10)에 대입하면 자속밀도 B는 다음과 같다.

$$B = \frac{\mu_0 \mu_s I}{2\pi x} \ [\mathrm{Wb/m^2}] \tag{4.11}$$

위 식에 진공의 투자율($4\pi \times 10^{-7}$)과 공기의 투자율($\mu_0 \simeq 1$)을 넣어 계산하면 자속밀도는 다음과 같이 된다.

$$B = \frac{\mu_0 \mu_s I}{2\pi x} = \frac{4\pi \times 10^{-7} \times 1 \times I}{2\pi x} = \frac{2I}{x} \times 10^{-7} \ [\mathrm{Wb/m^2}] \tag{4.12}$$

따라서 원통의 단면 $dx \times 1 = dx\,[\mathrm{m^2}]$의 부분을 통과하는 자속 $d\phi$는 다음과 같다.

$$d\phi = B \cdot dx \times 1 = \frac{2I}{x} \times 10^{-7} dx \ [\mathrm{Wb}] \tag{4.13}$$

그러므로 반지름 $r[\mathrm{m}]$ 떨어진 도체외부에서 $S[\mathrm{m}]$까지의 범위 내에서 자속 ϕ는 식(4.13)을 $x = r$부터 $x = S$까지 적분한 것이다.

$$\phi = \int_r^S d\phi = 2I \times 10^{-7} \int_r^S \frac{dx}{x} = 2I \times 10^{-7} \log_e \frac{S}{r} \ [\mathrm{Wb}] \tag{4.14}$$

도체 외부의 전류와 자속과의 쇄교수 Φ_o는 다음 식(4.15)와 같다.

$$\Phi_o = I\phi = 2I^2 \times 10^{-7} \log_e \frac{S}{r} \ [\mathrm{A \cdot Wb}] \tag{4.15}$$

2. 내부 인덕턴스

반지름 r[m]인 도체의 단면에 흐르는 전류 I[A]가 균일하게 분포되어있는 것으로 하고, 그림 4.6과 같이 도체의 중심 o로부터 반지름 x[m]인 곳에 두께가 dx[m], 길이가 1[m]인 원통모양을 생각한다.

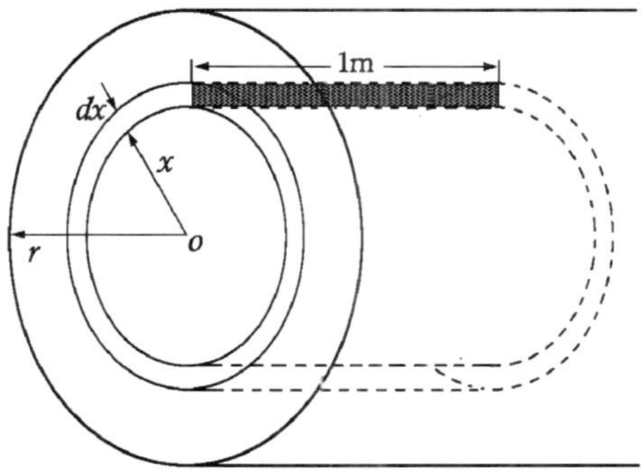

그림 4.6 도체 내부의 자속

반지름 x[m]의 단면에 흐르는 전류 I_x는 면적에 비례하므로 식(4.16)과 같다.

$$I_x = \frac{x^2}{r^2} I \tag{4.16}$$

이 전류는 도체의 중심에 집중해서 흐른다고 보고 원통 위의 자속 밀도 B는 식(4.11)에 식(4.16)를 대입하여 다음 식(4.17)과 같이 나타낸다.

$$\begin{aligned} B &= \frac{\mu_0 \mu_s I_x}{2\pi x} = \frac{4\pi \times 10^{-7} \times \mu_s \times I_x}{2\pi x} = \frac{2 \times 10^{-7} \mu_s I_x}{x} \\ &= \frac{2 \times 10^{-7} \mu_s}{x} \times \frac{x^2}{r^2} I = \frac{2 \times 10^{-7} \mu_s I}{r^2} x \,[\mathrm{Wb/m^2}] \end{aligned} \tag{4.17}$$

여기서, μ_s는 도체의 비투자율이다. 따라서 원통의 단면 $dx \times 1 = dx$[m^2]의 부분을 통과하는 자속 $d\phi$는 식(4.18)과 같다.

$$d\phi = B \cdot dx \times 1 = \frac{2\mu_s I}{r^2} \times 10^{-7} x\, dx \,[\mathrm{Wb}] \tag{4.18}$$

이 자속은 반지름 x[m] 인 도체 내부의 원통형 부분만을 쇄교한다. 따라서 전류 I_x 와 자속과의 쇄교수 $d\Phi$ 는 식(4.19)와 같다.

$$\begin{aligned} d\Phi &= I_x \times d\phi = \frac{x^2}{r^2} I \times d\phi = \frac{x^2}{r^2} I \times \frac{2\mu_s I}{r^2} \times 10^{-7}\, x\, dx \\ &= \frac{2\mu_s I^2}{r^4} \times 10^{-7} x^3\, dx\,[\mathrm{A \cdot Wb}] \end{aligned} \tag{4.19}$$

그러므로 도체내부의 길이 1[m] 당 자속 쇄교수 Φ_i는 중심으로부터 반지름 r까지 고려해야 하므로 식(4.19)를 $x=0$ 부터 $x=r$ 까지 적분한 것이다.

$$\begin{aligned} \Phi_i &= \int_0^r d\Phi = \frac{2\mu_s I^2}{r^4} \times 10^{-7} \int_0^r x^3\, dx \\ &= \frac{\mu_s I^2}{2} \times 10^{-7}\,[\mathrm{A \cdot Wb}] \end{aligned} \tag{4.20}$$

따라서 식(4.20)의 도체 내부의 자속 쇄교수 Φ_i와 식(4.15)의 도체 외부의 자속 쇄교수 Φ_o를 합하면 도체 길이 1[m]당 전체 자속 쇄교수 Φ를 구할 수 있다.

$$\Phi = \Phi_i + \Phi_o = \left(\frac{\mu_s}{2} + 2\log_e \frac{S}{r} \right) I^2 \times 10^{-7}\,[\mathrm{A \cdot Wb}] \tag{4.21}$$

4.2.3 왕복 2도체의 인덕턴스

그림 4.7과 같이 반지름 r[m] 인 A도체와 B도체가 D[m]의 간격으로 평행하게 설치되어 있고 각각 $+I$[A] 와 $-I$[A] 의 전류가 흐르고 있다고 한다. 이처럼 두 도체가 인접한 경우 각 도체의 쇄교 자속수는 자체 전류에 의한 쇄교자속수와 인접 도체의 전류에 의한 쇄교자속수를 합해야 한다.

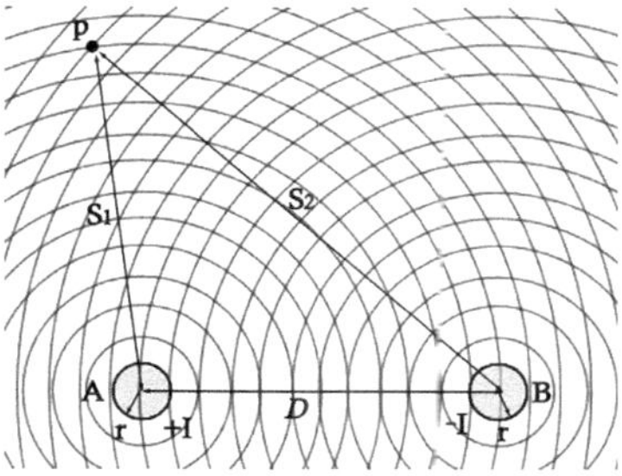

그림 4.7 왕복2도체의 쇄교

A도체의 전류만으로 생기는 전체 자속에 의한 길이 1[m]당 쇄교수는 식(4.21)에 A 도체의 중심에서 p점까지의 거리인 S_1[m]를 대입하면 다음과 같이 된다.

$$\Phi_{aa} = \left(\frac{\mu_s}{2} + 2\log_e \frac{S_1}{r}\right) I^2 \times 10^{-7}\ [\mathrm{A \cdot Wb}] \tag{4.22}$$

다음은 B도체의 전류에 의한 자속 중 A도체와 쇄교하는 것은 B도체로 부터 D[m]보다 바깥쪽에 있는 것뿐이다. 그러므로 B도체의 전류 $-I$[A]에 의해서 $x = D$부터 $x = S_2$까지의 범위에서 생기는 길이 1[m]당 자속은 식(4.14)에 대입하여 다음과 같이 나타낸다.

$$\phi_{DS} = 2(-I) \times 10^{-7} \int_D^{S_2} \frac{dx}{x} = -2I \times 10^{-7} \log_e \frac{S_2}{D}\ [\mathrm{Wb}] \tag{4.23}$$

이 자속과 A도체의 전류 $+I$[A]와의 길이 1[m]당 쇄교수는 다음과 같다.

$$\Phi_{ab} = I \times \phi_{DS} = -2I^2 \times 10^{-7} \log_e \frac{S_2}{D}\ [\mathrm{A \cdot Wb}] \tag{4.24}$$

거리 S_1과 S_2가 두 도체 사이의 간격 D보다 훨씬 크다면 $S_1 = S_2 = S$라고 할 수 있다. A도체의 전류와의 길이 1[m]당 총자속쇄교수 Φ_a는 다음과 같다.

$$\begin{aligned} \Phi_a = \Phi_{aa} + \Phi_{ab} &= \left(\frac{\mu_s}{2} + 2\log_e \frac{S}{r} - 2\log_e \frac{S}{D}\right) I^2 \times 10^{-7} \\ &= \left(\frac{\mu_s}{2} + 2\log_e \frac{D}{r}\right) I^2 \times 10^{-7}\ [\mathrm{A \cdot Wb}] \end{aligned} \tag{4.25}$$

인덕턴스는 식(4.5)에서 $i=1$[A]로 하였을 때 $L=\phi$가 되므로 식(4.25)에 $i=1$[A]를 대입해서 A도체 길이 1[m]당 인덕턴스 L_a를 구할 수도 있다.

$$L_a = \left(\frac{\mu_s}{2} + 2\log_e \frac{D}{r}\right) \times 10^{-7}\,[\mathrm{H/m}] \tag{4.26}$$

B도체에 대해서도 똑같은 결과가 나타난다.

보통 우리가 사용하는 경동선이나 ACSR의 비투자율 $\mu_s=1$이라고 볼 수 있기 때문에 도체 1가닥의 단위 길이당 인덕턴스는 식(4.27)과 같이 표현된다. 실용적인 계산을 위해서 L의 단위를 환산([H/m] $=10^6$[mF/km])하고 자연대수를 상용대수로 바꾸었다.

$$\begin{aligned} L &= \left(\frac{1}{2} + 2\log_e \frac{D}{r}\right) \times 10^{-7}\,[\mathrm{H/m}] \\ &= \left(\frac{1}{2} + 2\log_e \frac{D}{r}\right) \times 10^{-1}\,[\mathrm{mH/km}] \\ &= 0.05 + 0.4605\log_{10}\frac{D}{r}\,[\mathrm{mH/km}] \end{aligned} \tag{4.27}$$

예제 4-2 P·R·E·T·E·S·T

단상 2선식 가공전선로에서 도체 사이의 거리가 1[m]이고 도체의 지름이 5[mm]라면 1도체의 1[km]당 인덕턴스를 계산하여라.

[풀이]

도체의 반지름과 도체사이의 거리를 같은 단위로 바꾸어 대입시킨다.

$$L = 0.05 + 0.4605\log_{10}\frac{D}{r} = 0.05 + 0.4605\log_{10}\frac{1\times10^3}{2.5} = 1.248\,[\mathrm{mH/km}]$$

4.2.4 3상 1회선 전선로의 인덕턴스

1. 정삼각형 배치

반지름 r[m]인 3도체 A, B, C를 그림 4.8(a)와 같이 정삼각형으로 배치한다. 도체의 중심간의 거리는 D[m]로 하고 3도체에 대칭3상 교류를 통한다고 하자.

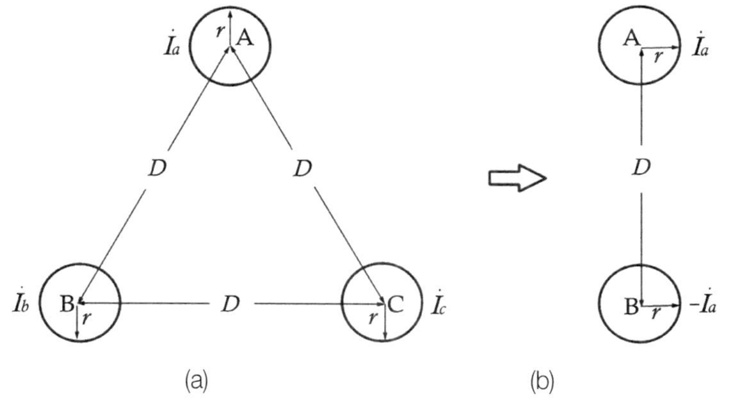

그림 4.8 정삼각형 배치

먼저 A도체의 쇄교수는 A도체 자체의 전류에 의한 쇄교수와 B, C도체의 전류에 의한 자속 중 A도체와의 쇄교수를 합한 것이다. 대칭 3상 교류는 $\dot{I}_a + \dot{I}_b + \dot{I}_c = 0$이고 도체 B와 C에 흐르는 전류의 합은 $(\dot{I}_b + \dot{I}_c) = -\dot{I}_a$인 관계가 성립한다. 따라서 그림 4.8(b)와 같아지므로 앞 절의 왕복2도체와 같은 결과가 되어 식(4.27)을 그대로 적용하면 된다.

2. 임의 배치

일반적인 3상3선식 선로에서는 선간거리가 서로 다르고 지표상의 높이도 같지 않으므로 각 도체의 인덕턴스는 같지 않다. 그러므로 이런 상태라면 각 상의 전압강하가 다르고 3상에 불평형이 생기게 된다. 이것을 방지하기 위하여 송전선로의 길이를 그림 4.9와 같이 전체 구간을 3등분하여 각 상의 전선 위치를 서로 바꾸어줘서 평형이 되도록 한다. 이러한 전선 배치방식을 연가(transposition)라고 한다. 완전 연가가 되면 각상의 인덕턴스가 평균적으로 같아질 뿐만 아니라 인접 통신선에 대한 유도장해를 줄일 수 있다.

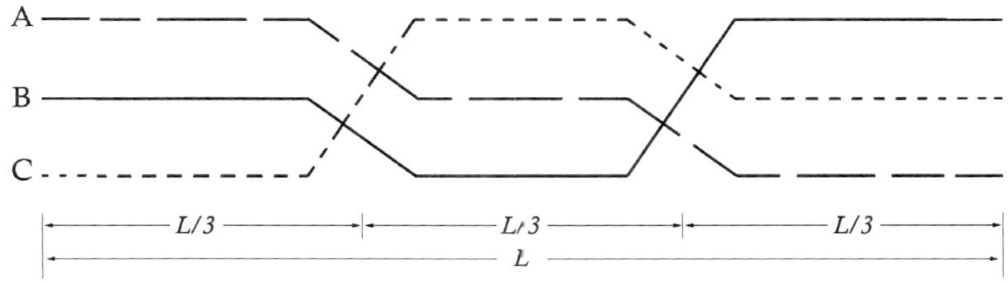

그림 4.9 연가

정삼각형 배치가 아니라 임의 배치된 경우에도 같은 형식으로 인덕턴스를 계산하기 위하여 등가선간거리 D_e를 사용한다. 등가선간거리는 산술적인 평균값이 아니고 기하 평균 거리이다. 다음 식(4.28)은 등가선간거리를 나타낸다.

$$D_e = \sqrt[3]{D_{ab}\, D_{bc}\, D_{ca}} \tag{4.28}$$

연가한 후 각 상의 인덕턴스는 평균되어 같아지며 평균된 인덕턴스는 다음 식(4.29)와 같다.

$$L = 0.05 + 0.4605 \log_{10} \frac{D_e}{r} \ [\mathrm{mH/km}] \tag{4.29}$$

또한 3상 2회선의 인덕턴스도 완전히 연가를 시키면 나란히 설치된 도체사이의 영향이 없어지므로 3상 1회선의 경우와 마찬가지로 계산하면 된다.

위 식(4.29)는 왕복 3도체인 3상3선식에서 1도체의 인덕턴스이고, 왕복 2도체인 단상 2선식에서 1도체에 대한 인덕턴스를 나타낸 것이 식(4.27)이다. 이 값들은 대지의 영향을 고려하지 않고 결정된 값으로서 작용인덕턴스(working inductance)라고 한다.

예제 4-3 P·R·E·T·E·S·T

전선로의 연가에 대해서 설명하여라.

[풀이]

전선로 각 도체의 선로상수의 평균화 및 부근 통신선의 유도장해를 경감시킬 목적으로 선로 구간을 몇 개로 구분하여 도체의 위치를 바꾸는 것이다.

예제 4-4 PRETEST

선로의 작용 인덕턴스란 어떤 것인지 간단히 설명하여라.

[풀이]

인덕턴스는 전선에 1[A]의 전류를 흘렸을 때 전선에 쇄교하는 자속수를 말하는데, 일반적으로 전선 한 가닥의 단위 길이당의 작용 인덕턴스는 다음 식으로 표현된다. 대지와의 영향을 고려하지 않은 값이다.

$$L_n = 0.05\mu_s + 0.4605\log_{10}\frac{D}{r}[\text{mH/km}]$$

예제 4-5 PRETEST

154[kV] 선로에서 19/4[mm]의 경동선이 등가선간거리 5[m]로 설치되어있다. 작용 인덕턴스를 구하여라.

[풀이]

경동선의 소선수가 19개, 소선지름이 4[mm]이므로 경동선의 바깥지름은 20[mm]이다. 〈예제 2.1 참조〉

$$\therefore\ L = 0.05 + 0.4605\log(\frac{D}{r}) = 0.05 + 0.4605\log(\frac{5}{10\times10^{-3}}) = 1.29[\text{mH/km}]$$

예제 4-6 PRETEST

3상1회선 전선로에서 7/3.7[mm]인 경동 연선을 선간 거리 2.14[m]로 정삼각형으로 배치하였을 경우와, 지상에서 6.5[m] 높이에 수평으로 일직선 배치하였을 경우의 도체당 작용 인덕턴스를 구하여라. 단, 선로는 완전 연가되어 있다고 한다.

[풀이]

경동선의 소선수가 7개, 소선지름이 3.7[mm]이므로 경동선의 바깥지름은 11.1[mm]이다. 〈예제 2.1 참조〉

❶ 정삼각형 배치

이 경우는 각 도체의 인덕턴스가 같다. 도체의 반지름과 간격의 단위는 같게 하여 계산한다. 정삼각형의 등가선간거리 $D_e = 2.14[\text{m}]$

정삼각형 배치 $L^{(3)} = 0.05 + 0.4605\log_{10}\dfrac{2.14}{5.55\times 10^{-3}} = 1.2409[\text{mH/km}]$

❷ 수평으로 일직선 배치

이 경우는 중앙과 바깥쪽 도체의 인덕턴스가 다르다. 중앙의 도체는 정삼각형 배치한 경우와 같다. 바깥쪽 도체의 인덕턴스를 L'라고 하면 다음과 같다.

등가선간거리 $D_e = \sqrt{2\times 2.14\times 2.14} = 3.03[\text{m}]$

$L' = 0.05 + 0.4605\log_{10}\dfrac{3.03}{5.55\times 10^{-3}} = 1.31[\text{mH/km}]$

여기에 연가를 하면 각 도체의 인덕턴스는 평균된 값이 나온다.

$D_e = \sqrt[3]{2\times 2.14\times 2.14\times 2.14} = 2.7[\text{m}]$

연가 후 수평 배치 $L^{(3)} = 0.05 + 0.4605\log_{10}\dfrac{2.7}{5.55\times 10^{-3}} = 1.2874[\text{mH/km}]$

4.2.5 대지 귀로의 인덕턴스

지락고장의 경우에는 전류가 대지에 흐르게 되므로 앞 절에서 설명한 도체의 인덕턴스는 그대로 적용되지 않는다. 그것은 대지가 완전도체가 아니기 때문에 대지 속을 흐르는 전류는 땅의 유전율이라든지 전류의 주파수에 따라서 상당히 넓은 폭과 깊이로 흐르기 때문이다.

도체 한 가닥과 대지를 귀환경로로 하는 경우는 4.2.3절의 왕복 2도체의 인덕턴스의 경우를 생각하면 된다. A도체와 가상의 A'도체(대지)의 왕복 2도체에 대한 인덕턴스를 구하면 된다. 그림 4.10과 같이 반지름 $r[\text{m}]$인 A도체는 지표상 $h[\text{m}]$인 높이에 설치되었다. 편의상 가상의 A'도체는 지표면 아래의 $H[\text{m}]$에서 전류가 흐르고 있다고 생각한다. 그러면 왕복2도체 사이의 간격이 $h+H$가 되므로 A도체만의 단위길이당의 인덕턴스는 식(4.27)에 의해서 다음과 같이 나타낸다.

$$L_a = 0.05 + 0.4605\log_{10}\frac{h+H}{r}\ [\text{mH/km}] \tag{4.30}$$

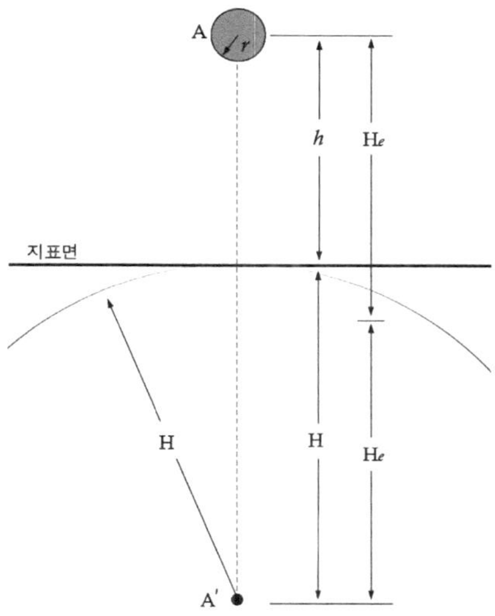

그림 4.10 대지 귀로 인덕턴스

다음 대지의 인덕턴스는 가상의 A'도체가 H[m] 깊이의 대지 속에 있지만 실제 전류는 H를 반지름으로 하는 넓은 면적에 흩어져서 흐르고 있다. 그러므로 A'도체의 반지름을 H로 하여 계산하면 식(4.31)이 된다. 이 식에서 h는 H에 비해서 매우 작기 때문에 $h+H \fallingdotseq H$로 볼 수 있다.

$$\begin{aligned} L_{a'} &= 0.05 + 0.4605 \log_{10}\frac{h+H}{H} \\ &= 0.05 + 0.4605 \log_{10} 1 \fallingdotseq 0.05\ [\text{mH/km}] \end{aligned} \tag{4.31}$$

따라서 대지귀로의 영향을 받은 도체 한 가닥의 인덕턴스 $L_e^{(1)}$는 다음과 같이 식(4.30)과 식(4.31)을 합하면 된다.

$$L_e^{(1)} = L_a + L_{a'} = 0.1 + 0.4605 \log_{10}\frac{h+H}{r}\ [\text{mH/km}] \tag{4.32}$$

대지전류의 중심과 도체와의 거리를 평균한 값 $\dfrac{h+H}{2}$를 등가대지면의 깊이라고 말하고 H_e로 표시한다. 이 H_e의 값은 주파수 및 지질에 따라 다르지만 상용주파수에서 산악지대는 900[m], 야산에서는 600[m], 평야에서는 300[m] 정도이다. 식(4.32)의 $h+H$ 대신 $2H_e$를 넣어 나타내면 도체 1가닥의 인덕턴스는 다음과 같다.

$$L_e^{(1)} = L_a + L_{a'} = 0.1 + 0.4605 \log_{10}\frac{2H_e}{r} \text{ [mH/km]} \tag{4.33}$$

거리 D[m]로 떨어진 2도체를 병렬로 일괄하고 대지를 공통귀로로 할 경우 자기인덕턴스를 L_e, 상호인덕턴스를 $L_{e'}$라고 하면 인덕턴스 $L_e^{(2)}$는 다음과 같다.

$$\begin{aligned} L_e^{(2)} = L_e + L_{e'} &= \left(0.1 + 0.4605 \log_{10}\frac{2H_e}{r}\right) + \left(0.05 + 0.4605 \log_{10}\frac{2H_e}{D}\right) \\ &= 0.15 + 0.4605 \log_{10}\frac{(2H_e)^2}{rD} \text{ [mH/km]} \end{aligned} \tag{4.34}$$

2도체 일괄병렬로 한 인덕턴스는 식(4.34)를 1/2하면 된다.

대지를 귀로로 하는 경우 작용인덕턴스 L, 자기인덕턴스를 L_e, 상호인덕턴스를 $L_{e'}$ 사이에는 다음 관계식이 성립한다.

$$\begin{aligned} L &= 0.05 + 0.4605 \log_{10}\frac{D}{r} \\ &= \left(0.1 + 0.4605 \log_{10}\frac{2H_e}{r}\right) - \left(0.05 + 0.4605 \log_{10}\frac{2H_e}{D}\right) \\ &= L_e - L_{e'} \end{aligned} \tag{4.35}$$

3상3선식 1회선 송전선에서 3도체를 일괄하고 대지를 공통귀로로 하면 $L_e^{(3)}$는 다음과 같다.

$$\begin{aligned} L_e^{(3)} = L_e + 2L_{e'} &= \left(0.1 + 0.4605 \log_{10}\frac{2H_e}{r}\right) + 2\left(0.05 + 0.4605 \log_{10}\frac{2H_e}{D}\right) \\ &= 0.2 + 0.4605 \log_{10}\frac{(2H_e)^3}{rD^2} \text{ [mH/km]} \end{aligned} \tag{4.36}$$

3도체 일괄병렬로 한 인덕턴스는 식(4.36)를 1/3하면 된다.

예제 4-7 PRETEST

3상 1회선인 송전선로가 있다. 3도체를 일괄하여 대지를 귀로로 하는 인덕턴스를 측정한 결과 1.57[mH/km], 2도체를 일괄한 경우는 1.78[mH/km]이었다. 이 실측값에서 송전선로의 대지를 귀로로 하는 1도체의 1[km]당 작용인덕턴스를 구하여라.

[풀이]

$$L_e^{(2)} = \frac{1}{2}(L_e + L_{e'}) = 1.78\ [\mathrm{mH/km}]$$

$$L_e^{(3)} = \frac{1}{3}(L_e + 2L_{e'}) = 1.57\ [\mathrm{mH/km}]$$

위 두식을 풀면 $L_e = 2.41[\mathrm{mH/km}], L_{e'} = 1.15[\mathrm{mH/km}]$

그러므로 작용인덕턴스 $L = L_e - L_{e'} = 2.41 - 1.15 = 1.26[\mathrm{mH/km}]$

4.3 정전용량

정전용량 C는 절연되어 있는 도체에 전하 Q를 줄 때 도체가 갖는 전위 V와의 비이다. 즉 간단히 $C = Q/V$로 표시되고 단위는 패럿[F]이다. 전선로에는 도체 상호간 또는 도체와 대지 사이에 정전용량이 존재한다.

4.3.1 왕복 2도체간의 정전용량

그림 4.11과 같이 반지름 r[m]인 두 도체 A, B가 D[m] 간격으로 설치되어 있고 단위 길이당 각각 $+Q$[C], $-Q$[C]의 전하가 주어졌다고 한다. 두 도체간의 거리 D가 도체의 반지름 r에 비해 매우 크다면, 전하는 도체의 중심선상에 집중되어 있는 것으로 다룰 수 있다. 이 경우 A도체로부터 S_1[m], B도체로부터 S_2[m] 떨어진 p점의 $+Q$에 의한 전계의 세기 E_a와 $-Q$에 의한 전계의 세기 E_b는 각각 다음 식으로 표시된다.

$$\left.\begin{aligned} E_a &= 9\times 10^9\ \frac{2Q}{S_1}\ [\mathrm{V/m}] \\ E_b &= 9\times 10^9\ \frac{-2Q}{S_2}\ [\mathrm{V/m}] \end{aligned}\right\} \tag{4.37}$$

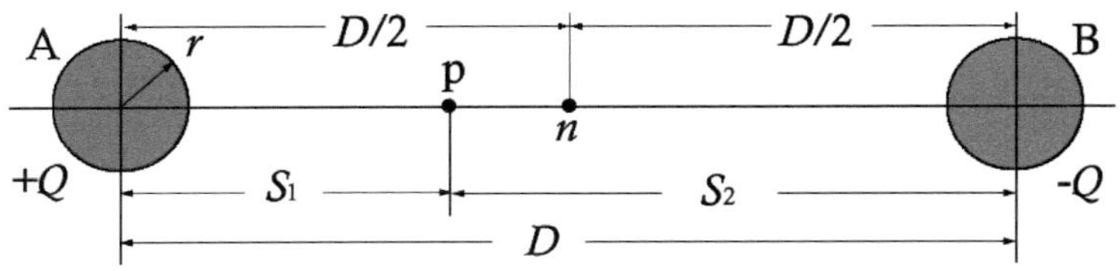

그림 4.11 왕복 2도체의 정전용량

p점의 전계의 세기 $E = E_a + E_b$ 이고, p점의 전위 V_p는 전계의 세기 E를 적분하면 된다. A, B도체간의 중간점 n은 영전위가 되므로 다음과 같다.

$$\begin{aligned} V_{ab} &= \int_{S_1}^{D/2} E_a\, dS_1 + \int_{S_2}^{D/2} E_b\, dS_2 \\ &= \int_{S_1}^{D/2} 9\times 10^9\ \frac{2Q}{S_2}\ dS_1 + \int_{S_2}^{D/2} 9\times 10^9\ \frac{-2Q}{S_2}\ dS_2 \\ &= 2Q\times 9\times 10^9 \left(\log_e \frac{D}{2S_1} - \log_e \frac{D}{2S_2}\right) \\ &= 2Q\times 9\times 10^9 \log_e \frac{S_2}{S_1} [\mathrm{V}] \end{aligned} \tag{4.38}$$

4.3.2 도체 사이의 정전용량

A도체의 전위 V_a는 위의 p점이 A도체 표면에 있는 경우이다. 마찬가지로 B도체의 전위 V_b는 위의 p점이 B도체 표면에 있는 경우이다. 전위 V_a는 식(4.38)에서 $S_1 = r$, $S_2 = D - r$ 을 대입시키면 된다. 전위 V_b는 식(4.38)에서 $S_1 = D - r$, $S_2 = r$ 을 대입시키면 된다. 단 두 도체간의 거리 D가 도체의 반지름 r에 비해 매우 크므로 $(D - r) \fallingdotseq D$로 놓고 계산한다. 식(4.39)는 각 도체의 전위 V_a와 V_b를 나타낸다.

$$\left.\begin{aligned} V_a &= 2Q\times 9\times 10^9 \log_e \frac{D}{r}[\mathrm{V}] \\ V_b &= 2Q\times 9\times 10^9 \log_e \frac{r}{D}[\mathrm{V}] \end{aligned}\right\} \tag{4.39}$$

그러므로 도체 A, B 사이의 전위차 $V_{ab} = V_a - V_b$를 구할 수 있다.

$$\begin{aligned} V_{ab} &= V_a - V_b = 2Q\times 9\times 10^9\left(\log_e \frac{D}{r} - \log_e \frac{r}{D}\right) \\ &= 4Q\times 9\times 10^9 \log_e \frac{D}{r}[\mathrm{V}] \end{aligned} \tag{4.40}$$

따라서 A도체와 B도체 사이의 단위 길이당 정전용량 $C_{ab} = Q/V_{ab}$이므로 식(4.41)과 같이 표현된다. 실용적인 계산을 위해서 C_{ab}의 단위를 환산($[\mathrm{F/m}] = 10^9[\mu\mathrm{F/km}]$)하고 자연대수를 상용대수로 바꾸었다.

$$\begin{aligned} C_{ab} &= \frac{Q}{V_{ab}} = \frac{1}{4\times 9\times 10^9 \log_e \frac{D}{r}}[\mathrm{F/m}] \\ &= \frac{1}{4\times 9\times 10^9 \times 2.3026 \log_{10} \frac{D}{r}} \times 10^9 [\mu\mathrm{F/km}] \\ &= \frac{0.02413}{2\log_{10} \frac{D}{r}}[\mu\mathrm{F/km}] \end{aligned} \tag{4.41}$$

또한 도체간의 정전용량 C_{ab}는 그림 4.12(b)와 같이 A도체와 B도체 사이의 영전위의 중간점 n에 대한 정전용량 C_a와 C_b를 직렬로 접속된 것으로 볼 수 있다.

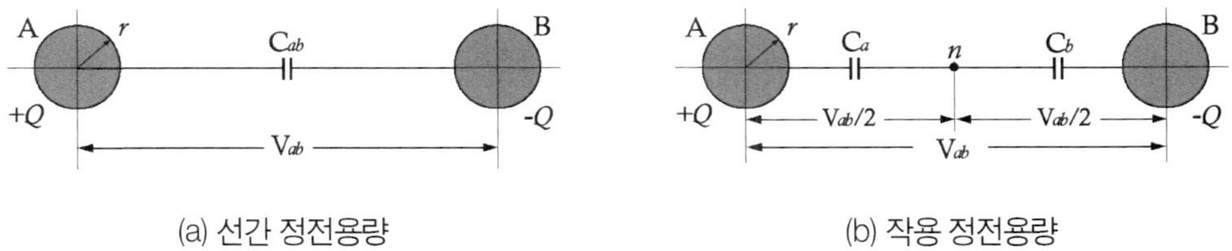

그림 4.12 왕복 2도체의 정전용량

C_a와 C_b의 합성용량 C_{ab}는 다음과 같다.

$$C_{ab} = C_a C_b / (C_a + C_b) = C^2 / 2C = C/2 \quad \because C = C_a = C_b$$

그러므로 도체와 중성점 n사이의 작용 정전용량 $C = C_a = C_b = 2C_{ab}$ 이므로 다음식과 같이 된다.

$$C = 2C_{ab} = 2 \times \frac{0.02413}{2\log_{10}\frac{D}{r}} = \frac{0.02413}{\log_{10}\frac{D}{r}} \, [\mu\text{F/km}] \tag{4.42}$$

예제 4-8 P·R·E·T·E·S·T

단상 2선식 선로에서 두 도체간의 거리가 2[m], 도체의 반지름이 7[mm]일 경우 선간 정전용량과 작용 정전용량을 구하여라.

[풀이]

각각 식(4.39)와 식(4.40)에 도체의 반지름과 간격을 같은 단위로 바꾸어 대입시킨다.

선간 정전용량 $C_{ab} = \dfrac{0.02413}{2\log_{10}\frac{D}{r}} = \dfrac{0.02413}{2\log_{10}\frac{2}{7\times10^{-3}}} = 0.0049\,[\mu\text{F/km}]$

작용 정전용량 $C = \dfrac{0.02413}{\log_{10}\frac{D}{r}} = \dfrac{0.02413}{\log_{10}\frac{2}{7\times10^{-3}}} = 0.0098\,[\mu\text{F/km}]$

4.3.3 도체와 대지간의 정전용량

그림 4.13과 같이 반지름이 r[m]인 도체 A가 지표면 위의 h[m]인 높이에 가설되어 있다. A도체에 $+Q$[C/m]인 전하를 주었다면 지표면은 영전위라 볼 수 있다. 전기력선의 분포로 $-Q$[C/m]인 전하를 갖는 A'도체가 지표면 아래 h[m]인 깊이에 존재한다고 생각할 수 있다.

따라서 A도체의 전위 V_a는 식(4.39)에서 $D = 2h$로 놓으면 다음식과 같이 된다.

$$V_a = 2Q \times 9 \times 10^9 \log_e \frac{2h}{r} \, [\text{V}] \tag{4.43}$$

그러므로 A도체의 대지정전용량[29] C_s는 다음 식(4.44)와 같다.

$$C_s = \frac{Q}{V_a} = \frac{1}{2\times 9\times 10^9 \log_e \frac{2h}{r}} \text{ [F/m]}$$
$$= \frac{1}{2\times 9\times 10^9 \times 2.3026 \log_{10}\frac{2h}{r}} \times 10^9 \text{ [μF/km]} \tag{4.44}$$
$$= \frac{0.02413}{\log_{10}\frac{2h}{r}} \text{ [μF/km]}$$

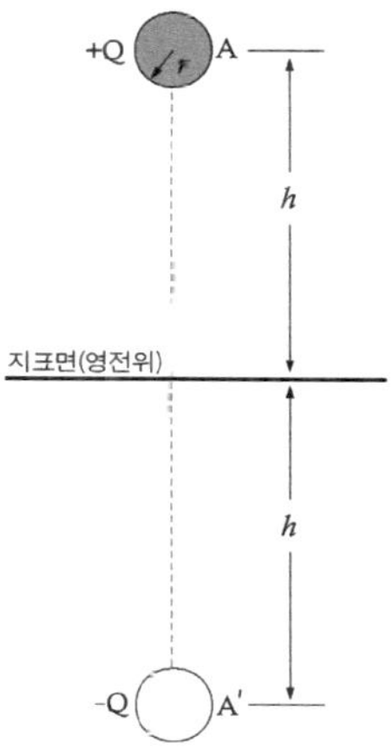

그림 4.13 대지정전용량

4.3.4 3상 1회선 전선로의 정전용량

3상 3선식의 정전용량은 가공전선로와 지중전선로에 상관없이 그림 4.14와 같이 도체와 대지간이 대지정전용량 C_s와 도체간의 선간정전용량 C_m이 있다. 여기서 C_s는 Y결선으로 연결되고 C_m은 Δ결선으로 연결되어있다. C_s에는 상전압이 걸리고 C_m에는 선간전압이 걸리므로 전압의 크기가 $\sqrt{3}$배 차이가 나고 위상은 30°씩 서로 다르게 되어 있다.

29) 각 도체가 대지전위에 의해서 충전되는 전하량

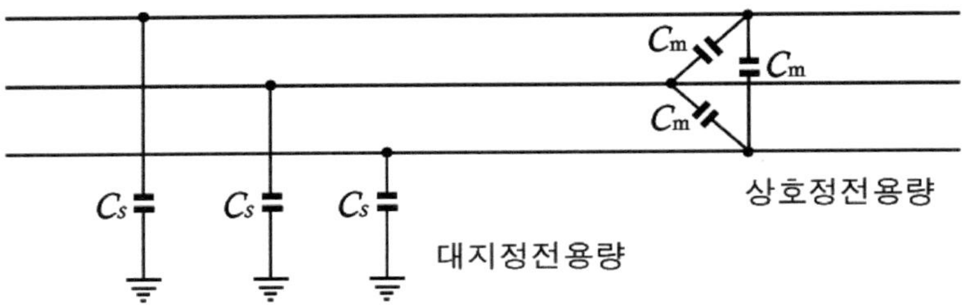

그림 4.14 3상3선식의 정전용량

그러므로 3상 선로의 정전용량은 일반적으로 그림 4.15(b)처럼 C_m의 Δ결선부분을 Y 결선으로 환산하여 계산한다.

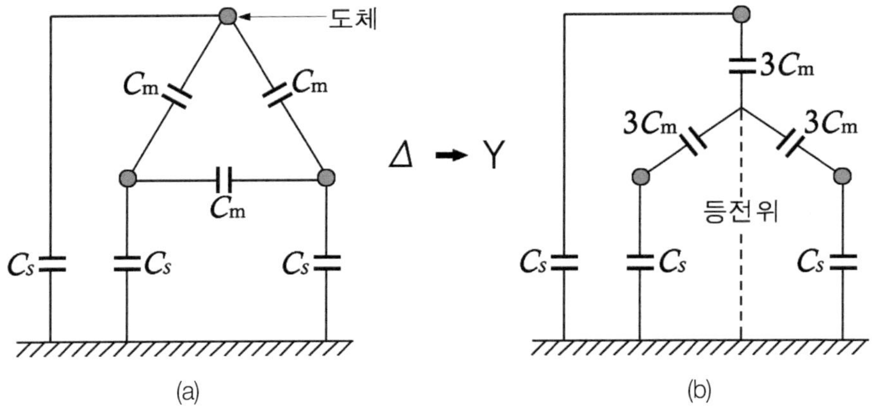

그림 4.15 C_m의 $\Delta - \text{Y}$ 환산

따라서 1도체가 중성선에 대한 작용 정전용량은 다음과 같이 된다.

$$C_n = C_s + 3C_m \tag{4.45}$$

[참고] $\Delta \leftrightarrow Y$ 변환

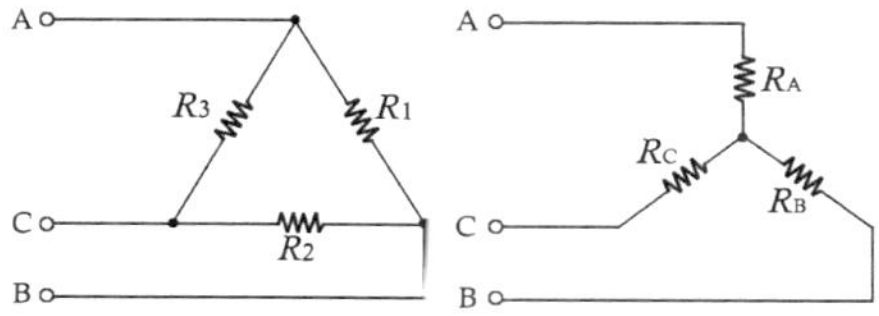

$\Delta \rightarrow Y$	■ $R_A = \frac{R_3 \cdot R_1}{\Delta}$ ■ $R_B = \frac{R_1 \cdot R_2}{\Delta}$ ■ $R_C = \frac{R_2 \cdot R_3}{\Delta}$ $\Delta = R_1 + R_2 + R_3$ 만일 $R_1 = R_2 = R_3 = R$이면 $R_A = R_B = R_C = \frac{1}{3}R$
$Y \rightarrow \Delta$	■ $R_1 = \frac{Y}{R_C}$ ■ $R_2 = \frac{Y}{R_A}$ ■ $R_3 = \frac{Y}{R_B}$ $Y = R_A R_B + R_B R_C + R_C R_A$ 만일 $R_A = R_B = R_C = R$이면 $R_1 = R_2 = R_3 = 3R$

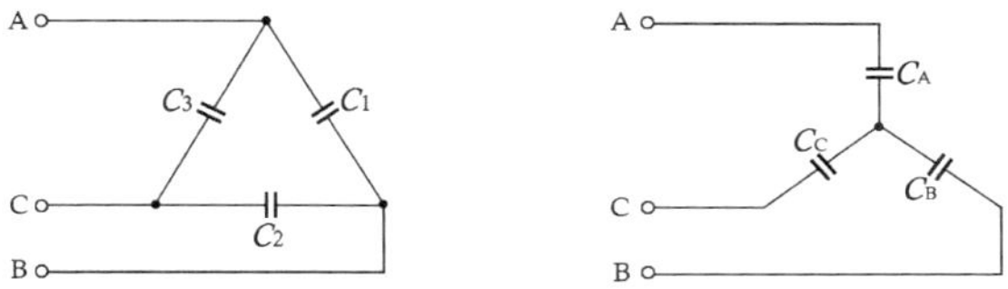

$\Delta \rightarrow Y$	■ $C_A = \frac{\Delta}{C_2}$ ■ $C_B = \frac{\Delta}{C_3}$ ■ $C_C = \frac{\Delta}{C_1}$ $\Delta = C_1 C_2 + C_2 C_3 + C_3 C_1$ 만일 $C_1 = C_2 = C_3 = C$이면 $C_1 = C_2 = C_3 = 3C$
$Y \rightarrow \Delta$	■ $C_1 = \frac{C_A \cdot C_B}{Y}$ ■ $C_2 = \frac{C_B \cdot C_C}{Y}$ ■ $C_3 = \frac{C_C \cdot C_A}{Y}$ $Y = C_A + C_B + C_C$ 만일 $R_1 = R_2 = R_3 = R$이면 $R_A = R_B = R_C = \frac{1}{3}R$

직렬과 병렬에서합성저항과 합성용량 구하는 방법이 서로 반대인 것처럼 $\Delta \leftrightarrow Y$ 변환도 서로 반대이다. 즉, $\Delta \rightarrow Y$ 저항 변환은 $Y \rightarrow \Delta$ 용량 변환과 같고, $Y \rightarrow \Delta$ 저항 변환은 $\Delta \rightarrow Y$ 용량 변환과 같다.

3상 1회선 송전선로의 정전용량은 전선의 굵기, 전선의 배치 등에 따라서 값이 달라진다. 3상 1회선에서 도체의 반지름을 r[m], 선간거리가 D[m], 3도체의 지표면에서의 높이가 h[m]가 되도록 완전 연가시킨 경우 대지정전용량 C_s는 다음 식과 같다.

$$\begin{aligned} C_s &= \frac{1}{2\times 9\times 10^9\left(\log_e\dfrac{2h}{r}\right)+2\times 9\times 10^9\left(2\log_e\dfrac{2h}{D}\right)}\ [\mathrm{F/m}] \\ &= \frac{0.02413}{\log_{10}\dfrac{8h^3}{rD^2}}\ [\mu\mathrm{F/km}] \end{aligned} \tag{4.46}$$

또한 도체간의 상호정전용량 C_m은 다음식과 같다.

$$C_m = \frac{0.02413\log_{10}\dfrac{2h}{D}}{\log_{10}\dfrac{D}{r}\ \log_{10}\dfrac{8h^3}{rD^2}}\ [\mu\mathrm{F/km}] \tag{4.47}$$

그러므로 각 도체의 중성선에 대하여 갖는 정전용량 즉 작용정전용량 C_n은 다음 식과 같다.

$$C_n = C_s + 3C_m = \frac{0.02413}{\log_{10}\dfrac{D}{r}}\ [\mu\mathrm{F/km}] \tag{4.48}$$

작용정전용량 C_n은 도체의 지표상의 높이에 관계가 없다. 즉, 대지와 상관없이 결정되는 것임을 알 수 있다.

예제 4-9 P·R·E·T·E·S·T

선로의 작용정전용량이란 무엇인가?

[풀이]

다수의 도체가 존재할 경우 어느 한 개의 도체의 정전용량이란 다른 모든 도체를 접지해서 영전위로 유지한 다음 그 도체에 전하 Q를 주었을 때 나타나는 전위를 V라고 할 때 이 V로 전하 Q를 나눈 값, 곧 C=Q/V로 표현되는 값을 말한다. 일반적으로 전선 1가닥의 단위 길이당의 작용 정전 용량은 다음과 같다.

$$C = \frac{0.02413\varepsilon_s}{\log_{10}\frac{D}{r}}[\mu\text{F/km}]$$

예제 4-10 P·R·E·T·E·S·T

3상3선식 삼각형 배치의 송전 선로가 있다. 선로가 연가 되어 각 선간의 정전용량은 0.009[μF/km], 각 선의 대지정전용량은 0.003[μF/km]라고 하면 1선의 작용정전용량[μF/km]을 구하여라.

[풀이]

$C_n = C_s + 3C_m = 0.003 + 3 \times 0.009 = 0.03[\mu\text{F/km}]$

4.3.5 누설컨덕턴스

선로의 누설 컨덕턴스는 주로 애자의 누설 저항에 기인한다. 애자의 누설저항은 건조시에는 대단히 커서 그 역수인 누설 컨덕턴스는 매우 적은 값이다. 애자는 기후에 따라 약간의 누설전류가 흐르게 된다. 이로 인한 유전체 손실이 있다. 또한 전선을 지지하는 클램프의 히스테리시스 손실이 있으며 코로나 발생에 의한 코로나 손실도 있다.

1도체의 누설컨덕턴스를 $g[℧/\text{km}]$로 하고 대지정전용량을 $C[\text{F/km}]$, 주파수 $f[\text{Hz}]$라 하면 병렬어드미턴스 $\dot{Y}$는 다음 식으로 표시된다.

$$\dot{Y} = g + j\omega C = g + j2\pi f C\ [℧/\text{km}] \tag{4.49}$$

이와 같이 전선로에는 병렬로 누설컨덕턴스가 존재하는데 누설컨덕턴스의 영향이 매우 작기 때문에 장거리 송전선로와 같이 특별한 경우를 제외하고는 선로상수로는 무시해도 된다. $g = 0$으로 놓고 어드미턴스 $\dot{Y} \fallingdotseq j2\pi fC$ [℧/km]로 하는 것이 보통이다.

4.3.6 다도체의 인덕턴스와 정전용량

다도체 방식은 1상분의 단도체를 소도체 2개 이상으로 분할한 후 적당한 간격으로 설치하는 방식이다. 다도체 방식은 초고압 전선로에 많이 채용되고 있다. 참고로 다도체 방식의 장점은 송전용량 증대, 코로나 손실 감소, 안정도 증대 등이다. 단점은 건설비 증가, 꼬임 현상 및 소도체 사이의 충돌현상 발생, 단락사고 등으로 큰 전류가 흐를 때 소도체 사이의 흡인력의 발생 등이다.

또한 다도체 방식은 도체의 인덕턴스 L이 감소되고 정전용량 C가 증가한다. 다음 절에서는 다도체 전선로에서의 인덕턴스와 정전용량에 대해 알아본다.

1. 인덕턴스

그림 4.16은 2도체 방식의 소도체 배치에 따른 간격을 보인 것이다. 앞으로 설명할 다도체 방식의 상간거리를 D[m], 소도체 간격을 d[m], 소도체의 반지름을 r[m]하고 한다.

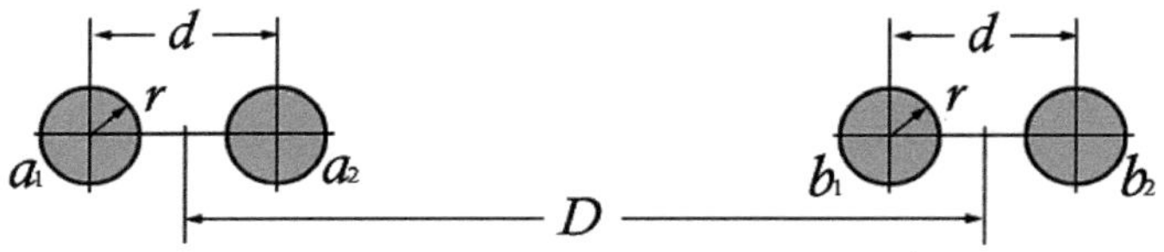

그림 4.16 2도체의 배치

1상을 여러 개의 소도체로 분할한 다도체 방식의 작용 인덕턴스는 단도체의 작용인덕턴스를 약간 변경하면 된다. 앞서 설명한 단도체의 작용 인덕턴스를 다시 한 번 써보면 다음과 같다.

$$\text{단도체의 작용 인덕턴스 } L = 0.05 + 0.4605\log_{10}\frac{D}{r}\ [\text{mH/km}]$$

위 식에서 0.05 부분은 단도체 내부의 자속쇄교수이다. n도체에서는 $0.05/n$가 된다. 단도체 반지름 r은 n도체에서는 등가반지름 $r_e = \sqrt[n]{r\,d^{n-1}}$로 커진다. 다음 식(4.50)은 다도체의 작용 인덕턴스이다.

$$L_n = \frac{0.05}{n} + 0.4605\log_{10}\frac{D}{\sqrt[n]{r\,d^{n-1}}}\ [\text{mH/km}] \tag{4.50}$$

따라서, 소도체의 개수를 적용하면 다음과 같다.

$$\left.\begin{array}{l} \text{2도체에서 } L_2 = \dfrac{0.05}{2} + 0.4605\log_{10}\dfrac{D}{\sqrt{r\,d}}\ [\text{mH/km}] \\ \text{3도체에서 } L_3 = \dfrac{0.05}{3} + 0.4605\log_{10}\dfrac{D}{\sqrt[3]{r\,d^2}}\ [\text{mH/km}] \\ \text{4도체에서 } L_4 = \dfrac{0.05}{4} + 0.4605\log_{10}\dfrac{D}{\sqrt[4]{r\,d^3}}\ [\text{mH/km}] \end{array}\right\} \tag{4.51}$$

2. 정전용량

앞서 설명한 단도체의 작용 정전용량을 다시 한 번 써보면 다음과 같다.

$$\text{단도체의 작용 정전용량 } C = \frac{0.02413}{\log_{10}\dfrac{D}{r}}\ [\mu\text{F/km}]$$

여기서, 다도체 선로의 작용 정전용량 계산은 인덕턴스와 마찬가지로 단도체의 반지름 r대신에 등가반지름 $r_e = \sqrt[n]{r\,d^{n-1}}$을 대입하면 된다. 즉,

$$\left.\begin{aligned} &\text{2도체에서 } C_2 = \frac{0.02413}{\log_{10}\dfrac{D}{\sqrt{rd}}}\,[\mu\text{F/km}] \\ &\text{3도체에서 } C_3 = \frac{0.02413}{\log_{10}\dfrac{D}{\sqrt[3]{rd^2}}}\,[\mu\text{F/km}] \\ &\text{4도체에서 } C_4 = \frac{0.02413}{\log_{10}\dfrac{D}{\sqrt[4]{rd^3}}}\,[\mu\text{F/km}] \end{aligned}\right\} \tag{4.52}$$

예제 4-11 PRETEST

단도체 면적 1000[㎟]인 전선로에 소도체간 간격 40[㎝]인 복도체로 분할하여 시설할 경우 복도체의 등가반지름을 구하여라.

[풀이]

❶ 단도체 $\pi {r_1}^2 = 1000 \rightarrow r_1 = \sqrt{\frac{1000}{\pi}} \fallingdotseq 18[\text{mm}] = 1.8[\text{cm}]$

❷ 복도체 $\pi {r_2}^2 = 500 \rightarrow r_2 = \sqrt{\frac{500}{\pi}} \fallingdotseq 12.6[\text{mm}] = 1.26[\text{cm}]$

❸ 복도체의 등가반지름 $r_e = \sqrt[n]{rd^{n-1}} = \sqrt{rd} = \sqrt{1.26 \times 40} = 7[\text{cm}]$

단도체의 반지름이 1.8[cm]인 경우 복도체의 등가반지름은 7[cm]로 늘었다. 그러므로 복도체 방식은 등가반지름이 커지는 효과가 있으므로 전선로에서 L은 감소하고 C는 증가한다.

예제 4-12 PRETEST

소도체 2개로 된 복도체 방식의 3상 3선식 송전 선로가 있다. 소도체의 지름 2[cm], 소도체 간격 16[cm], 등가 선간 거리 200[cm]일 경우 1상당의 작용 정전 용량 $[\mu\text{F/km}]$을 구하여라.

[풀이]

$$C_2 = \frac{0.02413}{\log_{10}\dfrac{D}{\sqrt{rd}}} = \frac{0.02413}{\log_{10}\dfrac{200}{\sqrt{1 \times 16}}} = 0.014[\mu\text{F/km}]$$

예제 4-13 P·R·E·T·E·S·T

고압 송전 선로에서는 복도체를 많이 쓰고 있다. 복도체가 단도체에 비해 선로상수 면에서 어떤 특징이 있는지 그 차이점을 설명하여라.

[풀이]

❶ 송전 용량을 증대시킬 수 있다.(전선의 인덕턴스는 감소되고 정전 용량은 증가하므로)

❷ 코로나 손실을 줄일 수 있다.(전선 표면의 전위 경도를 저감시켜서 코로나 임계전압이 높아지므로)

❸ 안정도를 증대시킬 수 있다.

다도체 방식의 소도체 배치에 따른 기하학적 평균거리인 등가선간거리는 다음 식과 같다.

$$d = \sqrt[n]{d_1 \times d_2 \times d_3 \dots d_n} \ [\mathrm{m}] \tag{4.53}$$

그림 4.17과 같이 직선 배열, 정삼각형 배열, 정사각형 배열의 등가선간거리를 위 식 (4.53)에 따라서 계산하면 다음과 같다.

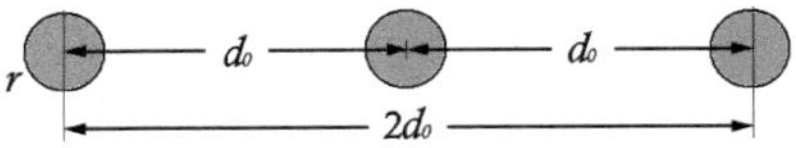

$$d = \sqrt[3]{d_0 \times d_0 \times 2d_0} = \sqrt[3]{2}\, d_0\ [\mathrm{m}]$$

(a) 직선배열

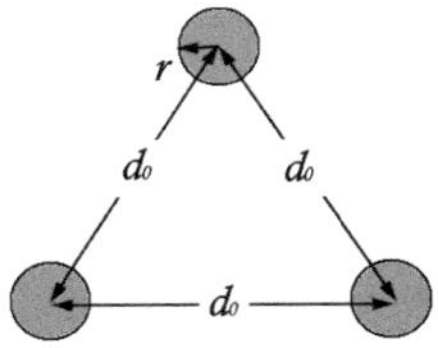

$$d = \sqrt[3]{d_0 \times d_0 \times d_0} = d_0\ [\mathrm{m}]$$

(b) 정삼각형 배열

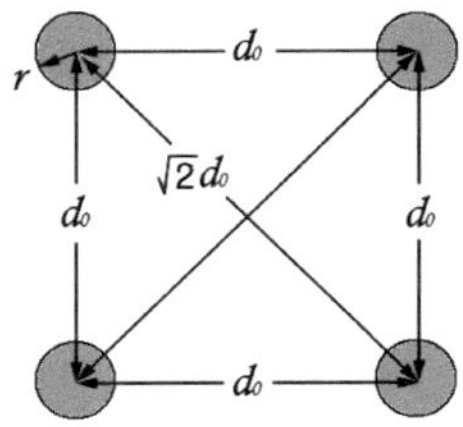

$$d = \sqrt[6]{d_0 \times d_0 \times d_0 \times d_0 \times \sqrt{2}\, d_0 \times \sqrt{2}\, d_0} = \sqrt[6]{2}\, d_0\ [\mathrm{m}]$$

(c) 정사각형 배열

그림 4.17 소도체 배열에 따른 등가선간거리

[참고] 스페이서

전선의 소도체간 간격을 일정하게 유지하게 위한 기구

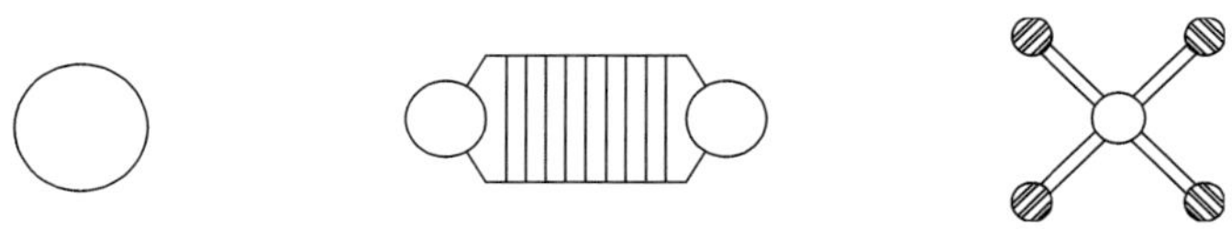

1000[㎟] 500[㎟]× 2 250[㎟]× 4

4.3.7 케이블의 충전용량

1선의 작용 정전용량을 C[F/km], 선간전압을 V[V], 상전압(대지전압)을 E[V]라 하면 케이블의 충전전류 I_c[A]는 다음 식과 같다.

$$I_c = \omega C l E = 2\pi f\, C l \frac{V}{\sqrt{3}}\ [\mathrm{A}] \qquad \because X_c = \frac{1}{\omega C} \tag{4.54}$$

여기서, $C = C_s + 3C_m$ 이다.

일반적으로 케이블에서는 정전용량 C가 크므로 사용전압이 높아짐에 따라서 충전전류가 커져서 유효전류를 송전하는데 제약을 주고 있다. 케이블의 충전용량 P_c[kVA]는 다음과 같다.

$$\begin{aligned} P_c &= 3EI_c \times 10^{-3} = \sqrt{3}\,VI_c \times 10^{-3} \\ &= \sqrt{3}\,V \times 2\pi f Cl \frac{V}{\sqrt{3}} \times 10^{-3} = 2\pi f C l V^2 \times 10^{-3}[\text{kVA}] \end{aligned} \tag{4.55}$$

예제 4-14 P·R·E·T·E·S·T

430[mm²]의 ACSR(반지름=14.6[mm])이 지표상 11[m] 높이에 선간길이 8.5[m]로 일직선 배치되어 있다. 선로 길이가 7[km]이고 완전 연가된 3상 3선식 345[kV]선로가 있다. 다음 값을 구하여라.

(1) 이 선로의 인덕턴스 L, 작용 정전용량 C_n, 대지정전용량 C_s

(2) 3상 무부하 충전전류 I_c 및 충전용량 P_c

[풀이]

(1) 등가선간거리 $D_e = \sqrt[3]{8.5 \times 8.5 \times 17} = 10.71[\text{m}]$

$$L^{(3)} = 0.05 + 0.4605\log_{10}\frac{D_e}{r} = 0.05 + 0.4605\log_{10}\frac{10.71}{0.0146} = 1.37[\text{mH/km}]$$

$$C_n = \frac{0.02413}{\log_{10}\frac{D_e}{r}} = \frac{0.02413}{\log_{10}\frac{10.71}{0.0146}} = 0.00842[\mu\text{F/km}]$$

$$C_s = \frac{0.02413}{\log_{10}\frac{8h_e^3}{rD_e^2}} = \frac{0.02413}{\log_{10}\frac{8 \times 11^3}{0.0146 \times 10.71^2}} = 0.00534[\mu\text{F/km}]$$

(2) $I_c = 2\pi f Cl\frac{V}{\sqrt{3}} = 2\pi \times 60 \times (0.00842 \times 10^{-6} \times 7) \times \frac{345{,}000}{\sqrt{3}} = 4.426[\text{A}]$

$P_c = \sqrt{3}\,VI_c \times 10^{-3}[\text{kVA}] = \sqrt{3} \times 345{,}000 \times 4.426 \times 10^{-3} = 2644.8[\text{kVA}]$

연 습 문 제

1 3상3선식 송전선을 연가하는 경우 일반적으로 전체 선로길이의 몇 배수로 등분해서 연가하는가?

① 5 ② 4 ③ 3 ④ 2

답 ③

2 송전선로에서 연가를 하는 주된 목적은?

① 유도뢰의 방지 ② 직격뢰의 방지 ③ 선로의 미관상 ④ 선로상수 평형

풀이 연가는 선로상수를 평형시키고 통신선의 유도장해를 방지하기 위하여 선로를 3배수 등분하여 실시한다.(* 선로상수 평형 * 임피던스 평형 * 소호 리액터 접지시 직렬공진 방지 * 유도장해 감소)

답 ④

3 연가의 효과가 아닌 것은?

① 작용정전용량의 감소 ② 통신선의 유도장해 감소

③ 각 상의 임피던스 평형 ④ 직렬공진의 방지

풀이 연가의 효과(* 선로상수 평형 * 임피던스 평형 * 소호 리액터 접지시 직렬공진 방지 * 유도장해 감소)

답 ①

4 3상3선식 송전선로의 선간거리가 D_1, D_2, D_3 [m], 전선 직경이 d[m]로 연가된 경우에 전선 1[km]의 인덕턴스는 몇 [mH] 인가?

① $L = 0.05 + 0.4605\log_{10}\frac{\sqrt[3]{D_1 D_2 D_3}}{d}$ ② $L = 0.05 + 0.4605\log_{10}\frac{2\sqrt[3]{D_1 D_2 D_3}}{d}$

③ $L = 0.05 + 0.4605\log_{10}\frac{d\sqrt[3]{D_1 D_2 D_3}}{2}$ ④ $L = 0.05 + 0.4605\log_{10}\frac{d}{\sqrt[3]{D_1 D_2 D_3}}$

답 ②

5 3상 송전선로에서 지름5[mm]의 경동선을 간격1[m]로 정삼각형 배치를 한 가공전선의 1선 1[km]당의 작용인덕턴스는 약 몇[mH/km]인가?

① 1.0[mH/km] ② 1.25[mH/km] ③ 1.5[mH/km] ④ 2.0[mH/km]

답 ②

6 일반적으로 전선 한 가닥의 단위 길이당의 작용정전용량 C_n이 다음과 같이 표시되는 경우 D는 무엇을 나타내는가?

$$C_n = \frac{0.02413}{\log\frac{D}{r}}[\mu F/km]$$

① 전선의 반지름[m] ② 선간거리[m]

③ 전선의 지름[m] ④ 선간거리 $\times \frac{1}{2}$[m]

답 ②

7 3상3선식 1회선 가공 전선에 있어서 D를 선간거리 [m], r을 전선의 반지름 [m]이라 하면 전선 1선당 정전용량은 다음 어느 것에 관계되는가?

① $\log\frac{D}{r}$ 에 비례 ② $\log\frac{D}{r}$ 에 반비례

③ $\log\frac{r}{D}$ 에 비례 ④ $\log\frac{r}{D}$ 에 반비례

답 ②

8 3상 1회선 송전선의 대지정전용량은 전선의 굵기가 동일하고 완전히 연가 되어 있는 경우에는 얼마인가? 단, r[m] : 도체의 반지름, D[m] : 도체의 등가 선간거리, h[m] : 도체의 평균 지상높이이다.

① $\dfrac{0.02413}{\log_{10}\frac{4h^2}{rD}}$ ② $\dfrac{0.02413}{\log_{10}\frac{4h^2}{rD^2}}$ ③ $\dfrac{0.02413}{\log_{10}\frac{8h^3}{rD^2}}$ ④ $\dfrac{0.2413}{\log_{10}\frac{8h^3}{rD^3}}$

답 ③

9 3상3선식에서 전선의 선간거리가 각각 1[m], 2[m], 4[m] 라고 할 때 등가 선간거리는 몇[m]인가?

① 1 ② 2 ③ 3 ④ 4

풀이 $D_e = \sqrt[3]{D_1 \times D_2 \times D_3} = \sqrt[3]{1 \times 2 \times 4} = 2$ [m]

답 ②

10 그림과 같이 일직선 배치로 완전 연가한 경우의 등가선간 거리는?

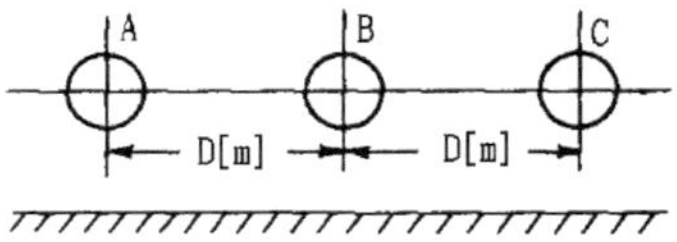

① $\sqrt[3]{2}\,D$ ② $\sqrt{2}\,D$ ③ $\sqrt{D}$ ④ $\sqrt{3}\,D$

풀이 $D_e = \sqrt[3]{D\times D\times 2D} = \sqrt[3]{2D^3} = \sqrt[3]{2}\,D\,[\mathrm{m}]$ **답** ①

11 그림과 같은 선로의 등가 선간 거리는 몇[m]인가?

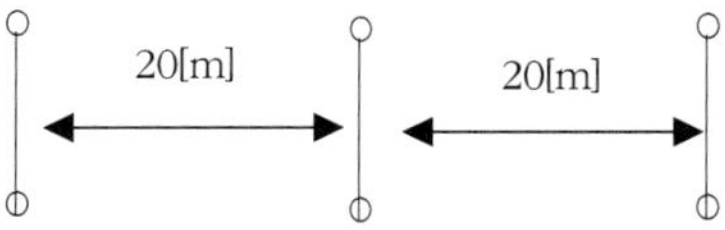

① 20 ② $20\sqrt{2}$ ③ $20\sqrt[3]{2}$ ④ $40\sqrt[3]{2}$

답 ③

12 전선 4개의 도체가 정사각형으로 배치되어 있을 때 기하학적 평균 거리는 얼마인가? 단, 각 도체간의 거리는 d[m] 라 한다.

① d ② 4d ③ $\sqrt[3]{2d}$ ④ $\sqrt[6]{2}\,d$

풀이 $D_e = \sqrt[6]{d\times d\times d\times d\times \sqrt{2}\,d\times \sqrt{2}\,d} = \sqrt[6]{2}\,d\,[\mathrm{m}]$ **답** ④

13 송전선로의 정전 용량은 등가 선간 거리 D가 증가하면 어떻게 되는가?

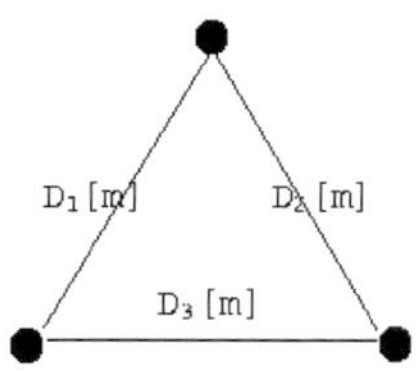

$D = \sqrt[3]{D_1 D_2 D_3}$

① 증가한다. ② 감소한다.
③ 변화하지 않는다. ④ D^2에 비례하여 증가한다.

풀이 $C = \dfrac{0.02413}{\log_{10}\dfrac{D}{r}}$이므로 $C \propto \dfrac{1}{\log_{10}\dfrac{D}{r}}$에서 C는 D가 증가하면 감소한다. **답** ②

14 복도체에 있어서 소도체의 반지름 r[m], 소도체 사이의 간격을 s[m] 라고 할 때

두개의 복도체를 사용하는 소도체 등가 반지름은?

① $\sqrt{rs}$ ② $\sqrt{r^2 s}$ ③ $\sqrt{rs^2}$ ④ rs

답 ①

15 복도체 선로가 있다. 소도체의 지름8[mm], 소도체 사이의 간격40[cm]일 때 등가 반지름[cm]은?

① 2.8[cm] ② 3.6[cm] ③ 4.0[cm] ④ 5.7[cm]

답 ③

16 소도체 2개로 된 복도체 방식의 3상3선식 송전선로가 있다. 소도체 지름이 2[cm], 소도체 간격이 16[cm], 등가선간거리가 200[cm]인 경우 1상당 작용정전용량은 몇 [μF/km] 인가?

① 0.014 ② 0.14 ③ 0.065 ④ 0.090

풀이 $C_2 = \dfrac{0.02413}{\log_{10}\dfrac{D}{\sqrt{rd}}} = \dfrac{0.02413}{\log_{10}\dfrac{200}{\sqrt{1\times16}}} = 0.014\,[\mu\mathrm{F/km}]$

답 ①

17 3상3선식 배전선로에 있어서 대지정전용량을 Cs, 선간 정전용량을 Cm이라 할 때 작용정전용량 Cn은?

① Cs + Cm ② Cs + 2Cm ③ 2Cs + Cm ④ Cs + 3Cm

답 ④

18 3상3선식 송전선로에서 각 도체의 대지정전용량이 0.5096[μF]이고, 선간정전용량이 0.1295[μF]일 때 1선의 작용정전용량은 몇 [μF]인가?

① 0.6391 ② 0.7686 ③ 0.8981 ④ 1.5288

풀이 $C = C_s + 3C_m = 0.5096 + 3\times0.1295 = 0.8981\,[\mu\mathrm{F}]$

답 ③

19 선로상수를 전체적으로 평형이 되게 하고, 근접 통신선에 대한 유도장해를 줄일 수 있는 방법은?

① 딥을 준다. ② 연가를 한다.

③ 복도체를 사용한다. ④ 소호리액터 접지를 한다.

답 ②

20 복도체의 2본의 전선이 서로 충돌하는 것을 방지하기 위하여 2본의 전선 사이에 적당한 간격을 두어 설치하는 것은?

① 아머로드 ② 댐퍼 ③ 아킹혼 ④ 스페이서

풀이 스페이서는 하나의 상에 다도체를 사용할 경우 전선간의 접근과 충돌을 방지하기 위해 사용된다.

답 ④

21 복도체는 같은 단면적의 단도체에 비해서?

① 인덕턴스는 증가하고, 정전용량은 감소한다.
② 인덕턴스는 감소하고, 정전용량은 증가한다.
③ 인덕턴스와 정전용량 모두가 증가한다.
④ 인덕턴스와 정전용량 모두가 감소한다.

풀이 복도체는 단도체에 비해서 등가 반지름($\sqrt[n]{rs^{n-1}}$)이 증가하므로 인덕턴스는 감소, 정전용량은 증가한다.

답 ②

22 지중선 계통은 가공선 계통에 비하여 인덕턴스와 정전용량은 어떠한가?

① 인덕턴스, 정전용량이 모두 크다. ② 인덕턴스, 정전용량 모두 작다.
③ 인덕턴스는 크고 정전용량은 작다. ④ 인덕턴스는 작고 정전용량은 크다.

풀이 가공선로 $C = \dfrac{0.02413}{\log_{10}\dfrac{D}{r}}$ 여기서, D는 등가 선간 거리

지중선로 $C = \dfrac{0.02413}{\log_{10}\dfrac{R}{r}}$ 여기서, R은 연피의 안 반지름(절연 반지름)

$\therefore D \gg R$이므로 $\log_{10}\dfrac{D}{r} > \log_{10}\dfrac{R}{r}$

즉, 지중선 계통은 가공선 계통에 비해서 선간 거리가 수십 배 작으므로 인덕턴스는 작고 정전용량은 크다.

답 ④

23 송전선로의 작용 정전용량은 무엇을 계산하는데 사용되는가?

① 비접지 계통의 1선 지락 고장시 지락고장전류 계산
② 정상 운전시 선로의 충전전류 계산
③ 선간 단락고장시 고장전류 계산
④ 인접 통신선의 정전유도전압 계산

풀이 * 지락전류 계산시: 대지정전용량 * 충전전류 계산시: 작용 정전용량

답 ②

24 60[Hz], 154[kV], 길이 100[km]인 3상 송전선로에서 대지정전용량 $C_s = 0.005$ [μF/km], 전선간의 상호정전용량 $C_m = 0.0014$[μF/km]일 때, 1선에 흐르는 충전전류는 약 몇 [A]인가?

① 17.8 ② 30.8 ③ 34.4 ④ 53.4

풀이 작용 정전용량은 $C_w = C_s + 3C_m = 0.005 + 3 \times 0.0014 = 0.0092[\mu F/km]$

1선 충전전류 $I_c = \omega C_w El = 2\pi f C_w El$ **답** ②

$$= 2\pi \times 60 \times 0.0092 \times 10^{-6} \times \frac{154,000}{\sqrt{3}} \times 100 = 30.8$$

25 선간거리가 D[m] 이고, 반지름이 r[m] 인 선로의 정전용량 C[μF/km]는?

① $\dfrac{0.02413}{\log_{10}\dfrac{D}{r}}$ ② $\dfrac{0.02413}{\log_{10}\dfrac{r}{D}}$ ③ $\dfrac{0.2413}{\log_{10}\dfrac{D}{r}}$ ④ $\dfrac{0.02413}{\log_{10}\dfrac{r}{D}}$

답 ①

26 430[mm²]의 ACSR(반지름 $r = 14.6$[mm])이 그림과 같이 배치되어 완전 연가된 송전선로가 있다. 이 경우 인덕턴스[mH/km]를 구하면 어느 것인가? 단, 지표상의 높이는 이도를 고려한 것이다.

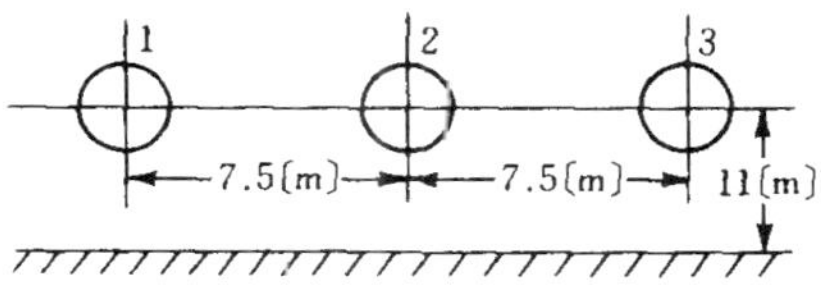

① 1.32 ② 1.35 ③ 1.37 ④ 1.39

풀이 등가선간거리 $D_e = \sqrt[3]{7.5 \times 7.5 \times 15} = 9.45[m]$

$L^{(3)} = 0.05 + 0.4605\log_{10}\dfrac{D_e}{r} = 0.05 + 0.4605\log_{10}\dfrac{9.45}{0.0146} = 1.345[mH/km]$ **답** ②

27 총단면적이 같은 경우 단도체와 비교해 볼 때 복도체의 이점으로 옳지 않은 것은?

① 정전용량이 증가한다. ② 안정도가 증가한다.

③ 송전전력이 증가한다. ④ 코로나 임계전압이 낮아진다.

풀이 예제 4-13 참조 **답** ④

제 5 장 송전특성

학습목표

- 집중상수회로의 개요 파악
- 4단자상수의 특성 파악
- 전력원선도에 대한 이해
- 조상설비의 필요성과 방법에 대한 이해

송전선로의 송전단과 수전단의 거리는 수십[km]에서 수백[km]이다. 송전선로는 선로상수(R, L, C, g)가 선로에 고루 분포되어 있는 3상 교류이다. 따라서 송전선로 중에 생기는 전압강하, 전력손실 등의 계산을 정확하게 하려면 분포상수회로로 다루어야 한다. 그러나 선로의 길이가 짧은 경우에는 집중상수회로[30]로 취급하여 계산하여도 별 차이가 없다.

일반적으로 송수전단의 거리가 수[km]정도의 단거리, 수십[km]정도의 중거리, 수백[km]정도의 장거리로 구분하여 다음과 같이 전기적 특성을 해석한다.

① 단거리 송전선로 및 배전선로에서는 저항 R과 인덕턴스 L의 직렬임피던스가 1개소에 집중된 집중상수회로로 취급한다. 누설 컨덕턴스 및 정전용량은 무시한다.

② 50~100[km]정도의 중거리 송전선로는 정전용량의 영향을 무시할 수 없어서 직렬임피던스(R, L)의 중앙(T형) 또는 양단(π형)에 병렬어드미턴스(C)가 집중된 집중상수회로로 취급한다. 누설 컨덕턴스는 무시한다.

③ 장거리 송전선로에서는 선로상수(R, L, C, g) 모두가 고루 분포된 분포상수회로로 취급한다.

5.1 단거리 송전선로

단거리 송전선로에서는 선로상수로서 저항과 인덕턴스만을 고려한다. 그림 5.1은 저항과 인덕턴스의 임피던스가 한 곳에 집중되어 있는 1상의 등가회로를 나타낸다.

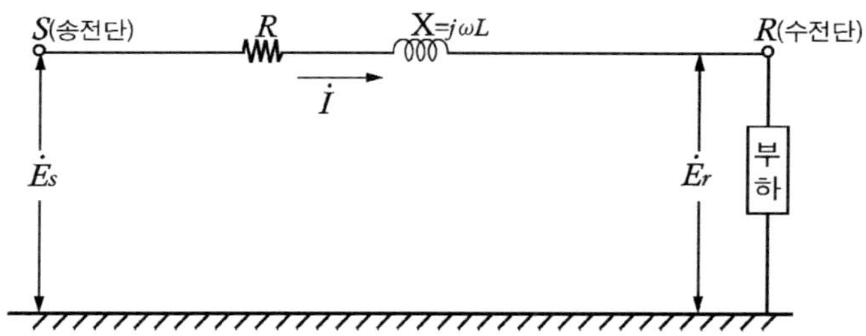

그림 5.1 단거리 송전선로의 등가회로

30) 전기적 특성을 쉽게 계산하기 위하여 선로에 분산되어있는 선로상수(R, L, C, g)를 모두 한곳에 집중되어 있는 것처럼 회로를 등가적으로 취급하는 것.

그림에서 $\dot{E}_s$와 $\dot{E}_r$은 각각 송전단과 수전단의 중성점에 대한 대지전압이다. 수전단 전압 $\dot{E}_r$과 전류 $\dot{I}$와의 상차각을 θ_r이라고 하고 $\dot{E}_r$을 기준 벡터로 잡고 그린 벡터도가 그림 5.2이다.

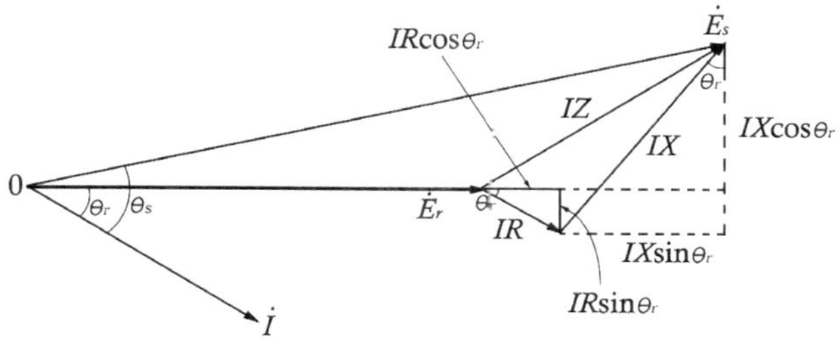

그림 5.2 단거리 송전선로의 벡터도

여기서 선로의 저항에 의한 전압강하 IR은 전류 $\dot{I}$와 동위상이 되고, 리액턴스에 의한 전압강하 IX는 전류 $\dot{I}$보다 위상이 $90°$ 앞선다. 저항강하 IR, 리액턴스강하 IX, 수전단 전압 $\dot{E}_r$의 벡터합을 구하면 송전단 전압 $\dot{E}_s$가 된다. 송전단 전압은 다음 식과 같이 실수부와 허수부로 나타낸다.

$$\text{송전단 전압 } \dot{E}_s = (\dot{E}_r + IR\cos\theta_r + IX\sin\theta_r) + j(IX\cos\theta_r - IR\sin\theta_r) \tag{5.1}$$

즉 송전단 전압의 크기 E_s는 다음과 같다.

$$E_s = \sqrt{(E_r + IR\cos\theta_r + IX\sin\theta_r)^2 + (IX\cos\theta_r - IR\sin\theta_r)^2} \tag{5.2}$$

위 식의 $\sqrt{\ }$ 속의 제 2항은 제 1항에 비하여 매우 작은 값이므로 무시하면 다음과 같다.

$$\dot{E}_s \fallingdotseq \dot{E}_r + I(R\cos\theta_r + X\sin\theta_r) \tag{5.3}$$

선로의 임피던스에 의한 전압강하 e는 송전단 전압 E_s와 수전단 전압 E_r과의 전압차이므로 다음과 같다.

$$\text{전압강하 } e = E_s - E_r = I(R\cos\theta_r + X\sin\theta_r) \tag{5.4}$$

송전단 전압의 크기 E_s와 수전단 전압의 크기 E_r의 관계를 나타내는데 다음과 같이 수전단 전압 E_r에 대한 전압강하 e의 백분율비로 표시한 전압강하율 ε을 많이 쓰고 있다.

$$\text{전압 강하율 } \varepsilon = \frac{E_s - E_r}{E_r} \times 100[\%] = \frac{I(R\cos\theta_r + X\sin\theta_r)}{E_r} \times 100[\%] \tag{5.5}$$

[참고] 전압변동율(δ)

수전단 전압에 대한 무부하시 수전단 전압의 백분율비

$$\delta = \frac{E_{ro} - E_r}{E_r} \times 100[\%]$$

여기서, E_{r0}: 무부하시 수전단 전압, E_r: 수전단 전압

위 식(5.5)를 선간전압으로 나타내면 송전단 전압 $V_s = \sqrt{3}\,E_s$이고, 수전단 전압은 $V_r = \sqrt{3}\,E_r$이므로 다음 식과 같다

$$\text{송전단 선간전압 } V_s = V_r + \sqrt{3}\,I(R\cos\theta_r + X\sin\theta_r)[\mathrm{V}] \tag{5.6}$$

수전단의 전력 P_r, 송전단의 전력 P_s, 선로손실 p는 다음과 같다.

$$\left.\begin{aligned} &\text{수전단 전력 } P_r = 3E_r I\cos\theta_r = \sqrt{3}\,V_r I\cos\theta_r \\ &\text{선로손실 } p = 3I^2R \\ &\text{송전단 전력 } P_s = \sqrt{3}\,V_s I\cos\theta_s = P_r + 3I^2R \end{aligned}\right\} \tag{5.7}$$

예제 5-1 PRETEST

수전단 전압 $60{,}000[\mathrm{V}]$, 전류 $200[\mathrm{A}]$, 선로의 저항 $\mathrm{R}=7.5[\Omega]$, 리액턴스 $X=10.8[\Omega]$, 역률 0.8일 때 전압강하율을 구하여라

[풀이]

역률이 0.8이므로 $\cos\theta=0.8,\quad \sin\theta=0.6$

$$\text{전압강하율 } \varepsilon=\frac{V_s-V_r}{V_r}\times 100=\frac{\sqrt{3}\,I(R\cos\theta+X\sin\theta)}{V_r}\times 100$$

$$=\frac{\sqrt{3}\times 200(7.5\times 0.8+10.8\times 0.6)}{60{,}000}\times 100=7.21[\%]$$

예제 5-2 PRETEST

3상 송전 선로가 있다. 전선 1가닥당의 R=15[Ω], X=20[Ω]이고, 수전단 전압이 30[kV], 부하의 역률이 80[%]일 경우 전압 강하율이 8[%]였다고 한다. 수전단 전력 및 선로손실을 계산하여라.

[풀이]

$$\varepsilon=\frac{V_s-V_r}{V_r}\times 100=\frac{V_s-30{,}000}{30{,}000}\times 100=8 \quad\rightarrow\quad V_s=\frac{240{,}000}{100}+30{,}000=32{,}400[\mathrm{V}]$$

$$V_s=V_r+\sqrt{3}\,I(R\cos\theta_r+X\sin\theta_r) \quad\rightarrow\quad 32{,}400=30{,}000+\sqrt{3}\,I(15\times 0.8+20\times 0.6)$$

$$\therefore\quad I=\frac{32{,}400-30{,}000}{\sqrt{3}\,(15\times 0.8+20\times 0.6)}=57.74[\mathrm{A}]$$

(1) 수전단 전력 $P_r=\sqrt{3}\,V_r I\cos\theta_r$

$$=\sqrt{3}\times 30{,}000\times 57.74\times 0.8=2{,}400{,}206.727[\mathrm{W}]=2{,}400[\mathrm{kW}]$$

(2) 선로 손실 $p=3I^2R=3\times(57.74)^2\times 15=150{,}025.842[\mathrm{W}]=150[\mathrm{kW}]$

5.2 중거리 송전선로

중거리 송전선로는 정전용량의 영향을 무시할 수 없어서 직렬임피던스(R, L) 및 병렬어드미턴스(C)의 집중상수회로로써 취급된다. 병렬어드미턴스(C)를 중앙에 집중시킨 T형 회로 또는 양단에 병렬어드미턴스(C)가 집중된 π형 회로가 있다.

5.2.1 T형 회로

그림 5.3과 같이 임피던스 $\dot{Z}$를 2등분하여 그 중앙에 정전용량에 의한 병렬어드미턴스 $\dot{Y}$를 집중시킨다.

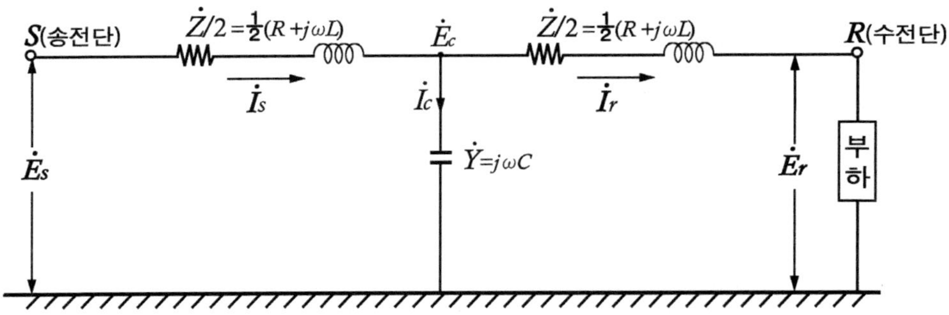

그림 5.3 중거리 송전선로(T 형)의 등가회로

그림 5.3에서 각 부분의 전압, 전류를 구하면 다음과 같다.

$$\left.\begin{aligned} \dot{E}_c &= \dot{E}_r + \frac{1}{2}\dot{Z}\,\dot{I}_r \\ \dot{I}_c &= \dot{Y}\,\dot{E}_c \end{aligned}\right\} \tag{5.8}$$

송전단의 전압과 전류를 수전단의 전압과 전류의 관계로 나타내면 다음 식(5.9)와 같이 T형 회로의 공식이 된다.

$$\left.\begin{aligned}\dot{E}_s &= \dot{E}_c + \frac{\dot{Z}}{2}\dot{I}_s = \left(1+\frac{\dot{Z}\dot{Y}}{2}\right)\dot{E}_r + \dot{Z}\left(1+\frac{\dot{Z}\dot{Y}}{4}\right)\dot{I}_r \\ \dot{I}_s &= \dot{I}_r + \dot{I}_c = \dot{Y}\dot{E}_r + \left(1+\frac{\dot{Z}\dot{Y}}{2}\right)\dot{I}_r\end{aligned}\right\} \tag{5.9}$$

이것을 수전단 전류 $\dot{I}_r$ 을 기준 벡터로 하여 그린 벡터도가 그림 5.4이다. 일반적으로 어드미턴스 $\dot{Y} = g + jb = g + j\omega C$로 표현한다. 누설컨덕턴스 g를 무시하면 $\dot{Y} \fallingdotseq j\omega C$가 되어 작용정전용량 C만으로 나타낼 수 있다.

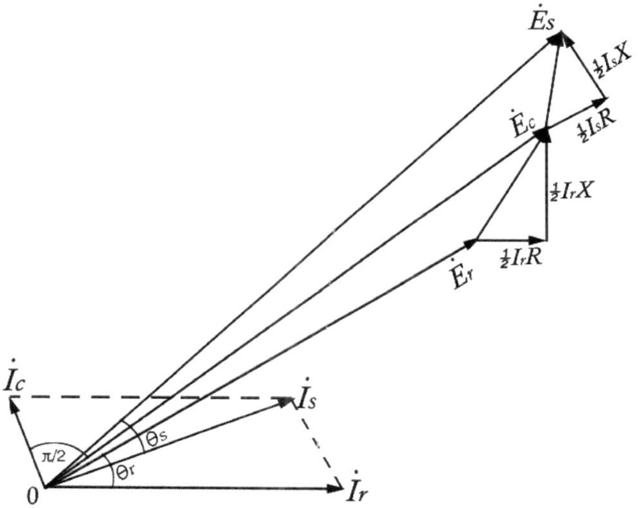

그림 5.4 T형 회로의 벡터도

5.2.2 π형 회로

그림 5.5와 같이 임피던스 $\dot{Z}$ 를 선로의 중앙에 집중시키고 병렬어드미턴스 $\dot{Y}$ 를 2등분하여 송전단과 수전단에 나누어 놓는다.

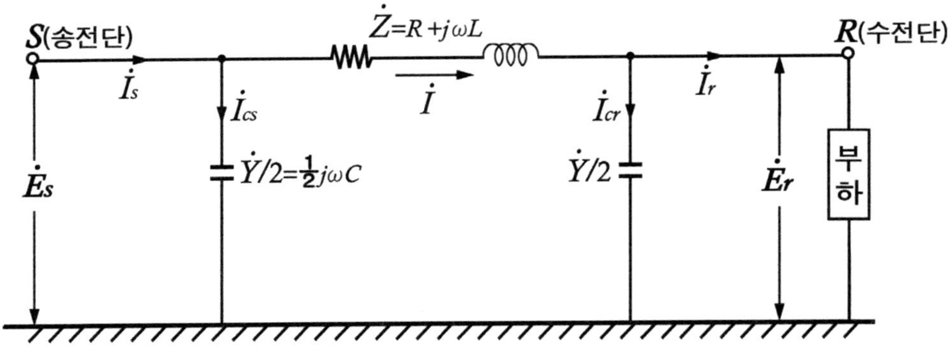

그림 5.5 중거리 송전선로(π형)의 등가회로

그림 5.5에서 각 부분의 전류를 구하면 다음과 같다.

$$\left.\begin{aligned} \dot{I}_{cr} &= \dot{E}_r \frac{\dot{Y}}{2} \\ \dot{I}_c &= \dot{I}_{cr} + \dot{I}_r = \dot{E}_r \frac{\dot{Y}}{2} + \dot{I}_r \\ \dot{I}_{cs} &= \dot{E}_s \frac{\dot{Y}}{2} \end{aligned}\right\} \tag{5.10}$$

송전단의 전압과 전류를 수전단의 전압과 전류의 관계로 나타내면 다음 식(5.11)과 같이 π형 회로의 공식이 된다.

$$\left.\begin{aligned} \dot{E}_s &= \dot{E}_r + \dot{Z}\,\dot{I} = \left(1 + \frac{\dot{Z}\dot{Y}}{2}\right)\dot{E}_r + \dot{Z}\,\dot{I}_r \\ \dot{I}_s &= \dot{I} + \dot{I}_{cs} = \dot{Y}\left(1 + \frac{\dot{Z}\dot{Y}}{4}\right)\dot{E}_r + \left(1 + \frac{\dot{Z}\dot{Y}}{2}\right)\dot{I}_r \end{aligned}\right\} \tag{5.11}$$

이것을 수전단 전류 $\dot{I}_r$ 을 기준 벡터로 하여 그린 벡터도가 그림 5.6이다.

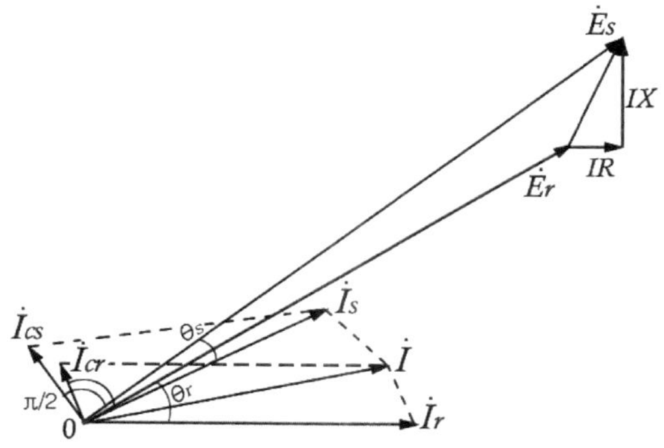

그림 5.6 π형 회로의 벡터도

5.3 장거리 송전선로

장거리 송전선로에서는 선로상수가 고루 분포되어 있기 때문에 집중상수회로로 취급하면 오차가 커진다. 분포상수회로로 취급해야 한다. 3상3선식의 1상에 대해서 생각한다. 도체의 단위길이당의 저항을 $r[\Omega]$, 인덕턴스를 L[H], 정전용량을 C[F], 누설컨덕턴스를 $g[℧]$라고 하면 송전선로의 단위길이당의 직렬 임피던스 $\dot{z}$ 및 병렬 어드미턴스 $\dot{y}$는 다음과 같다.

$$\begin{aligned}\dot{z} &= r + jwL = r + jx\ [\Omega/\text{km}] \\ \dot{y} &= g + jwC = g + jb\ [℧/\text{km}]\end{aligned} \tag{5.12}$$

$\dot{z}$와 $\dot{y}$는 그림 5.7과 같이 전 선로에 걸쳐서 존재하는 것으로 표시된다.

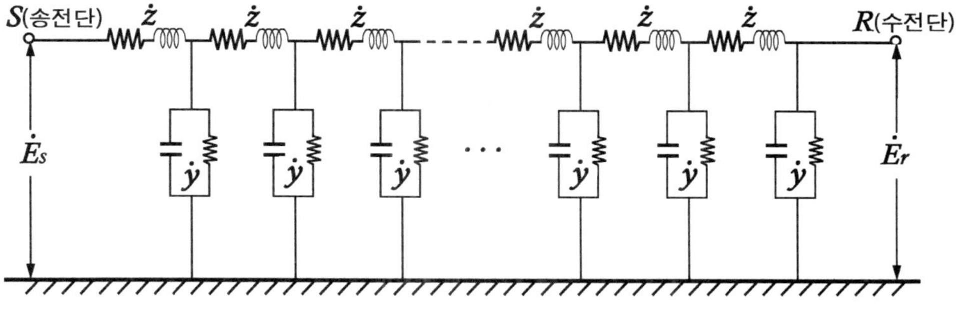

그림 5.7 장거리 송전선로의 등가회로

5.3.1 전파방정식

선로길이가 ℓ[m]인 송전선에서 수전단으로부터 x[km] 떨어진 점의 전압을 $\dot{E}$, 전류를 $\dot{I}$ 라 하고, 그 점으로부터 미소길이 dx 부분에 대하여 생각한다.

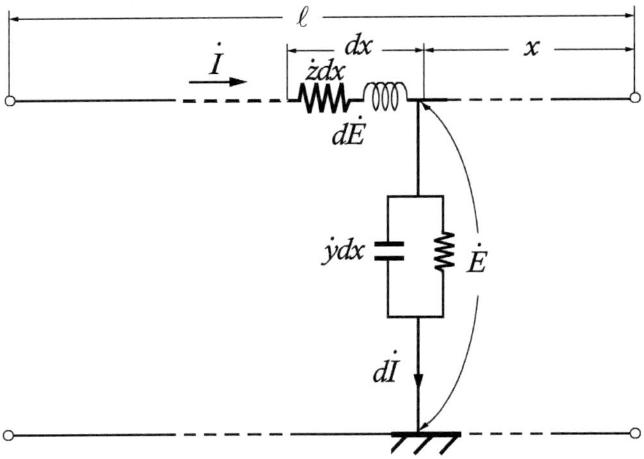

그림 5.8 미소부분의 전압과 전류

그림 5.8과 같이 임피던스가 $\dot{z}dx$ 이고, 여기에 $\dot{I}$ 인 전류가 흘러서 $\dot{I}\dot{z}dx$ 인 전압강하가 생긴다. 어드미턴스는 $\dot{y}dx$ 이고 $\dot{E}$ 인 전압이 걸리므로 $\dot{E}\dot{y}dx$ 인 전류가 중성점으로 흐른다. 그러므로 미소거리 dx 내의 전압강하를 $d\dot{E}$, 흐르는 전류를 $d\dot{I}$ 라 하면 다음과 같다.

$$\begin{aligned} d\dot{E} &= \dot{I}\dot{z}dx \\ d\dot{I} &= \dot{E}\dot{y}dx \end{aligned} \tag{5.13}$$

위 식을 거리에 대한 전압 및 전류의 변화율로 바꾸어 표현하면(dx로 나누면) 다음 식과 같다.

$$\begin{aligned} \frac{d\dot{E}}{dx} &= \dot{I}\dot{z} \\ \frac{d\dot{I}}{dx} &= \dot{E}\dot{y} \end{aligned} \tag{5.14}$$

위 식(5.14)를 x에 대해서 미분하고 다시 위 식과 결합하면 다음과 같다.

$$\begin{aligned} \frac{d^2\dot{E}}{dx^2} &= \frac{\dot{I}}{dx}\dot{z} = \dot{y}\dot{z}\dot{E} \\ \frac{d^2\dot{I}}{dx^2} &= \frac{\dot{E}}{dx}\dot{y} = \dot{y}\dot{z}\dot{I} \end{aligned} \tag{5.15}$$

위 식(5.15)는 송전선로의 기본성질을 표시하는 방정식이다. 이 식의 일반해를 구하면 다음과 같다.

$$\dot{I} = \dot{A}\ e^{\dot{\alpha}x} + \dot{B}\ e^{-\dot{\alpha}x} \tag{5.16}$$

위 식(5.16)을 식(5.15)에 대입하면 다음과 같다.

$$\frac{d^2\dot{I}}{dx^2} = \dot{\alpha}^2(\dot{A}\ e^{\dot{\alpha}x} + \dot{B}\ \epsilon^{-\dot{\alpha}x}) = \dot{y}\dot{z}\dot{I} \tag{5.17}$$

위 식(5.17)과 식(5.16)을 통해서 $\dot{\alpha}^2 = \dot{y}\dot{z}$ 임을 알 수 있다. 그러므로 $\dot{\alpha}$는 다음과 같다.

$$\dot{\alpha} = \sqrt{\dot{y}\dot{z}} \tag{5.18}$$

식(5.16)을 식(5.14)의 첫 번째식에 대입시켜 E를 구하고, 여기에 식(5.18)을 대입시키면 다음과 같다.

$$\begin{aligned} \dot{E} &= \frac{1}{\dot{y}}\frac{d\dot{I}}{dx} = \frac{\dot{\alpha}}{\dot{y}}(\dot{A}\ e^{\dot{\alpha}x} - \dot{B}\ e^{-\dot{\alpha}x}) = \frac{\sqrt{\dot{y}\dot{z}}}{\dot{y}}(\dot{A}\ e^{\dot{\alpha}x} - \dot{B}\ e^{-\dot{\alpha}x}) \\ &= \sqrt{\frac{\dot{z}}{\dot{y}}}(\dot{A}\ e^{\dot{\alpha}x} - \dot{B}\ e^{-\dot{\alpha}x}) \end{aligned} \tag{5.19}$$

여기서 $\sqrt{\frac{\dot{z}}{\dot{y}}} = \dot{Z}_0$ 로 놓으면 다음과 같다.

$$\dot{E} = \dot{Z}_0(\dot{A}\ e^{\dot{\alpha}x} - \dot{B}\ e^{-\dot{\alpha}x}) \tag{5.20}$$

위 식(5.16)과 식(5.20)에서 적분상수 $\dot{A}$ 와 $\dot{B}$ 는 송수전단의 전압, 전류 중 어느 쪽이건 2개의 값이 주어지면 정해지는 것이다. 두 식은 수전단으로부터 x[km] 떨어진 지점의 전류와 전압이다. 수전단의 조건($x = 0$, $\dot{E} = \dot{E}_r$, $\dot{I} = \dot{I}_r$)이 주어졌다면 $\dot{A}$ 와 $\dot{B}$ 는 다음과 같이 된다.

$$\dot{E}_r = \dot{Z}_0(\dot{A} - \dot{B}) \qquad \dot{I}_r = \dot{A} + \dot{B} \quad \Rightarrow \quad \dot{A} = \frac{1}{2}\left(\dot{I}_r + \frac{\dot{E}_r}{\dot{Z}_0}\right) \qquad \dot{B} = \frac{1}{2}\left(\dot{I}_r - \frac{\dot{E}_r}{\dot{Z}_0}\right)$$

$\dot{A}$ 와 $\dot{B}$ 값을 식(5.16)과 식(5.20)에 대입하여 정리하면, 수전단으로부터 x[km] 거리에 있는 점의 전압 $\dot{E}$와 전류 $\dot{I}$를 구할 수 있다.

$$\left.\begin{aligned}
\dot{E} &= \dot{Z}_0\left(\frac{1}{2}\left(\dot{I}_r + \frac{\dot{E}_r}{\dot{Z}_0}\right)e^{\dot{\alpha}x} - \frac{1}{2}\left(\dot{I}_r - \frac{\dot{E}_r}{\dot{Z}_0}\right)e^{-\dot{\alpha}x}\right) \\
&= \dot{E}_r\frac{e^{\dot{\alpha}x} + e^{-\dot{\alpha}x}}{2} + \dot{I}_r\dot{Z}_0\frac{e^{\dot{\alpha}x} - e^{-\dot{\alpha}x}}{2} \\
&= \dot{E}_r\cosh\dot{\alpha}x + \dot{I}_r\dot{Z}_0\sinh\dot{\alpha}x \\
\dot{I} &= \frac{1}{2}\left(\dot{I}_r + \frac{\dot{E}_r}{\dot{Z}_0}\right)e^{\dot{\alpha}x} + \frac{1}{2}\left(\dot{I}_r - \frac{\dot{E}_r}{\dot{Z}_0}\right)e^{-\dot{\alpha}x} \\
&= \dot{I}_r\frac{e^{\dot{\alpha}x} + e^{-\dot{\alpha}x}}{2} + \frac{\dot{E}_r}{\dot{Z}_0}\cdot\frac{e^{\dot{\alpha}x} - e^{-\dot{\alpha}x}}{2} \\
&= \dot{I}_r\cosh\dot{\alpha}x + \frac{\dot{E}_r}{\dot{Z}_0}\sinh\dot{\alpha}x
\end{aligned}\right\} \tag{5.21}$$

[참고] 쌍곡선 함수

$$\sinh x = \frac{e^x - e^{-x}}{2} = 1 + \frac{x^3}{3!} + \frac{x^5}{5!} + \frac{x^7}{7!} + \cdots$$

$$\cosh x = \frac{e^x + e^{-x}}{2} = 1 + \frac{x^2}{2!} + \frac{x^4}{4!} + \frac{x^6}{6!} + \cdots$$

$$\tanh x = \frac{\sinh x}{\cosh x} = \frac{e^x - e^{-x}}{e^x + e^{-x}}$$

마찬가지로 송전단은 수전단으로부터 ℓ[km] 거리에 있으므로 송전단의 전압 $\dot{E}_s$과 전류 $\dot{I}_s$는 위 식(5.21)에서 $x = \ell$을 대입하면 된다.

$$\left.\begin{aligned}
\dot{E}_s &= \dot{E}_r\cosh\dot{\alpha}\ell + \dot{I}_r\dot{Z}_0\sinh\dot{\alpha}\ell \\
\dot{I}_s &= \dot{I}_r\cosh\dot{\alpha}\ell + \frac{\dot{E}_r}{\dot{Z}_0}\sinh\dot{\alpha}\ell
\end{aligned}\right\} \tag{5.22}$$

위 식(5.22)는 전선로에 전해지는 정현파교류의 정상상태에서 전압 및 전류의 성질을 나타내는 기본식으로서 전파방정식이라고 한다.

5.3.2 특성임피던스와 전파상수

앞 절에서 사용한 $\dot{Z}_0 = \sqrt{\frac{\dot{z}}{\dot{y}}}$ 를 특성임피던스 또는 파동(서지)임피던스라고 한다. $\dot{Z}_0$는 송전선을 따라 전파되는 진행파에 대한 전압과 전류의 비이다. 선로의 길이와는 무관하고 위치에만 관계되는 상수이다. 만일 선로상의 손실이 매우 작아 저항과 누설컨덕턴스를 무시하면 다음과 같다.

$$\dot{Z}_0 = \sqrt{\frac{\dot{z}}{\dot{y}}} = \sqrt{\frac{R + j\omega L}{g + j\omega C}} \fallingdotseq \sqrt{\frac{j\omega L}{j\omega C}} = \sqrt{\frac{L}{C}} \ [\Omega] \tag{5.23}$$

가공 송전선 1도체당 작용 인덕턴스 L은 대략 1.3[mH/km], 작용정전용량 C는 0.009[μF/km]이므로 $\dot{Z}_0$는 380[Ω]정도이다. 그러므로 가공 송전선의 특성 임피던스는 대략 300~500[Ω]정도로 본다.

또한 앞 절에서 사용한 $\dot{\alpha} = \sqrt{\dot{y}\dot{z}}$ 는 송전단으로부터 멀어져 감에 따라서 전압 및 전류가 감소되고 위상이 늦어지는 특성을 나타낸다. 전파상수라고 한다. 선로의 저항과 누설컨덕턴스를 무시하면 인덕턴스와 정전용량만의 무손실 선로가 되며 전파상수는 다음과 같다.

$$\dot{\alpha} = \sqrt{\dot{y}\dot{z}} = \sqrt{(r + j\omega L)(g + j\omega C)} \fallingdotseq \sqrt{jwL \cdot jwC} = jw\sqrt{LC}[\mathrm{rad}] \tag{5.24}$$

마찬가지로 60[Hz] 가공 송전선 1도체당 작용 인덕턴스 L과 작용정전용량 C의 값을 넣어 계산해보면 $j1.29 \times 10^{-3}$[rad] 정도가 나오므로 전파상수 $\dot{\alpha}$는 대략 $j(1.2 \sim 1.4) \times 10^{-3}$[rad]정도이다.

특성임피던스 $\dot{Z}_0$와 전파상수 $\dot{\alpha}$는 무부하시험과 단락시험을 통해서 측정할 수 있다. 무부하시험에서 $\dot{I}_r = 0$이므로, 식(5.22)에 의해서 수전단을 개방한 송전단의 전압 $\dot{E}_{so} = \dot{E}_{ro} \cosh \dot{\alpha} \ell$이고 송전단 전류는 $\dot{I}_{so} = \frac{\dot{E}_{ro}}{\dot{Z}_0} \sinh \dot{\alpha} \ell$이다. 그러므로 송전단에서 본

무부하어드미턴스 $\dot{Y}_o$는 다음과 같다.

$$\dot{Y}_o = \frac{\dot{I}_{so}}{\dot{E}_{so}} = \frac{1}{\dot{Z}_0} tanh\, \dot{\alpha}\ell \tag{5.25}$$

다음 수전단 단락시험에서 $\dot{E}_r = 0$이므로, 식(5.22)에 의해서 송전단의 전압 $\dot{E}_{ss} = \dot{I}_{rs}\dot{Z}_0 \sinh \dot{\alpha}\ell$ 이고 송전단 전류 $\dot{I}_{ss} = \dot{I}_{rs} \cosh \dot{\alpha}\ell$ 이다. 그러므로 송전단에서 본 단락임피던스 $\dot{Z}_s$는 다음과 같다.

$$\dot{Z}_s = \frac{\dot{E}_{ss}}{\dot{I}_{ss}} = \dot{Z}_0 \tanh \dot{\alpha}\ell \tag{5.26}$$

위 식(5.26)을 식(5.25)로 나누면 특성임피던스 $\dot{Z}_0$를 구할 수 있다.

$$\dot{Z}_0 = \sqrt{\frac{\dot{Z}_s}{\dot{Y}_o}} \tag{5.27}$$

전파상수 $\dot{\alpha}$는 위 식(5.25)와 식(5.26)을 곱하면 계산할 수 있다.

$$\tanh \dot{\alpha}\ell = \sqrt{\dot{Z}_s \dot{Y}_o} \qquad \therefore \quad \dot{\alpha} = \frac{1}{\ell} \tanh^{-1} \sqrt{\dot{Y}_o \dot{Z}_s} \tag{5.28}$$

따라서 송전단에서 무부하시험을 통한 $\dot{Y}_o$와 단락시험을 통한 $\dot{Z}_s$를 실측하면 특성임피던스 $\dot{Z}_0$와 전파상수 $\dot{\alpha}$를 알 수 있다.

또한 $\dot{Z}_0 = \sqrt{\frac{\dot{z}}{\dot{y}}} = \sqrt{\frac{(r+j\omega L)}{(g+j\omega C)}}$과 $\dot{\alpha} = \sqrt{\dot{z}\dot{y}} = \sqrt{(r+j\omega L)(g+j\omega C)}$에 의하여 직렬임피던스 $\dot{z}$와 병렬어드미턴스 $\dot{y}$를 계산할 수가 있다.

$$\left.\begin{aligned} \dot{z} &= r + j\omega L = \dot{Z}_0 \dot{\alpha} \\ \dot{y} &= g + j\omega C = \frac{\dot{\alpha}}{\dot{Z}_0} \end{aligned}\right\} \tag{5.29}$$

[참고] 파동(서지)의 진행 속도

전력 손실이 없는 송전선로에서 진행파의 속도

$i = \dfrac{dq}{dt} = e\,C\dfrac{dx}{dt} = e\,Cv,\ e = \dfrac{d\phi}{dt} = i\,L\dfrac{dx}{dt} = i\,Lv$

$Z_0 = \dfrac{e}{i} = \dfrac{1}{Cv} = Lv = \sqrt{\dfrac{L}{C}} \qquad \therefore \quad v = \dfrac{1}{\sqrt{LC}}$

진행파의 속도 v는 빛의 속도와 같은 300,000[km/s]이다.

예제 5-3 PRETEST

송전선의 특성 임피던스 및 전파상수에 대해서 설명하여라.

[풀이]

❶ 특성임피던스란 선로를 전파하는 진행파에 대하여 선로상의 한 점에서의 전압과 전류의 비로 정의되는 임피던스($\dot{Z}_0$)이다. 무손실 균일 선로에서는 단위 길이당 인덕턴스 L, 커패시턴스 C를 이용하여 $\dot{Z}_0 = \sqrt{\dfrac{L}{C}}$ 로 나타낸다.

❷ 전파상수란 전압, 전류가 선로의 시작단인 송전단에서부터 멀어져감에 따라서 그 진폭이나 위상이 변해가는 특성과 관계가 있는 것으로 $\dot{\alpha} = jw\sqrt{LC}$ 로 나타낸다.

예제 5-4 PRETEST

무손실 선로에서 파동 임피던스가 300[Ω]인 가공 송전선의 인덕턴스[mH/km]를 구하여라.

[풀이]

파동임피던스 $Z_0 = \sqrt{\dfrac{L}{C}} = 300\,[\Omega]$, 전파 속도 $v = \dfrac{1}{\sqrt{LC}} = 300{,}000[\mathrm{km/s}]$

위 두 식으로부터 L을 구하면

$Z_0^2 = \dfrac{L}{C} = 90{,}000 \rightarrow C = \dfrac{L}{90{,}000}$

$$v=\frac{1}{\sqrt{L\times\frac{L}{90,000}}}=\frac{300}{L}$$

$$\therefore\ L=\frac{300}{v}=\frac{300}{300,000}=0.001[\mathrm{H/km}]=1[\mathrm{mH/km}]$$

[풀이]

내부쇄교 자속수를 무시하면 $L=0.4605\log_{10}\frac{D}{r}[\mathrm{mH/km}]$, $C=\frac{0.02413}{\log_{10}\frac{D}{r}}[\mu\mathrm{F/km}]$

$$Z_0=\sqrt{\frac{L}{C}}=\sqrt{\frac{0.4605\times10^{-3}\log_{10}\frac{D}{r}}{\frac{0.02413\times10^{-6}}{\log_{10}\frac{D}{r}}}}=138\log_{10}\frac{D}{r}=300[\Omega],\qquad \log_{10}\frac{D}{r}=\frac{300}{138}$$

$$\therefore\ L=0.4605\log_{10}\frac{D}{r}=0.4605\times\frac{300}{138}=1[\mathrm{mH/km}]$$

5.4 4단자상수

송전선로는 서로 다른 선로가 연결되거나 각종 기기, 분기선 등을 포함하고 있어 계통 해석이 어렵다. 그러나 그림 5.9와 같이 송전단은 2개의 입력단자를 가지고 있고 수전단은 2개의 출력단자를 갖고 있다. 2개의 입출력 단자를 통하여 송수전이 이루어지고, 중간에 전원이 없으므로 송전선로는 4단자회로로 취급하면 편리하고 실용적이다.

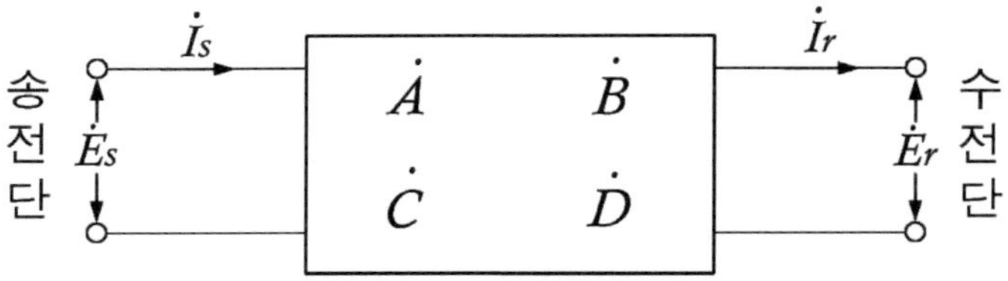

그림 5.9 4단자 회로

송수전단의 전압과 전류의 관계는 다음과 같다.

$$\begin{aligned} \dot{E}_s &= \dot{A}\dot{E}_r + \dot{B}\dot{I}_r \\ \dot{I}_s &= \dot{C}\dot{E}_r + \dot{D}\dot{I}_r \end{aligned} \quad \Rightarrow \quad \begin{bmatrix} \dot{E}_s \\ \dot{I}_s \end{bmatrix} = \begin{bmatrix} \dot{A} & \dot{B} \\ \dot{C} & \dot{D} \end{bmatrix} \begin{bmatrix} \dot{E}_r \\ \dot{I}_r \end{bmatrix} \tag{5.30}$$

위 식은 내부회로가 복잡하더라도 송수전단의 전압과 전류를 표시하는 일반식이다. $\dot{A}$ 는 수전단 단자간의 임피던스를 무한대, 즉 수전단을 개방 상태로 했을 때의 송전단과 수전단의 전압비이다. $\dot{B}$ 는 수전단을 단락했을 때의 임피던스이다. $\dot{C}$ 는 수전단을 개방했을 때의 어드미턴스이다. $\dot{D}$ 는 수전단을 단락했을 때의 송전단과 수전단의 전류비이다. 정리하면 다음과 같다.

$$\dot{A} = \left[\frac{\dot{E}_s}{\dot{E}_r}\right]_{\dot{I}_r=0} : \text{전압비}, \qquad \dot{B} = \left[\frac{\dot{E}_s}{\dot{I}_r}\right]_{\dot{E}_r=0} : \text{임피던스}$$

$$\dot{C} = \left[\frac{\dot{I}_s}{\dot{E}_r}\right]_{\dot{I}_r=0} : \text{어드미턴스}, \qquad \dot{D} = \left[\frac{\dot{I}_s}{\dot{I}_r}\right]_{\dot{E}_r=0} : \text{전류비}$$

$\dot{A}$, $\dot{B}$, $\dot{C}$, $\dot{D}$ 를 4단자상수라고 하고 이들 사이에는 다음과 같은 관계가 성립한다.

$$\dot{A}\dot{D} - \dot{B}\dot{C} = 1 \tag{5.31}$$

이것은 4단자상수 값들의 검산에 사용할 수 있다.

앞 절의 단거리, 중거리, 장거리 송전선로를 4단자 회로로 취급하면 다음과 같다.

5.4.1 단거리 송전선로

그림 5.1의 단거리 송전선로는 임피던스(Z)을 갖는 회로인데, 간략히 다시 그리면 그림 5.10과 같다.

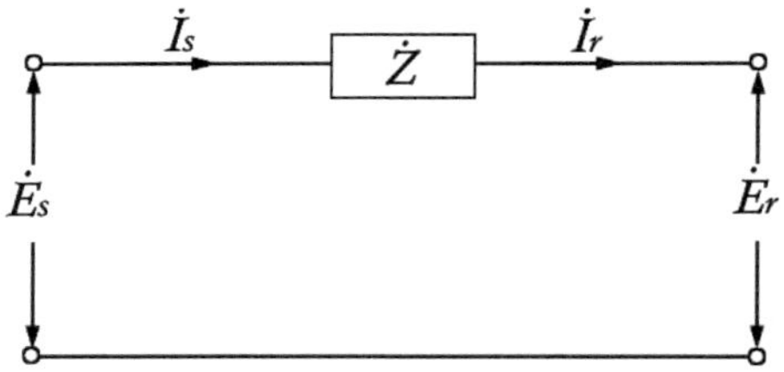

그림 5.10 Z만의 회로

이 회로에서 송수전단의 전압과 전류의 관계식을 4단자상수를 포함한 식과 비교하면 다음과 같다.

$$\begin{matrix} \dot{E}_s = \dot{E}_r + \dot{Z}\,\dot{I}_r \\ \dot{I}_s = \dot{I}_r \end{matrix} \quad = \quad \begin{matrix} \dot{E}_s = \dot{A}\dot{E}_r + \dot{B}\dot{I}_r \\ \dot{I}_s = \dot{C}\dot{E}_r + \dot{D}\dot{I}_r \end{matrix} \tag{5.32}$$

그러므로 4단자상수 $\dot{A} = \dot{D} = 1$, $\dot{B} = \dot{Z}$, $\dot{C} = 0$이고, 4단자상수를 포함한 행렬식으로 표현하면 다음과 같다.

$$\begin{bmatrix} \dot{E}_s \\ \dot{I}_s \end{bmatrix} = \begin{bmatrix} 1 & \dot{Z} \\ 0 & 1 \end{bmatrix} \begin{bmatrix} \dot{E}_r \\ \dot{I}_r \end{bmatrix} \tag{5.33}$$

위와 같이 송전단의 전압과 전류를 수전단의 전압과 전류로 표현한 식을 통해 4단자상수를 알 수 있다. 또 다른 방법은 수전단의 개방과 단락으로 각각의 4단자상수를 구할 수도 있다. 다음은 임피던스만을 갖는 단거리 송전선로의 4단자상수이다.

$$\dot{A} = \left[\frac{\dot{E}_s}{\dot{E}_r}\right]_{\dot{I}_r = 0(\text{수전단개방})} = 1 \qquad \dot{B} = \left[\frac{\dot{E}_s}{\dot{I}_r}\right]_{\dot{E}_r = 0(\text{수전단단락})} = Z$$

$$\dot{C} = \left[\frac{\dot{I}_s}{\dot{E}_r}\right]_{\dot{I}_r = 0(\text{수전단개방})} = 0 \qquad \dot{D} = \left[\frac{\dot{I}_s}{\dot{I}_r}\right]_{\dot{E}_r = 0(\text{수전단단락})} = 1$$

5.4.2 중거리 송전선로

중거리 송전선로의 4단자상수를 구하기에 앞서 어드미턴스(Y)만의 회로에 대해서 살펴본다. 그림 5.11의 어드미턴스만의 회로에서 수전단의 개방과 단락으로 4단자상수를 구하면 다음과 같다.

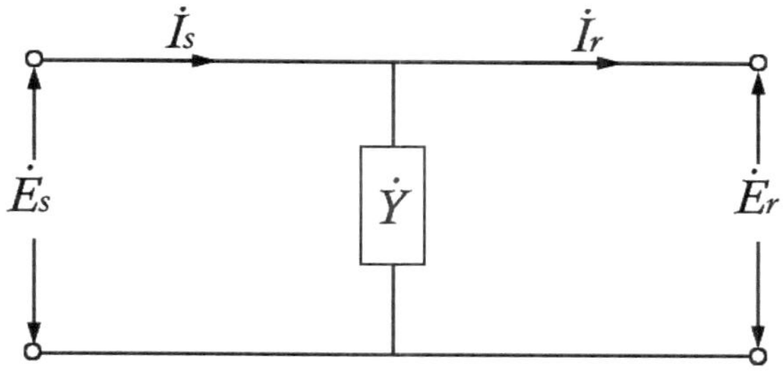

그림 5.11 Y만의 회로

$$\dot{A} = \left[\frac{\dot{E}_s}{\dot{E}_r}\right]_{\dot{I}_r = 0(\text{수전단개방})} = 1 \qquad \dot{B} = \left[\frac{\dot{E}_s}{\dot{I}_r}\right]_{\dot{E}_r = 0(\text{수전단단락})} = 0$$

$$\dot{C} = \left[\frac{\dot{I}_s}{\dot{E}_r}\right]_{\dot{I}_r = 0(\text{수전단개방})} = Y \qquad \dot{D} = \left[\frac{\dot{I}_s}{\dot{I}_r}\right]_{\dot{E}_r = 0(\text{수전단단락})} = 1$$

1. T형 회로

T형 회로는 식(5.9)의 송수전단의 전압과 전류의 관계식으로부터 4단자상수를 구할 수 있다.

$$\dot{E}_s = \left(1 + \frac{\dot{Z}\,\dot{Y}}{2}\right)\dot{E}_r + \dot{Z}\left(1 + \frac{\dot{Z}\,\dot{Y}}{4}\right)\dot{I}_r$$

$$\dot{I}_s = \dot{Y}\,\dot{E}_r + \left(1 + \frac{\dot{Z}\dot{Y}}{2}\right)\dot{I}_r$$

⇩

$$\begin{bmatrix} \dot{E}_s \\ \dot{I}_s \end{bmatrix} = \begin{bmatrix} 1 + \dfrac{\dot{Z}\,\dot{Y}}{2} & \dot{Z}\left(1 + \dfrac{\dot{Z}\,\dot{Y}}{4}\right) \\ \dot{Y} & 1 + \dfrac{\dot{Z}\,\dot{Y}}{2} \end{bmatrix} \begin{bmatrix} \dot{E}_r \\ \dot{I}_r \end{bmatrix} \tag{5.34}$$

그러므로 $\dot{A} = \dot{D} = 1 + \dfrac{\dot{Z}\,\dot{Y}}{2}$, $\dot{B} = \dot{Z}\left(1 + \dfrac{\dot{Z}\,\dot{Y}}{4}\right)$, $\dot{C} = \dot{Y}$ 이다.

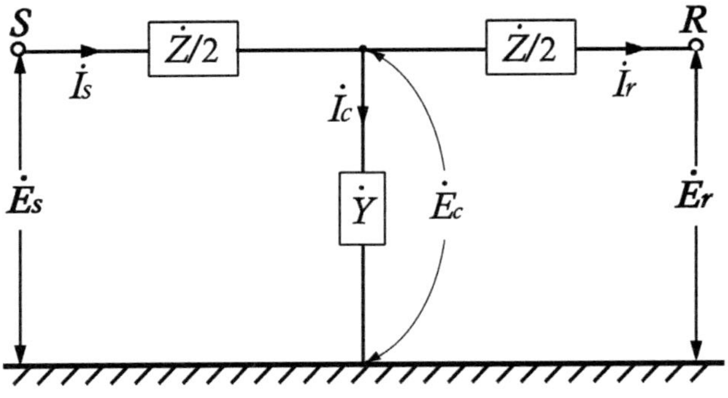

그림 5.12 T형 회로

T형 회로를 앞서 살펴본 임피던스만의 회로와 어드미턴스만의 회로로 분해해서 나타내면 그림 5.13과 같다.

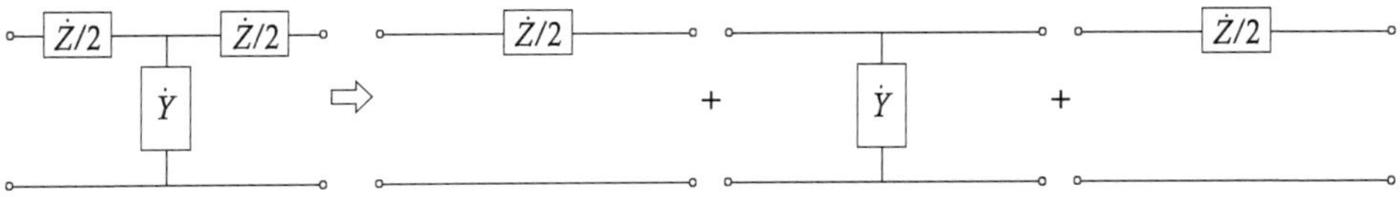

그림 5.13 *T*형 회로의 분해

위의 분해된 임피던스 또는 어드미턴스만의 회로를 행렬식으로 계산하면 다음과 같이 4단자상수를 구할 수 있다.

$$\begin{bmatrix} A & B \\ C & D \end{bmatrix} = \begin{bmatrix} 1 & Z/2 \\ 0 & 1 \end{bmatrix} \begin{bmatrix} 1 & 0 \\ Y & 1 \end{bmatrix} \begin{bmatrix} 1 & Z/2 \\ 0 & 1 \end{bmatrix} = \begin{bmatrix} 1 + \frac{ZY}{2} & Z\left(1 + \frac{ZY}{4}\right) \\ Y & 1 + \frac{ZY}{2} \end{bmatrix}$$

2. π형 회로

π형 회로는 식(5.11)의 송수전단의 전압과 전류의 관계식으로부터 4단자상수를 구할 수 있다.

$$\dot{E}_s = \left(1 + \frac{\dot{Z}\dot{Y}}{2}\right)\dot{E}_r + \dot{Z}\,\dot{I}_r$$
$$\dot{I}_s = \dot{Y}\left(1 + \frac{\dot{Z}\dot{Y}}{4}\right)\dot{E}_r - \left(1 + \frac{\dot{Z}\dot{Y}}{2}\right)\dot{I}_r$$

⇩

$$\begin{bmatrix} \dot{E}_s \\ \dot{I}_s \end{bmatrix} = \begin{bmatrix} 1 + \dfrac{\dot{Z}\,\dot{Y}}{2} & \dot{Z} \\ \dot{Y}\left(1 + \dfrac{\dot{Z}\,\dot{Y}}{4}\right) & 1 + \dfrac{\dot{Z}\,\dot{Y}}{2} \end{bmatrix} \begin{bmatrix} \dot{E}_r \\ \dot{I}_r \end{bmatrix} \tag{5.35}$$

그러므로 $\dot{A} = \dot{D} = 1 + \dfrac{\dot{Z}\,\dot{Y}}{2}$, $\dot{B} = \dot{Z}$, $\dot{C} = \dot{Y}\left(1 + \dfrac{\dot{Z}\,\dot{Y}}{4}\right)$이다.

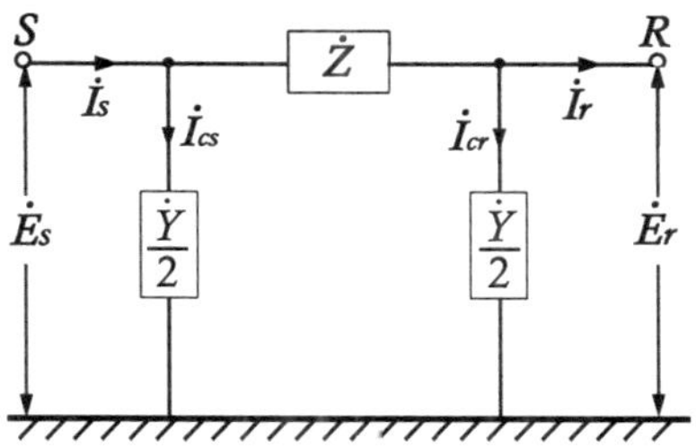

그림 5.14 π형 회로

π형 회로를 T형회로와 마찬가지로 임피던스만의 회로와 어드미턴스만의 회로로 분해해서 나타내면 그림 5.15와 같다

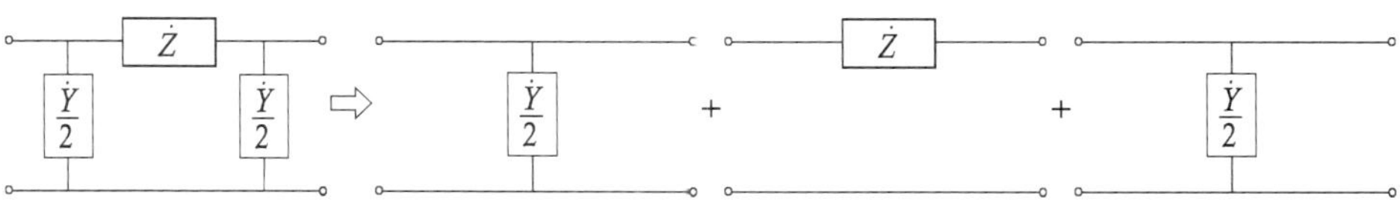

그림 5.15 π형 회로의 분해

위의 분해된 임피던스 또는 어드미턴스만의 회로를 행렬식으로 계산하면 다음과 같이 4단자상수를 구할 수 있다.

$$\begin{bmatrix} A & B \\ C & D \end{bmatrix} = \begin{bmatrix} 1 & 0 \\ Y/2 & 1 \end{bmatrix} \begin{bmatrix} 1 & Z \\ 0 & 1 \end{bmatrix} \begin{bmatrix} 1 & 0 \\ Y/2 & 1 \end{bmatrix} = \begin{bmatrix} 1+\dfrac{ZY}{2} & Z \\ Y\left(1+\dfrac{ZY}{4}\right) & 1+\dfrac{ZY}{2} \end{bmatrix}$$

5.4.3 장거리 송전선로

식(5.22)의 송수전단의 전압과 전류의 관계식으로부터 4단자상수를 구할 수 있다.

$$\dot{E}_s = \cosh\dot{\alpha}\ell\,\dot{E}_r + \dot{Z}_0\sinh\dot{\alpha}\ell\,\dot{I}_r$$

$$\dot{I}_s = \frac{1}{\dot{Z}_0}\sinh\dot{\alpha}\ell\,\dot{E}_r + \cosh\dot{\alpha}\ell\,\dot{I}_r$$

⇩

$$\begin{bmatrix} \dot{E}_s \\ \dot{I}_s \end{bmatrix} = \begin{bmatrix} \cosh\dot{\alpha}\ell & \dot{Z}_0\sinh\dot{\alpha}\ell \\ \dfrac{1}{\dot{Z}_0}\sinh\dot{\alpha}\ell & \cosh\dot{\alpha}\ell \end{bmatrix} \begin{bmatrix} \dot{E}_r \\ \dot{I}_r \end{bmatrix} \tag{5.36}$$

그러므로 $\dot{A} = \dot{D} = \cosh\dot{\alpha}\ell$, $\dot{B} = \dot{Z}_0\sinh\dot{\alpha}\ell$, $\dot{C} = \dfrac{1}{\dot{Z}_0}\sinh\dot{\alpha}\ell$ 이다.

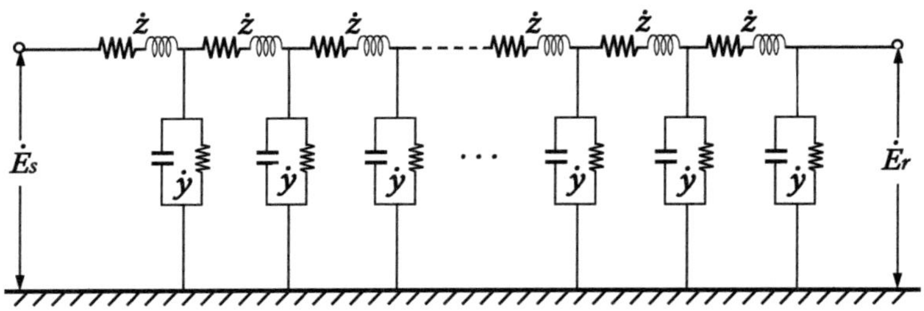

그림 5.16 장거리선로 회로

장거리 송전선로도 임피던스만의 회로와 어드미턴스만의 회로로 분해하여 행렬식으로 표현하면 다음과 같이 반복하여 나타내진다.

$$\begin{bmatrix} A & B \\ C & D \end{bmatrix} = \begin{bmatrix} 1 & Z \\ 0 & 1 \end{bmatrix} \begin{bmatrix} 1 & 0 \\ Y & 1 \end{bmatrix} \begin{bmatrix} 1 & Z \\ 0 & 1 \end{bmatrix} \begin{bmatrix} 1 & 0 \\ Y & 1 \end{bmatrix} \cdots$$

$$\dot{A} = \dot{D} = 1 + \frac{\dot{Z}\dot{Y}}{2!} + \frac{(\dot{Z}\dot{Y})^2}{4!} + \frac{(\dot{Z}\dot{Y})^3}{6!} + \cdots = \cosh\dot{\alpha}\ell$$
$$\dot{B} = \dot{Z}\left\{1 + \frac{\dot{Z}\dot{Y}}{3!} + \frac{(\dot{Z}\dot{Y})^2}{5!} + \frac{(\dot{Z}\dot{Y})^3}{7!} + \cdots\right\} = \dot{Z}_0 \sinh\dot{\alpha}\ell$$
$$\dot{C} = \dot{Y}\left\{1 + \frac{\dot{Z}\dot{Y}}{3!} + \frac{(\dot{Z}\dot{Y})^2}{5!} + \frac{(\dot{Z}\dot{Y})^3}{7!} + \cdots\right\} = \frac{1}{\dot{Z}_0} \sinh\dot{\alpha}\ell$$

5.4.4 수전단에 임피던스가 있는 경우

그림 5.17에 나타낸 것처럼 송전선의 수전단에 임피던스 $\dot{Z}_{tr}$의 변압기가 접속되어 있을 경우 합성 4단자상수를 구해본다.

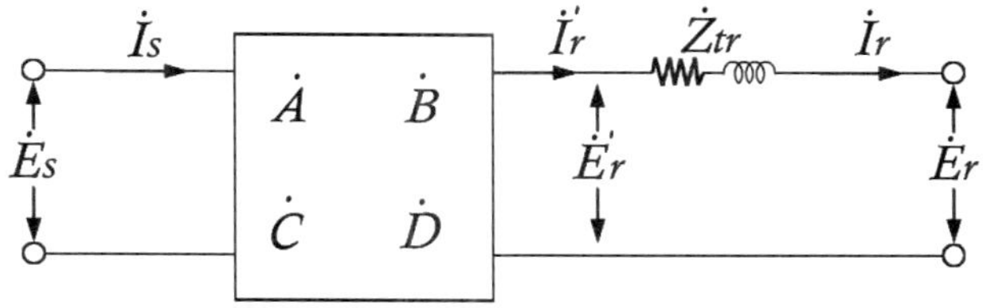

그림 5.17 수전단에 임피던스가 있는 경우

변압기 인입측의 전압과 전류를 $\dot{E}_r'$, $\dot{I}_r'$라 하면 다음 식이 성립한다.

$$\begin{aligned} \dot{E}_r' &= \dot{E}_r + \dot{Z}_{tr}\dot{I}_r \\ \dot{I}_r' &= \dot{I}_r \end{aligned} \tag{5.37}$$

위 식에서 $\dot{Z}_{tr}$의 4단자상수는 $\begin{bmatrix} 1 & \dot{Z}_{tr} \\ 0 & 1 \end{bmatrix}$이다. 그러므로 전체적인 합성 4단자상수 $\dot{A}_0$, $\dot{B}_0$, $\dot{C}_0$, $\dot{D}_0$는 다음과 같이 행렬계산을 통해서 구할 수 있다.

$$\begin{bmatrix} \dot{A}_0 & \dot{B}_0 \\ \dot{C}_0 & \dot{D}_0 \end{bmatrix} = \begin{bmatrix} \dot{A} & \dot{B} \\ \dot{C} & \dot{D} \end{bmatrix} \begin{bmatrix} 1 & \dot{Z}_{tr} \\ 0 & 1 \end{bmatrix} = \begin{bmatrix} \dot{A} & \dot{A}\dot{Z}_{tr} + \dot{B} \\ \dot{C} & \dot{C}\dot{Z}_{tr} + \dot{D} \end{bmatrix} \tag{5.38}$$

위와 같이 회로가 복잡해지더라도 등가의 단일회로처럼 합성 4단자상수로 나타낼 수 있다. 등가의 단일회로로 구성되었을 때의 4단자상수를 일반회로상수라고 한다.

5.4.5 4단자 회로의 직렬

그림 5.18에 나타낸 것처럼 2개의 회로가 직렬로 접속되어 있는 경우 일반회로상수 $\dot{A}_0$, $\dot{B}_0$, $\dot{C}_0$, $\dot{D}_0$를 구해본다.

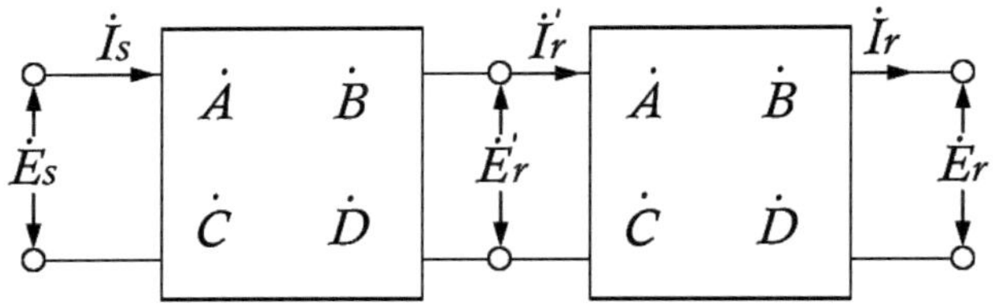

그림 5.18 직렬로 접속되어 있는 경우

직렬회로에서 다음 두 식이 구해진다.

$$\begin{bmatrix} \dot{E}_s \\ \dot{I}_s \end{bmatrix} = \begin{bmatrix} \dot{A}_1 & \dot{B}_1 \\ \dot{C}_1 & \dot{D}_1 \end{bmatrix} \begin{bmatrix} \dot{E}_r' \\ \dot{I}_r' \end{bmatrix}, \qquad \begin{bmatrix} \dot{E}_r' \\ \dot{I}_r' \end{bmatrix} = \begin{bmatrix} \dot{A}_2 & \dot{B}_2 \\ \dot{C}_2 & \dot{D}_2 \end{bmatrix} \begin{bmatrix} \dot{E}_r \\ \dot{I}_r \end{bmatrix} \tag{5.39}$$

위 두식을 결합하면 직렬회로는 다음과 같이 나타낼 수 있다.

$$\begin{bmatrix} \dot{E}_s \\ \dot{I}_s \end{bmatrix} = \begin{bmatrix} \dot{A}_1 & \dot{B}_1 \\ \dot{C}_1 & \dot{D}_1 \end{bmatrix} \begin{bmatrix} \dot{A}_2 & \dot{B}_2 \\ \dot{C}_2 & \dot{D}_2 \end{bmatrix} \begin{bmatrix} \dot{E}_r \\ \dot{I}_r \end{bmatrix} \tag{5.40}$$

위 식에서 일반회로상수는 다음과 같이 산출된다.

$$\begin{bmatrix} \dot{A}_0 & \dot{B}_0 \\ \dot{C}_0 & \dot{D}_0 \end{bmatrix} = \begin{bmatrix} \dot{A}_1 & \dot{B}_1 \\ \dot{C}_1 & \dot{D}_1 \end{bmatrix} \begin{bmatrix} \dot{A}_2 & \dot{B}_2 \\ \dot{C}_2 & \dot{D}_2 \end{bmatrix} = \begin{bmatrix} \dot{A}_1\dot{A}_2 + \dot{B}_1\dot{C}_2 & \dot{A}_1\dot{B}_2 + \dot{B}_1\dot{D}_2 \\ \dot{C}_1\dot{A}_2 + \dot{D}_1\dot{C}_2 & \dot{C}_1\dot{B}_2 + \dot{D}_1\dot{D}_2 \end{bmatrix} \tag{5.41}$$

5.4.6 4단자 회로의 병렬

그림 5.19와 같이 4단자상수가 $\dot{A}_1$, $\dot{B}_1$, $\dot{C}_1$, $\dot{D}_1$인 회로와 $\dot{A}_2$, $\dot{B}_2$, $\dot{C}_2$, $\dot{D}_2$인 회로가 병렬로 접속되어 있는 경우 일반회로상수 $\dot{A}_0$, $\dot{B}_0$, $\dot{C}_0$, $\dot{D}_0$를 구해본다.

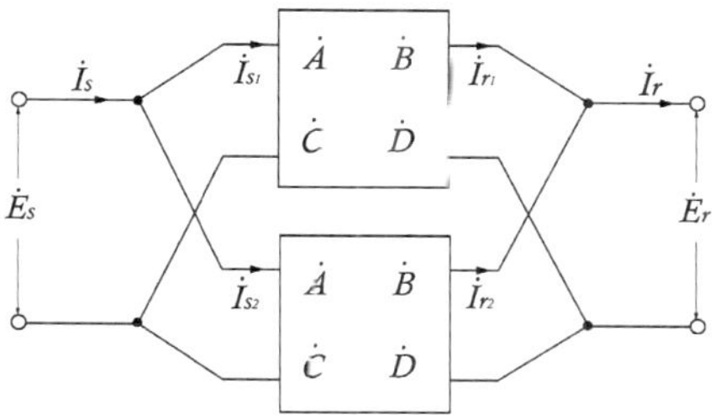

그림 5.19 병렬로 접속되어 있는 경우

두 회로에 공급되는 송전단 전압과 수전단 전압은 같으므로 다음 식이 성립한다.

$$\begin{aligned} \dot{E}_s &= \dot{A}_1\dot{E}_r + \dot{B}_1\dot{I}_{r1} \\ &= \dot{A}_2\dot{E}_r + \dot{B}_2\dot{I}_{r2} \end{aligned} \tag{5.42}$$

송전단 전류 I_s는 각 회로로 흐르는 전류 I_{s1}과 I_{s2}의 합이므로 다음 식과 같다.

$$\begin{aligned} \dot{I}_s &= \dot{I}_{s1} + \dot{I}_{s2} \\ &= \left(\dot{C}_1\dot{E}_r + \dot{D}_1\dot{I}_{r1}\right) + \left(\dot{C}_2\dot{E}_r + \dot{D}_2\dot{I}_{r2}\right) \end{aligned} \tag{5.43}$$

식(5.42)에서 송전단 전압 $\dot{E}_s$의 양변을 이항하여 정리하면

$$(\dot{A}_1\dot{E}_r + \dot{B}_1\dot{I}_{r1}) - (\dot{A}_2\dot{E}_r + \dot{B}_2\dot{I}_{r2}) = 0$$

$$(\dot{A}_1 - \dot{A}_2)\dot{E}_r + \dot{B}_1\dot{I}_{r1} - \dot{B}_2\dot{I}_{r2} = 0$$

$$(\dot{A}_1 - \dot{A}_2)\dot{E}_r + \dot{B}_1\dot{I}_{r1} - \dot{B}_2(\dot{I}_r - \dot{I}_{r1}) = 0 \qquad \because\ \dot{I}_r = \dot{I}_{r1} + \dot{I}_{r2}$$

$$\therefore\ \dot{I}_{r1} = \frac{-(\dot{A}_1 - \dot{A}_2)\dot{E}_r + \dot{B}_2\dot{I}_r}{\dot{B}_1 + \dot{B}_2}$$

위 식에서 구한 $\dot{I}_{r1}$을 식(5.42)에 대입시켜 E_s를 구하면 다음과 같다.

$$\begin{aligned} \dot{E}_s &= \dot{A}_1\dot{E}_r + \dot{B}_1\left(\frac{-(\dot{A}_1 - \dot{A}_2)\dot{E}_r + \dot{B}_2\dot{I}_r}{\dot{B}_1 + \dot{B}_2}\right) \\ &= \left\{\dot{A}_1 - \frac{\dot{B}_1(\dot{A}_1 - \dot{A}_2)}{\dot{B}_1 + \dot{B}_2}\right\}\dot{E}_r + \left(\frac{\dot{B}_1\dot{B}_2}{\dot{B}_1 + \dot{B}_2}\right)\dot{I}_r \\ &= \left(\frac{\dot{A}_1\dot{B}_2 + \dot{A}_2\dot{B}_1}{\dot{B}_1 + \dot{B}_2}\right)\dot{E}_r + \left(\frac{\dot{B}_1\dot{B}_2}{\dot{B}_1 + \dot{B}_2}\right)\dot{I}_r = \dot{A}_0\dot{E}_r + \dot{B}_0\dot{I}_r \end{aligned} \tag{5.44}$$

다음은 식(5.43)에 의해서 송전단 전류 $\dot{I}_s$를 구하면 다음과 같다.

$$\begin{aligned}
\dot{I}_s &= (\dot{C}_1\dot{E}_r + \dot{D}_1\dot{I}_{r1}) + (\dot{C}_2\dot{E}_r + \dot{D}_2\dot{I}_{r2}) \\
&= (\dot{C}_1 + \dot{C}_2)\dot{E}_r + \dot{D}_1\dot{I}_{r1} + \dot{D}_2\dot{I}_{r2} \\
&= (\dot{C}_1 + \dot{C}_2)\dot{E}_r + \dot{D}_1\dot{I}_{r1} + \dot{D}_2(\dot{I}_r - \dot{I}_{r1}) \qquad \because\ \dot{I}_r = \dot{I}_{r1} + \dot{I}_{r2} \\
&= (\dot{C}_1 + \dot{C}_2)\dot{E}_r + \dot{D}_2\dot{I}_r + (\dot{D}_1 - \dot{D}_2)\dot{I}_{r1} \\
&= (\dot{C}_1 + \dot{C}_2)\dot{E}_r + \dot{D}_2\dot{I}_r + (\dot{D}_1 - \dot{D}_2)\left\{\frac{-(\dot{A}_1 - \dot{A}_2)\dot{E}_r + \dot{B}_2\dot{I}_r}{\dot{B}_1 + \dot{B}_2}\right\} \\
&= \left\{(\dot{C}_1 + \dot{C}_2) - \frac{(\dot{A}_1 - \dot{A}_2)(\dot{D}_1 - \dot{D}_2)}{\dot{B}_1 + \dot{B}_2}\right\}\dot{E}_r + \left(\frac{\dot{B}_1\dot{D}_2 + \dot{B}_2\dot{D}_1}{\dot{B}_1 + \dot{B}_2}\right)\dot{I}_r \\
&= \dot{C}_0\dot{E}_r + \dot{D}_0\dot{I}_r
\end{aligned} \tag{5.45}$$

그러므로 일반회로상수 $\dot{A}_0$, $\dot{B}_0$, $\dot{C}_0$, $\dot{D}_0$는 다음과 같다.

$$\left.\begin{aligned}
\dot{A}_0 &= \frac{\dot{A}_1\dot{B}_2 + \dot{A}_2\dot{B}_1}{\dot{B}_1 + \dot{B}_2} \\
\dot{B}_0 &= \frac{\dot{B}_1\dot{B}_2}{\dot{B}_1 + \dot{B}_2} \\
\dot{C}_0 &= (\dot{C}_1 + \dot{C}_2) - \frac{(\dot{A}_1 - \dot{A}_2)(\dot{D}_1 - \dot{D}_2)}{\dot{B}_1 + \dot{B}_2} \\
\dot{D}_0 &= \frac{\dot{B}_1\dot{D}_2 + \dot{B}_2\dot{D}_1}{\dot{B}_1 + \dot{B}_2}
\end{aligned}\right\} \tag{5.46}$$

만일 병렬 접속된 두 회로의 4단자상수가 같다면, 일반회로상수 $\dot{A}_0$, $\dot{B}_0$, $\dot{C}_0$, $\dot{D}_0$는 다음과 같다.

$$\dot{A}_1 = \dot{A}_2 = \dot{A},\ \dot{B}_1 = \dot{B}_2 = \dot{B},\ \dot{C}_1 = \dot{C}_2 = \dot{C},\ \dot{D}_1 = \dot{D}_2 = \dot{D}$$

$$\begin{aligned}
\dot{A}_0 &= \frac{\dot{A}_1\dot{B}_2 + \dot{A}_2\dot{B}_1}{\dot{B}_1 + \dot{B}_2} = \frac{2\dot{A}\dot{B}}{2\dot{B}} = \dot{A} \\
\dot{B}_0 &= \frac{\dot{B}_1\dot{B}_2}{\dot{B}_1 + \dot{B}_2} = \frac{\dot{B}^2}{2\dot{B}} = \frac{\dot{B}}{2}
\end{aligned}$$

$$\dot{C}_0 = (\dot{C}_1 + \dot{C}_2) - \frac{(\dot{A}_1 - \dot{A}_2)(\dot{D}_1 - \dot{D}_2)}{\dot{B}_1 + \dot{B}_2} = 2\dot{C}$$

$$\dot{D}_0 = \frac{\dot{B}_1\dot{D}_2 + \dot{B}_2\dot{D}_1}{\dot{B}_1 + \dot{B}_2} = \frac{2\dot{B}\dot{D}}{2\dot{B}} = \dot{D}$$

결국 임피던스는 절반($\dot{B}/2$)이 되고 어드미턴스는 두 배($2\dot{C}$)가 된다.

예제 5-5 P·R·E·T·E·S·T

공칭 전압이 345[kV]인 3상 송전 선로가 있다. 이 선로는 대칭 4단자 회로로서 4단자상수 중 B는 j29[Ω], C는 j0.0016[℧]이다. 이 송전선의 무부하시의 수전단 선간 전압이 350[kV]일 때 송전단의 전압과 전류를 계산하여라.

[풀이]

$AD - BC = 1$ 로부터 $A = D = \sqrt{1+BC} = 0.96$

무부하시($I_r = 0$)의 경우

$$E_s = AE_r = 0.96 \times \frac{350}{\sqrt{3}} = 194[\text{kV}]$$

$$V_s = \sqrt{3} \times E_s = 336[\text{kV}]$$

$$I_s = CE_r = j0.0016 \times \frac{350}{\sqrt{3}} \times 10^3 = j323.2[\text{A}](\text{앞선전류})$$

5.5 분포 정전용량의 영향

장거리 송전선로에서는 분포 정전용량의 영향이 크다. 특히 무부하 송전선로를 충전할 경우에는 문제가 생긴다.

5.5.1 페란티 현상

부하의 역률은 일반적으로 뒤진 역률(L 부하)이므로 상당히 큰 부하가 걸려있을 경우 전류는 전압보다 위상이 뒤져있는 것이 보통이다. 그림 5.20과 같이 늦은 전류가 송전선이나 변압기의 저항 및 리액턴스에 흐르면 수전단 전압은 송전단 전압보다 낮아진다. 하지만 심야에 부하가 아주 작거나 특히 무부하의 경우에는 선로의 정전용량 또는 콘덴서 용량의 과대로 인하여 충전전류의 영향이 커진다. 그림 5.21과 같이 전압보다 위상이 앞선 충전전류의 영향으로 선로에는 90° 가까운 앞선 전류가 흐른다. 이처럼 앞선 역률에 의하여 수전단 전압이 송전단 전압보다 높아지는 현상을 페란티 현상이라고 한다.

수전단을 개방하여 무부하일 때는 앞 절의 4단자 회로식(5.30)에서 $\dot{I}_r = 0$이므로 $\dot{E}_s = \dot{A}\dot{E}_r$이 된다. $\dot{A}$ 의 절대값은 1보다 작기 때문에 수전단 전압이 상승되는 것을 알 수 있다. 일반적으로 이러한 현상은 송전선의 단위 길이당의 정전용량이 클수록, 또 송전선로의 길이가 길수록 심해진다. 페란티 현상은 다음과 같은 문제점을 발생시킨다.

① 선로 및 변압기의 전력손실을 증대
② 역률개선용 콘덴서의 고장을 유발시키며 각종 기기류의 전기적인 스트레스를 주게 된다.
③ 현상이 반복되면 전력계통이 붕괴되거나 전압변동이 심하게 된다.

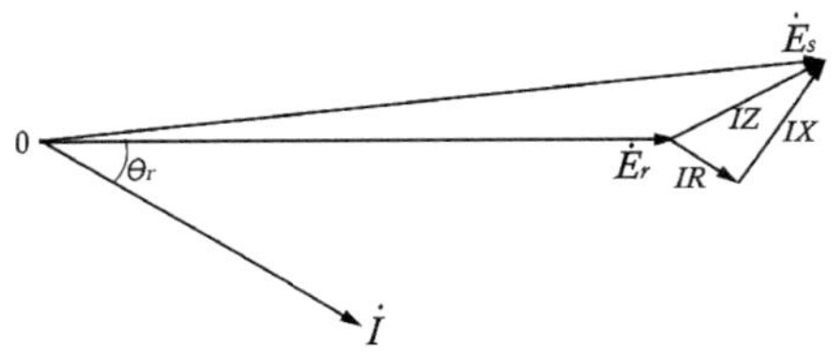

그림 5.20 뒤진(지상) 전류

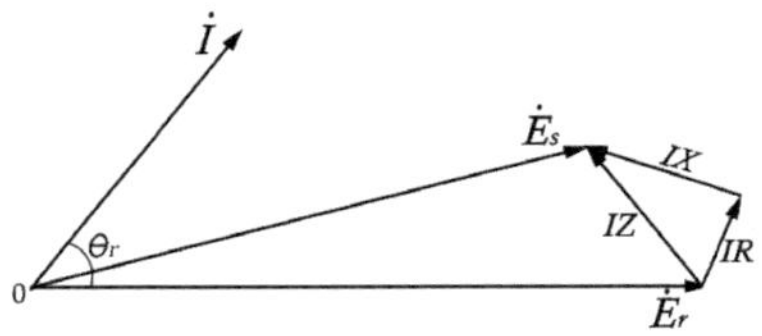

그림 5.21 앞선(진상) 전류

페란티 현상의 방지 및 해결책은 전력계통의 콘덴서, 병렬리액터, 동기조상기를 사용하여 무효전력을 일정범위로 유지하여 적정 전압유지, 전력손실경감 등을 도모해야한다. 또한 부하가 급변하는 수전설비에서 경부하일 때 앞선 전류에 의한 과보상이 되지 않도록 콘덴서의 제어가 필요하다.

5.5.2 발전기의 자기여자

운전 중인 발전기에 무부하 또는 경부하 상태의 송전선로를 연결하면 송전선로에 충전전류가 흐르게 된다. 이 충전전류는 정전용량이라는 특성으로 인해 발전기 전압보다 위상이 90° 앞선 전류이므로 교류발전기의 전기자 반작용(증자 작용)을 일으켜 발전기 단자전압의 상승의 원인이 된다. 이때 발전기의 용량이 충분히 크지 않으면 발전기의 여자회로를 개방하여도 발전기 단자전압이 순식간에 이상 상승할 수 있다. 이 현상을 발전기의 자기여자(Self excitation)라고 한다. 이때 확립된 전압이 정격 전압보다 높아지면 절연을 위협하게 되므로 위험하다. 따라서 장거리 선로의 시충전시에는 자기여자의 발생을 방지하는 대책이 필요하다.

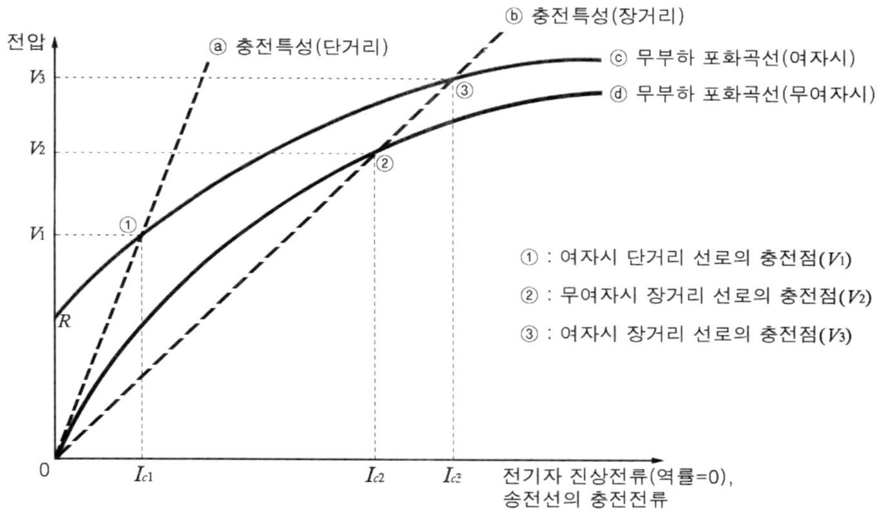

그림 5.22 발전기의 자기여자 현상

그림 5.22에서 ⓐ와 ⓑ는 송전선의 충전특성이다. ⓑ는 장거리 송전선으로서 정전용량이 클 경우이고 ⓐ는 단거리 송전선의 경우이다. ⓒ와 ⓓ는 발전기의 앞선 전기자 전류(역률=0)에 의한 포화 특성이다. ⓒ는 여자전류가 있는 경우(계자 전류로 무부하에서 $\overline{0R}$ 의 유기전압을 내고 있을 경우)이고 ⓓ는 무여자의 경우이다. 단거리보다는 장거리일 경우가, 그리고 무여자일 경우보다는 여자시에 더 높은 전압이 발생한다는 것을 알 수 있다.

한편 무부하 장거리 선로의 시충전시에는 수전단 전압이 정격이 되도록 송전단 전압을 낮추어서 가압하는데 이 경우의 충전용량은 다음과 같이 나타낼 수 있다.

$$\text{발전기의 단락비 } K_s \geq \frac{Q'}{Q}\left(\frac{V}{V'}\right)^2(1+\sigma) \tag{5.47}$$

단, $V,\ Q$: 발전기의 정격전압 및 출력

$V',\ Q'$: 충전전압 및 그때의 선로 충전용량

σ : 정격전압에서의 포화계수(포화율 0.05~0.15)

일반적으로 페란티 현상 및 자기여자 현상 때문에 충전전압은 정격의 80[%] 정도로 낮추어서 시충전한다.

5.6 전력의 벡터 표시

그림 5.23과 같이 전압 $\dot{E} = E\underline{/\theta 1}$, 전류 $\dot{I} = I\underline{/\theta 2}$라고 할 때, 유도성 부하인 경우 $\theta 1 > \theta 2$이므로 전압과 전류 벡터의 상차각 $\theta = \theta 1 - \theta 2$이다. 피상전력 $P_a = EI$, 유효전력 $P = P_a \cos\theta$이고, 무효전력 $Q = P_a \sin\theta$가 된다.

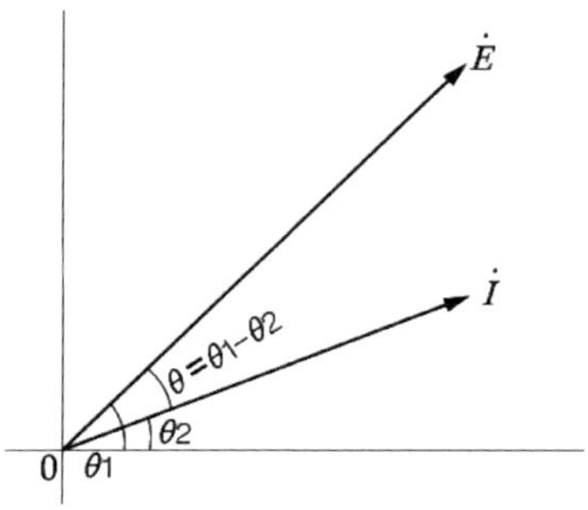

그림 5.23 벡터표시

이때 피상전력을 전압과 전류의 곱인 $P_a = \dot{E} \times \dot{I}$ 로 계산하는 것은 모순이 생긴다. 그 이유로는 피상전력에 전압과 전류를 대입해서 계산해보면 다음과 같이 상차각이 $\theta 1 + \theta 2$가 된다.

$$P_a = \dot{E} \times \dot{I} = E\underline{/\theta 1} \times I\underline{/\theta 2} \ = EI\underline{/\theta 1 + \theta 2}$$

결과적으로 전력벡터를 나타내지 못한다. 그러므로 전압 또는 전류 중 어느 하나를 공액을 취해서 $\dot{E}^* \times \dot{I}$ 또는 $\dot{E} \times \dot{I}^*$로 계산하여야 한다.

전류 벡터 $\dot{I}$에 공액을 취하여 피상전력을 구하면 다음과 같다.

$$\begin{aligned} P_a &= \dot{E} \times \dot{I}^* = E\underline{/\theta 1} \times I\underline{/-\theta 2} = EI\underline{/\theta 1 - \theta 2} \\ &= EI\cos(\theta 1 - \theta 2) + j\sin(\theta 1 - \theta 2) \\ &= EI\cos\theta + j\sin\theta \ = \ P + jQ \end{aligned} \tag{5.48}$$

실수부가 유효전력이고 허수부는 무효전력이다. 무효전력의 부호가 (+)로 표시된다.

전압 벡터 $\dot{E}$에 공액을 취하여 피상전력을 구하면 다음과 같다.

$$\begin{aligned} P_a &= \dot{E}^* \times \dot{I} = E\underline{/-\theta 1} \times I\underline{/\theta 2} = EI\underline{/\theta 2 - \theta 1} \\ &= EI\cos(\theta 2 - \theta 1) + j\sin(\theta 2 - \theta 1) \\ &= EI\cos\theta - j\sin\theta \ = \ P - jQ \end{aligned} \tag{5.49}$$

이 경우 무효전력의 부호가 (-)로 표시된다. 피상전력을 구할 때 전압과 전류 벡터 중 어느 것에 공액을 취하든 상관이 없다. 하지만 송전계통에서는 유도성 부하가 많기 때문에 뒤진(지상) 무효전력을 (+)로 표현하는 것이 편리하다. 그러므로 전류 벡터에 공액을 취하여 $P_a = \dot{E} \times \dot{I}^*$로 전력을 나타낸다.

5.7 전력방정식

송전선의 송수전단의 전압과 전류의 관계는 앞 절의 식(5.30)과 식(5.31)에서 설명한 바와 같이 4단자상수로 표현하면 다음과 같다.

$$\left.\begin{aligned} &\dot{E}_s = \dot{A}\dot{E}_r + \dot{B}\dot{I}_r \\ &\dot{I}_s = \dot{C}\dot{E}_r + \dot{D}\dot{I}_r \\ &\dot{A}\dot{D} - \dot{B}\dot{C} = 1 \end{aligned}\right\} \tag{5.50}$$

위 식의 $\dot{I}_r$과 $\dot{I}_s$를 $\dot{E}_s$와 $\dot{E}_r$의 함수로 표시하면 다음과 같다.

$$
\left.
\begin{aligned}
\dot{I}_r &= \frac{1}{\dot{B}}\dot{E}_s - \frac{\dot{A}}{\dot{B}}\dot{E}_r \\
\dot{I}_s &= \dot{C}\dot{E}_r + \dot{D}\left(\frac{1}{\dot{B}}\dot{E}_s - \frac{\dot{A}}{\dot{D}}\dot{E}_r\right) = \frac{\dot{D}}{\dot{B}}\dot{E}_s - \frac{\dot{A}\,\dot{D} - \dot{B}\,\dot{C}}{\dot{B}}\dot{E}_r \\
&= \frac{\dot{D}}{\dot{B}}\dot{E}_s - \frac{1}{\dot{B}}\dot{E}_r
\end{aligned}
\right\} \qquad (5.51)
$$

수전단 전압 $\dot{E}_r$을 기준 벡터로 잡고($\dot{E}_r = E_r\angle 0$), $\dot{E}_s$는 $\dot{E}_r$보다 위상이 θ만큼 앞선 것($\dot{E}_s = E_s\angle\theta$)으로 둔다. $\dot{B}$는 4단자 회로에서 직렬임피던스를 나타내므로 임피던스 크기를 b, 임피던스 각을 β라고 하면 $\dot{B} = b\angle\beta$로 둘 수 있다. 또한 위 식(5.51)의 $\dfrac{\dot{A}}{\dot{B}}$와 $\dfrac{\dot{D}}{\dot{B}}$를 실수부와 허수부로 정리하면 다음과 같다.

$$
\left.
\begin{aligned}
\frac{\dot{A}}{\dot{B}} &= m - jn \\
\frac{\dot{D}}{\dot{B}} &= m' - jn' \\
\frac{1}{\dot{B}} &= \frac{1}{b}\angle -\beta
\end{aligned}
\right\} \qquad (5.52)
$$

위 식(5.52)를 식(5.51)에 대입하여 송수전단의 전류로 나타내면 다음과 같다.

$$
\left.
\begin{aligned}
\dot{I}_s &= (m' - jn')E_s\angle\theta - \frac{E_r}{b}\angle -\beta \\
\dot{I}_r &= \frac{1}{b}E_s\angle\theta - \beta - (m - jn)E_r
\end{aligned}
\right\} \qquad (5.53)
$$

그러므로 송전단 전력 P_{as}과 수전단의 전력 P_{ar}은 다음과 같다.

$$\left.\begin{aligned} P_{as} &= \dot{E}_s \dot{I}_s^* = E_s\angle\theta \left\{(m'+jn')E_s\angle-\theta - \frac{E_r}{b}\angle\beta\right\} \\ &= (m'+jn')E_s^2 - \frac{E_sE_r}{b}\angle\theta+\beta \\ P_{ar} &= \dot{E}_r \dot{I}_r^* = E_r\angle 0 \left\{\frac{1}{b}E_s\angle\beta-\theta - (m+jn)E_r\right\} \\ &= \frac{E_sE_r}{b}\angle\beta-\theta - (m+jn)E_r^2 \end{aligned}\right\} \tag{5.54}$$

위 식은 다음 절에서 설명할 전력원선도를 작도하기 위한 기본 공식으로서 전력방정식이라고 한다.

5.8 전력원선도

송전계통에서는 무효전력의 흐름을 변화시켜서 송전단과 수전단의 전압이 일정하게 유지되도록 운전한다. 이것을 정전압송전방식이라고 한다. 전력원선도는 정전압송전방식의 계통에 있어 송수전단 전력의 변화를 구한 그래프이다. 송수전단의 전력계산식으로 정밀하게 계산하는 대신 전력원선도를 그려서 직접 그 크기를 알 수 있다는 것이 장점이다. 이는 송수전단 전력의 특성파악에 매우 효과적인 방법으로 유효전력, 무효전력, 전력손실 파악 등 다양한 분야에 유용하게 이용된다.

식(5.54)의 전력방정식에서 $\dfrac{E_sE_r}{b}$를 ρ로 표시하여 다시 정리하면 다음과 같다.

$$\left.\begin{aligned} P_{as} &= P_s + jQ_s = (m'+jn')E_s^2 - \rho\angle\beta+\theta \\ P_{ar} &= P_r + jQ_r = -(m+jn)E_r^2 + \rho\angle\beta-\theta \end{aligned}\right\} \tag{5.55}$$

위 식을 이항하여 유효전력과 무효전력별로 정리하면 다음과 같다.

$$\left.\begin{aligned} (P_s - m'E_s^2) + j(Q_s - n'E_s^2) &= -\rho\angle\beta+\theta \\ (P_r + mE_r^2) + j(Q_r + nE_r^2) &= \rho\angle\beta-\theta \end{aligned}\right\} \tag{5.56}$$

유효전력과 무효전력의 크기를 구하기 위하여 위 식의 양변을 제곱하면 다음과 같이 원의 방정식이 된다.

$$(P_s - m'E_s^2)^2 + (Q_s - n'E_s^2)^2 = \rho^2 \tag{5.57}$$

$$(P_r + mE_r^2)^2 + (Q_r + nE_r^2)^2 = \rho^2 \tag{5.58}$$

횡축에 유효전력을 종축에 무효전력을 취하면 송전단의 식(5.57)은 중심점 S의 좌표가 $(m'E_s^2,\ n'E_s^2)$으로 1사분면에 있고 반지름이 ρ이다. 또한 수전단의 식(5.58)은 중심점 R의 좌표가 $(-mE_r^2,\ -nE_r^2)$으로 3사분면에 있고 반지름이 ρ이다. 이러한 중심점 좌표와 반지름을 이용하여 그림 5.24와 같이 원선도를 그릴 수 있다. 이와 같이 송수전단의 유효전력 및 무효전력 등의 상황을 한 눈에 알아볼 수 있게 그린 것을 전력원선도라고 한다. 정전압송전방식에서 중요한 사항은 반지름 ρ가 일정하므로 송수전단의 운전점은 항상 이 원주상의 한 점에 있어야 한다.

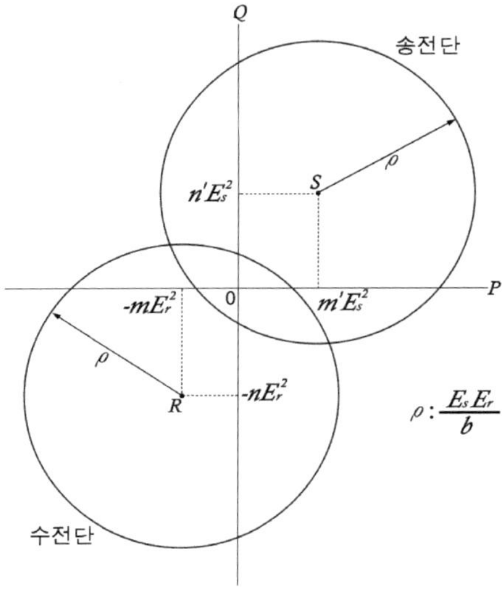

그림 5.24 전력원선도

예를 들어 송수전단의 전압 E_s와 E_r의 상차각이 θ라고 하면 그림 5.25의 수전단 원선도에서 유효전력인 P_r축과 β의 각도를 이루는 반지름 RR'를 기준선으로 한다. 이 기준선에서 시계 방향으로 각도 θ가 되는 원주상의 C점을 구한다. 식(5.56)의 $\rho\underline{/\beta-\theta}$ 항에 의하여 원선도의 원주상에 위치한 이 C점이 수전단의 운전점이다.

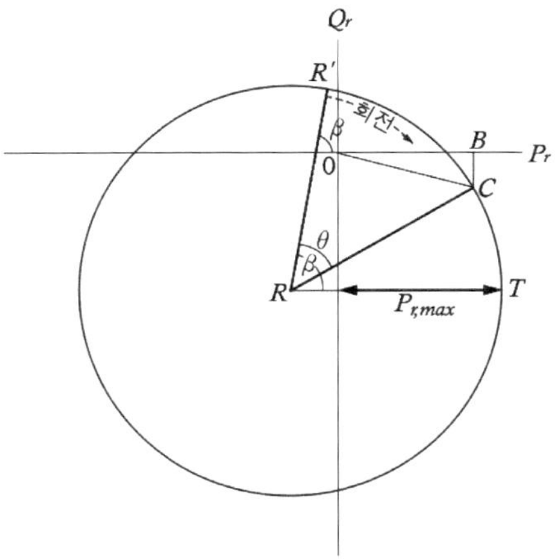

그림 5.25 수전단의 전력원선도

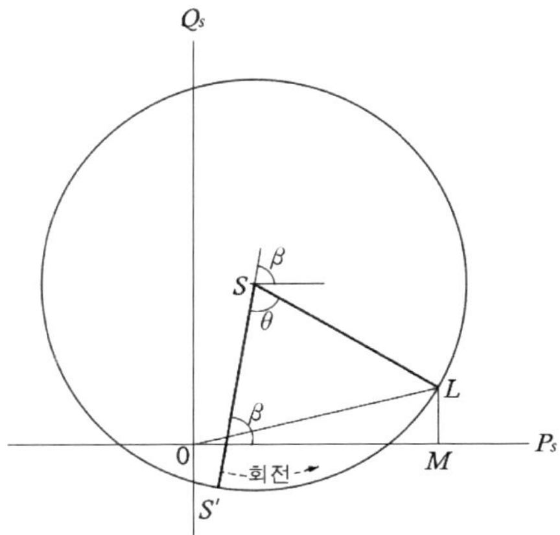

그림 5.26 송전단의 전력원선도

같은 방법으로 그림 5.26의 송전단 원선도에서 P_s축과 임피던스각 β의 각도를 이루는 반지름 SS'를 기준선으로 한다. 이 기준선에서 반시계 방향으로 각도 θ가 되는 원주상의 L점을 구한다. 식(5.56)의 $-\rho\angle\beta+\theta$ 항에 의하여 원선도의 원주상에 위치한 이 L점이 수전단 원선도의 C점에 대응하는 송전단 원선도의 운전점이다.

동작점이 L인 경우의 송전단의 유효전력 $P_s = \overline{0M}$, 무효전력 $Q_s = \overline{LM}$, 피상전력 $P_{as} = \overline{0L}$이다. 무효전력은 (+)방향이므로 뒤진 위상을 나타내며, 송전단 역률 $\cos\theta_s = \overline{0M}/\overline{0L}$로 구해진다. 마찬가지로 동작점이 C인 경우의 수전단의 유효전력 $P_r = \overline{0B}$, 무효전력 $Q_r = \overline{BC}$, 피상전력 $P_{ar} = \overline{0C}$, 역률 $\cos\theta_r = \overline{0B}/\overline{0C}$로 구해진다.

수전단 원선도에서 이론상으로 최대 수전전력 $P_{r,\max}$를 구하면 중심 R에서 수평으로 그은 선이 원주와 만나는 점 T가 수전단의 최대 유효전력이 된다. 반지름이 ρ이고 중심좌표의 실수부가 $-mE_r^2$이므로 최대수전전력은 다음과 같다.

$$P_{r,\max} = \rho - mE_r^2 = \frac{E_s E_r}{b} - mE_r^2 \tag{5.59}$$

실제의 수전전력은 이 값보다는 적고, 송전가능전력은 θ=30~40 정도인 곳에 있다.

5.9 조상용량

송전계통에서 전압조정 목적으로 정전압송전방식이 채용되고 있는데 송수전단의 전압을 일정하게 유지하는 것은 계통 운용상 바람직하다. 정전압송전방식에서는 전력방정식이나 전력원선도에서 알 수 있듯이 송수전단의 유효전력 및 무효전력(P_s, Q_s, P_r, Q_r) 중에서 어느 하나가 정해지면 나머지 세 개는 저절로 결정되는 것이다. 예를 들어 유효전력 P_r을 수전하려면 이것에 대응하는 수전단 무효전력 Q_r, 송전단의 유효전력 P_s, 무효전력 Q_s로 운전해야만 한다. 만일 부하에 따라서 운전점이 원주상이 아닐 경우 송수전단의 전압을 바꿀 수는 없으므로 수전단에 조상설비를 설치하여 무효전력을 조정하지 않으면 안 된다. 즉 수전단의 전압은 일정하게 유지하면서 무효전력을 공급하여 원주상을 벗어난 운전점을 원주상에 오도록 해야 한다.

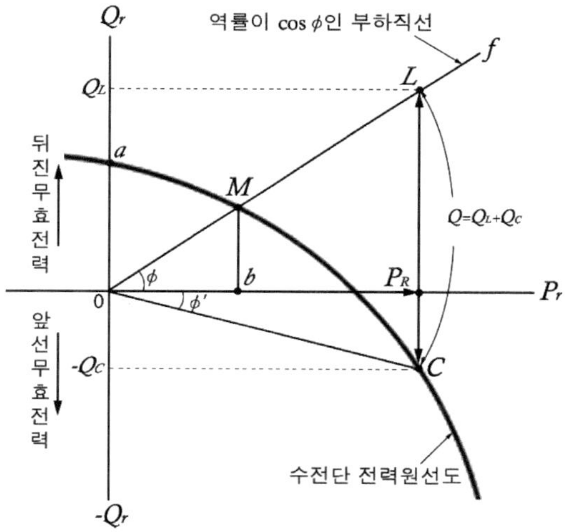

그림 5.27 필요한 조상용량

수전단에서는 부하의 역률이 늦어져서 0.8~0.9일 때가 많은데 그림 5.27의 수전단 전력원선도에서 유효전력 P축과 ϕ 각도를 이루는 직선 $0f$을 그리면 이것이 역률 $\cos\phi$인 부하를 나타내는 부하직선이 된다. 부하의 역률이 $\cos\phi$이고 유효전력이 P_R, 무효전력이 Q_L이라면 운전점은 L이 된다. 이 운전점은 원주상을 벗어나 있으므로 앞선(진상)

무효전력을 공급하여 원주상의 C점에 놓이도록 조정하여야 한다. 이 경우 공급해야할 조상용량 Q는 다음과 같다.

$$Q = Q_C + Q_L = Q_C + P_R \tan\phi \qquad (5.60)$$

결국 부하직선과 원주상까지의 수직거리가 필요한 조상용량인 것이다.

운전점이 원주 바깥의 L점에서 원주상의 C점으로 옮긴 것은 수전단 전압 $\dot{E}_r$은 일정하게 유지한 것이 된다. 왜냐하면 운전점을 원주상으로 옮긴 것은 반지름을 일정하게 유지한 것이다. 원선도의 반지름 ρ는 송수전단의 전압과 선로의 임피던스로 정해지는 값 $\left(\frac{E_s E_r}{b}\right)$이기 때문이다.

부하가 b점에 있는 경우는 부하선과 교차되는 운전점이 원주상의 M점에 있으므로 무효전력을 공급할 필요가 없다. 하지만 b점보다 부하가 큰 경우는 앞서 설명한 것처럼 원주 밖에 운전점이 놓이므로 앞선 무효전력을 공급하여야 하고, 부하가 b점보다 작은 경우는 원주의 안쪽에 운전점이 놓이게 되므로 뒤진(지상)무효전력을 공급하여야 한다. 또한 무부하일 경우에도 수전단의 일정한 전압을 유지하기 위하여 $\overline{0a}$만큼의 뒤진 무효전력을 공급해야 한다. 운전점이 L에서 C로 조정되면 역률도 $\cos\phi$에서 $\cos\phi'$로 바뀌게 된다.

결론적으로 전력원선도는 송수전단의 전압($\dot{E}_s$, $\dot{E}_r$)과 4단자상수($\dot{A}$, $\dot{B}$, $\dot{C}$, $\dot{D}$)가 주어지면 그릴 수 있고, 그려진 전력원선도에 부하직선을 그려 넣음으로써 다음 사항을 알 수 있다.

① 최대 수전전력$\left(P_{r,\max} = \frac{E_s E_r}{b} - mE_r^2\right)$
② 필요한 전력을 보내기 위한 송수전단의 상차각 θ
③ 요구하는 부하 전력을 수전단에서 받기 위해서 필요한 조상용량 Q
④ 조상용량의 공급에 의해 조정된 수전단의 새로운 역률 $\cos\phi'$
⑤ 선로손실($P_l = P_s - P_r$)과 송전효율

5.10 조상설비

양질의 전력을 공급하기 위하여 적정 전압을 유지하고, 전력설비의 효율적인 이용을 위해서 전력계통에서의 무효전력 조정이 필요하다. 이처럼 무효 전력을 조정하는 것이 조상설비이다. 조상설비는 전압 조정 이외에도 역률개선에 의한 송전손실의 경감, 송전망 안정도 향상 등의 기능을 갖고 있다. 조상설비는 회전기와 정지기로 구분할 수 있으며, 회전기로 동기조상기, 정지기로는 병렬리액터(Shunt Reactor), 전력용 콘덴서, SVC(정지형 무효전력 보상장치) 등이 많이 사용되고 있다.

5.10.1 동기조상기

동기조상기는 전력계통에 연결되어 무부하로 운전하면서 단지 무효전력만을 생산하여 계통에 공급하는 회전기기이다. 동기조상기는 무효전력의 공급을 통해 전압을 조정하거나 역률을 개선함으로써 전력손실을 경감시키기 위해 사용된다. 그림 5.28과 같이 여자전류를 증가시켜 과여자로 하면 자속을 초과할 만큼의 앞선 전류가 조상기에 유입되며, 계자저항 R_f를 증가시켜 부족여자가 되도록 하면 조상기에는 뒤진 전류가 흐르게 된다.

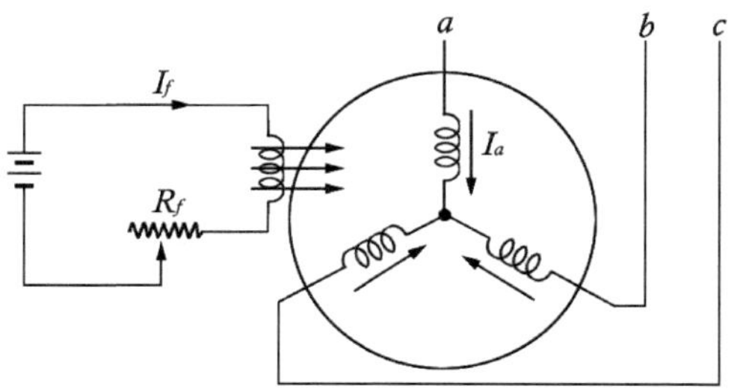

그림 5.28 동기조상기

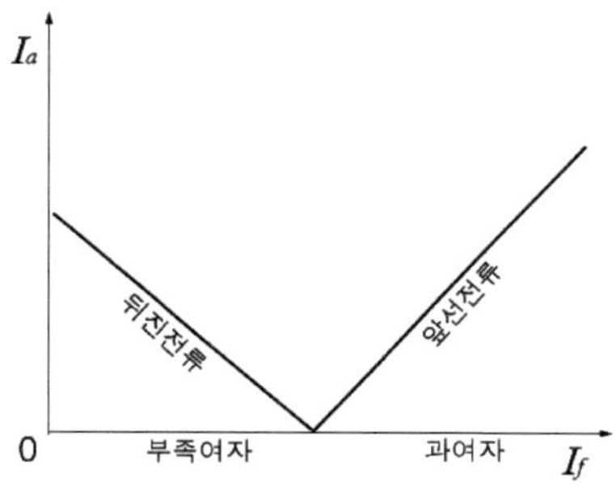

그림 5.29 동기조상기의 V곡선

이러한 특성을 이용해서 동기전동기를 송전선의 전압조정 및 역률개선에 사용하는 것이 동기조상기이다. 즉 유도부하와 병렬로 조상기를 접속하여 과여자로 운전하면 조상기는 선로에서 앞선 전류를 취한다. 일종의 콘덴서 역할을 하게 되어 선로의 역률을 개선하고 전압강하를 감소시킨다. 반대로 발전기가 무부하 송전선에 연결되어 자기여자를 일으키는 경우, 조상기를 부족여자로 운전하면 일종의 리액터 역할을 한다. 그러므로 선로에서 뒤진 전류를 취하여 자기여자를 방지한다. 이러한 관계를 나타낸 것이 그림 5.29의 동기조상기 V곡선이다. V곡선에서 알 수 있듯이 부하가 많이 걸릴 때에는 저항을 줄여 앞선 전류를 취하도록 하고, 부하가 적게 걸리는 심야에는 저항을 증가시켜 뒤진 전류를 취한다. 이처럼 부하가 변하더라도 항상 부하의 단자전압을 일정하게 유지시킬 수 있다. 동기조상기는 회전기이기 때문에 거의 사용하지 않고, 제주도에 가스터빈 발전기를 동기조상기로 사용하고 있다.

5.10.2 전력용 콘덴서

전력용 콘덴서는 부하와 병렬로 연결하여 사용하는 정지형기기이다. 전압보다 90°위상이 앞선 무효전류를 공급함으로써 역률의 개선, 송전손실의 감소, 전압조정의 기능을 수행하며 주로 무효전력 소비가 많은 변전소의 모선에 설치하여 운영하고 있다. 전력손실이 대단히 적으며 소음이 없고 필요에 따라 용량 조정이 간편하므로 많이 사용되고 있다.

전력용 콘덴서를 회로에서 개방하였을 때 전하가 잔류함으로써 일어나는 위험의 방지와 재투입할 때 콘덴서에 걸리는 과전압의 방지를 위하여 방전장치가 사용된다. 방전장치에는 방전코일과 방전저항의 2종류가 있으며, 보통 대용량은 방전코일이 사용되고, 소용량에는 방전저항이 많이 사용된다. 방전 장치는 고압의 경우 개폐 후 5초 이내에 50[V]이하로 하고 저압의 경우는 3분에 75[V] 이하로 방전시킬 수 있는 성능을 갖추어야 한다. 콘덴서가 부하와 직결(전압강하 보상용)하여 똑같이 개폐될 경우에는 부하의 회로를 통하여 방전할 수 있으므로 방전장치가 불필요하다.

역률 개선용으로 전력용 콘덴서를 사용하면 회로의 전압이나 전류 파형의 왜곡을 확대하는 수가 있고, 때로는 기본파 이상의 고조파를 발생하는 수가 있다. 이러한 고조파의 발생으로 나타나는 문제점을 보완하고, 전력용 콘덴서 투입시 돌입전류를 억제하기 위하여 콘덴서용 직렬 리액터를 설치한다.

직렬리액터의 용량은 변압기 결선방식에 따라 다르다. Y-Δ 결선의 변압기 경우에는 제3고조파는 Δ권선 내에서 순환하므로 선로에 나타나지 않으나 제5고조파가 나타나게 된다. 제5고조파 영향으로 파형이 일그러지고 통신선에 유도장해를 미치게 된다. 따라서 제5고조파 제거 목적인 직렬리액터 용량은 콘덴서 용량의 4%이면 되나 실제로는 주파수변동이나 경제적인 면을 고려하여 6%정도로 한다. 하지만 Y-Y 결선 변압기의 경우에는 제3,5고조파 제거목적으로 직렬리액터의 용량은 콘덴서용량의 13%의 증가효과를 가져와 앞선전류가 증가하여 계통에 이상현상(발열)을 유발시킬 수 있다. 따라서 적정 용량을 선정해야 한다.

5.10.3 병렬리액터

전압조정을 하기 위해서는 조상설비가 필요하며 뒤진 전류를 얻기 위해서는 병렬리액터(Sh.R)가 필요하다. 병렬리액터는 전력용 콘덴서와 반대기능을 수행한다. 병렬리액터는 무효전력의 증가를 흡수(상쇄)시켜 전압을 낮추는 역할을 한다. 경부하 시간대에는 부하측의 유도성 리액턴스는 감소하고 용량성 리액턴스가 증가하여 계통전압이 상승하기 때문에 이를 억제하기 위하여 병렬리액터를 사용한다. 또한 전력계통 전압의 격상이나 지중화로 인해 충전전류가 커지므로 장거리 초고압 송전선로나 지중선로가 집중되어 있는 지점에 병렬리액터를 설치하여 운영하고 있다. 병렬리액터는 비교적 대용량(10 ~ 48[MVA])인 3상 리액터가 사용된다. Δ결선 또는 Y 결선하여 계통에 직접 또는 변압기

표 5.1 조상설비의 비교

	동기조상기	전력용콘덴서	병렬리액터
전력손실	많음(1.5~2.5%)	적음(0.3%이하)	적음(0.6%이하)
가격	고가	저가	저가
무효전력	앞선, 뒤진 양용	앞선 위상용	뒤진 위상용
조정	연속적	계단적	계단적
사고시전압유지	큼	작음	작음
시송전	가능	불가능	불가능
정비	손질필요	쉬움	쉬움

의 3차 권선에 접속시켜 운전하고 있다.

5.10.4 SVC(정지형 무효전력 보상장치)

SVC는 종래의 커패시터 및 리액터를 고속스위칭 전력전자 부품과 결합한 것이다. 전력전자 부품 기술의 발달로 정지형의 무효전력보상장치가 다양하게 개발되고 있다. SVC는 사이리스터를 이용하여 병렬 콘덴서와 리억터를 신속하게 접속제어(0.04초) 하여 무효전력 및 전압을 제어한다. SVC는 처음에는 아크로나 제철소의 압연설비로 인한 전압변동(flicker)을 보상하기 위해 개발되었으나, 송전계통의 안정도 향상(계통의 전압동요의 억제를 위해 필요한 동적 무효전력을 보상)을 위한 중간 조상설비로서 주목받아 무효전력의 예비력 및 전압안정화용과 기타 다기능의 SVC 적용사례가 증가하고 있는 추세이다. SVC의 특징은 응답특성이 빠르며 조작이 편리하고 정비가 간단하며 신뢰성이 높다.

타려식 사이리스터 변환장치를 사용하여 콘덴서나 리액터의 무효전력을 제어하는 방식의 정지형 무효전력 보상장치(TSC 또는 TCR)가 산업용이나 전력계통에 널리 적용되어 왔지만, 근래에는 자려식 인버터를 사용한 새로운 방식의 무효전력 보상장치(SVG)가 실용화되고 있다.

1. TCR(Thyristor Controlled Reactor)

리액터의 전류를 사이리스터 점호각으로 제어하는 것으로 반사이클마다 리액터의 전류조정이 가능하며, 대용량 장치에 적합한 방식이다. 계통안정화용설비로 주목받고 있으며 고조파 전류발생문제는 진상콘덴서를 필터로 구성하여 해결할 수 있다. 사이리스터의 위상각을 조정하여 계통에 뒤진 무효전력을 연속적으로 공급하여 계통의 앞선 무효전력을 상쇄하여 전압의 상승을 방지한다.

그림 5.30에 SVC의 일례로서 사이리스터 제어 리액터(TCR)와 병렬 콘덴서 조합에 의한 기본적인 구성을 나타낸다.

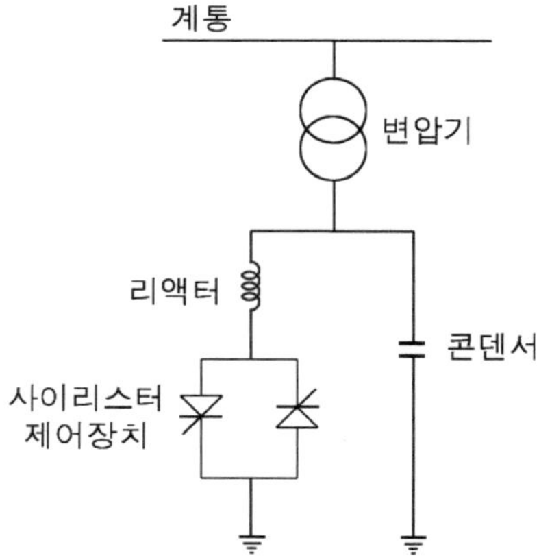

그림 5.30 TCR + 병렬콘덴서의 구성도

2. TSC(Thyristor Switched Capacitor)

사이리스터 스위치를 사용하여 과대한 돌입전류 없이 제어하는 방법으로 고조파를 발행시키지 않고 진상분만 소비한다. 그림 5.31과 같이 복수의 콘덴서 뱅크를 사이리스터 스위치로 온/오프하여 계통에 앞선 무효전력을 단계적으로 공급하여 계통의 뒤진 무효전력을 상쇄하여 전압의 하락을 방지한다.

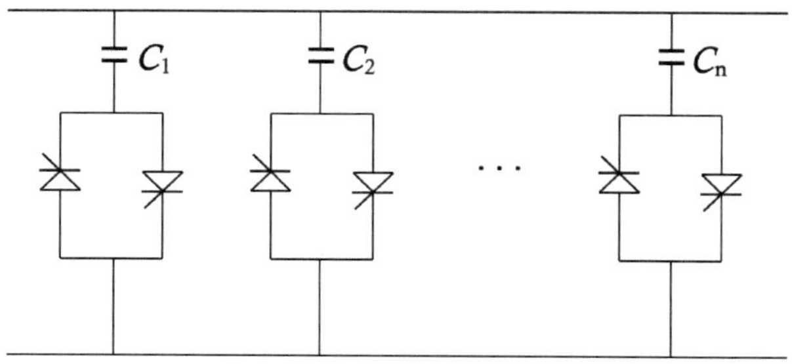

그림 5.31 TSC의 구성도

3. SVG(Static Var Generator) 또는 SCC(Self Commuted Converter)

자려식 컨버터를 보상전원으로 하고 계통과 연계하여 진상과 지상으로 조정하는 방식으로 직류측 부하에 콘덴서를 사용하는 전압형과 리액터를 사용하는 전류형이 있다. 이는 컨버터와 결합하여 출력전압을 조정함으로써 콘덴서와 리액터의 두 가지 기능을 동시에 수행할 수 있다. 임피던스 배후전압 을 자려 인버터로 발생시키고 무효전력을 출력한다. 그림 5.32에 SVG의 기본적인 구성을 나타낸다.

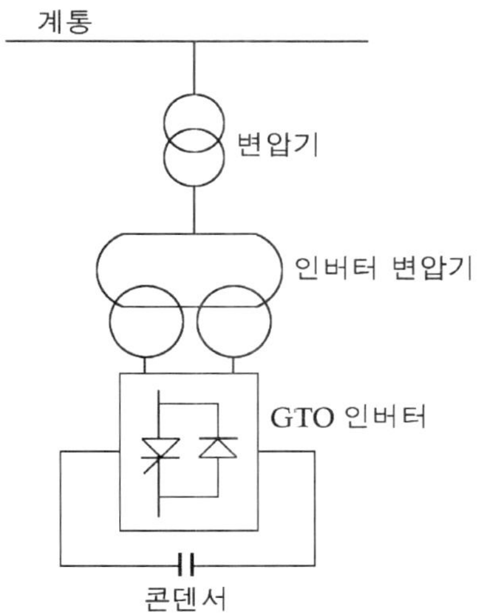

그림 5.32 SVG 시스템의 구성도

연 습 문 제

1 송전선로의 저항을 R, 리액턴스를 X라 하면 다음 어느 식이 성립되는가?

① R > X　　② R < X　　③ R = X　　④ R ≤ X

풀이 리액턴스 값이 저항값보다 매우 크다　　**답** ②

2 보통의 배전 선로에 있어서 전압 강하를 표시하는 근사값은?

① $IR\cos\theta + IX\sin\theta$　　② $IR\sin\theta + IX\cos\theta$

③ $IR\cos\theta - IX\sin\theta$　　④ $IR\sin\theta - IX\cos\theta$

풀이 식 (5.4) 참조　　**답** ①

3 송전선 전압변동율은 다음 식으로 표현된다. 식에서 V_{R1}은 무엇인가?

$$\text{전압변동율} = \frac{V_{R1} - V_{R2}}{V_{R2}} \times 100[\%]$$

① 무부하시 송전단 전압　　② 부하시 송전단 전압

③ 무부하시 수전단 전압　　④ 부하시 수전단 전압

풀이 전압변동율 = 전부하시 수전단 전압에 대한 무부하시 수전단 전압의 백분율비

$$\delta = \frac{E_{ro} - E_r}{E_r} \times 100[\%]$$

여기서, E_{r0}: 무부하시 수전단 전압, E_r: 전부하시 수전단 전압　　**답** ③

4 송전단 전압이 66[kV], 수전단 전압이 60[kV]인 송전선로에서 수전단의 부하를 끊을 경우에 수전단 전압이 63[kV]가 되었다면 전압변동율은 몇[%]인가?

① 5　　② 10　　③ 4.8　　④ 9.5

풀이 전압변동율 $\delta = \dfrac{V_{r0} - V_r}{V_r} \times 100 = \dfrac{63 - 60}{60} \times 100 = 5[\%]$　　**답** ①

5 수전단 전압 60,000[V], 전류 200[A], 선로의 저항 R = 8[Ω], 리액턴스 $X = 12$ [Ω]일 때 송전단 전압과 전압강하율은 몇 [%]인가? 단, 수전단의 역률은 0.8이다.

① 6.3　② 6.8　③ 7.9　④ 8.7

풀이 송전단 전압 $V_s = V_r + \sqrt{3}\,I(R\cos\theta_r + X\sin\theta_r)$

$$= 60{,}000 + \sqrt{3} \times 200(8 \times 0.8 + 12 \times 0.6) = 64{,}711[\text{V}]$$

전압강하율 $\varepsilon = \dfrac{V_s - V_r}{V_r} \times 100 = \dfrac{64{,}711 - 60{,}000}{60{,}000} \times 100 = 7.9[\%]$

답 ③

6 송전단 전압이 6,600[V], 수전단 전압은 6,100[V]였다. 수전단의 부하를 끊은 경우 수전단 전압이 6,300[V]라면, 이 회로의 전압강하율과 전압변동율은 각각 몇 [%]인가?

① 3.28 , 8.2　② 8.2 , 3.28　③ 4.14 , 6.8　④ 6.8 , 4.14

풀이 전압강하율 $\varepsilon = \dfrac{V_s - V_r}{V_r} \times 100 = \dfrac{6{,}600 - 6{,}100}{6{,}100} \times 100 = 8.2[\%]$

전압변동율 $\delta = \dfrac{V_{r0} - V_r}{V_r} \times 100 = \dfrac{6{,}300 - 6{,}100}{6{,}100} \times 100 = 3.28[\%]$

답 ②

7 송전단 전압, 전류를 각각 E_S, I_S 수전단의 전압, 전류를 각각 E_R, I_R이라 하고 4단자상수를 A, B, C, D라 할 때 다음 중 옳은 식은?

① $E_S = AE_R + BI_R$, $I_S = CE_R + DI_R$　② $E_S = CE_R + DI_R$, $I_S = AE_R + BI_R$

③ $E_S = BE_R + AI_R$, $I_S = DE_R + CI_R$　④ $E_S = DE_R + CI_R$, $I_S = BE_R + AI_R$

풀이 송수전단의 전압과 전류의 관계는 다음과 같다.

$$\begin{matrix} \dot{E}_s = \dot{A}\dot{E}_r + \dot{B}\dot{I}_r \\ \dot{I}_s = \dot{C}\dot{E}_r + \dot{D}\dot{I}_r \end{matrix} \quad \Rightarrow \quad \begin{bmatrix} \dot{E}_s \\ \dot{I}_s \end{bmatrix} = \begin{bmatrix} \dot{A} & \dot{B} \\ \dot{C} & \dot{D} \end{bmatrix} \begin{bmatrix} \dot{E}_r \\ \dot{I}_r \end{bmatrix}$$

답 ①

8 중거리 송전선로의 T형 회로에서 일반회로상수 C는 무엇을 나타내는가?

① 저항　② 어드미턴스　③ 임피던스　④ 리액턴스

풀이 4단자상수 구하는 방법

$A = \left.\dfrac{E_s}{E_r}\right|_{I_r=0}$: 전압비, $B = \left.\dfrac{E_s}{I_r}\right|_{E_r=0}$: 임피던스,

$C = \left.\dfrac{I_s}{E_r}\right|_{I_r=0}$: 어드미턴스, $D = \left.\dfrac{I_s}{I_r}\right|_{E_r=0}$: 전류비

답 ②

9 π형 회로의 일반회로상수에서 B의 값은?

① $1+\frac{\dot{Z}\dot{Y}}{2}$ ② $\dot{Y}(1+\frac{\dot{Z}\dot{Y}}{4})$ ③ $\dot{Y}$ ④ $\dot{Z}$

풀이 $\begin{bmatrix}\dot{E}_s\\ \dot{I}_s\end{bmatrix}=\begin{bmatrix}\dot{A} & \dot{B}\\ \dot{C} & \dot{D}\end{bmatrix}\begin{bmatrix}\dot{E}_r\\ \dot{I}_r\end{bmatrix}=\begin{bmatrix}1+\frac{\dot{Z}\dot{Y}}{2} & \dot{Z}\\ \dot{Y}\left(1+\frac{\dot{Z}\dot{Y}}{4}\right) & 1+\frac{\dot{Z}\dot{Y}}{2}\end{bmatrix}\begin{bmatrix}\dot{E}_r\\ \dot{I}_r\end{bmatrix}$ **답** ④

10 T형 회로에서 4단자상수 A는 다음 중 어느 것인가?

① $1+\frac{\dot{Z}\dot{Y}}{2}$ ② $\dot{Y}(1+\frac{\dot{Z}\dot{Y}}{4})$ ③ $\dot{Y}$ ④ $\dot{Z}$

풀이 $\begin{bmatrix}\dot{E}_s\\ \dot{I}_s\end{bmatrix}=\begin{bmatrix}\dot{A} & \dot{B}\\ \dot{C} & \dot{D}\end{bmatrix}\begin{bmatrix}\dot{E}_r\\ \dot{I}_r\end{bmatrix}=\begin{bmatrix}1+\frac{\dot{Z}\dot{Y}}{2} & \dot{Z}\left(1+\frac{\dot{Z}\dot{Y}}{4}\right)\\ \dot{Y} & 1+\frac{\dot{Z}\dot{Y}}{2}\end{bmatrix}\begin{bmatrix}\dot{E}_r\\ \dot{I}_r\end{bmatrix}$ **답** ①

11 그림과 같이 병렬 어드미턴스 Y를 중앙에 집중시키고 임피던스 Z를 2등분하여 그 양단에 놓을 때 송전단의 전압특성을 맞게 표현한 식은 어느 것인가?

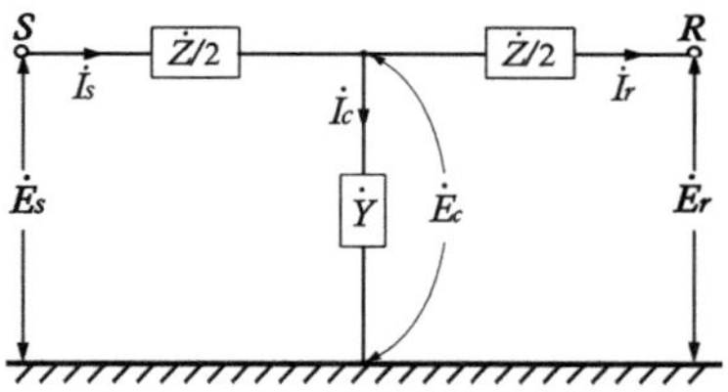

① $E_s=E_r(1+\frac{ZY}{2})+ZI_r$ ② $E_s=E_r(1+\frac{ZY}{2})+ZI_r(1+\frac{ZY}{4})$

③ $E_s=I_rZ(1+\frac{ZY}{2})+E_r$ ④ $E_s=E_r(1+\frac{ZY}{4})+I_r(1+\frac{ZY}{2})$

풀이 $\begin{bmatrix}\dot{E}_s\\ \dot{I}_s\end{bmatrix}=\begin{bmatrix}\dot{A} & \dot{B}\\ \dot{C} & \dot{D}\end{bmatrix}\begin{bmatrix}\dot{E}_r\\ \dot{I}_r\end{bmatrix}=\begin{bmatrix}1+\frac{\dot{Z}\dot{Y}}{2} & \dot{Z}\left(1+\frac{\dot{Z}\dot{Y}}{4}\right)\\ \dot{Y} & 1+\frac{\dot{Z}\dot{Y}}{2}\end{bmatrix}\begin{bmatrix}\dot{E}_r\\ \dot{I}_r\end{bmatrix}$ **답** ②

12 그림에서와 같이 일반회로상수 A, B, C, D의 송전선로의 길이가 2배로 되면 그 전체의 일반회로상수 A_0, B_0, C_0, D_0는?

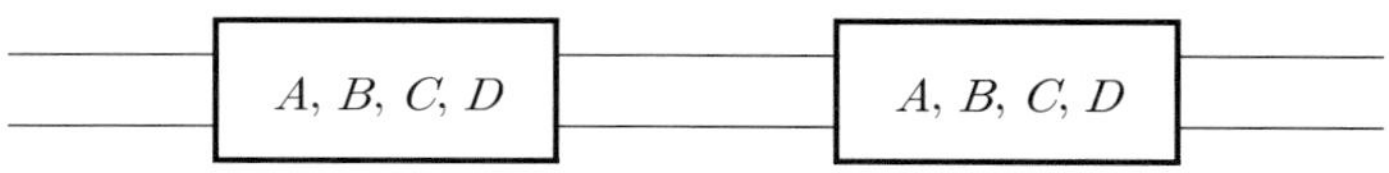

① $A_0=A^2+BC,\ B_0=AB+BD,\ C_0=CA+DC,\ D_0=CB+D^2$

② $A_0 = 2_A, B_0 = 2B, C_0 = 2C, D_0 = 2D$

③ $A_0 = A^2 + B_0, B_0 = BC + D^2, C_0 = CA + DC, D_0 = AB + BD$

④ $A_0 = A^2, B_0 = B^2, C_0 = C^2, D_0 = D^2$

풀이 $\begin{bmatrix} \dot{A}_0 & \dot{B}_0 \\ \dot{C}_0 & \dot{D}_0 \end{bmatrix} = \begin{bmatrix} \dot{A} & \dot{B} \\ \dot{C} & \dot{D} \end{bmatrix} \begin{bmatrix} \dot{A} & \dot{B} \\ \dot{C} & \dot{D} \end{bmatrix} = \begin{bmatrix} \dot{A}^2 + \dot{B}\dot{C} & \dot{A}\dot{B} + \dot{B}\dot{D} \\ \dot{C}\dot{A} + \dot{D}\dot{C} & \dot{C}\dot{B} + \dot{D}^2 \end{bmatrix}$ **답** ①

13 그림과 같이 4단자상수 A, B, C, D인 송전선로에 변압기 임피던스 Z_{tr}을 수전단에 접속 했을 때 변압기 임피던스 Z_{tr}을 포함한 새로운 일반회로상수 D_0는? 단, 그림에서 E_s, I_s는 송전단 전압, 전류이고 E_r, I_r은 수전단 전압, 전류이다.

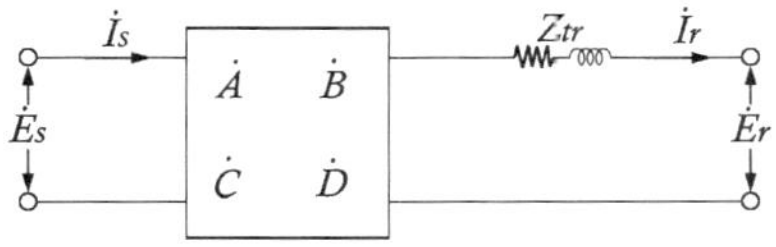

① $B + AZ_{tr}$ ② $B + CZ_{tr}$ ③ $D + AZ_{tr}$ ④ $D + CZ_{tr}$

풀이 $\begin{bmatrix} \dot{A}_0 & \dot{B}_0 \\ \dot{C}_0 & \dot{D}_0 \end{bmatrix} = \begin{bmatrix} \dot{A} & \dot{B} \\ \dot{C} & \dot{D} \end{bmatrix} \begin{bmatrix} 1 & \dot{Z}_{tr} \\ 0 & 1 \end{bmatrix} = \begin{bmatrix} \dot{A} & \dot{A}\dot{Z}_{tr} + \dot{B} \\ \dot{C} & \dot{C}\dot{Z}_{tr} + \dot{D} \end{bmatrix}$ **답** ④

14 일반회로상수가 A, B, C, D인 선로에 임피던스가 $1/Z_r$인 변압기가 수전단에 접속된 계통의 일반회로상수 D_0는?

① $D_0 = \dfrac{C + DZr}{Zr}$ ② $D_0 = \dfrac{C + AZr}{Zr}$

③ $D_0 = \dfrac{B + AZr}{Zr}$ ④ $D_0 = \dfrac{A + BZr}{Zr}$

풀이 $\begin{bmatrix} A_0 & B_0 \\ C_0 & D_0 \end{bmatrix} = \begin{bmatrix} A & B \\ C & D \end{bmatrix} \begin{bmatrix} 1 & \dfrac{1}{Z_r} \\ 0 & 1 \end{bmatrix} = \begin{bmatrix} A & \dfrac{A}{Z_r} + B \\ C & \dfrac{C}{Z_r} + D \end{bmatrix}$

그러므로 $\dot{D}_0 = \dfrac{C}{Z_r} + D = \dfrac{C + DZ_r}{Z_r}$ **답** ①

15 일반회로상수가 평행 2회선에서 A, B, C, D는 각각 1회선인 경우의 몇 배로 되는가?

① 2, 2, 1/2, 1 ② 1, 2, 1/2, 1 ③ 1, 1/2, 2, 1 ④ 1, 1/2, 2, 2

풀이 전압비와 전류비 $\dot{A}$, $\dot{D}$는 같고 임피던스 $\dot{B}$는 절반이 되고 어드미턴스 $\dot{C}$는 두 배가 된다. **답** ③

16 그림과 같이 상수가 서로 같은 2회선의 4단자상수 중 C_0는?

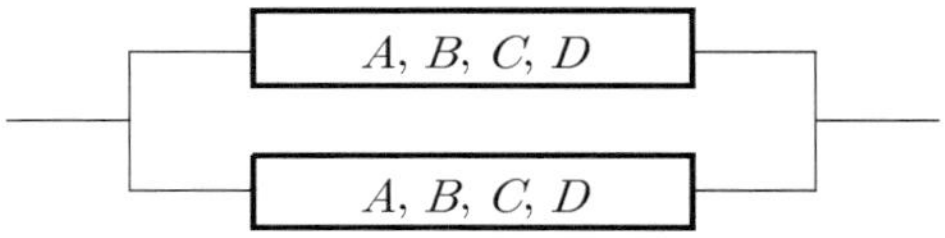

① C/4　　② C/2　　③ 2C　　④ 4C

풀이 임피던스 $\dot{B}$는 절반이 되고 어드미턴스 $\dot{C}$는 두 배가 된다. **답** ③

17 3상3선식 송전선로 1선 1[km]의 임피던스Z, 어드미턴스 Y라 하면 특성임피던스는?

① $\sqrt{\frac{Y}{Z}}$　　② $\sqrt{\frac{Z}{Y}}$　　③ $\sqrt{ZY}$　　④ $\sqrt{Z+Y}$

풀이 특성임피던스는 직렬임피던스($Z=R+j\omega L$), 병렬어드미턴스($Y=G+j\omega C$)라 하면 $Z_0=\sqrt{\frac{Z}{Y}}$ [Ω], 전파상수 $\alpha=\sqrt{ZY}$ **답** ②

18 송전선의 특성임피던스는 저항과 누설컨덕턴스를 무시하면 어떻게 표시되는가? (단, L은 선로의 인덕턴스, C는 선로의 정전용량이다.)

① $\sqrt{\frac{L}{C}}$　　② $\sqrt{\frac{C}{L}}$　　③ $\frac{L}{C}$　　④ $\frac{C}{L}$

풀이 특성임피던스는 직렬임피던스 $Z=R+j\omega L[\Omega]$,
병렬어드미턴스 $Y=G+j\omega C[\mho]$라 하면 $Z_0=\sqrt{\frac{Z}{Y}}=\sqrt{\frac{L}{C}}[\Omega]$ **답** ①

19 어떤 가공선의 인덕턴스가 1.6[mH/km]이고, 정전용량이 0.008[μF/km]일 때 특성임피던스는 약 몇[Ω] 인가?

① 128　　② 224　　③ 346　　④ 447

풀이 $Z_0=\sqrt{\frac{Z}{Y}}=\sqrt{\frac{L}{C}}=\sqrt{\frac{1.6\times10^{-3}}{0.008\times10^{-6}}}=447.2[\Omega]$ **답** ④

20 송전선로의 특성임피던스와 전파상수는 무슨 시험에 의해 구할 수 있는가?

① 무부하 시험과 단락시험　　② 부하시험과 단락시험
③ 부하시험과 충전시험　　④ 충전시험과 단락시험

풀이 특성임피던스 $Z_0 = \sqrt{\frac{Z}{Y}}[\Omega]$, 전파상수 $\alpha = \sqrt{ZY}$

여기서, Y는 무부하 시험에서 구하고, Z는 단락시험에서 구한다. **답** ①

21 수전단을 단락한 경우 송전단에서 본 임피던스가 300[Ω]이고, 수전단을 개방한 경우 송전단에서 본 어드미턴스가 1.875×10⁻³[℧]일 때 송전선의 특성임피던스 [Ω]은?

① 약 200 ② 약 300 ③ 약 400 ④ 약 500

풀이 $Z_0 = \sqrt{\frac{Z}{Y}} = \sqrt{\frac{300}{1.875 \times 10^{-3}}} = 400[\Omega]$ **답** ③

22 송전선로에서 수전단을 단락한 경우 송전단에서 본 임피던스는 300[Ω]이고, 수전단을 개방한 경우 본 임피던스는 1200[Ω]이다. 이 선로의 특성임피던스는 몇[Ω]인가?

① 600 ② 750 ③ 1000 ④ 1200

풀이 $Z_0 = \sqrt{\frac{Z}{Y}} = \sqrt{\frac{300}{1/1200}} = 600[\Omega]$ **답** ①

23 가공전선의 정전용량이0.008[μF/km]이고, 인덕턴스가 1.1[mH/km]일 때, 파동임피던스는 약 몇 [Ω]이 되겠는가? 단, 주어지지 않은 기타 상수는 무시한다.

① 350 ② 370 ③ 390 ④ 410

풀이 $Z_0 = \sqrt{\frac{L}{C}} = \sqrt{\frac{1.1 \times 10^{-3}}{0.008 \times 10^{-6}}} = 370.8[\Omega]$ **답** ②

24 파동임피던스가 300[Ω]인 가공송전선 1[km]당의 인덕턴스[mH/km]는?

① 1.0 ② 1.2 ③ 1.5 ④ 1.8

풀이 파동임피던스 $Z_0 = \sqrt{\frac{L}{C}} = 300\,[\Omega]$, 전파 속도 $v = \frac{1}{\sqrt{LC}} = 300{,}000[\text{km/s}]$

위 두 식으로부터 L을 구하면

$$Z_0^2 = \frac{L}{C} = 90{,}000 \rightarrow C = \frac{L}{90{,}000}$$

$$v = \frac{1}{\sqrt{L \times \frac{L}{90{,}000}}} = \frac{300}{L}$$

$$\therefore L = \frac{300}{v} = \frac{300}{300{,}000} = 0.001[\text{H/km}] = 1[\text{mH/km}]$$ **답** ①

25 파동임피던스가 500[Ω]인 가공송전선 1[km]당의 인덕턴스 L과 정전용량 C는?

① $L=1.67[\text{mH/km}]$, $C=0.0067[\mu\text{F/km}]$

② $L=2.12[\text{mH/km}]$, $C=0.167[\mu\text{F/km}]$

③ $L=1.67[\text{H/km}]$, $C=0.0067[\mu\text{F/km}]$

④ $L=0.0067[\text{mH/km}]$, $C=1.67[\mu\text{F/km}]$

풀이 파동임피던스 $Z_0=\sqrt{\dfrac{L}{C}}=500\,[\Omega]$, 전파 속도 $v=\dfrac{1}{\sqrt{LC}}=300{,}000[\text{km/s}]$

위 두 식으로부터 L을 구하면

$$Z_0^2=\frac{L}{C}=500^2 \;\rightarrow\; C=\frac{L}{500^2}$$

$$v=\frac{1}{\sqrt{L\times\dfrac{L}{500^2}}}=\frac{500}{L}$$

$$\therefore\; L=\frac{500}{v}=\frac{500}{300{,}000}=0.00167[\text{H/km}]=1.67[\text{mH/km}]$$

$$\therefore\; C=\frac{L}{500^2}=\frac{1.67}{500^2}=0.00000668[\text{mF/km}]=0.0067[\mu\text{F/km}]$$

답 ①

26 정전압 송전방식에서 전력원선도를 그리려면 무엇이 주어져야 하는가?

① 송수전단 전압, 선로의 일반회로상수

② 송수전단 역률, 선로의 일반회로상수

③ 조상기 용량, 수전단 전압

④ 송전단 전압, 수전단 전류

답 ①

27 수전단 전압이 송전단 전압보다 높아지는 현상을 무엇이라 하는가?

① 페란티 현상 ② 표피효과 ③ 근접효과 ④ 도플러효과

풀이 페란티 현상: 송전선로에 충전전류가 흐르면 수전단 전압이 송전단 전압보다 높아지는 현상

답 ①

28 페란티 현상이 생기는 원인은?

① 선로의 인덕턴스 ② 선로의 정전용량

③ 선로의 누설컨덕턴스 ④ 선로의 저항

풀이 페란티 현상이란 선로의 정전용량으로 인해서 전압보다 90°앞선 충전전류가 흘러 송전단보다 수전단 전압이 커지는 현상을 말한다.

답 ②

29 송전선로의 페란티 효과에 관한 설명으로 옳지 않은 것은?

① 송전선로에 충전전류가 흐르면 수전단 전압이 송전단 전압보다 높아지는 현상을 말한다.

② 페란티 효과를 방지하기 위하여 선로에 병렬리액터를 설치한다.

③ 장거리 송전선로에서 정전용량으로 인하여 발생한다.

④ 페란티 현상을 방지하기 위해서는 진상 무효전력을 공급하여야 한다.

풀이 페란티 현상이란 선로의 정전용량으로 인해서 전압보다 90°앞선 충전전류가 흘러 송전단보다 수전단 전압이 커지는 현상을 말한다. 페란티 현상 방지 대책으로는 (* 선로에 흐르는 전류가 지상이 되도록 한다. * 수전단에 병렬 리액터를 설치한다. * 동기 조상기의 부족여자 운전한다.)

답 ④

30 초고압 장거리 송전선로에 접속되는 1차 변전소에 병렬 리액터를 설치하는 목적은?

① 송전 용량의 증가 ② 전력손실의 경감

③ 과도 안정도의 증진 ④ 페란티 효과의 방지

풀이 페란티 현상 방지 대책(* 선로에 흐르는 전류가 지상이 되도록 한다. * 수전단에 병렬 리액터를 설치한다. * 동기 조상기의 부족여자 운전한다.)

답 ④

31 다음 중 조상설비가 아닌 것은?

① 동기조상기 ② 진상콘덴서 ③ 상순 표시기 ④ 병렬 리액터

답 ③

32 동기조상기에 대한 설명 중 맞는 것은?

① 무부하로 운전되는 동기발전기로 역률을 개선한다.

② 무부하로 운전되는 동기전동기로 역률을 개선한다.

③ 전부하로 운전되는 동기발전기로 위상을 조정한다.

④ 전부하로 운전되는 동기전동기로 위상을 조정한다.

풀이 동기조상기는 무부하로 운전하는 동기전동기로서 과여자 상태에서는 진상 전류를 취하여 병렬 콘덴서와 같이 역률을 개선하고 부족여자로 운전하면 지상 전류를 취하여 병렬 리액터와 같은 작용을 한다.

답 ②

33 진상전류만이 아니라 지상전류도 잡아서 광범위로 연속적인 전압조정을 할 수 있는 것은?

① 전력용콘덴서 ② 동기조상기 ③ 병렬리액터 ④ 직렬리액터

답 ②

34 동기조상기[A]와 전력용콘덴서[B]를 비교한 것으로 옳은 것은?

① 조 정 : A는 계단적, B는 연속적

② 전력손실 : A가 B보다 적음

③ 무효전력 : A는 진상 지상 양용, B는 진상용

④ 시 송 전 : A는 불가능, B는 가능

풀이 표 5-1

답 ③

35 동기조상기에 대한 다음 설명 중 옳지 않는 것은?

① 선로의 시충전(試充電)이 불가능하다.

② 중부하시에는 과여자로 운전하여 앞선 전류를 취한다.

③ 경부하시에는 부족여자로 운전하여 뒤진 전류를 취한다.

④ 전압조정이 연속적이다.

답 ①

36 전력 계통의 전압조정설비의 특징에 대한 설명 중 옳지 않은 것은?

① 병렬콘덴서는 진상 능력만을 가지며, 병렬리액터는 진상 능력이 없다.

② 동기조상기는 무효전력의 공급과 흡수가 모두 가능하여 진상 및 지상 용량을 가진다.

③ 동기조상기는 조정의 단계가 불연속적이나 직렬콘덴서 및 병렬리액터는 그것이 연속적이다.

④ 병렬리액터는 장거리 초고압 송전선 또는 지중선 계통의 충전용량 보상용으로 주요 발변전소에 설치된다.

답 ③

37 전압조정을 위한 조상설비로서 해당되지 않는 것은?

① 병렬 콘덴서 ② 전력용 콘덴서 ③ 소호리액터 ④ 조상기

풀이 전력용 콘덴서는 회로에 병렬로 연결시키므로 병렬 콘덴서와 전력용 콘덴서는 같은 뜻이 되고 조상기는 무부하로 운전되는 동기전동기로 역률을 개선한다. 그러나 소호리액터는 중성점 접지방식의 한 종류이며 조상설비와는 관계가 없다.

답 ③

38 전력원선도의 가로축과 세로축은 각각 다음 중 어느 것을 나타내는가?

① 전압과 전류 ② 전압과 전력
③ 전류와 전력 ④ 유효전력과 무효전력

풀이 가로축: 유효전력 세로축: 무효전력 **답** ④

39 $E_s = AE_r + BI_r$, $I_s = CE_r + DI_r$의 전파 방정식을 만족하는 전력원선도의 반지름의 크기는?

① $\frac{E_sE_r}{A}$ ② $\frac{E_sE_r}{B}$ ③ $\frac{E_sE_r}{C}$ ④ $\frac{E_sE_r}{D}$

풀이 반지름 $\rho = \frac{E_sE_r}{B}$ **답** ②

40 전력원선도에서 구할 수 없는 것은?

① 조상 용량 ② 송전 손실
③ 정태 안정 극한 전력 ④ 과도 안정 극한 전력

풀이 (가) 전력원선도에서 알 수 있는 사항(* 정태 안정 극한 전력 * 송수전단 전압간의 상차각 * 조상 용량 * 수전단 역률 * 선로 손실과 송전 효율) (나) 전력원선도에서 알 수 없는 사항(* 코로나 손실 * 과도 안정 극한 전력) **답** ④

41 정전압 송전 방식에서 전력원선도를 그리려면 무엇이 주어져야 하는가?

① 송수전단 전압, 선로의 일반회로상수
② 송수전단 전류, 선로의 일반회로상수
③ 조상기 용량, 수전단 전압
④ 송전단 전압, 수전단 전류

풀이 전력원선도 작성시 필요한 것(* 송전단 전압 E_s * 수전단 전압 E_r * 일반회로상수(A, B, C, D)) **답** ①

42 파동 임피던스가 300[Ω] 인 가공 송전선 1[km]당의 인덕턴스[mH/km]는? 단, 저항과 컨덕턴스는 무시한다.

① 1.0 ② 1.2 ③ 1.5 ④ 1.8

풀이 예제 5-4 참조 **답** ①

43 전력 손실이 없는 송전선로에서 서지파(진행파)가 진행하는 속도는?

① $\sqrt{\dfrac{L}{C}}$　② $\sqrt{\dfrac{C}{L}}$　③ $\dfrac{1}{\sqrt{LC}}$　④ $\sqrt{LC}$

풀이 $i=\dfrac{dq}{dt}=e\,C\dfrac{dx}{dt}=eCv,\ e=\dfrac{d\phi}{dt}=i\,L\dfrac{dx}{dt}=iLv$

$Z_0=\dfrac{e}{i}=\dfrac{1}{Cv}=Lv=\sqrt{\dfrac{L}{C}}\quad \therefore v=\dfrac{1}{\sqrt{LC}}$

답 ③

44 3상3선식 송전선에서 한 선의 저항이 10[Ω], 리액턴스가 20[Ω]이고 수전단의 선간전압은 60[kV], 부하 역률이 0.8인 경우 전압강하율을 10[%] 라 하면 이송전선로는 몇 [kW]까지 수전할 수 있는가?

① 18,000　② 14,400　③ 12,000　④ 10,000

풀이 $\varepsilon=\dfrac{\sqrt{3}I(R\cos\theta_r+X\sin\theta_r)}{V_r}\times100=\dfrac{\sqrt{3}\times I(10\times0.8+20\times0.6)}{60{,}000}\times100=10$

$I=\dfrac{600\times10}{\sqrt{3}(10\times0.8+20\times0.6)}=173.21[A]$

$\therefore\ P_r=\sqrt{3}\,V_rI\cos\theta_r$

$=\sqrt{3}\times60{,}000\times173.21\times0.8=14{,}400{,}409[\mathrm{W}]=14{,}400[\mathrm{kW}]$

답 ②

45 전력용 콘덴서 회로에 직렬 리액터를 접속시키는 목적은?

① 콘덴서 개방시 방전 촉진

② 콘덴서 걸리는 전압의 저하

③ 제3고조파의 침입 방지

④ 제5고조파 이상의 고조파의 침입 방지

풀이 직렬리액터 : 제5조고파 제거

답 ④

제 6 장 중성점 접지방식

학습목표

- 중성점 접지의 목적과 영향 파악

송전계통의 3상3선식에서 Y 결선의 경우 중성점의 접지[31] 문제는 송전계통의 안정도, 기기 및 선로의 절연, 통신선의 유도장해, 보호계전기[32]의 동작, 차단기 용량 등에 커다란 영향을 미친다. 선로길이가 짧고 전압이 낮은 계통에서는 중성점을 접지하지 않아도 별 지장이 없지만, 고전압 장거리 송전선에서는 여러 장해가 생기므로 일반적으로 접지를 한다. 중성점을 접지하는 목적은 다음과 같다.

① 아크 지락[33] 등의 원인으로 생기는 이상전압의 발생을 방지한다.
② 지락사고시 건전상[34]의 전위 상승을 억제시켜 선로 및 기기의 절연수준을 낮추어 줄일 수 있다.
③ 지락 사고에 대해서 보호계전기의 동작을 확실하게 한다.

중성점 접지방식의 종류는 그림 6.1과 같이 접지임피던스 $\dot{Z}_n$의 종류와 크기에 따라서 다음과 같이 분류된다.

① 비접지방식($\dot{Z}_n = \infty$)
② 직접 접지방식($\dot{Z}_n = 0$)
③ 저항 접지방식($\dot{Z}_n = R$)
④ 소호리액터 접지방식($\dot{Z}_n = jX_L$, $\dot{Z}_0 = \infty$)

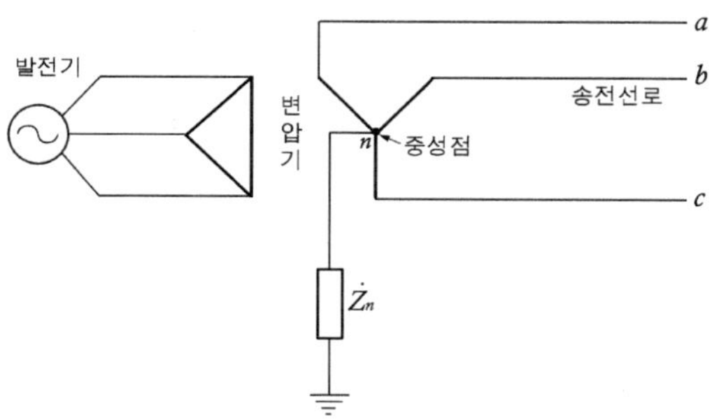

그림 6.1 중성점 접지방식

31) 필요에 따라 의도적으로 대지와 도체를 연결하는 것.
32) 전력선, 전력기기 등에서 발생한 이상상태의 피해를 감소하고, 그 파급을 방지하기 위해 적절한 차단지령을 주는 장치.(12장 참조)
33) 원하지 않는 사고로 도체가 대지와 연결되어 전류가 흐르는 것.
34) 사고가 발생하지 않은 정상의 선로

일반적으로 접지임피던스를 작게 하여 지락사고시에 대지를 통하여 큰 고장전류를 흘리는 것이 이상전압발생의 방지, 기기 및 선로의 절연 경감, 보호계전기 동작의 확실성 등의 관점에서는 바람직하다. 이에 반해서 차단기 용량 감소, 통신선의 유도장해 경감, 고장점의 손상저하 및 과도안정도 향상 등의 관점에서는 접지임피던스를 크게 하여 고장전류를 적게 할 필요가 있다.

6.1 중성점 접지방식의 종류

6.1.1 비접지방식

그림 6.2와 같이 Δ 결선을 하거나 Y 결선을 구성하고도 중성점을 접지하지 않는 방식이다. 선로길이가 짧고 전압이 낮은 송전선로에서는 1선지락시에 대지정전용량에 의한 용량성 리액턴스가 아주 커져 지락전류는 아주 작고 지락점을 통과하는 순간 자연 소멸될 수도 있다. 그러므로 저전압 단거리 배전선로에서 적용 가능한 방식이다. 1선지락 사고가 발생하면 충전전류에 의한 간헐아크지락[35]을 일으켜 이상전압을 발생시킨다. 따라서 비접지 방식은 고전압이거나 장거리 선로에서는 거의 채택되지 않고 있다. 계통 운용면에서는 단상 변압기 3대를 Δ-Δ 결선의 경우는 1대가 고장이거나 정비하는 중에도 일단 $V-V$결선으로 송전을 계속할 수 있는 장점이 있다.

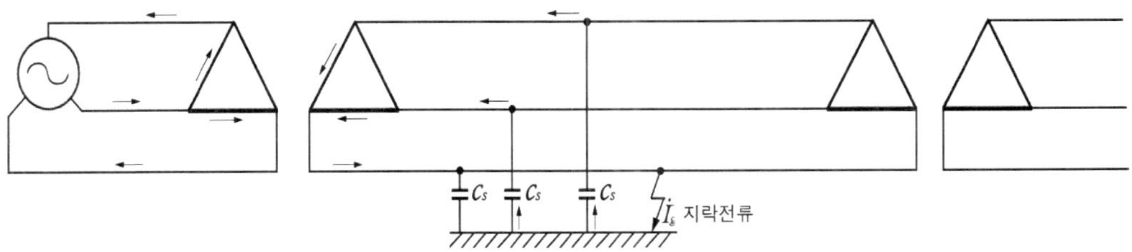

그림 6.2 비접지방식

비접지방식에서 지락전류는 다음과 같다.

35) 1/2주기마다 되풀이 되는 아크의 발생으로 전압이 계단식으로 상승하는 현상

$$\dot{I}_g = j3\omega C_s \dot{E} \text{ [A]} \tag{6.1}$$

여기서, C_s : 1상당 대지간 정전용량[F]

$\dot{E}$: 고장 전의 대지전압[V](=선간전압의 $1/\sqrt{3}$)

6.1.2 직접 접지방식

계통에 접속된 변압기의 중성점을 도체로 직접 대지에 접지하는 방식이다. 1선 지락사고 때 건전상의 전위는 거의 상승하지 않는다. 따라서 기기 절연수준의 저감 적용이 가능하며 변압기 중성점 전위가 항상 영전위 부근으로 유지되어 계통기기의 단절연[36] 적용에 의한 제작비를 절감할 수 있다. 또한 1선지락사고 때 지락전류가 매우 크므로 차단기 동작에 필요한 계전기의 검출감도가 매우 양호하다. 그러나 단점으로는 1선 지락전류가 저역률이고 큰 전류이므로 과도안정도가 나빠진다. 또한 큰 지락전류는 병행 통신선로에 전자유도장해를 일으킨다. 표 6.1은 직접 접지방식의 장단점을 정리한 것이다.

표 6.1 직접 접지방식의 장단점

장점	• 보호계전기의 동작이 확실하다. • 피뢰기의 효과가 증진된다. • 단절연이 가능하므로 기기의 중량과 가격이 경감된다. • 기기의 절연레벨을 저하시킬 수 있다.
단점	• 과도안정도가 나쁘다. • 통신선에 유도장해를 일으킨다. • 지락전류가 커서 기기에 충격을 준다. • 차단기 값이 비싸진다.

이상과 같은 장단점이 있으나 직접접지방식의 최대 장점은 절연수준의 저감에 있으므로 절연비가 커지는 초고압 송전선로에서는 직접접지방식이 가장 적합한 접지방식이라 할 수 있다.

---

36) 한꺼번에 전절연하지 않고 단계적인 절연강도를 두는 것

직접접지방식에서 문제가 되는 통신선에의 유도장해에 대해서는 통신선에 차폐선을 설치하고, 과도 안정도 문제에 대해서는 우수한 계전기와 고속 차단기를 설치해서 고장을 신속히 차단함으로써 해결할 수 있다.

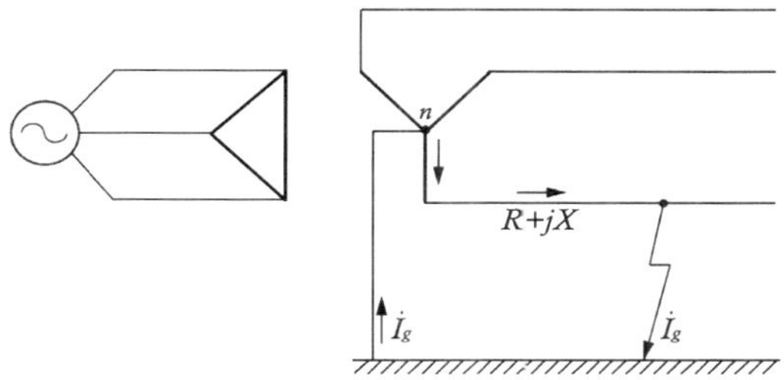

그림 6.3 직접 접지방식

직접 접지방식에서 지락전류는 다음과 같다.

$$\dot{I}_g = \frac{\dot{E}}{R + jX} \text{ [A]} \tag{6.2}$$

여기서, R: 고장점까지의 도체 저항[Ω]

X: 고장점까지 도체의 유도성 리액턴스[Ω]

$\dot{E}$: 고장 전의 대지전압[V](=선간전압의 $1/\sqrt{3}$)

6.1.3 저항 접지방식

계통에 접속된 변압기의 중성점을 적정 크기의 저항을 통과하여 대지에 연결하는 방식으로 저항의 크기에 따라 저저항 방식(30Ω정도)과 고저항 방식(100～1000Ω정도)으로 구분된다. 저항의 크기는 병행 설치된 통신선에의 유도장해와 지락계전기의 동작성능에 따라 결정되어야 하는데 저저항 접지방식의 경우 1선 지락고장 전류에 의한 병행 통신선의 유도장해가 크고, 고저항 접지방식의 경우 지락고장 전류가 미미하여 지락계전기의 동작이 어려우며 지락고장시 건전상 대지전위 상승이 발생된다.

저항 접지방식에서 지락전류는 다음과 같다.

$$\dot{I}_g = \left(\frac{1}{R_n} + j3\omega C_s\right)\dot{E}\ [\mathrm{A}] \tag{6.3}$$

여기서, R_n : 중성점의 접지저항[Ω]

C_s : 1상당 대지간 정전용량[F]

$\dot{E}$: 고장 전의 대지전압[V](=선간전압의 $1/\sqrt{3}$)

6.1.4 소호리액터 접지방식

리액터를 이용하여 중성점을 접지하는 방식이다. 리액터는 송전선의 대지정전용량과 병렬 공진하여 고장점의 고장전류를 소멸시킬 수 있다. 1선지락시 고장점에는 지락전류가 거의 흐르지 않는다. 또한 고장상의 전압상승률이 작기 때문에 지락 아크가 자연 소멸되어 정전 없이 송전을 계속할 수 있는 장점이 있다.

그림 6.4와 같이 대지 정전용량이 C_s, 상전압이 $\dot{E}_a$, $\dot{E}_b$, $\dot{E}_c$인 선로에서 소호 원리를 살펴본다. a상이 지락되었다면 지락전류 $\dot{I}_g$는 리액터로 흐르는 뒤진전류 $\dot{I}_L$과 b와 c상의 대지 정전용량 C를 흐르는 앞선전류 $\dot{I}_{ab}$, $\dot{I}_{ac}$와의 합과 같다.

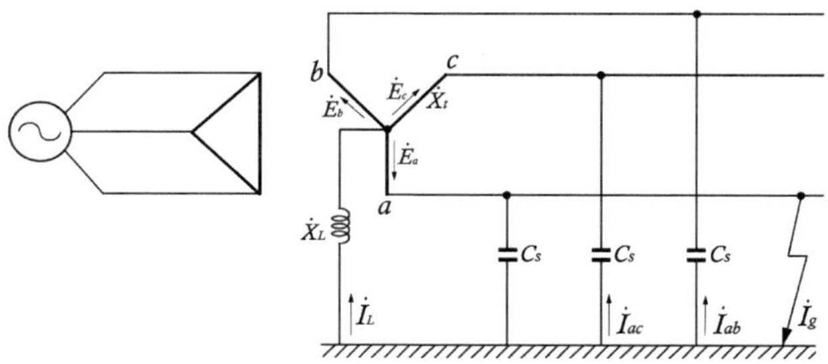

그림 6.4 소호리액터 접지방식

$$\dot{I}_L + \dot{I}_{ab} + \dot{I}_{ac} = \dot{I}_g \tag{6.4}$$

여기서 합성전류($\dot{I}_L + \dot{I}_{ab} + \dot{I}_{ac}$)가 영(0)이 된다면 지락전류는 영(0)이 되어 지락점의 아크가 소멸된다.

$$\frac{\dot{E}_a}{j\omega L} + j\omega C_s(\dot{E}_a - \dot{E}_b) + j\omega C_s(\dot{E}_a - \dot{E}_c) = 0 \tag{6.5}$$

벡터연산자 a를 사용하여 전원전압을 나타내면 $\dot{E}_a = E$, $\dot{E}_b = a^2E$, $\dot{E}_c = aE$이다. 이 관계를 위 식(6.5)에 대입하여 정리하면 다음과 같다.

$$\begin{aligned}
&\frac{E}{j\omega L} + j\omega C_s(E - a^2E) + j\omega C_s(E - aE) = 0 \\
&\frac{E}{j\omega L} - j\omega C_s E(a^2 + a - 2) = 0 \\
&\omega L - \frac{1}{3\omega C_s} = 0 \quad \because a^2 + a + 1 = 0 \\
&\therefore \quad \omega L = \frac{1}{3\omega C_s}
\end{aligned} \tag{6.6}$$

즉, 지락전류 $\dot{I}_g = 0$이 되기 위해서는 위 식(6.5)와 같이 소호리액터의 리액턴스 $\dot{X}_L$과 계통의 용량성 리액턴스 $\dot{X}_C$가 같아야 한다. 이것은 소호리액터 접지방식에서의 병렬공진 조건이다. 위 식(6.5)로부터 병렬공진을 단족하는 소호리액터의 인덕턴스 L은 다음과 같다.

$$L = \frac{1}{3\omega^2 C_s} \ [\mathrm{H}] \tag{6.7}$$

이때 변압기의 임피던스 $\dot{X}_t$를 고려하여 L의 값을 구하면 다음과 같다.

$$\omega L = \frac{1}{3\omega C_s} - \frac{\dot{X}_t}{3} \tag{6.8}$$

[참고] 벡터연산자 a의 개념

$$a = 1\angle 120^\circ = e^{j2\pi/3} = -\frac{1}{2} + j\frac{\sqrt{3}}{2}$$

$$a^2 = 1\angle 240^\circ = e^{j4\pi/3} = -\frac{1}{2} - j\frac{\sqrt{3}}{2}$$

$$a^3 = 1\angle 360^\circ = 1$$

$$1 + a + a^2 = 0$$

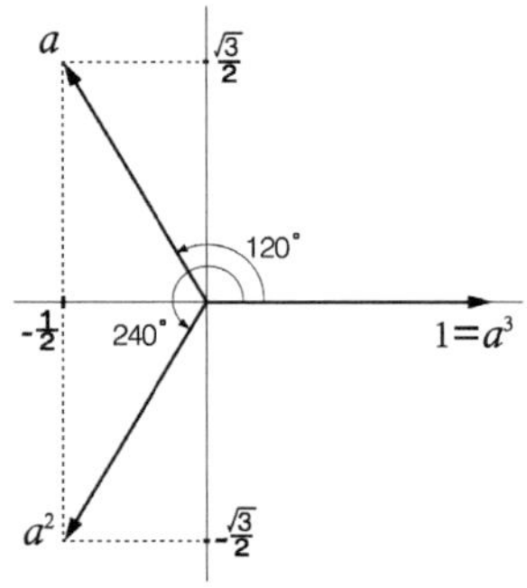

소호리액터 접지방식에서 지락전류는 다음과 같다.

$$\dot{I}_g = \left(\frac{1}{j\omega L} + j3\omega C_s\right)\dot{E}\ [\mathrm{A}] \tag{6.9}$$

여기서, L : 중성점의 인덕턴스[H]

C_s : 1상당 대지간 정전용량[F]

$\dot{E}$: 고장 전의 대지전압[V](=선간전압의 $1/\sqrt{3}$)

소호리액터 접지방식에서 계통이 진상 운전되는 것을 방지하기 위하여 10%정도 과보상한다.

단선사고 때 직렬공진(최대 전류)에 의한 과전압의 발생을 방지하기 위하여 접지 계통에서 리액터의 탭을 완전 공진 상태에서 약간 벗어나도록 조절한다. 공진점을 벗어나고 있는 정도를 합조도라고 한다.

합조도 $P = \frac{I_L - I_c}{I_c} \times 100[\%]$ (단, I_L : 소호리액터 사용 탭 전류, I_c : 전 대지 충전전류)

$\omega L < \frac{1}{3\omega C_s}$: P(+)→과보상

$\omega L = \frac{1}{3\omega Cs}$: P(0)완전 공진

$\omega L > \frac{1}{3\omega C_s}$: P(-)부족 보상

예 제 6-1 P·R·E·T·E·S·T

1상의 대지 정전용량 0.4[μF], 주파수 60[Hz]의 3상 송전선의 소호 리액턴스[Ω]를 구하여라 단, 소호리액터를 접속시키는 변압기의 1상당 리액턴스는 9[Ω] 이다.

[풀이]

$$\omega L = \frac{1}{3\omega C} - \frac{\dot{X}_t}{3} = \frac{1}{3\times 2\pi f C} - \frac{9}{3} = 2207[\Omega]$$

표 6.2 접지방식별 특징 비교표

항목	비접지	직접 접지	고저항 접지	소호리액터 접지
지락사고시 건전상의 전압상승	• 크다 • 장거리선로에서 이상전압 발생	• 적다 • 변화가 없다	• 약간 크다	• 크다 • 최소 $\sqrt{3}$ 배상승
절연수준	• 최고수준필요 • 전절연	• 감소가능 • 단절연	• 감소불능 • 비접지보단 낮은편	• 감소불능 • 비접지보단 낮은편
지락전류	• 작다	• 최대	• 중간	• 최소
보호계전기 동작	• 곤란	• 가장확실	• 확실	• 불가능
유도장해	• 작다	• 크다 • 신속차단필요	• 중간	• 최소
과도안정도	• 크다	• 작다 • 고속 차단으로 향상가능	• 크다	• 크다
접지장치의 가격	• 작다 • 보통접지용 변압기 시설	• 최소 • 보통접지용, 차단기 시설	• 크다 • 중성점 저항기용 시설	• 최대 • 소호리액터 시설

6.1.5 유효접지

각종 접지방식의 적용 목적은 표 6.1에서와 같이 서로 다른 목표를 추구하고 있어 모든 것을 만족시키는 접지방식의 선정은 매우 힘들다. 이러한 관점에서 유효접지방식이라는 개념이 계통전반에 걸친 중성점 접지방식 선정에 적용되고 있다. 유효접지방식이란 유효접지의 조건을 만족하는 범위 내에서 다수의 변압기 중 일부의 중성점을 비접지로 하여 부동 운영하는 방식이다. 1선 지락사고시 전위 상승이 거의 없으므로 절연설계가 유리하고 지락 고장 전류가 커서 신속 정확한 보호계전기 동작이 보장될 수 있다.

유효접지의 조건으로는 첫째, 1선 지락사고시 건전상의 전압상승이 고장전 대지전압의 1.3배 이하이거나 선간전압의 0.8배 이하가 되도록 중성점 접지임피던스를 조절한다. 둘째, 접지임피던스의 값을 $(R_0/X_1) \leqq 1$, $0 \leqq (X_0/X_1) \leqq 3$ 범위로 선정한다. 여기서, R_0는 영상분 저항, X_1은 정상분 리액턴스, X_0은 영상분 리액턴스이다.

6.2 중성점의 잔류전압

그림 6.5와 같이 3상 송전선의 전원에서 평형3상 전압이 공급되고 대지정전용량 C_a, C_b, C_c가 모두 같으면 각 도체의 대지전압은 120° 의 위상차를 갖고 크기가 같다. 그리고 중성점 n의 전위는 영(0)이 된다. 그러나 연가가 불완전하여 3도체의 대지정전용량이 불평형이면 중성점 n은 다소의 전위를 갖게 된다. 중성점에 나타나는 전압을 잔류전압이라고 한다. 잔류전압으로 인해 병행 설치된 통신선에 유도장해의 우려가 있다. 특히 소호리액터접지의 경우에는 직렬공진의 원인이 되고 이상전압을 발생시킨다.

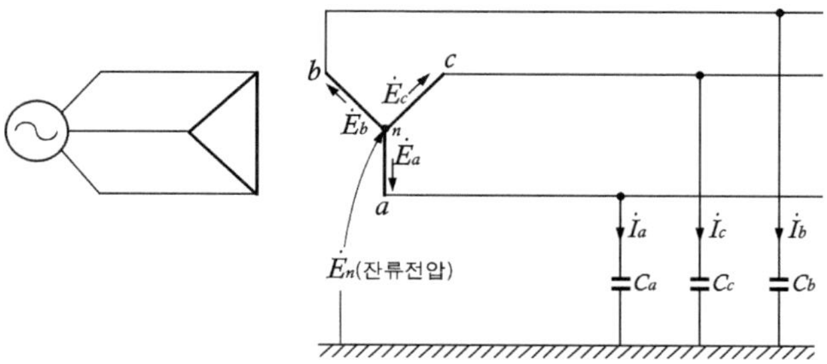

그림 6.5 중성점 잔류전압

그림 6.5와 같이 송전선의 상회전 방향이 a, b, c 순서로 되어있고 각 상의 대지정전용

량을 C_a, C_b, C_c, 각 상전압을 $\dot{E}_a$, $\dot{E}_b$, $\dot{E}_c$라 하고 잔류전압 $\dot{E}_n$을 구해보자. 도체의 대지 전압은 각각 $(\dot{E}_a+\dot{E}_n)$, $(\dot{E}_b+\dot{E}_n)$, $(\dot{E}_c+\dot{E}_n)$가 되므로 각 도체의 전류는 다음과 같다.

$$\left.\begin{aligned} \dot{I}_a &= j\omega C_a(\dot{E}_a+\dot{E}_n) \\ \dot{I}_b &= j\omega C_b(\dot{E}_b+\dot{E}_n) \\ \dot{I}_c &= j\omega C_c(\dot{E}_c+\dot{E}_n) \end{aligned}\right\} \tag{6.10}$$

각 도체 전류의 합$(\dot{I}_a+\dot{I}_b+\dot{I}_c)$은 영(0)이므로 다음의 관계가 성립되고 잔류전압 $\dot{E}_n$을 구할 수 있다.

$$\begin{aligned} &j\omega C_a(\dot{E}_a+\dot{E}_n)+j\omega C_b(\dot{E}_b+\dot{E}_n)+j\omega C_c(\dot{E}_c+\dot{E}_n)=0 \\ &\dot{E}_n = \frac{C_a\dot{E}_a+C_b\dot{E}_b+C_c\dot{E}_c}{C_a+C_b+C_c} \end{aligned} \tag{6.11}$$

전압이 대칭일 때 $\dot{E}_a=E$, $\dot{E}_b=a^2E$, $\dot{E}_c=aE$인 관계를 대입시켜 $\dot{E}_n$의 절대값을 구하면 다음과 같다.

$$\left|\dot{E}_n\right| = \frac{\sqrt{C_a(C_a-C_b)+C_b(C_b-C_c)+C_c(C_c-C_a)}}{C_a+C_b+C_c}E \tag{6.12}$$

만일 $C_a=C_b=C_c$라 하면 위 식에서 당연히 $\dot{E}_n=0$이 된다.

예제 6-2 P·R·E·T·E·S·T

154[kV] 송전선에서 연가 불충분으로 각선의 대지 용량이 $C_a=1.1[\mu\text{F}]$, $C_b=1[\mu\text{F}]$, $C_c=0.9[\mu\text{F}]$가 되었다. 이때 잔류 전압[V]을 구하여라.

[풀이]

$$E_n = \frac{\sqrt{C_a(C_a-C_b)+C_b(C_b-C_c)+C_c(C_c-C_a)}}{C_a+C_b+C_c}E\ (=\frac{V}{\sqrt{3}})$$

$$E_n = \frac{\sqrt{1.1(1.1-1)+1(1-0.9)+0.9(0.9-1.1)}}{1.1+1+0.9}\times\frac{154{,}000}{\sqrt{3}}=5{,}133[\text{V}]$$

연 습 문 제

1 이상전압 발생의 우려가 가장 작은 중성점 접지방식은?

① 비접지식　② 직접접지식

③ 저항접지식　④ 소호리액터 접지식

풀이 직접접지방식은 지락사고가 발생하여도 건전상의 전압은 상전압 이상으로 되지 않는다. **답** ②

2 중성점 비접지방식이 이용되는 전압은?

① 20～30[kV]정도의 단거리 송전선　② 40～50[kV]정동의 단거리 송전선

③ 60～70[kV]정도의 단거리 송전선　④ 70～80[kV]정도의 단거리 송전선

풀이 비접지방식은 저전압(33[kV]이하) 단거리 송전선이나 배전선에 사용된다. **답** ①

3 중성점 비접지방식을 이용하는 것이 적당한 것은?

① 고전압 장거리　② 저전압 장거리

③ 고전압 단거리　④ 저전압 단거리

풀이 비접지방식은 1선지락시 다른 건전상의 두 선의 대지전압이 상전압에서 선간전압까지 상승하므로 저전압 단거리에서만 사용된다. **답** ④

4 비접지식 송전선로에 있어서 1선지락고장이 생겼을 경우, 지락점에 흐르는 전류는?

① 고장 상전압보다 90도 늦은 전류　② 직류

③ 고장 상전압보다 90도 빠른 전류　④ 고장 상전압과 동상의 전류

풀이 $I_g = j3\omega C_s E$에서 대지 정전용량에 의한 90° 앞선 전류 **답** ③

5 Δ결선된 3상3선식 배전선로가 있다. 1선지락 하는 경우 건전상 전위상승은 지락전의 몇 배가 되는가?

① $\frac{\sqrt{3}}{2}$　② 1　③ $\sqrt{2}$　④ $\sqrt{3}$

풀이 Δ결선은 비접지계통으로 1선 지락시 전위상승은 상전압에서 선간으로 된다.

답 ④

6 배전선로에 3상3선식 비접지방식을 채용할 경우에 해당되지 않는 것은?

① 1선 지락고장시 고장 전류가 작다.

② 1선 지락고장시 인접 통신선의 유도장해가 작다.

③ 고저압 혼촉 고장시 저압선의 전위 상승이 작다.

④ 1선 지락고장시 건전상의 대지 전위 상승이 작다.

풀이 비접지방식에서 1선 지락사고 때 건전상의 대지 전위는 $\sqrt{3}$ 배까지 상승한다.

답 ④

7 1선 지락사고시 지락전류가 가장 큰 중성점 접지방식은?

① 비접지식 ② 직접접지식

③ 저항접지식 ④ 소호리액터 접지식

풀이 지락사고 때 지락전류의 크기는 직접접지 〉 그저항접지 〉 비접지 〉 소호리액터 접지 순이다.

답 ②

8 송전계통에서 1선 지락의 경우 지락전류가 가장 적은계통은?

① 저항접지식 ② 직접접지식

③ 비접지식 ④ 소호리액터 접지식

풀이 소호리액터 접지방식은 1선 지락의 경우 지락전류가 가장 작고 고장상의 전압회복이 완만하기 때문에 지락아크를 자연 소멸시켜서 정전 없이 송전을 계속할 수 있다.

답 ④

9 송전선로에서 단선 고장시 이상전압이 가장 큰 접지방식은?

① 저항접지식 ② 직접접지식

③ 비접지식 ④ 소호리액터 접지식

풀이 소호리액터 접지방식은 지락전류는 가장 적고 과전압 발생은 가장 크다.

답 ④

10 송전 계통의 중성점 접지방식에서 유효접지라 하는 것은?

① 저항접지 및 직접접지를 말한다.

② 1선 지락사고시 건전상의 전위가 사용 전압의 1.3배 이하가 되도록 중성점 임피던스를 억제한 중성점 접지방식을 말한다.

③ 리액터 접지방식 이외의 접지방식을 말한다.

④ 저항접지를 말한다.

풀이 유효접지: 1선 지락사고 때 건전상의 전위가 사용 전압의 1.3배 이하가 되도록 중성점 임피던스를 억제한 중성점 접지방식이다. 조건으로는
* $(R_0/X_1) \leqq 1$ * $0 \leqq (X_0/X_1) \leqq 3$
여기서, R_0 : 저항, X_1 : 정상 리액턴스, X_0 : 영상 리액턴스 **답** ②

11 유효접지는 1선 접지 시에 건전상의 전압이 상규 대지전압의 몇 배를 넘지 않도록 하는 중성점 접지를 말하는가?

① 0.8 ② 1.3 ③ 3 ④ 4

풀이 유효접지: 1선 지락사고 때 건전상의 전위가 상규대지전압의 1.3배 이하가 되도록 중성점 임피던스를 억제한 중성점 접지방식이다. **답** ②

12 1선 지락시 전압 상승을 상규대지전압의 1.3배 이하로 억제하기 위한 유효접지에서는 다음과 같은 조건을 만족하여야 한다. 다음 중 옳은 것은? 단, R0 : 영상저항, X0 : 영상 리액턴스, X1 : 정상 리액턴스이다.

① $(R_0/X_1) \leqq 1$, $0 \geqq (X_1/X_0) \geqq 3$
② $(R_0/X_1) \leqq 1$, $0 \geqq (X_0/X_1) \geqq 3$
③ $(R_0/X_1) \leqq 1$, $0 \leqq (X_0/X_1) \leqq 3$
④ $(R_0/X_1) \geqq 1$, $0 \leqq (X_0/X_1) \leqq 3$

풀이 유효접지의 조건
* $(R_0/X_1) \leqq 1$ * $0 \leqq (X_0/X_1) \leqq 3$
여기서, R_0 : 저항, X_1 : 정상 리액턴스, X_0 : 영상 리액턴스 **답** ③

13 중성점 직접접지 송전 방식의 장점에 해당되지 않는 것은?

① 사용기기의 절연수준을 경감 시킬 수 있다.
② 1선지락고장시 건전상의 전위 상승이 적다.
③ 1선지락고장시 접지 계전기 동작이 확실하다.
④ 1선지락고장시 인접 통신선의 전자 유도장해가 적다.

풀이 직접접지 : 유효접지로서 지락사고 때 건전상의 전위 상승이 건전상의 상규대지전압의 1.3배 이하로 억제하는 접지방식이다.

(1) 장점

① 1선지락고장 때 건전상 전압상승이 작다.(상전압의 약 1.2~1.4배 정도)
② 계통에 대한 절연 수준을 낮출 수 있다.

③ 변압기의 중성점이 0전위 부근에 유지되므로 단절연 변압기의 사용이 가능하다.
④ 고장 전류가 크므로 보호계전기의 동작이 확실하다.

(2) 단점

① 1선 지락고장 때 인접 통신선에 대한 유도장해가 크다.
② 계통의 기계적 강도를 크게 하여야 한다.
③ 큰 전류를 차단하므로 차단기 등의 수명이 짧다.
④ 과도 안정도(고장발생시 전력 공급의 한도)가 나쁘다.

답 ④

14 직접접지 송전 방식과 어긋나는 사항은?

① 1선 지락시 지락전류는 타접지방식에 비하여 최대로 된다.
② 1선 지락고장시 지락 계전기의 동작이 확실하고 선택 차단할 수 있다.
③ 통신선에의 유도장해는 비접지방식에 비하여 크다.
④ 기기의 절연 수준을 높여야 한다.

풀이 변압기의 중성점이 0전위 부근에 유지되므로 기기의 절연 수준을 낮출 수 있다.

답 ④

15 직접접지방식에 대한 설명으로 옳지 않은 것은?

① 변압기 절연이 낮아진다.
② 지락전류가 커진다.
③ 지락고장시의 중성점 전위가 높다.
④ 통신선의 유도장해가 크다.

풀이 직접접지식에서 변압기의 중성점이 0전위 부근에 유지된다.

답 ③

16 직접접지와 관계없는 것은?

① 과도안정도 증진
② 기기의 절연 수준저감
③ 계전기의 동작 확실
④ 단절연 변압기 사용 가능

풀이 직접접지방식은 지락전류가 가장 많이 흐르므로 과도 안정도가 나쁘다.

답 ①

17 직접접지방식이 초고압 송전선에 채용되는 이유 중 가장 적당한 것은?

① 지락고장시 병행 통신선에 유기되는 유도전압이 작기 때문에
② 지락시의 지락전류가 적으므로
③ 계통의 절연을 낮게 할 수 있으므로
④ 송전선의 안정도가 높으므로

풀이 직접접지방식은 유효접지에 속하며 1선 지락사고 때 건전상의 대지전압 상승이 거의 없어서 계통의 절연을 낮게 할 수 있으므로 계통 안정도가 높다. **답** ③

18 송전계통에서 1선 지락고장시 인접통신선의 유도장해가 가장 큰 중성점 접지방식은?

① 비접지 ② 직접접지식
③ 고저항접지식 ④ 소호리액터 접지식

풀이 직접접지식은 1선 지락고장 때 인접 통신선에 대한 유도장해가 크다. **답** ②

19 송전계통에서 지락보호계전기의 동작이 가장 확실한 접지방식은?

① 비접지 ② 소호리액터 접지식
③ 고저항접지식 ④ 직접접지식

풀이 직접접지방식은 고장 전류가 크므로 보호계전기의 동작이 확실하다. **답** ④

20 송전선로의 중성점을 접지 하는 목적은?

① 동량의 절약 ② 송전용량의 증가
③ 전압강하의 감소 ④ 이상전압의 방지

풀이 송전선로의 중성점 접지의 목적(* 과전압 발생 방지 * 1선 지락시 건전상 전압 상승 억제 및 기기나 선로의 절연 절감 * 보호계전기 동작 확실 * 소호리액터 계통에서의 1선 지락시 아크 소멸) **답** ④

21 송전선의 중성점을 접지 하는 이유가 되지 못하는 것은?

① 코로나 방지 ② 지락전류의 감소
③ 이상전압의 방지 ④ 지락사고선의 선택차단

풀이 높은 전압이 걸려있는 도체에 발생하는 것으로 공기의 부분적 파괴 및 그에 따르는 발광 및 발음 현상을 코로나 현상이라 한다. **답** ①

22 3상3선식 소호리액터 접지방식에서 1선의 대지정전용량을 C[μF], 상전압 E[kV], 주파수 f[Hz]라 하면, 소호리액터의 용량은 몇 [kVA]인가?

① $\pi f CE^2 \times 10^{-3}$ ② $2\pi f CE^2 \times 10^{-3}$
③ $3\pi f CE^2 \times 10^{-3}$ ④ $6\pi f CE^2 \times 10^{-3}$

풀이 3상 1회선 소호리액터 용량

$P=3EI_c=3E\times\omega CE=3\omega CE^2=3\times 2\pi fCE^2=6\pi fCE^2$에서
정전용량 $C[\mu F]$, 상전압 $E[kV]$이므로 단위를 고려하면
$P=6\pi fC\times 10^{-6}\times E^2\times 10^6[VA]=6\pi fCE^2[VA]=6\pi fCE^2\times 10^{-3}[kVA]$ 답 ④

23 소호리액터 접지방식에서 10[%]정도의 과보상을 한다고 할 때 사용되는 탭의 크기로 일반적인 것은?

① $\omega L > \frac{1}{3\omega C}$ ② $\omega L < \frac{1}{3\omega C}$
③ $\omega L > \frac{1}{3\omega^2 C}$ ④ $\omega L < \frac{1}{3\omega^2 C}$

풀이 합조도 $P=\frac{I_L-I_c}{I_c}\times 100[\%]$ (단, I_L : 소호리액터 사용 탭 전류, I_c : 전 대지 충전전류)

$\omega L < \frac{1}{3\omega C}$: P(+)→과보상
$\omega L = \frac{1}{3\omega C}$: P(0)완전 공진
$\omega L > \frac{1}{3\omega C}$: P(-)부족 보상 답 ②

24 중성점 접지방식 중 소호리액터 접지방식에서 공진조건 $\frac{1}{3\omega C}-\frac{X_t}{3}$에서 X_t는?

① 선로 임피던스 ② 변압기 임피던스
③ 발전기 임피던스 ④ 부하설비 임피던스

답 ②

25 1상의 대지 정전용량을 C[F], 주파수 f[Hz]의 소호리액터의 공진시의 리액턴스는 몇 [Ω] 인가? 단, 소호리액터의 접속시키는 변압기의 리액턴스는 Xt 이다.

① $\frac{1}{3\omega C}+\frac{X_t}{3}$ ② $\frac{1}{3\omega C}-\frac{X_t}{3}$ ③ $\frac{1}{3\omega C}+3X_t$ ④ $\frac{1}{3\omega C}-3X_t$

답 ②

26 송전 계통의 중성점 접지용 소호리액터의 인덕턴스 L 은?(단, 선로 한선의 대지 정전용량을 C라한다.)

① $L=\frac{1}{t}$ ② $L=\frac{C}{2\pi f}$ ③ $L=\frac{1}{2\pi fC}$ ④ $L=\frac{1}{3(2\pi f)^2C}$

풀이 $\omega L = \frac{1}{3\omega C}[\Omega]$, $L = \frac{1}{3\omega^2 C} = \frac{1}{3(2\pi f)^2 C}[\text{H}]$ **답** ④

27 1상의 대지 정전용량 0.4[μF], 주파수 60[Hz]의 3상 송전선의 소호 리액턴스[Ω]은? 단, 소호리액터를 접속시키는 변압기의 1상당 리액턴스는 9[Ω] 이다.

① 1665 ② 1668 ③ 2138 ④ 2207

풀이 $\omega L = \frac{1}{3\omega C} - \frac{X_t}{3} = \frac{1}{3 \times 2\pi f C} - \frac{9}{3} = 2207[\Omega]$ **답** ④

28 변압기 중성점의 비접지방식을 직접접지방식과 비교한 것 중 옳지 않은 것은?

① 전자유도장해가 경감된다.
② 지락전류가 작다
③ 보호계전기의 동작이 확실하다
④ 선로의 흐르는 영상전류는 없다.

풀이 비접지방식은 지락고장 때 지락전류가 1A 미만으로 보호계전기가 지락전류를 검출하지 못한다. **답** ③

29 66[kV] 송전선에서 연가 불충분으로 각선의 대지 용량이 $C_a = 1.1[\mu\text{F}]$, $C_b = 1[\mu\text{F}]$, $C_c = 0.9[\mu\text{F}]$가 되었다. 이때 잔류 전압[V]은?

① 1500 ② 1800 ③ 2200 ④ 2500

풀이 $E_n = \frac{\sqrt{C_a(C_a - C_b) + C_b(C_b - C_c) + C_c(C_c - C_a)}}{C_a + C_b + C_c} \quad E(= \frac{V}{\sqrt{3}})$

$E_n = \frac{\sqrt{1.1(1.1-1) + 1(1-0.9) + 0.9(0.9-1.1)}}{1.1+1+0.9} \times \frac{66,000}{\sqrt{3}} = 2,200[\text{V}]$ **답** ③

30 그림에서와 같이 a 및 b상의 대지 정전용량은 각각 C, c상의 정전용량은 없고, 선간전압을 V라 할 때, 중성점과 대지 사이의 잔류전압 E_n은? 단, 선로의 직렬 임피던스는 무시한다.

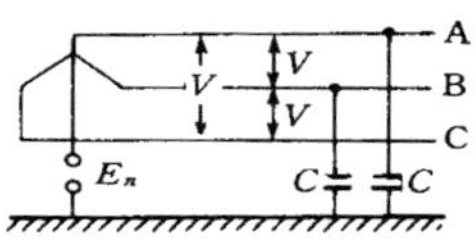

① $\frac{V}{2}$ ② $\frac{V}{\sqrt{3}}$ ③ $\frac{V}{2\sqrt{3}}$ ④ $2V$

풀이 $E_n = \frac{\sqrt{C_a(C_a - C_b) + C_b(C_b - C_c) + C_c(C_c - C_a)}}{C_a + C_b + C_c} \dot{E}_a \; (= \frac{V}{\sqrt{3}})$

$C_a=0,\ C_b=C_c=C$를 대입하면 $E_n=\dfrac{\sqrt{C^2}}{2C}\times\dfrac{V}{\sqrt{3}}=\dfrac{V}{2\sqrt{3}}$ 답 ③

31 66[kV], 60[Hz] 3상3선식 선로에서 중성점을 소호리액터 접지하여 완전 공진상태로 되었을 때 중성점에 흐르는 전류는 몇[A] 인가? 단, 소호리액터를 포함한 영상회로의 등가 저항은 200[Ω] 잔류전압은 4400[V]라고 한다.

① 11　② 22　③ 33　④ 44

풀이 완전 공진상태에서의 전류는 $\dfrac{E}{R}$이다. $I=\dfrac{4400}{200}=22[\text{A}]$ 답 ②

32 접지 고장시 건전상 전위상승이 최저인 접지방식은?

① 비접지식　② 직접접지식
③ 저항접지식　④ 소호리액터 접지식

풀이 1선 접지 고장 때 건전상의 상전압 상승은 비접지가 가장 많고 직접접지가 가장 적다. 답 ②

33 소호리액터의 접지 계통에서 리액터의 탭을 완전 공진 상태에서 약간 벗어나도록 조절하는 이유는?

① 접지 계진기의 동작을 확실하게 하기 위하여
② 전력손실을 줄이기 위하여
③ 통신선에 대한 유도장해를 줄이기 위하여
④ 직렬 공진에 의한 이상전압의 발생을 방지하기 위하여

풀이 단선사고 때 직렬공진(최대 전류)에 의한 과전압의 발생을 방지하기 위하여 접지 계통에서 리액터의 탭을 완전 공진 상태에서 약간 벗어나도록 조절한다. 답 ④

34 소호리액터 접지에 대해서 틀리는 것은?

① 지락전류가 작다.　② 과도안정도가 높다.
③ 전자유도장해가 경감한다.　④ 선택 지락 계전기의 동작이 용이하다.

풀이 지락전류의 검출이 어려우므로($I_g \fallingdotseq 0$) 계전기의 동작이 불확실하다. 답 ④

35 고전압 송전계통의 중성점 접지목적이 아닌 것은?

① 보호계전기의 신속한 동작　② 전선로 및 기기의 절연비 경감
③ 고장전류 크기의 억제　④ 이상전압의 경감 및 발생 방지

풀이 중성점 접지의 목적(* 과전압의 경감 및 발생 방지 * 전선로 및 기기의 절연수준 경감 * 보호계전기의 신속 확실한 동작)

답 ③

36 1선지락전류가 큰 순서대로 배열된 것은?

가. 직접접지 3상3선식	나. 저항접지 3상3선식
다. 리액터 접지 3상3선식	라. 다중접지 3상4선식

① 라-가-나-다 ② 라-나-가-다

③ 가-라-나-다 ④ 나-가-다-라

답 ①

제 7 장

고장해석

학습목표

- 사고시의 회로상태 이해
- %Z법과 대칭좌표법에 대한 습득

가공전선로는 자연재해 등으로 인하여 고장이 발생할 수 있다. 가공전선로에 발생하는 고장에는 1선지락, 2선지락, 3선지락(단락), 단선 등이 있으며, 발생빈도가 가장 높은 것은 1선지락 사고이다.

전선로에 사고가 발생하면 계통에 큰 동요를 일으켜서 기기를 손상시키고, 전력전송이 불가능해진다. 또한 송전선 부근을 통과하고 있는 통신선에 유도장해를 일으킨다. 그러므로 사전에 고장 전류값 및 장해를 일으키는 유도전압 등이 어느 정도인지를 계산하여 고장에 대비한 보호장치를 시설할 필요가 있다.

7.1 3상 단락고장

송배전선로에서 3상 단락사고의 발생은 드문 일이지만, 일단 사고가 일어나면 1선지락이나 선간단락에 비하여 고장전류가 대단히 크므로 차단기의 용량 결정 등을 위하여 3상 단락전류를 계산한다. 그림 7.1과 같이 3상 단락사고는 발생 후에도 회로가 여전히 평형3상회로를 유지하고 있으므로 옴(Ω)법, %임피던스법으로 쉽게 구할 수 있다.

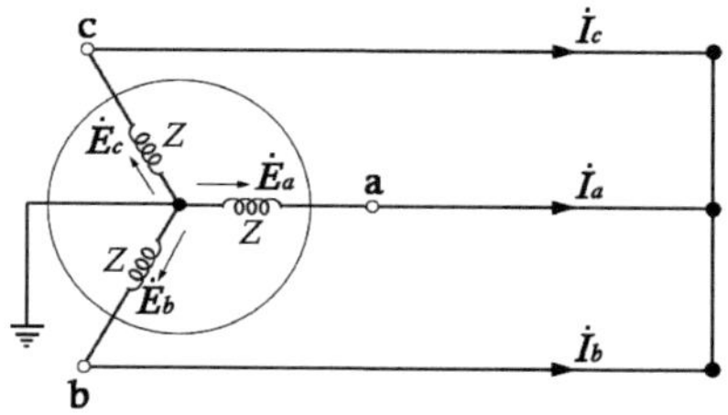

그림 7.1 3상 단락 고장

7.1.1 옴(Ω)법

회로 각 부분의 임피던스[Ω]값을 직접 사용하여 계산하는 방법이다. $\dot{E}$ 를 고장 전의 상전압, $\dot{Z}_g$ 를 발전기, $\dot{Z}_t$ 를 변압기, $\dot{Z}_\ell$ 을 선로의 임피던스라고 하면 3상 단락전류 $\dot{I}_s$ 는 다음과 같다.

$$\dot{I}_s = \frac{\dot{E}}{\dot{Z}_g + \dot{Z}_t + \dot{Z}_\ell} \quad [\mathrm{A}] \tag{7.1}$$

이와 같이 전압을 단락 지점에서 전원측을 본 계통의 임피던스로 나누어서 단락전류를 계산하는 방식이다. 식(7.1)에서 각 부분의 임피던스는 $\dot{E}$ 를 기준으로 환산한 값을 사용하여야 한다. 회로에 변압기가 있으면 권선비의 제곱을 곱하거나 나누어 주어야 하는 등의 환산이 불편하여 별로 사용되지 않는다.

[참고] 변압기의 임피던스 환산

그림에서 1차측의 임피던스 $Z_1 = E_1/I_1$이다. 2차측의 임피던스 $Z_2 = E_2/I_2$이다. 권선비 $n = \frac{E_2}{E_1} = \frac{I_1}{I_2}$이라고 하면 2차측 임피던스는 다음과 같이 결정할 수 있다.

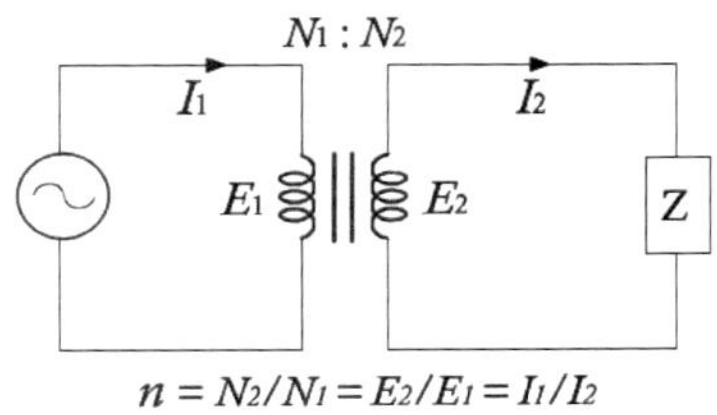

$$\frac{Z_2}{Z_1} = \frac{E_2/I_2}{E_1/I_1} = \left(\frac{E_2}{E_1}\right)\left(\frac{I_1}{I_2}\right) = n \times n = n^2$$

위 식을 Z_2에 대하여 풀면 $Z_2 = n^2 Z_1$ 이다.

7.1.2 %임피던스법

%임피던스(%Z)법은 Ω의 단위를 갖는 임피던스 Z를 %단위로 표시한 %Z로 계산하는 방법이다. 그림 7.2와 같은 회로에서 각각의 임피던스 $Z[\Omega]$를 회로 전체 임피던스 (E/I)에 대한 백분율로 표시한 것이 %Z이다.

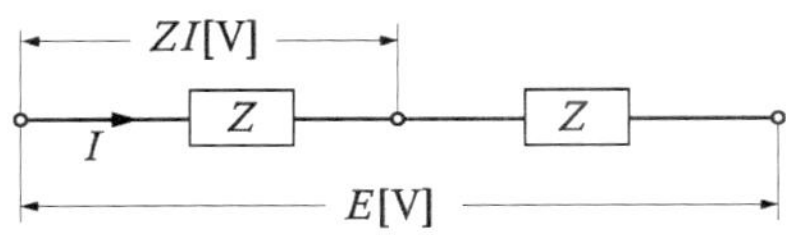

그림 7.2 %Z의 개념도

Ω의 단위를 갖는 임피던스 Z와 %Z의 관계는 정격전류를 I_n[A], 정격전압을 E[V]라고 하면 다음과 같다.

$$\%Z = \frac{Z}{E / I_n} \times 100 = \frac{Z \times I_n}{E} \times 100[\%] \tag{7.2}$$

위 식을 살펴보면 임피던스의 비율이 전압의 비율과 같음을 알 수 있다. 즉 $\%Z$는 전체 공급전압 E에 대한 임피던스 Z에 걸리는 전압강하($Z \times I_n$)의 백분율이기도 하다. 그러므로 %임피던스법은 옴법처럼 전압에 대한 환산이 필요 없다.

예제 7-1 P·R·E·T·E·S·T

154[kV], 3상 1회선 송전선로의 1상의 임피던스가 20[Ω], 전류가 800[A]일 때 %임피던스를 구하여라.

[풀이]

$$\%Z = \frac{ZI_n}{E} \times 100[\%] = \frac{20 \times 800}{\left(\frac{154{,}000}{\sqrt{3}}\right)} \times 100 = 18[\%]$$

식(7.2)에서 정격전압 E를 [kV]단위로 나타내면 다음과 같다.

$$\%Z = \frac{Z \times I_n}{1000 \times E[\text{kV}]} \times 100 = \frac{Z \times I_n}{10 \times E[\text{kV}]} \tag{7.3}$$

위 식을 선간전압 V로 표현하기 위하여 분모와 분자에 $\sqrt{3}\,V[\text{kV}]$를 곱하고 정격전압 $E = V/\sqrt{3}$를 대입하여 풀면 다음과 같이 선로의 3상 정격용량 $P_n[\text{kVA}]$과 선간전압 $V[\text{kV}]$로 나타내진다.

$$\begin{aligned}\%Z &= \frac{Z \times I_n \times \sqrt{3}\,V}{10 \times E \times \sqrt{3}\,V} = \frac{Z \times I_n \times \sqrt{3}\,V}{10 \times \frac{V}{\sqrt{3}} \times \sqrt{3}\,V} \\ &= \frac{Z \times I_n \times \sqrt{3}\,V}{10 \times V^2} \\ &= \frac{Z[\Omega] \times P_n[\text{kVA}]}{10\,V^2[\text{kV}]} \quad (\because P_n = \sqrt{3}\,VI_n)\end{aligned} \tag{7.4}$$

예제 7-2 P·R·E·T·E·S·T

정격용량 100,000[kVA], 정격전압 154[kV]인 3상 1회선 송전선로에서 1상의 리액턴스가 30[Ω]일 때, %리액턴스를 구하여라.

[풀이]

$$\%Z=\frac{ZP_n}{10V^2}[\%] \rightarrow \%X=\frac{XP_n}{10V^2}[\%]=\frac{30\times100{,}000}{10\times154^2}=12.7[\%]$$

이와 같이 $\%Z$법에는 정격용량 P_n[kVA]의 영향을 받기 때문에 발전기, 변압기, 선로 등의 정격용량이 다를 경우에는 임의로 어느 하나를 기준용량으로 잡고 다음과 같이 $\%Z$를 환산한다.

$$\%Z(\text{기준용량})=\%Z(\text{정격용량})\times\frac{\text{기준용량}}{\text{정격용량}} \tag{7.5}$$

예를 들어 5,000[kVA]의 발전기가 10%의 임피던스를 갖고 있고, 2,500[kVA]의 변압기가 5%의 임피던스를 갖고 있을 경우 5,000[kVA]를 기준용량으로 잡으면 변압기의 $\%Z$는 10%가 된다. 2,500[kVA]를 기준용량으로 잡으면 발전기의 $\%Z$가 5%가 된다. 기준용량의 선정에 따라 $\%Z$값이 바뀌지만 단락전류의 값은 같아지게 되어있다. 그러므로 기준용량은 어느 것을 선택하든 상관없지만 계통 내에 있는 공통적인 값을 선정하는 것이 계산상 편리하다.

식(7.2)를 Z에 대해서 변형하면 다음과 같다.

$$\%Z=\frac{Z\times I_n}{E}\times100 \rightarrow Z=\frac{\%Z\times E}{100\,I_n}[\Omega] \tag{7.6}$$

위 식의 임피던스 Z를 이용하여 3상 단락전류 I_s를 계산하면 다음과 같다.

$$I_s=\frac{E}{Z}=\frac{E}{\left(\dfrac{\%Z\times E}{100\,I}\right)}=\frac{100}{\%Z}\times I_n\ [A] \tag{7.7}$$

이와 같이 %법을 이용하여 단락전류를 구하면 변압기 1, 2차 회로에 따른 임피던스 환산없이 기준용량에 따른 $\%Z$를 그대로 합산하여 계산할 수 있다. 또한 단락전류 I_s는 정격전류 I_n의 $\frac{100}{\%Z}$배임을 알 수 있다. 예를 들어 고장점에서 본 계통의 $\%Z$가 25라면 단락전류는 정격전류의 4배인 것은 쉽게 알 수 있다.

단락전류를 구하는 식(7.7)의 양변에 $\sqrt{3}\,V$를 곱하면 다음과 같이 단락용량 P_s를 구할 수 있다.

$$\begin{aligned} \sqrt{3}\,VI_s &= \frac{100}{\%Z}\times I_n \times \sqrt{3}\,V \\ P_s &= \frac{100}{\%Z}\times P_n \qquad (\because\ P_s = \sqrt{3}\,VI_s,\quad P_n = \sqrt{3}\,VI_n\,) \end{aligned} \tag{7.8}$$

그러나 실계통에서는 $\%Z$법의 100[%]를 없앤 단위법(PU법, per unit method)을 주로 쓴다. 단위법은 %법에 비하여 100의 계수를 갖지 않기 때문에 계산하기가 쉽고, 수치가 정리되어 있으므로 동기기를 포함하여 복잡한 연계계통 등에 사용된다.

예제 7-3 PRETEST

발전기의 정격이 13[kV], 9,500[kVA], 90%Z라고 명판에 쓰여 있다. 이 발전기의 임피던스를 구하여라.

[풀이]

$$\%X = \frac{XP_n}{10\,V^2} \rightarrow X = \frac{10\,V^2\times\%X}{P_n} = \frac{10\times 13^2\times 90}{95,000} = 1.6[\Omega]$$

예제 7-4 PRETEST

그림과 같은 3상 전선로의 단락점 P에 있어서의 3상 단락전류3상 단락전류를 계산하여라. 단, 345[kV]에 대한 %리액턴스는 8[%], 저항분은 무시한다.

[풀이]

$$I_s = \frac{100}{\%Z} I_n = \frac{100}{\%Z} \times \frac{P_n[\text{kVA}]}{\sqrt{3}\,V[\text{kV}]} = \frac{100}{8} \times \frac{300,000}{\sqrt{3} \times 345} = 6,276[\text{A}]$$

예제 7-5 P·R·E·T·E·S·T

그림과 같은 3상 교류회로에서 차단기 3의 차단용량[MVA]을 구하여라.

단, G_1:150[MVA], %Z=10[%]

G_2:300[MVA], %Z=10[%]

T: 450[MVA], %Z=5[%]

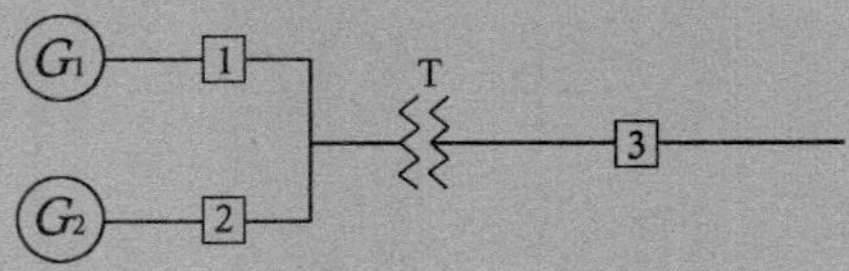

[풀이]

450[MVA]를 기준용량으로 하여 환산하면

$$\%Z_{g1} = 10 \times \frac{450}{150} = 30[\%],$$

$$\%Z_{g2} = 10 \times \frac{450}{300} = 15[\%],$$

$$\%Z_t = 5[\%]$$

차단기 3에서 전원측으로 바라본 합성 %Z는 발전기 2대가 병렬이므로

$$\%Z = \frac{30 \times 15}{30 + 15} + 5 = 15[\%]$$

$$\therefore P_s = \frac{100}{\%Z} P_n = \frac{100}{15} \times 450 = 3,000[\text{MVA}]$$

예제 7-6 P·R·E·T·E·S·T

그림과 같은 154[kV] 무부하송전선의 단락점 P에서의 3상 단락전류를 계산하여라.

단, G_1, G_2:30,000[kVA], 22[kV], %Z=30[%]

T: 60,000[kVA], %Z=11[%]

송전선: TP간 100[km], Z=0.5[Ω/km]

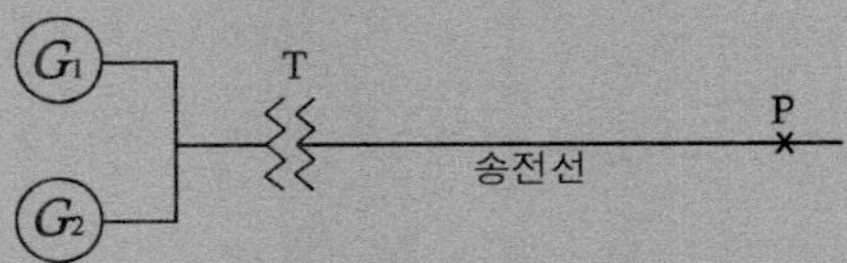

[풀이]

60,000[kVA]를 기준 용량으로 잡으면

정격전류 $I_n = \frac{P_n}{\sqrt{3}\ V} = \frac{60,000}{\sqrt{3} \times 154} = 224.94[\mathrm{A}]$

$\%Z_\ell = \frac{50 \times 224.94}{154,000/\sqrt{3}} \times 100 = 12.65 \quad \because \ Z_\ell = 0.5 \times 100 = 50[\Omega]$

$\%Z_g = 30 \times \frac{60,000}{30,000} = 60[\%]$, $\%Z_t = 11[\%]$

고장점에서 본 전계통의 %Z는 발전기 2대가 병렬이므로

$\%Z = 12.65 + 11 + \frac{60}{2} = 53.65[\%]$

그러므로 고장전류 $I_s = \frac{100}{\%Z} \times I_n = \frac{100}{53.65} \times 224.94 = 419.3[\mathrm{A}]$

예제 7-7 PRETEST

그림과 같은 345[kV] 송전선의 단락점 P에서의 3상 단락전류를 계산하여라.

단, G: 300[MVA], $\%X_g$ = 60[%]

T: 400[MVA], $\%X_t$ = 20[%]

송전선: Z = R+jX = 20+j30[Ω]

[풀이]

300,000[kVA]를 기준 용량으로 잡으면

$\%X_g = 60[\%]$, $\%X_t = 20 \times \frac{300,000}{400,000} = 15[\%]$

$\%R = \frac{R \times P_n[\mathrm{kVA}]}{10\,V^2[\mathrm{kV}]} = \frac{20 \times 300,000}{10 \times 345^2} = 5[\%]$

$\%X = \frac{X \times P_n[\mathrm{kVA}]}{10\,V^2[\mathrm{kV}]} = \frac{30 \times 300,000}{10 \times 345^2} = 7.6[\%]$

합성 임피던스 $\%R + j\%X = 5 + j(60 + 15 + 7.6) = 5 + j82.6[\%]$

$\%Z = \sqrt{5^2 + 82.6^2} = 82.75[\%]$

정격전류 $I_n = \frac{P_n}{\sqrt{3}\ V} = \frac{300,000}{\sqrt{3} \times 345} = 502[\mathrm{A}]$

그러므로 고장전류 $I_s = \frac{100}{\%Z} \times I_n = \frac{100}{82.75} \times 502 = 607[\mathrm{A}]$

7.2 대칭 좌표법

3상 단락고장에서 전원부하가 3상에 대하여 평형이므로 3상 단락전류는 단상회로처럼 비교적 쉽게 구할 수 있다. 그러나 각 상이 불평형이 되는 1선지락, 선간단락, 단선 등의 불평형 고장에서는 대칭좌표법으로 계산한다.

대칭좌표법은 불평형인 3상의 전류나 전압을 3개의 대칭 성분인 영상분, 정상분, 역상분으로 분해해서 각 대칭분마다 독립된 회로에 대하여 필요한 계산을 하며 계산결과를 중첩해서 실제의 불평형 전류와 전압을 얻는 방법이다.

그림 7.3(a)와 같이 각 상이 대지에 대하여 전압(V_a, V_b, V_c)을 갖고 전류(I_a, I_b, I_c)가 흐른다고 할 때, 3상 전류가 그림 7.3(b)와 같이 불평형 상태값을 가지고 있다고 한다.

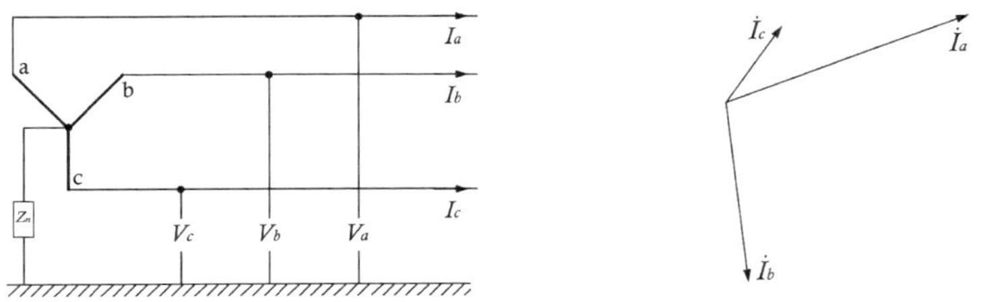

(a) 불평형 전압, 전류 (b) 불평형전류의 벡터도

그림 7.3 불평형 상태의 개념도

이때 a상의 전류 $\dot{I}_a$ 를 기준으로 해서 다음과 같이 각 상을 영상, 정상, 역상의 대칭분으로 변환할 수 있다.

$$\left.\begin{aligned} \dot{I}_0 &= \frac{1}{3}(\dot{I}_a + \dot{I}_b + \dot{I}_c) \\ \dot{I}_1 &= \frac{1}{3}(\dot{I}_a + a\dot{I}_b + a^2\dot{I}_c) \\ \dot{I}_2 &= \frac{1}{3}(\dot{I}_a + a^2\dot{I}_b + a\dot{I}_c) \end{aligned}\right\} \quad (7.9)$$

여기서, $a = 1\angle 120^\circ = e^{j2\pi/3} = -\frac{1}{2} + j\frac{\sqrt{3}}{2}$, $a^2 = 1\angle 240^\circ = e^{j4\pi/3} = -\frac{1}{2} - j\frac{\sqrt{3}}{2}$

$a^3 = 1\angle 360^\circ = 1$, $1 + a + a^2 = 0$

식(7.9)에서 사용한 a와 a^2의 관계를 나타내면 그림 7.4와 같다.

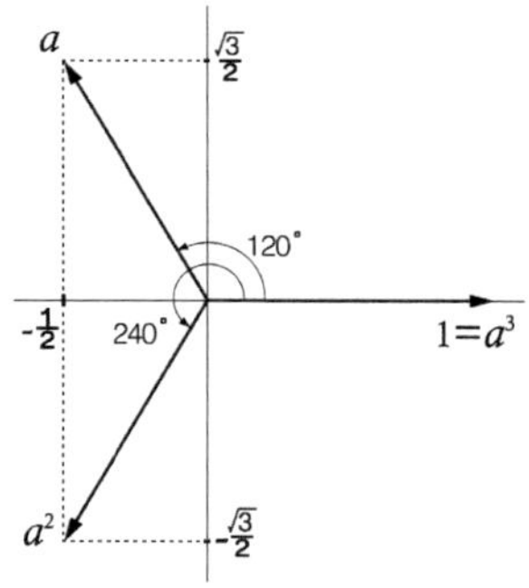

그림 7.4 벡터연산자 a

a와 a^2은 크기는 같고 위상만 120°, 240°만큼 앞서는 것을 의미하는 벡터연산자이다. 아래첨자 0의 영상분은 크기와 위상각이 같은 각 불평형 상전류의 공통성분이다. 아래첨자 1의 정상분은 크기는 같고 전원과 동일한 상회전 방향으로 120°의 위상각을 갖는다. 아래첨자 2의 역상분은 크기는 같고 상회전 방향이 전원과 반대방향으로 120°의 위상각을 갖는다.

식(7.9)를 각 a, b, c상의 성분으로 풀면 다음과 같다.

$$\left.\begin{aligned} \dot{I}_a &= \dot{I}_0 + \dot{I}_1 + \dot{I}_2 \\ \dot{I}_b &= \dot{I}_0 + a^2\dot{I}_1 + a\dot{I}_2 \\ \dot{I}_c &= \dot{I}_0 + a\dot{I}_1 + a^2\dot{I}_2 \end{aligned}\right\} \tag{7.10}$$

식(7.10)을 행렬로 표시하면 다음과 같다.

$$\begin{bmatrix} \dot{I}_a \\ \dot{I}_b \\ \dot{I}_c \end{bmatrix} = \begin{bmatrix} 1 & 1 & 1 \\ 1 & a^2 & a \\ 1 & a & a^2 \end{bmatrix} \begin{bmatrix} \dot{I}_0 \\ \dot{I}_1 \\ \dot{I}_2 \end{bmatrix} \tag{7.11}$$

그림 7.5는 그림 7.3(b)의 불평형 3상전류를 영상분, 정상분, 역상분의 합으로 표현한 벡터도이다.

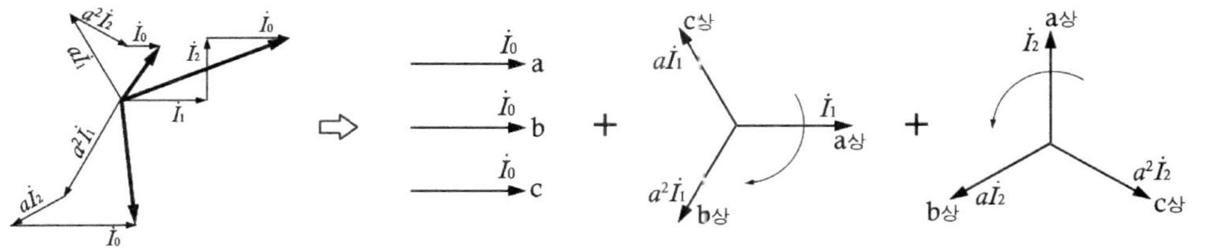

그림 7.5 대칭분 전류의 분석결과

이와 같이 불평형의 각 a, b, c상의 성분은 대수적으로 영상, 정상, 역상의 대칭성분으로 변환된다. 정상분의 벡터연산자는 $1 \to a^2 \to a$의 순서이고, 역상분은 $1 \to a \to a^2$의 순서이다. 영상전류는 중성선을 통해서 대지로 흐르는 전류로서 보호계전기의 동작전류이며 통신선에 대한 전자 유도장해를 발생시킨다. 정상전류 $\dot{I}_1$은 전원과 같은 방향의 상회전이므로 전동기에 흐르면 회전력을 발생하게 된다. 역상전류 $\dot{I}_2$는 상회전이 반대이므로 전동기에 흐르면 제동 작용을 해서 전동기의 출력을 감소시킨다. 이처럼 각 상의 불평형 전류는 영상, 정상, 역상의 대칭분 전류로 이루어져 있다.

전압도 전류와 같은 관계가 성립하므로 $\dot{I}$를 $\dot{V}$로 바꿔주면 대칭분 전압을 구할 수 있다.

$$\left.\begin{aligned} \dot{V}_0 &= \frac{1}{3}(\dot{V}_a + \dot{V}_b + \dot{V}_c) \\ \dot{V}_1 &= \frac{1}{3}(\dot{V}_a + a\dot{V}_b + a^2\dot{V}_c) \\ \dot{V}_2 &= \frac{1}{3}(\dot{V}_a + a^2\dot{V}_b + a\dot{V}_c) \end{aligned}\right\} \qquad (7.12)$$

또한 각 상의 불평형 전압은 다음과 같다.

$$\left.\begin{aligned} \dot{V}_a &= \dot{V}_0 + \dot{V}_1 + \dot{V}_2 \\ \dot{V}_b &= \dot{V}_0 + a^2\dot{V}_1 + a\dot{V}_2 \\ \dot{V}_c &= \dot{V}_0 + a\dot{V}_1 + a^2\dot{V}_2 \end{aligned}\right\} \qquad \begin{bmatrix} \dot{V}_a \\ \dot{V}_b \\ \dot{V}_c \end{bmatrix} = \begin{bmatrix} 1 & 1 & 1 \\ 1 & a^2 & a \\ 1 & a & a^2 \end{bmatrix} \begin{bmatrix} \dot{V}_0 \\ \dot{V}_1 \\ \dot{V}_2 \end{bmatrix} \qquad (7.13)$$

이와 같이 불평형 전류와 전압은 영상, 정상, 역상분의 합으로 나타낼 수 있다.

예제 7-8 PRETEST

3상 전압이 불평형이 되어 송전계통의 상전압이 각각 $\dot{V}_a = 115\underline{/10^\circ}$ [V], $\dot{V}_b = 40\underline{/-75^\circ}$ [V], $\dot{V}_c = 95\underline{/160^\circ}$ [V]이다. 이들의 대칭분 $\dot{V}_0$, $\dot{V}_1$, $\dot{V}_2$를 구하여라.

[풀이]

불평형 상전압을 복소수형태로 바꾸면 다음과 같다.

$$\dot{V}_a = 115\underline{/10^\circ} = 115\cos 10^\circ + j115\sin 10^\circ = 113 + j20[\text{V}]$$

$$\dot{V}_b = 40\underline{/-75^\circ} = 40\cos(-75^\circ) + j40\sin(-75^\circ) = 10 - j39[\text{V}]$$

$$\dot{V}_c = 95\underline{/160^\circ} = 95\cos 160^\circ + j95\sin 160^\circ = -89 + j33[\text{V}]$$

식(7.12)에 의해

$$\begin{aligned}\dot{V}_0 = \frac{1}{3}(\dot{V}_a + \dot{V}_b + \dot{V}_c) &= \frac{1}{3}(115\underline{/10^\circ} + 40\underline{/-75^\circ} + 95\underline{/160^\circ})\\ &= \frac{1}{3}(113 + j20 + 10 - j39 - 89 + j33) = 11 + j4.7\\ &= 12\underline{/23^\circ} \quad (\because \sqrt{11^2 + 4.7^2} = 12,\quad \tan^{-1}\frac{4.7}{11} = 23^\circ)\end{aligned}$$

$$\begin{aligned}\dot{V}_1 = \frac{1}{3}(\dot{V}_a + a\dot{V}_b + a^2\dot{V}_c) &= \frac{1}{3}\{115\underline{/10^\circ} + (1\underline{/120^\circ})(40\underline{/-75^\circ}) + (1\underline{/240^\circ})(95\underline{/160^\circ})\}\\ &= \frac{1}{3}(115\underline{/10^\circ} + 40\underline{/45^\circ} + 95\underline{/40^\circ})\\ &= \frac{1}{3}(113 + j20 + 28 + j28 + 73 + j61) = 71 + j36\\ &= 80\underline{/27^\circ} \quad (\because \sqrt{71^2 + 36^2} = 80,\quad \tan^{-1}\frac{36}{71} = 27^\circ)\end{aligned}$$

$$\begin{aligned}\dot{V}_2 = \frac{1}{3}(\dot{V}_a + a^2\dot{V}_b + a\dot{V}_c) &= \frac{1}{3}\{115\underline{/10^\circ} + (1\underline{/240^\circ})(40\underline{/-75^\circ}) + (1\underline{/120^\circ})(95\underline{/160^\circ})\}\\ &= \frac{1}{3}(115\underline{/10^\circ} + 40\underline{/165^\circ} + 95\underline{/280^\circ})\\ &= \frac{1}{3}(113 + j20 - 39 + j10 + 17 - j94) = 30 - j21\\ &= 37\underline{/-35^\circ} \quad (\because \sqrt{30^2 + 21^2} = 37,\quad \tan^{-1}\frac{-21}{30} = -35^\circ)\end{aligned}$$

7.3 발전기의 기본식

발전기의 기본식을 유도하기 위하여 다음의 조건이 성립한다고 가정한다.

① 무부하시에 발전기의 각 상의 유도기전력 $\dot{E}_a$; $\dot{E}_b$, $\dot{E}_c$는 대칭을 유지한다. 즉 발전기의 내부 유도기전력은 언제나 각 상의 크기는 같고 120°의 위상차를 유지한다.

① 영상, 정상, 역상의 대칭분 전류에 의한 전압강하는 각 대칭분 임피던스에 의해서만 발생한다. 즉, 영상전류 $\dot{I}_0$에 의한 전압강하는 영상임피던스 $\dot{Z}_0$에 의해서만 발생하고 정상전류 $\dot{I}_1$에 의한 전압강하는 정상임피던스 $\dot{Z}_1$에 의해서만, 역상전류 $\dot{I}_2$에 의한 전압강하는 역상임피던스 $\dot{Z}_2$에 의해서만 발생한다.

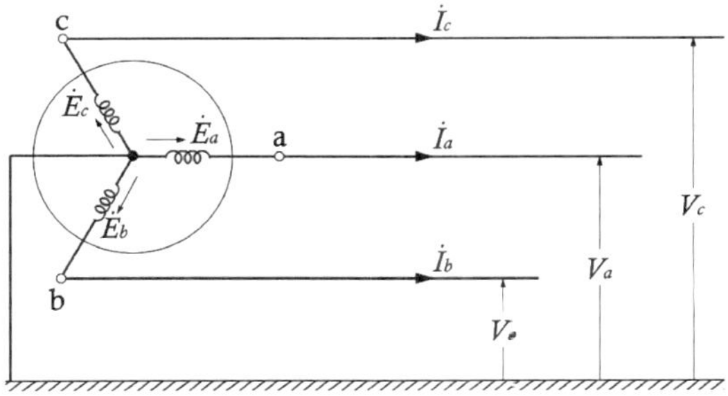

그림 7.6 불평형 전류가 흘렀을 경우

그림 7.4와 같이 불평형전류 $\dot{I}_a$, $\dot{I}_b$, $\dot{I}_c$가 흘렀을 때 각 상의 전압강하를 $\dot{v}_a$, $\dot{v}_b$, $\dot{v}_c$라고 하면 각 상의 단자전압 $\dot{V}_a$, $\dot{V}_b$, $\dot{V}_c$는 다음과 같다.

$$\left.\begin{aligned}\dot{V}_a &= \dot{E}_a - \dot{v}_a \\ \dot{V}_b &= \dot{E}_b - \dot{v}_b \\ \dot{V}_c &= \dot{E}_c - \dot{v}_c\end{aligned}\right\} \tag{7.14}$$

발전기에 영상전류 $\dot{I}_0$만 흘렀다면 각 상의 전압강하는 다 같이 $\dot{I}_0\,\dot{Z}_0$이다. 정상전류 $\dot{I}_1$만 흘렀다면 각 상의 전압강하는 각각 $\dot{I}_1\,\dot{Z}_1$, $a^2\dot{I}_1\,\dot{Z}_1$, $a\dot{I}_1\,\dot{Z}_1$이다. 역상전류 $\dot{I}_2$만 흘렀다면 각 상의 전압강하는 각각 $\dot{I}_2\,\dot{Z}_2$, $a\dot{I}_2\,\dot{Z}_2$, $a^2\dot{I}_2\,\dot{Z}_2$이다. 그러므로 각 상의 전압강하는 영

상, 정상, 역상전류에 의한 전압강하를 합한 것이다.

$$\left.\begin{aligned} \dot{v}_a &= \dot{I}_0\dot{Z}_0 + \dot{I}_1\dot{Z}_1 + \dot{I}_2\dot{Z}_2 \\ \dot{v}_b &= \dot{I}_0\dot{Z}_0 + a^2\dot{I}_1\dot{Z}_1 + a\dot{I}_2\dot{Z}_2 \\ \dot{v}_c &= \dot{I}_0\dot{Z}_0 + a\dot{I}_1\dot{Z}_1 + a^2\dot{I}_2\dot{Z}_2 \end{aligned}\right\} \tag{7.15}$$

식(7.14)의 단자전압 $\dot{V}_a$, $\dot{V}_b$, $\dot{V}_c$의 대칭분 $\dot{V}_0$, $\dot{V}_1$, $\dot{V}_2$는 식(7.12)에 의하여 다음과 같다.

$$\left.\begin{aligned} \dot{V}_0 &= \frac{1}{3}(\dot{V}_a + \dot{V}_b + \dot{V}_c) = \frac{1}{3}\{(\dot{E}_a + \dot{E}_b + \dot{E}_c) - (\dot{v}_a + \dot{v}_b + \dot{v}_c)\} \\ \dot{V}_1 &= \frac{1}{3}(\dot{V}_a + a\dot{V}_b + a^2\dot{V}_c) = \frac{1}{3}\{(\dot{E}_a + a\dot{E}_b + a^2\dot{E}_c) - (\dot{v}_a + a\dot{v}_b + a^2\dot{v}_c)\} \\ \dot{V}_2 &= \frac{1}{3}(\dot{V}_a + a^2\dot{V}_b + a\dot{V}_c) = \frac{1}{3}\{(\dot{E}_a + a^2\dot{E}_b + a\dot{E}_c) - (\dot{v}_a + a^2\dot{v}_b + a\dot{v}_c)\} \end{aligned}\right\} \tag{7.16}$$

위 식의 $\dot{E}_a$, $\dot{E}_b$, $\dot{E}_c$의 대칭분을 $\dot{E}_0$, $\dot{E}_1$, $\dot{E}_2$라 하고, 식(7.15) 및 $1 + a + a^2 = 0$, $a^3 = 1$이라는 관계를 이용하여 식(7.16)을 다음과 같이 나타낼 수 있다.

$$\left.\begin{aligned} \dot{V}_0 &= \dot{E}_0 - \dot{I}_0\dot{Z}_0 \\ \dot{V}_1 &= \dot{E}_1 - \dot{I}_1\dot{Z}_1 \\ \dot{V}_2 &= \dot{E}_2 - \dot{I}_2\dot{Z}_2 \end{aligned}\right\} \tag{7.17}$$

그런데 발전기 내부의 유도기전력은 영상분 $\dot{E}_0$과 역상분 $\dot{E}_2$는 없고, 회전자계에 의한 정상분 $\dot{E}_1$만 존재한다. 또한 내부 유도기전력의 정상분 전압 $\dot{E}_1$은 기준 벡터인 $\dot{E}_a$와 같으므로 식(7.17)에 $\dot{E}_0 = 0$, $\dot{E}_1 = \dot{E}_a$, $\dot{E}_2 = 0$를 대입하면 다음과 같이 3상 교류발전기의 기본식이 만들어진다.

$$\left.\begin{aligned} \dot{V}_0 &= -\dot{I}_0\dot{Z}_0 \\ \dot{V}_1 &= \dot{E}_a - \dot{I}_1\dot{Z}_1 \\ \dot{V}_2 &= -\dot{I}_2\dot{Z}_2 \end{aligned}\right\} \tag{7.18}$$

이 식은 고장계산을 하는데 있어서 중요한 역할을 한다. 가령 불평형 전류 $\dot{I}_a$, $\dot{I}_b$, $\dot{I}_c$가 흘렀을 때 대칭좌표법으로 전류의 대칭분 $\dot{I}_0$, $\dot{I}_1$, $\dot{I}_2$를 얻을 수 있다. 이것을 발전기의 기본식에 대입하면 전압의 대칭분 $\dot{V}_0$, $\dot{V}_1$, $\dot{V}_2$를 구할 수 있다. 대칭분 전압이 구해지면 각 단자의 불평형 전압 $\dot{V}_a$, $\dot{V}_b$, $\dot{V}_c$의 값을 알 수 있다. 즉 발전기의 기본식을 이용하여 발전기의 단자에 불평형 전압이 주어지면 불평형 전류를 구할 수 있고, 불평형 전류가 주어지면 불평형 전압을 구할 수 있다.

7.4 발전기 단자에서의 고장계산

7.4.1 1선지락

그림 7.7과 같이 중성점을 접지한 발전기의 a상 단자가 지락되고 b, c상의 단자는 개방되어 있는 경우 지락전류 $\dot{I}_a$와 건전상의 전압 $\dot{V}_b$와 $\dot{V}_c$를 구하여 본다.

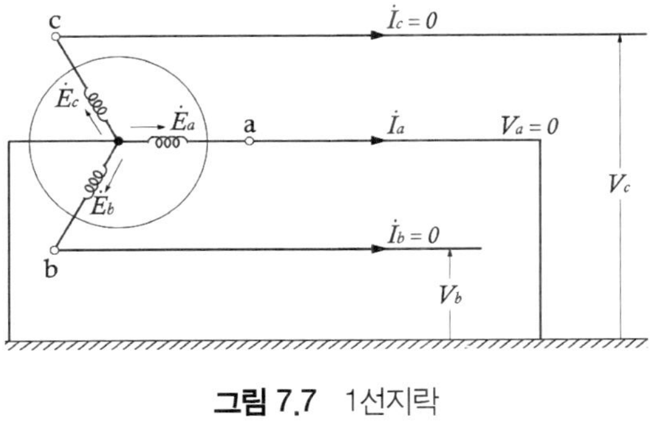

그림 7.7 1선지락

먼저 단자의 조건과 1선지락 고장으로 인한 주어진 조건은 다음과 같다.

$$\left.\begin{aligned} I_b &= I_c = 0 \\ V_a &= 0 \end{aligned}\right\} \tag{7.19}$$

1선지락의 경우 대칭분 전류를 구하면 다음과 같이 영상, 정상, 역상 전류의 크기와 위상각이 모두 같다.

$$\left.\begin{aligned} \dot{I}_0 &= \frac{1}{3}(\dot{I}_a + \dot{I}_b + \dot{I}_c) = \frac{1}{3}\dot{I}_a \\ \dot{I}_1 &= \frac{1}{3}(\dot{I}_a + a\dot{I}_b + a^2\dot{I}_c) = \frac{1}{3}\dot{I}_a \\ \dot{I}_2 &= \frac{1}{3}(\dot{I}_a + a^2\dot{I}_b + a\dot{I}_c) = \frac{1}{3}\dot{I}_a \end{aligned}\right\} \tag{7.20}$$

$\dot{V}_a$를 대칭분으로 표시하고 여기에 발전기의 기본식을 대입시키면 다음과 같다.

$$\begin{aligned} \dot{V}_a &= \dot{V}_0 + \dot{V}_1 + \dot{V}_2 = -\dot{I}_0\dot{Z}_0 + \dot{E}_a - \dot{I}_1\dot{Z}_1 - \dot{I}_2\dot{Z}_2 \\ &= \dot{E}_a - (\dot{Z}_0 + \dot{Z}_1 + \dot{Z}_2)\dot{I}_0 = 0 \\ \therefore \quad \dot{I}_0 &= \frac{\dot{E}_a}{\dot{Z}_0 + \dot{Z}_1 + \dot{Z}_2} = \dot{I}_1 = \dot{I}_2 \end{aligned} \tag{7.21}$$

그러므로 a상의 지락전류는 다음과 같다.

$$\dot{I}_a = \dot{I}_0 + \dot{I}_1 + \dot{I}_2 = \frac{3\dot{E}_a}{\dot{Z}_0 + \dot{Z}_1 + \dot{Z}_2} \tag{7.22}$$

식(7.22)가 송전계통 사고의 대부분을 차지하는 1선지락 전류를 구하는 계산식이다. 즉, 1선지락 전류 계산은 a상의 유도기전력 $\dot{E}_a$를 3배해서 발전기의 영상, 정상, 역상임피던스의 합으로 나누면 구하여진다.

식(7.21)을 발전기 기본식에 대입하여 풀면 다음과 같이 영상, 정상, 역상분의 전압을 구할 수 있다.

$$\left.\begin{aligned}\dot{V}_0 &= -\dot{I}_0\dot{Z}_0 = -\frac{\dot{Z}_0}{\dot{Z}_0+\dot{Z}_1+\dot{Z}_2}\dot{E}_a\\ \dot{V}_1 &= \dot{E}_a-\dot{I}_1\dot{Z}_1 = \dot{E}_a-\frac{\dot{Z}_1}{\dot{Z}_0+\dot{Z}_1+\dot{Z}_2}\dot{E}_a = \frac{\dot{Z}_0+\dot{Z}_2}{\dot{Z}_0+\dot{Z}_1+\dot{Z}_2}\dot{E}_a\\ \dot{V}_2 &= -\dot{I}_2\dot{Z}_2 = -\frac{\dot{Z}_2}{\dot{Z}_0+\dot{Z}_1+\dot{Z}_2}\dot{E}_a\end{aligned}\right\} \quad (7.23)$$

그러므로 b, c상의 전압 $\dot{V}_b$, $\dot{V}_c$는 다음과 같다.

$$\left.\begin{aligned}\dot{V}_b &= \dot{V}_0+a^2\dot{V}_1+a\dot{V}_2 = \frac{(a^2-1)\dot{Z}_0+(a^2-a)\dot{Z}_2}{\dot{Z}_0+\dot{Z}_1+\dot{Z}_2}\dot{E}_a\\ \dot{V}_c &= \dot{V}_0+a\dot{V}_1+a^2\dot{V}_2 = \frac{(a-1)\dot{Z}_0+(a-a^2)\dot{Z}_2}{\dot{Z}_0+\dot{Z}_1+\dot{Z}_2}\dot{E}_a\end{aligned}\right\} \quad (7.24)$$

이와 같이 고장발생 조건으로부터 영상, 정상, 역상의 대칭분 전류와 전압을 구하고 나서 고장상의 전류와 건전한 상의 전압을 구하면 된다.

예제 7-9 P·R·E·T·E·S·T

15[kV], 90[MVA]의 발전기에서 1선지락 사고가 발생했을 때 고장전류를 구하여라. 단, 발전기의 리액턴스 $X_0 = j0.2[\Omega]$, $X_1 = X_2 = j0.5[\Omega]$이다.

[풀이]

식(7.22)에 의해

$$\dot{I}_g = \frac{3\dot{E}_a}{\dot{Z}_0+\dot{Z}_1+\dot{Z}_2} = \frac{3\times\frac{15,000}{\sqrt{3}}}{j0.2+2\times j0.5} = -j21,651[\mathrm{A}]$$

7.4.2 2선지락

그림 7.8과 같이 b, c상의 2선지락이 발생했을 때 지락전류 $\dot{I}_b$, $\dot{I}_c$와 개방단자의 전압 $\dot{V}_a$를 구하여 본다.

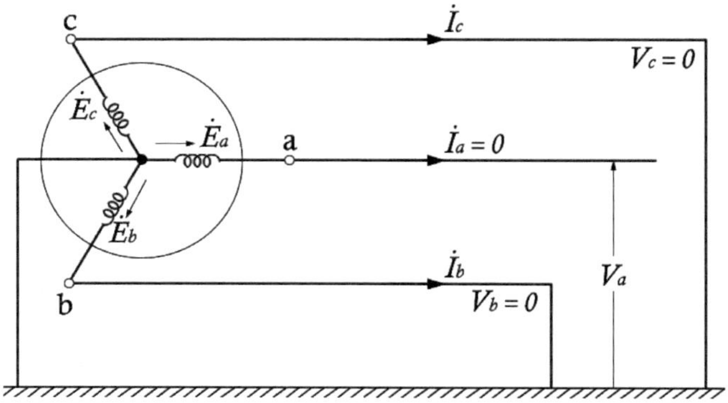

그림 7.8 2선지락

먼저 단자의 조건과 2선지락 고장으로 인한 주어진 조건은 다음과 같다.

$$\left.\begin{aligned}\dot{V}_b = \dot{V}_c = 0 \\ \dot{I}_a = 0\end{aligned}\right\} \tag{7.25}$$

$\dot{V}_b$, $\dot{V}_c$를 영상, 정상, 역상의 대칭분으로 표시하고 $\dot{V}_b - \dot{V}_c$로부터 전압의 대칭분을 구하면 다음과 같다.

$$\begin{aligned}\dot{V}_b - \dot{V}_c &= (\dot{V}_0 + a^2\dot{V}_1 + a\dot{V}_2) - (\dot{V}_0 + a\dot{V}_1 + a^2\dot{V}_2) \\ &= (a^2 - a)\dot{V}_1 + (a - a^2)\dot{V}_2 \\ &= (a^2 - a)(\dot{V}_1 - \dot{V}_2) = 0 \quad (\text{여기서} \quad a^2 - a \neq 0) \\ &\therefore \quad \dot{V}_1 = \dot{V}_2\end{aligned} \tag{7.26}$$

식(7.26)의 관계를 $\dot{V}_b$식에 대입하여 풀면 다음과 같이 2선지락 사고시 대칭분 전압인 $\dot{V}_0$, $\dot{V}_1$, $\dot{V}_2$의 크기와 위상각은 모두 같음을 알 수 있다.

$$\begin{aligned}\dot{V}_b &= \dot{V}_0 + a^2\dot{V}_1 + a\dot{V}_2 \\ &= \dot{V}_0 + (a^2 + a)\dot{V}_1 = \dot{V}_0 - \dot{V}_1 = 0 \quad (\because \ 1 + a + a^2 = 0) \\ &\therefore \quad \dot{V}_0 = \dot{V}_1 = \dot{V}_2\end{aligned} \tag{7.27}$$

발전기의 기본식에 식(7.27)과 단자의 조건인 $\dot{I}_a = 0$을 적용하면 다음과 같은 3개식을 구할 수 있다.

$$\left.\begin{aligned} -\dot{I}_0\dot{Z}_0 &= \dot{E}_a - \dot{I}_1\dot{Z}_1 \quad ① \\ -\dot{I}_0\dot{Z}_0 &= -\dot{I}_2\dot{Z}_2 \quad ② \\ \dot{I}_0 + \dot{I}_1 + \dot{I}_2 &= 0 \quad ③ \end{aligned}\right\} \tag{7.28}$$

위 식(7.28)의 3개식을 3차 연립방정식을 푼다. 먼저 ③번식을 $\dot{I}_0 = -\dot{I}_1 - \dot{I}_2$ 로 바꾼 후 ①번과 ②번식의 $\dot{I}_0$ 에 $-\dot{I}_1 - \dot{I}_2$ 을 대입하면 2차 방정식이 되어 다음과 같이 대칭분 전류 $\dot{I}_0$, $\dot{I}_1$, $\dot{I}_2$를 구할 수 있다.

$$\left.\begin{aligned} \dot{I}_0 &= \frac{-\dot{Z}_2\dot{E}_a}{\dot{Z}_0\dot{Z}_1+\dot{Z}_1\dot{Z}_2+\dot{Z}_2\dot{Z}_0} \\ \dot{I}_1 &= \frac{(\dot{Z}_0+\dot{Z}_2)\dot{E}_a}{\dot{Z}_0\dot{Z}_1+\dot{Z}_1\dot{Z}_2+\dot{Z}_2\dot{Z}_0} \\ \dot{I}_2 &= \frac{-\dot{Z}_0\dot{E}_a}{\dot{Z}_0\dot{Z}_1+\dot{Z}_1\dot{Z}_2+\dot{Z}_2\dot{Z}_0} \end{aligned}\right\} \tag{7.29}$$

위 식으로부터 지락전류 $\dot{I}_b$, $\dot{I}_c$와 개방 단자전압 $\dot{V}_a$를 구하면 다음과 같다.

$$\left.\begin{aligned} \dot{I}_b &= \dot{I}_0 + a^2\dot{I}_1 + a\dot{I}_2 = \frac{(a^2-a)\dot{Z}_0+(a^2-1)\dot{Z}_2}{\dot{Z}_0\dot{Z}_1+\dot{Z}_1\dot{Z}_2+\dot{Z}_2\dot{Z}_0}\dot{E}_a \\ \dot{I}_c &= \dot{I}_0 + a\dot{I}_1 + a^2\dot{I}_2 = \frac{(a-a^2)\dot{Z}_0+(a-1)\dot{Z}_2}{\dot{Z}_0\dot{Z}_1+\dot{Z}_1\dot{Z}_2+\dot{Z}_2\dot{Z}_0}\dot{E}_a \\ \dot{V}_a &= \dot{V}_0+\dot{V}_1+\dot{V}_2 = 3\dot{V}_0 = -3\dot{I}_0\dot{Z}_0 = \frac{3\dot{Z}_0\dot{Z}_2}{\dot{Z}_0\dot{Z}_1+\dot{Z}_1\dot{Z}_2+\dot{Z}_2\dot{Z}_0}\dot{E}_a \end{aligned}\right\} \tag{7.30}$$

7.4.3 선간 단락

그림 7.9와 같이 b, c상이 단락하고 a단자가 개방하고 있을 경우 단락단자의 전류 $\dot{I}_b$, $\dot{I}_c$ 및 전압 $\dot{V}_b$, $\dot{V}_c$와 건전상의 전압 $\dot{V}_a$를 구하여 본다.

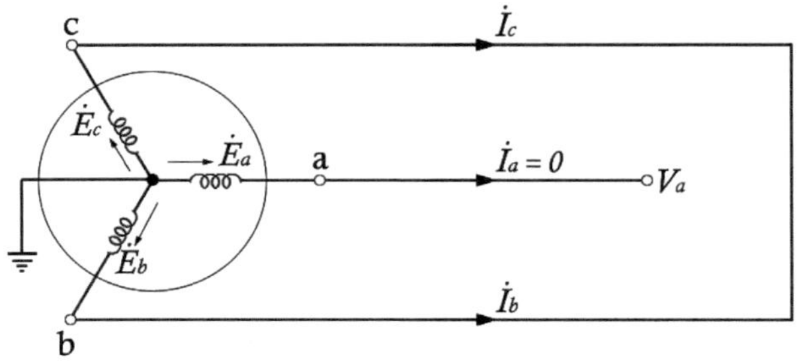

그림 7.9 선간단락

먼저 단자의 조건과 선간단락 고장으로 인한 주어진 조건은 다음과 같다.

$$\left.\begin{aligned} \dot{I}_a &= 0 \\ \dot{I}_b &= -\dot{I}_c \\ \dot{V}_b &= \dot{V}_c \end{aligned}\right\} \tag{7.31}$$

위 식(7.31)의 두 개의 전류 식으로부터 $\dot{I}_a + \dot{I}_b + \dot{I}_c = 0$임을 알 수 있다. 그러므로 영상분 전류 $\dot{I}_0$ 가 다음과 같이 영(0)이 된다.

$$\dot{I}_0 = \frac{1}{3}(\dot{I}_a + \dot{I}_b + \dot{I}_c) = 0 \tag{7.32}$$

$\dot{I}_0 = 0$이므로 $\dot{I}_b$와 $\dot{I}_c$는 다음과 같다.

$$\left.\begin{aligned} \dot{I}_b &= a^2\dot{I}_1 + a\dot{I}_2 \\ \dot{I}_c &= a\dot{I}_1 + a^2\dot{I}_2 \end{aligned}\right\} \tag{7.33}$$

$\dot{I}_b = -\dot{I}_c$ 의 조건으로부터 식(7.33)의 두 식을 더하여 다음과 같이 정상전류와 역상전류의 관계를 유도해낼 수 있다.

$$\begin{aligned} \dot{I}_b + \dot{I}_c &= (a^2\dot{I}_1 + a\dot{I}_2) + (a\dot{I}_1 + a^2\dot{I}_2) \\ &= (a^2 + a)(\dot{I}_1 + \dot{I}_2) = 0 \quad (\because\ a^2 + a \neq 0) \\ \therefore\ \dot{I}_1 &= -\dot{I}_2 \end{aligned} \tag{7.34}$$

또한 $\dot{I}_0$ 가 0이므로 $\dot{V}_0 = -\dot{Z}_0 \dot{I}_0 = 0$이 된다. 그러므로 단락된 단자의 전압 $\dot{V}_b$, $\dot{V}_c$는 다음과 같이 정상분과 역상분만으로 표시된다.

$$\left.\begin{aligned} \dot{V}_b &= a^2 \dot{V}_1 + a \dot{V}_2 \\ \dot{V}_c &= a \dot{V}_1 + a^2 \dot{V}_2 \end{aligned}\right\} \tag{7.35}$$

$\dot{V}_b - \dot{V}_c$로부터 정상분 전압과 역상분 전압의 관계를 구할 수 있다.

$$\begin{aligned} \dot{V}_b - \dot{V}_c &= (a^2 \dot{V}_1 + a \dot{V}_2) - (a \dot{V}_1 + a^2 \dot{V}_2) \\ &= (a^2 - a) \dot{V}_1 + (a - a^2) \dot{V}_2 \\ &= (a^2 - a)(\dot{V}_1 - \dot{V}_2) = 0 \quad (\text{여기서} \quad a^2 - a \neq 0) \\ \therefore \quad \dot{V}_1 &= \dot{V}_2 \end{aligned} \tag{7.36}$$

발전기의 기본식에 식(7.34)와 식(7.36)의 관계를 대입하면 정상분과 역상분의 전류 및 전압을 구할 수 있다.

$$\begin{aligned} \dot{E}_a - \dot{I}_1 \dot{Z}_1 &= -\dot{I}_2 \dot{Z}_2 = \dot{I}_1 \dot{Z}_2 \\ \therefore \quad \dot{I}_1 &= \frac{\dot{E}_a}{\dot{Z}_1 + \dot{Z}_2} = -\dot{I}_2 \end{aligned} \tag{7.37}$$

$$\therefore \quad \dot{V}_1 = \dot{V}_2 = \frac{\dot{Z}_2 \dot{E}_a}{\dot{Z}_1 + \dot{Z}_2} \tag{7.38}$$

식(7.37)에 의해 단락전류 $\dot{I}_b$는 다음과 같다.

$$\begin{aligned} \dot{I}_b = -\dot{I}_c &= a^2 \dot{I}_1 + a \dot{I}_2 = a^2 \dot{I}_1 - a \dot{I}_1 = (a^2 - a) \dot{I}_1 \\ &= \frac{(a^2 - a) \dot{E}_a}{\dot{Z}_1 + \dot{Z}_2} = -\frac{\dot{E}_{bc}}{\dot{Z}_1 + \dot{Z}_2} \end{aligned} \tag{7.39}$$

단, $(a^2 - a)\dot{E}_a = \dot{E}_{bc}$(b, c상의 무부하 선간전압)

식(7.38)에 의해 단락단자의 전압 $\dot{V}_b$, $\dot{V}_c$를 구하면 다음과 같이 개방단자 전압 $\dot{V}_a$의 1/2이 된다는 것을 알 수 있다.

$$\left.\begin{aligned}\dot{V}_a &= \dot{V}_1 + \dot{V}_2 = \frac{2\,\dot{Z}_2\,\dot{E}_a}{\dot{Z}_1 + \dot{Z}_2} \\ \dot{V}_b &= \dot{V}_c = a^2\,\dot{V}_1 + a\,\dot{V}_2 = -\,\dot{V}_1 = -\,\frac{\dot{Z}_2\,\dot{E}_a}{\dot{Z}_1 + \dot{Z}_2}\end{aligned}\right\} \tag{7.40}$$

7.5 대칭분 임피던스

3상 교류발전기는 각 상의 권선이 대칭구조이므로 각 상의 임피던스는 같다. 따라서 정상평형상태에서는 정상임피던스만 고려하면 된다. 그러나 불평형전류가 흐를 경우에는 대칭분으로 분해해서 해석해야 하므로 영상, 정상, 역상의 대칭분 전류에 대한 영상임피던스 $\dot{Z}_0$, 정상임피던스 $\dot{Z}_1$, 역상임피던스 $\dot{Z}_2$를 고려하여야 한다.

7.5.1 발전기

발전기에서는 정상전류에 의한 전기자반작용은 회전자계이며 동기속도로 회전자와 같은 방향으로 회전한다. 역상전류에 의한 것도 회전자계이나 역방향 동기속도로 회전한다. 영상전류에 의한 것은 교번자계[37]를 발생한다. 각 대칭분 전류가 다르므로 대칭분 임피던스 또한 서로 다르다.

정상임피던스는 동기발전기의 동기임피던스[38]와 같은 것이다. 이것은 무부하포화곡선과 3상단락곡선으로부터 구할 수 있다. 역상임피던스는 외부로부터 정상회전과 반대인 역상교류가 흘렀을 때 1상의 전압강하를 상전류로 나눈 값이다. 대칭분 임피던스는 대부분 리액턴스로 구성되고 저항분이 매우 작아 실용적으로는 전부 리액턴스로서 취급한다.

---

37) 자계의 세기가 시간과 더불어 양 혹은 음의 방향으로 증감하고, 방향을 바꾸지 않는것.

38) 동기기의 전기자 권선의 동기리액턴스 X_s와 저항 r_a에서 $\sqrt{X_s^2 + r_a^2}$으로 구한 임피던스. (동기리액턴스 = 전기자 반작용 리액턴스 + 전기자 누설 리액턴스)

7.5.2 변압기

변압기는 회전기가 아니므로 정상전류와 역상전류의 임피던스는 같다. 변압기에서 보통 취급하는 누설리액턴스가 정상 및 역상임피던스이다. 3상변압기의 중성점을 접지한 경우 누설임피던스가 영상임피던스가 된다. 영상전류가 흐를 수 없는 비접지의 경우 영상임피던스는 무한대가 된다.

7.5.3 선로

선로도 변압기와 같이 회전기가 아니므로 정상, 역상임피던스는 같다. 따라서 정상, 역상임피던스는 보통 사용하는 선로임피던스인 유도성 리액턴스($X_L = \omega L$)와 용량성 리액턴스($X_c = \dfrac{1}{\omega C}$)이다. 리액턴스에서 인덕턴스 L_1과 정전용량 C_1을 구하는 식은 4장 선로상수에서 살펴본 것을 그대로 사용할 수 있다. 식(4.29)의 작용인덕턴스와 식(4.48)의 작용정전용량을 다시 나타내면 다음과 같다.

$$L_1 = 0.05 + 0.4605 \log_{10} \frac{D_e}{r} \text{ [mH/km]} \tag{7.41}$$

$$C_1 = C_s + 3C_m = \frac{0.02413}{\log_{10} \dfrac{D}{r}} \text{ [μF/km]} \tag{7.42}$$

송전선을 왕로로 하고 대지를 귀로로 하는 경우의 임피던스가 영상임피던스이다. 영상임피던스의 인덕턴스 L_0와 정전용량 C_0는 식(4.36)과 식(4.46)을 적용하면 다음과 같다.

$$L_0 = 0.2 + 0.4605 \log_{10} \frac{(2H_e)^3}{rD^2} \text{ [mH/km]} \tag{7.43}$$

$$C_0 = 3C_s = 3 \times \left(\frac{0.02413}{\log_{10} \dfrac{8h^3}{rD^2}} \right) = \frac{0.07239}{\log_{10} \dfrac{8h^3}{rD^2}} \text{ [μF/km]} \tag{7.44}$$

7.6 송전계통의 고장계산

송전계통의 고장계산은 그림 7.10과 같이 고장점 p에서 3가닥을 빼낸 후 나머지 회로 부분을 1대의 발전기로 간주하고 빼낸 3가닥은 발전기의 단자라고 생각한다. 그러면 7.4절의 발전기단자에서의 고장 계산식들을 복잡한 송전계통에 있어서도 그대로 적용할 수 있다.

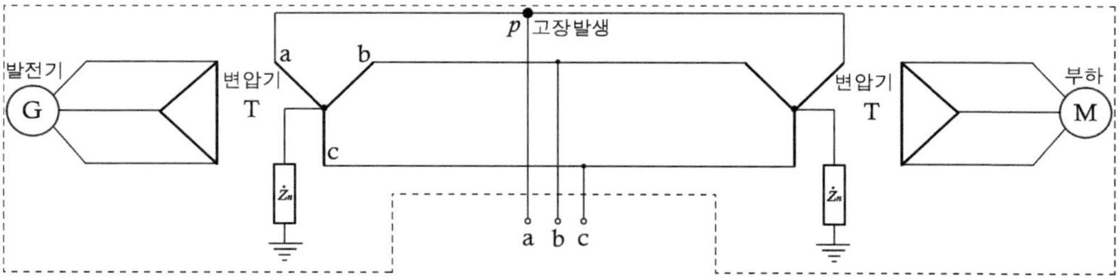

그림 7.10 송전계통에서의 고장계산

발전기단자에서의 고장 계산처럼 하려면 고장점에서 빼낸 3개의 가상단자로부터 바라본 송전계통의 대칭분 임피던스를 구해야만 한다. 영상, 정상, 역상의 대칭분 임피던스를 구하려면 영상전류가 흐르는 영상회로, 정상전류가 흐르는 정상회로, 역상전류가 흐르는 역상회로의 3개의 대칭분 회로를 만들어야 한다.

지금 가상단자로부터 바라본 영상임피던스 $\dot{Z}_0$, 정상임피던스 $\dot{Z}_1$, 역상임피던스 $\dot{Z}_2$라 하고 고장 발생 전의 대지전압을 $\dot{E}_a$라고 한다. p점에서 1선지락 고장이 발생하였다면, 지락전류 $\dot{I}_a$는 발전기단자에서의 고장계산식(7.22)에 의해 다음과 같이 쉽게 계산할 수 있다.

$$\dot{I}_a = \frac{3\dot{E}_a}{\dot{Z}_0 + \dot{Z}_1 + \dot{Z}_2} \tag{7.45}$$

문제는 고장점의 단자에서 바라본 계통 전체의 영상, 정상, 역상임피던스인 $\dot{Z}_0$, $\dot{Z}_1$, $\dot{Z}_2$를 어떻게 구하느냐이다. 고장점에서 바라본 계통 전체의 $\dot{Z}_0$, $\dot{Z}_1$, $\dot{Z}_2$를 구하려면 영상, 정상, 역상전류가 흐르는 대칭분 회로로 따로 구성해서 계산해 준다.

7.6.1 영상회로

3상을 일괄한 것과 대지 간에 단상 교류 전압을 공급했을 때 전류가 흐를 수 있는 범위의 회로를 영상회로라 하며, 이때 한 상에 대한 임피던스를 영상임피던스라 한다.

송전계통에서는 송수전단 변압기의 결선법과 중성점 접지방식이 영상회로에 큰 영향을 미친다. 그림 7.11과 같이 Δ − Y 또는 Y − Δ 결선이고 선로측 Y 의 중성점이 접지되어 있을 때 영상전류는 변압기의 Δ 권선 밖으로 유출되지 않는다. 중성점을 통하여 대지로 흐른다. 그러므로 이 결선법에서는 발전기와 부하의 영상임피던스는 없다.

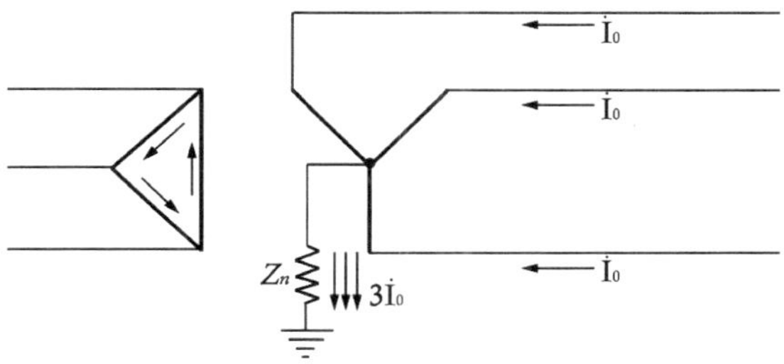

그림 7.11 영상회로(Δ − Y 결선)

Y − Y 결선에서는 그림 7.12와 같이 변압기와 발전기의 중성점이 모두 접지되어 있으면 발전기에도 영상전류가 흐르므로 영상회로에 포함된다. 하지만 발전기 또는 변압기의 전원측 중성점이 비접지이면 변압기는 고임피던스로 작용하고 선로측이 개방된 것과 같다.

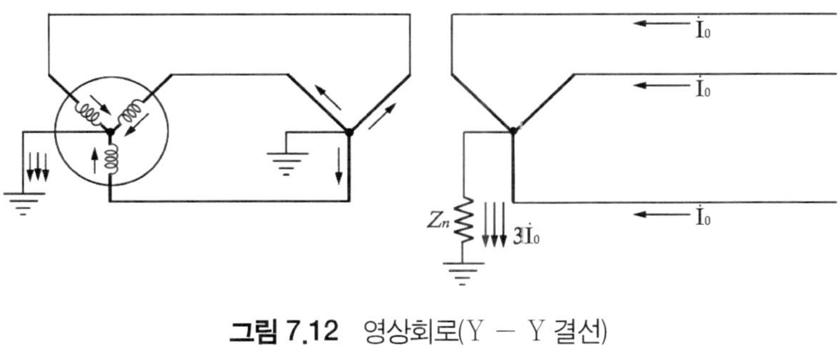

그림 7.12 영상회로(Y − Y 결선)

1상의 영상전류(I_0)의 3배 ($3I_0$)가 흐르는 중성점 접지방식에서 1상분에 대한 영상전류를 취급하는 경우 중성점의 접지임피던스는 3배가 된다. 그 이유는 저항 1개가 연결된 것을 저항 3개가 병렬로 구성된 것으로 생각하면 된다. 즉, $3[\Omega]$의 저항 3개가 병렬로 구성될 경우 합성저항이 $1[\Omega]$이므로 1상분에 대한 중성점의 접지저항은 3배가 된다.

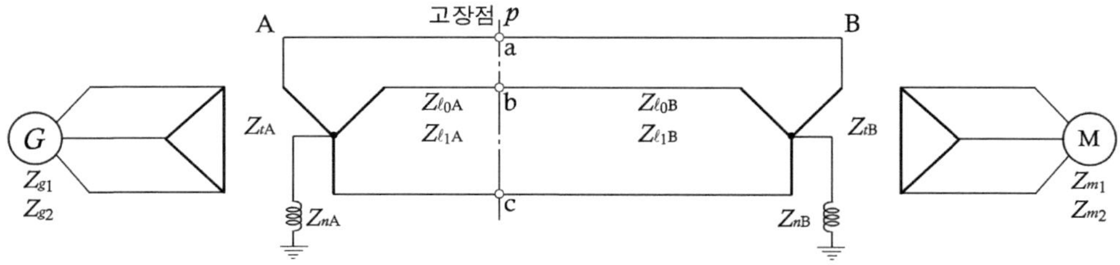

그림 7.13 고장점에서 바라본 대칭분 임피던스

그림 7.13의 송전계통에 있어서 고장점 p에서 바라본 영상회로에는 두 변압기가 중성점을 접지한 $\Delta - Y(Y - \Delta)$ 결선이므로 발전기와 부하는 포함되지 않는다. 고장점의 3선을 일괄하고 이것과 대지간에 단상전압 V_0를 공급하였을 때 각 선에 흐르는 전류의 3배가 접지임피던스로 흐른다. 대칭분회로는 1상분의 전류에 대하여 취급하므로 p점에서 계통전체를 바라본 영상회로는 그림 7.14와 같다.

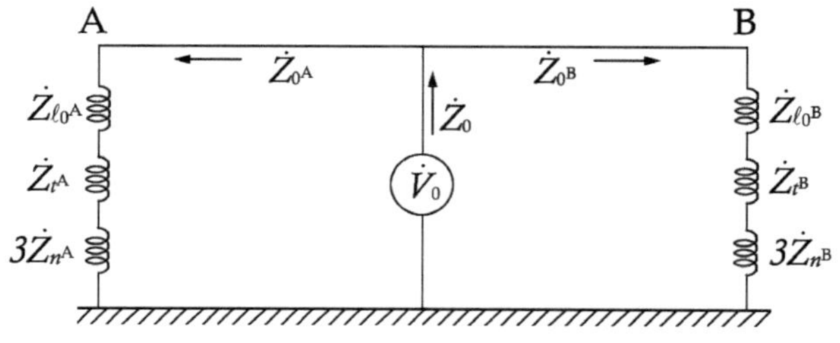

그림 7.14 영상회로

합성한 영상임피던스 $\dot{Z}_0$는 전원측을 바라본 영상임피던스 $\dot{Z}_{0A}$와 부하측을 바라본 영상임피던스 $\dot{Z}_{0B}$의 합이다.

$$\dot{Z}_0 = \frac{\dot{Z}_{0A}\dot{Z}_{0B}}{\dot{Z}_{0A}+\dot{Z}_{0B}} \tag{7.46}$$

단, $\dot{Z}_{0A} = \dot{Z}_{\ell 0A} + \dot{Z}_{tA} + 3\dot{Z}_{nA}$(고장점에서 전원측을 바라본 영상임피던스)

$\dot{Z}_{0B} = \dot{Z}_{\ell 0B} + \dot{Z}_{tB} + 3\dot{Z}_{nB}$ (고장점에서 부하측을 바라본 영상임피던스)

7.6.2 정상회로

정상회로란 그림 7.13의 가상단자 a, b, c에 상회전 방향이 전원전압과 같은 3상평형 전압을 공급하여 각각 $\dot{I}_1$, $a^2\dot{I}_1$, $a\dot{I}_1$의 3상전류를 흘릴 때, 이 3상전류가 흐를 수 있는 범위가 정상회로이다. 이 대칭 3상전류는 중성점으로는 흐르지 않는다. 그러므로 정상회로에는 중성점의 접지임피던스만 포함되지 않고 회로의 다른 임피던스는 모두 포함된다. 그림 7.15는 그림 7.13과 같은 송전계통의 정상회로이다.

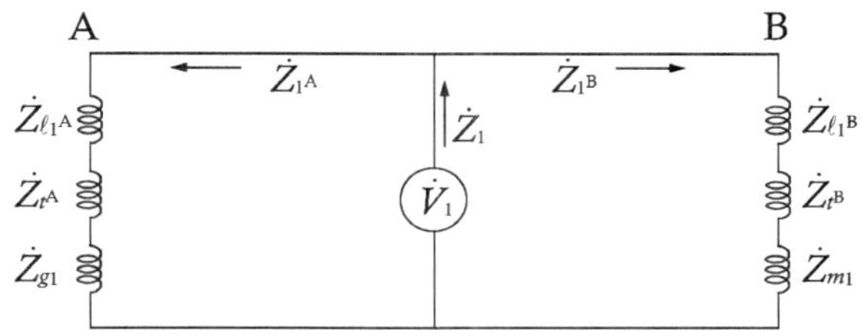

그림 7.15 정상회로

합성한 정상임피던스 $\dot{Z}_1$은 전원측을 바라본 정상임피던스 $\dot{Z}_{1A}$와 부하측을 바라본 정상임피던스 $\dot{Z}_{1B}$의 합이다.

$$\dot{Z}_1 = \frac{\dot{Z}_{1A}\dot{Z}_{1B}}{\dot{Z}_{1A}+\dot{Z}_{1B}} \tag{7.47}$$

단, $\dot{Z}_{1A} = \dot{Z}_{\ell 1A} + \dot{Z}_{tA} + \dot{Z}_{g1}$(고장점에서 전원측을 바라본 정상임피던스)

$\dot{Z}_{1B} = \dot{Z}_{\ell 1B} + \dot{Z}_{tB} + \dot{Z}_{m1}$(고장점에서 부하측을 바라본 정상임피던스)

7.6.3 역상회로

역상회로란 그림 7.13의 가상단자 a, b, c에 상회전 방향이 전원전압과 반대인 3상평형전압을 공급하여 각각 $\dot{I}_2$, $a\dot{I}_2$, $a^2\dot{I}_2$의 3상전류를 흘릴 때, 이 3상전류가 흐를 수 있는 범위가 역상회로이다. 역상전류도 대칭 3상전류이므로 흐르는 범위는 정상회로와 같고 회전기의 임피던스는 역상분의 값을 갖는다. 그림 7.16은 그림 7.13과 같은 송전계통의 역상회로이다.

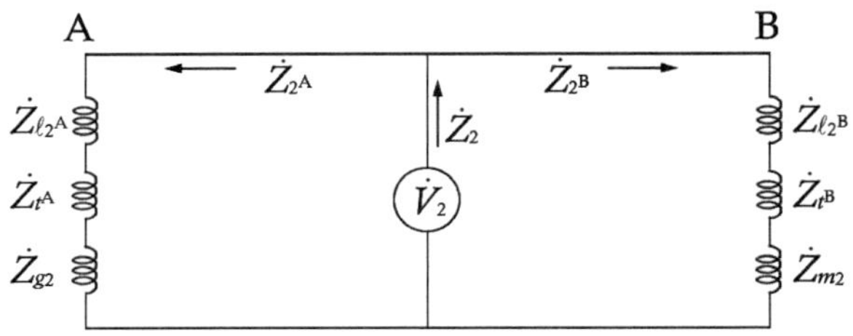

그림 7.16 역상회로

역상임피던스 $\dot{Z}_2$는 전원측을 바라본 역상임피던스 $\dot{Z}_{2A}$와 부하측을 바라본 역상임피던스 $\dot{Z}_{2B}$의 합이다.

$$\dot{Z}_2 = \frac{\dot{Z}_{2A}\dot{Z}_{2B}}{\dot{Z}_{2A} + \dot{Z}_{2B}} \tag{7.48}$$

단, $\dot{Z}_{2A} = \dot{Z}_{\ell 2A} + \dot{Z}_{tA} + \dot{Z}_{g2}$(고장점에서 전원측을 바라본 역상임피던스)

$\dot{Z}_{2B} = \dot{Z}_{\ell 2B} + \dot{Z}_{tB} + \dot{Z}_{m2}$(고장점에서 부하측을 바라본 역상임피던스)

예 제 7-10 PRETEST

154[kV]의 3상 1회선 송전선있다. 선로의 가운데에서 1선지락이 발생하였을 때 지락전류를 구하여라. 단, 125[MVA]의 기준용량에 대하여 각 부분의 임피던스는 다음과 같다.

발전기: $Z_{g1} = Z_{g2} = 20[\%]$, 변압기: $Z_t = 17[\%]$, 전동기: $Z_{m1} = Z_{m2} = 30[\%]$

선로: $Z_{\ell 0} = 130[\%]$, $Z_{\ell 1} = Z_{\ell 2} = 40[\%]$

[풀이]

고장점에서 전원측을 바라본 A, 부하측을 바라본 B의 대칭분 임피던스는

$$\dot{Z}_{0A} = \dot{Z}_{\ell 0A} + \dot{Z}_{tA} = \frac{130}{2} + 17 = 82[\%],\ \dot{Z}_{0B} = \dot{Z}_{\ell 0B} + \dot{Z}_{tB} = \frac{130}{2} + 17 = 82[\%]$$

$$\dot{Z}_{1A} = \dot{Z}_{\ell 1A} + \dot{Z}_{tA} + \dot{Z}_{g1} = \frac{40}{2} + 17 + 20 = 57[\%],\ \dot{Z}_{1B} = \dot{Z}_{\ell 1B} + \dot{Z}_{tB} + \dot{Z}_{m1} = \frac{40}{2} + 17 + 30 = 67[\%]$$

$$\dot{Z}_{2A} = \dot{Z}_{1A} = 57[\%],\ \dot{Z}_{2B} = \dot{Z}_{1B} = 67[\%]$$

각 대칭분의 합성 임피던스는

$$\dot{Z}_0 = \frac{\dot{Z}_{0A}\dot{Z}_{0B}}{\dot{Z}_{0A} + \dot{Z}_{0B}} = \frac{82 \times 82}{82 + 82} = 41[\%]$$

$$\dot{Z}_1 = \frac{\dot{Z}_{1A}\dot{Z}_{1B}}{\dot{Z}_{1A} + \dot{Z}_{1B}} = \frac{57 \times 67}{57 + 67} = 30.8[\%]$$

$$\dot{Z}_2 = \dot{Z}_1 = 30.8[\%]$$

식 7.7과 정격전류 $I_n = \dfrac{P_n}{\sqrt{3}\,V} = \dfrac{125{,}000}{\sqrt{3} \times 154} = 468.63[\mathrm{A}]$를 대입하여 풀면

$$\therefore\ \dot{I}_g = \frac{3\dot{E}_a}{\dot{Z}_0 + \dot{Z}_1 + \dot{Z}_2} = \frac{3 \times 100 I_n}{\%Z_0 + \%Z_1 + \%Z_2} = \frac{300 \times 468.63}{41 + 30.8 + 30.8} = 1370[\mathrm{A}]$$

연 습 문 제

1 3상 송전선로의 선간전압을 100[kV], 3상 기준 용량을 10,000[kVA]로 할 때, 선로 리액턴스(1선당) 100[Ω]을 %임피던스로 환산하면 얼마인가?

① 1 ② 10 ③ 0.33 ④ 3.33

풀이 $\%Z = \frac{ZP_n}{10V^2} = \frac{100 \times 10{,}000}{10 \times 100^2} = 10[\%]$ **답** ②

2 정격전압 154[kV], 1선의 유도 리액턴스가 10[Ω]인 3상3선식 송전선로에서 154[kV], 100[MVA] 기준으로 환산한 이 선로의 리액턴스는 약 몇 [%] 인가?

① 1.41 ② 2.16 ③ 4.22 ④ 6.48

풀이 %임피던스 $\%Z = \frac{ZP_n}{10V^2} = \frac{10 \times 100 \times 10^3}{10 \times 154^2} = 4.22[\%]$ **답** ③

3 66[kV], 3상 1회선 송전선로의 1상의 리액턴스가 20[Ω], 전류가 350[A]일 때 % 리액턴스는?

① 18.4 ② 19.7 ③ 23.2 ④ 26.7

풀이 $\%Z = \frac{ZI_n}{E} \times 100[\%] \rightarrow \%X = \frac{XI_n}{E} \times 100[\%] = \frac{20 \times 350}{\frac{66 \times 10^3}{\sqrt{3}}} \times 100 = 18.4[\%]$ **답** ①

4 그림과 같은 3상3선식 전선로의 단락점에 있어서의 3상 단락전류는 약 몇[A]인가? (단, 66[kV]에 대한 %리액턴스는 10[%]이고, 저항분은 무시한다.)

① 1750[A] ② 2000[A] ③ 2500[A] ④ 3030[A]

풀이 $I_s = \frac{100}{\%Z} I_n = \frac{100}{\%Z} \times \frac{P_n}{\sqrt{3}\,V} = \frac{100}{10} \times \frac{20{,}000}{\sqrt{3} \times 66} = 1749.6[A]$ **답** ①

5 다음과 같은 3상 전선로의 단락점에 있어서의 3상 단락전류는?(단, 22[kV]에 대한 %리액턴스는 4[%], 저항분은 무시한다.)

① 5560 ② 6560 ③ 7560 ④ 8560

풀이 $I_s = \dfrac{100}{\%Z} I_n = \dfrac{100}{\%Z} \times \dfrac{P_n}{\sqrt{3}\,V} = \dfrac{100}{4} \times \dfrac{10{,}000}{\sqrt{3} \times 22} = 6560[\text{A}]$ **답** ②

6 정격전압 7.2[kV]인 3상용 차단기의 차단용량이 100[MVA]라면 정격차단전류는 약 몇 [kA] 인가?

① 2 ② 4 ③ 8 ④ 12

풀이 $P_s = \sqrt{3}\,VI_s[\text{MVA}]$에서

정격차단전류 $I_s = \dfrac{P_s}{\sqrt{3}\,V} = \dfrac{100 \times 10^3}{\sqrt{3} \times 7.2} = 8.019[\text{A}] \fallingdotseq 8[\text{kA}]$ **답** ③

7 A,B 및 C상 전류를 각각 I_a, I_b, I_c라 할 때 $I_x = \dfrac{1}{3}(I_a + a^2 I_b + aI_c), a = -\dfrac{1}{2} + j\dfrac{\sqrt{3}}{2}$ 로 표시되는 전류 I_x는 어떤 전류인가?

① 정상전류 ② 역상전류
③ 영상 전류 ④ 역상전류와 영상전류의 합계

풀이 대칭좌표법의 대칭 전류를 보면 영상전류 $I_0 = I_a + I_b + I_c$,

정상전류 $I_1 = \dfrac{1}{3}(I_a + aI_b + a^2 I_c)$, 역상전류 $I_2 = \dfrac{1}{3}(I_a + a^2 I_b + aI_c)$ **답** ②

8 역상전류가 각상 전류로 바르게 표시된 것은 다음 중 어느 것인가?

① $I_2 = I_a + I_b + I_c$ ② $I_2 = 3(I_a + aI_b + a^2 I_c)$
③ $I_2 = \dfrac{1}{3}(I_a + a^2 I_b + aI_c)$ ④ $I_2 = aI_a + I_b + a^2 I_c$

풀이 대칭좌표법의 대칭 전류를 보면 영상전류 $I_0 = \dfrac{1}{3}(I_a + I_b + I_c)$,

정상전류 $I_1 = \dfrac{1}{3}(I_a + aI_b + a^2 I_c)$, 역상전류 $I_2 = \dfrac{1}{3}(I_a + a^2 I_b + aI_c)$ **답** ③

9 불평형 3상 전압을 V_a, V_b, V_c라고 하면, $a = e^{j\frac{2\pi}{3}}$ 라고 할 때 영상전압 V_0는?

① $V_a + V_b + V_c$
② $\frac{1}{3}(V_a + V_b + V_c)$
③ $\frac{1}{3}(V_a + aV_b + a^2V_c)$
④ $\frac{1}{3}(V_a + a^2V_b + aV_c)$

풀이 대칭좌표법의 대칭전압을 보면 영상전압 $V_0 = \frac{1}{3}(V_a + V_b + V_c)$,

정상전압 $V_1 = \frac{1}{3}(V_a + aV_b + a^2V_c)$, 역상전압 $V_2 = \frac{1}{3}(V_a + a^2V_b + aV_c)$ **답** ②

10 송전선로 고장시 대칭좌표법에 의해 해석할 때 정상 및 역상임피던스가 필요한 경우는?

① 선간 단락고장
② 1선 접지고장
③ 1선 단선고장
④ 3선 단선고장

풀이 3상단락에는 (정상분), 선간 단락에는 (정상분, 역상분), 1선지락에는(정상분, 역상분, 영상분)이 필요하다. **답** ①

11 선간 단락고장을 대칭좌표법으로 해석할 경우 필요한 것은?

① 정상임피던스도 및 역상임피던스도
② 정상임피던스도
③ 정상임피던스도 및 영상임피던스도
④ 역상임피던스도 및 영상임피던스도

풀이 3상단락에는 (정상분), 선간 단락에는 (정상분, 역상분), 1선지락에는(정상분, 역상분, 영상분)이 필요하다. **답** ①

12 3상 단락고장을 대칭좌표법으로 해석할 경우 다음 중 필요한 것은?

① 정상임피던스
② 역상임피던스
③ 영상임피던스
④ 정상, 역상, 영상임피던스

풀이 3상 단락고장 때의 전류 $I = \frac{E}{Z}$이므로 정상임피던스만 필요하다. **답** ①

13 다음 중 송전선의 1선지락시 선로에 흐르는 전류를 바르게 나타낸 것은?

① 영상전류만 흐른다.
② 영상전류 및 정상전류만 흐른다.
③ 영상전류 및 역상전류만 흐른다.
④ 영상전류, 정상전류 및 역상전류가 흐른다.

풀이 3상단락에는 (정상전류), 선간 단락에는 (정상전류, 역상전류), 1선지락에는(정상전류, 역상전류, 영상전류)가 흐른다.

답 ④

14 3상 송전선로에서 선간단락이 발생하였을 때 다음 중 옳은 것은?

① 정상전류와 역상전류가 흐른다.

② 정상전류, 역상전류 및 영상전류가 흐른다.

③ 역상전류와 영상전류가 흐른다.

④ 정상전류와 영상전류가 흐른다.

풀이 3상단락에는 (정상전류), 선간 단락에는 (정상전류, 역상전류), 1선지락에는(정상전류, 역상전류, 영상전류)가 흐른다.

답 ①

15 3상 동기발전기의 고장전류를 계산할 때 영상전류I_0, 정상전류I_1, 역상전류I_2가 같은 경우는 어떤 사고로 볼 수 있는가?

① 선간지락 ② 1선지락 ③ 2선단락 ④ 3상단락

풀이 대칭좌표법과 발전기의 기본식을 이용하여 풀면

$$I_0 = I_1 = I_2 = \frac{E_a}{Z_0 + Z_1 + Z_2},\ I_a = I_0 + I_1 + I_2 = 3I_0 = \frac{3E_a}{Z_0 + Z_1 + Z_2}$$

답 ②

16 3상 단락 사고가 발생한 경우 다음 중 옳지 않은 것은? (V_0:영상전압, V_1:정상전압, V_2:역상전압, I_0:영상전류, I_1:정상전류, I_2:역상전류이다)

① $V_2 = V_0 = 0$ ② $V_2 = I_2 = 0$ ③ $I_2 = I_0 = 0$ ④ $I_1 = I_2 = 0$

풀이 3상 단락고장 때 $V_2 = V_0 = I_0 = I_2 = 0$ 이고, V_1과 I_1만 존재한다.

답 ④

17 송전선로의 고장전류의 계산에 있어서 영상임피던스가 필요한 경우는?

① 3상 단락 ② 선간 단락 ③ 1선 접지 ④ 3선 단선

풀이 3상 단락에는 (정상분), 선간 단락에는 (정상분, 역상분), 1선 접지에는(정상분, 역상분, 영상분)이 필요하다.

답 ③

18 선로의 3상단락전류는 보통 다음과 같은 식으로 구한다. $I_s = \frac{100}{\%Z_t + \%Z_l} I_n$ 여기서 I_n은 무엇인가?

① 그 선로의 평균 전류

② 그 선로의 최대 전류

③ 전원 변압기의 선로측 정격 전류(단락측)

④ 전원 변압기의 전원측 정격 전류

풀이 $I_n = \dfrac{P_n}{\sqrt{3}\,V_n}$ (I_n : 선로측 정격전류) **답** ③

19 전원으로부터의 합성임피던스가 0.25[%] (10,000[kVA]기준)인 곳에 설치하는 차단기의 용량은 몇 [MVA]인가?

① 250 ② 400 ③ 2,500 ④ 4,000

풀이 차단기용량(단락용량) $P_s = \dfrac{100}{\%Z}P_n = \dfrac{100}{0.25} \times 10 = 4000[\text{MVA}]$ **답** ④

20 %임피던스에 대한 설명 중 옳은 것은?

① 터빈발전기의 %임피던스는 수차의 %임피던스보다 적다.
② 전기기계의 %임피던스가 크면 차단용량이 작아진다.
③ %임피던스는 %리액턴스보다 작다.
④ 직렬리액터는 %임피던스를 적게 하는 작용이 있다.

풀이 차단용량 $P_s = \dfrac{100}{\%Z}P_n$ 에서 $P_s \propto \dfrac{1}{\%Z}$이므로 %Z가 커지면 차단용량은 감소한다. **답** ②

21 정격전압 66[kV]인 3상 1회선 송전선로에서 1상의 리액턴스가 15[Ω]일 때, 이를 100[MVA] 기준으로 환산한 %리액턴스는?

① 17.2 ② 34.4 ③ 51.6 ④ 68.8

풀이 $\%Z = \dfrac{ZP_n}{10\,V^2}[\%] \rightarrow \%X = \dfrac{XP_n}{10\,V^2}[\%] = \dfrac{15 \times 100 \times 10^3}{10 \times 66^2} = 34.4[\%]$ **답** ②

22 어느 발전기의 정격이 13.2[kV], 93,000[KVA], 95%Z라고 명판에 쓰여 있다. 이 발전기의 임피던스는 약 몇 [Ω]인가?

① 1.2 ② 1.8 ③ 1200 ④ 1780

풀이 $\%Z = \dfrac{ZP_n}{10\,V^2}[\%] \rightarrow X = \dfrac{10\,V^2}{P_n}\%Z[\%] = \dfrac{10 \times 13.2^2}{93{,}000} \times 95 = 1.8[\Omega]$ **답** ②

23 용량 20,000[kVA], 임피던스 8[%] 인 3상 변압기가 2차측에서 3상 단락되었을 때 단락용량[kVA]는?

① 320×10^2 ② 300×10^3 ③ 280×10^3 ④ 250×10^3

풀이 $P_s = \frac{100}{\%Z}P_n = \frac{100}{8} \times 20,000 = 250 \times 10^3 [\text{kVA}]$ **답** ④

24 3상 송전선로의 고장에서 1선지락사고 등 3상 불평형 고장시 사용되는 계산법은?

① 옴[Ω]법 ② %임피던스법 ③ 단위[PU]법 ④ 대칭좌표법

풀이 대칭좌표법은 3상 불평형 고장 때 기전력이나 전류 등을 대칭인 성분으로 분해하여 각 성분마다 계산하고, 이들을 중첩하는 방식이다. **답** ④

25 그림과 같은 3상 발전기가 있다. a상이 지락한 경우 지락전류는 얼마인가? 단, Z_0는 영상임피던스, Z_1은 정상임피던스, Z_2는 역상임피던스이다.

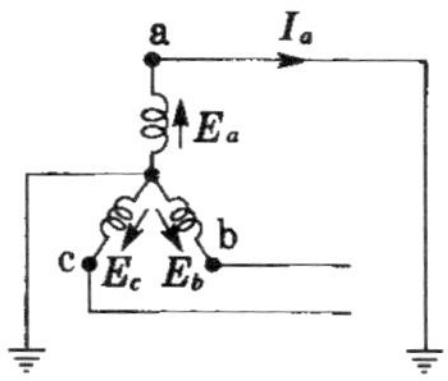

① $\frac{E_a}{Z_0 + Z_1 + Z_2}$ ② $\frac{3E_a}{Z_0 + Z_1 + Z_2}$

③ $\frac{2Z_0E_a}{Z_0 + Z_1 + Z_2}$ ④ $\frac{2Z_2Ea}{Z_1 + Z_2}$

풀이 대칭좌표법과 발전기 기본식을 이용하여 풀면

$I_0 = I_1 = I_2 = \frac{E_a}{Z_0 + Z_1 + Z_2} \rightarrow I_a = I_0 + I_1 + I_2 = 3I_0 = \frac{3E_a}{Z_0 + Z_1 + Z_2}$ **답** ②

26 송전선로의 정상임피던스는 역상임피던스에 비하여?

① 4배이다. ② 2배이다. ③ 같다. ④ $\frac{1}{2}$배이다.

풀이 누설 리액턴스를 무시하면 송전선로에서는 정상임피던스와 역상임피던스는 같다.
답 ③

27 송전선로 정상, 역상 및 영상임피던스를 각각 Z_1, Z_2 및 Z_0라 하면, 다음 어떤 관계가 성립하는가?

① $Z_1 = Z_2 = Z_0$ ② $Z_1 = Z_2 > Z_0$

③ $Z_1 > Z_2 = Z_0$ ④ $Z_1 = Z_2 < Z_0$

풀이 누설 리액턴스를 무시하면 송전선로에서는
정상임피던스 = 역상임피던스 < 영상임피던스
변압기에서는
정상임피던스 = 역상임피던스 = 영상임피던스가 된다. **답** ④

28 그림과 같은 회로 영상, 정상, 역상임피던스 Z_0, Z_1, Z_2 는?

① $Z_0 = Z + 3Z_n$, $Z_1 = Z_2 = Z$ ② $Z_0 = 3Z + Z_n$, $Z_1 = 3Z$, $Z_2 = Z$

③ $Z_0 = 3Z_n$, $Z_1 = Z$, $Z_2 = 3Z$ ④ $Z_0 = Z + Z_n$, $Z_1 = Z_2 = Z + 3Z_n$

답 ①

29 중성점 저항접지방식에서 1선지락시의 영상전류를 I_0 라고 할 때 저항을 통하는 전류는 어떻게 표현되는가?

① $\frac{1}{3}I_0$ ② $\sqrt{3}\,I_0$ ③ $3I_0$ ④ $6I_0$

답 ③

30 3상 변압기의 임피던스 Z[Ω], 선간전압이 V[kV], 변압기 용량P[kVA]일 때 이 변압기의 %임피던스는?

① PZ / 10V^2 ② 10PZ / V ③ 10VZ / ZP ④ VZ / P

답 ①

31 3상 3선식 상전압 E, 정격전류 I_n[A], %임피던스를 $\%Z$라 하면 3상 단락전류[A]?

① $\frac{V_n I_n}{\%Z_s}$ ② $\frac{100 I_n}{\%Z_s}$ ③ $\frac{\%Z V_n}{\%Z_s}$ ④ $\frac{\%Z I_n}{V_n}$

풀이 $\%Z = \frac{ZI}{E}$ 에서 $Z = \frac{\%ZE}{100I}$ 단락전류 $I_s = \frac{E}{Z} = \frac{E}{\frac{\%ZE}{100I}} = \frac{100}{\%Z}I$

답 ②

32 154/22.9 [kV], 40 [MVA]인 3상 변압기의 %리액턴스가 14 [%]라면 1차측으로 환산한 리액턴스는 약 몇 [Ω]인가?

① 5 [Ω] ② 18 [Ω] ③ 83 [Ω] ④ 560 [Ω]

풀이 $\%X = \frac{PX}{10V^2}$ 으므로 $X = \frac{\%X \cdot 10V^2}{\Pi} = \frac{14 \times 10 \times 154^2}{40,000} = 83$ [Ω]

답 ③

제 8 장

안정도

학습목표

- 전력계통의 안정도에 대한 이해

송전선로를 통해 보낼 수 있는 최대전력은 한계가 있다. 조상용량과 송수전단의 전압과 선로상수에 의해 적정하게 결정되는 송전용량이 있다. 이 용량 이상으로 송전할 때는 송수전단의 상차각이 점점 벌어져서 90° 이상이 된다. 결국 정태안정극한전력에 이른다. 만일 그 이상의 전력을 송전하면 상차각의 증가에 따라 수전할 수 있는 전력은 감소하기 때문에 탈조[39]를 일으킨다.

이처럼 극한 전력까지 이르지 않더라도 극한전력에 가까운 상태에서 운전하는 것은 전력손실이 커서 비경제적이며, 운전이 불안정하여 약간의 부하변동과 외란으로 탈조를 일으키기 쉽다. 따라서 실제의 송전계통에서는 사고나 외란에도 안정된 송전을 위하여 송수전단 전압사이의 상차각이 30～40° (정태안정극한전력의 약50% 정도)이하에서 운전하도록 한다.

이와 같이 전력계통에서 부하의 변화나 사고가 발생해도 각 발전기의 전압을 일정한 상차각으로 유지하여 계통이 탈조하지 않고 정상운전을 계속할 수 있는 능력을 안정도라고 한다. 전력계통의 불안정성은 계통의 구조나 운전모드에 따라 여러 형태로 나타난다. 전통적으로 안정도 문제는 운전의 동기 상태를 유지하는 것이다. 전력계통은 전기적 출력을 얻기 위해 동기기를 사용하기 때문에 모든 동기기가 동기화되어 있는 것이 계통 운영의 필요조건이다. 따라서 계통 안정도는 발전기의 회전자간의 동적특성과 전기적 크기-위상의 관계성에 의해 영향을 받는다.

8.1 안정도 구분

안정도는 송전계통의 구성, 발전기와 부하의 전압특성, 무효전력 설비의 응답특성 등이 서로 관련되어 결정된다. 안정도는 정상상태 안정도(정태안정도), 과도상태 안정도(과도안정도), 동적상태 안정도(동태안정도)의 3가지로 나누어 볼 수 있다.

정태안정도란 전력계통에서 완만한 부하변동 등과 같은 작은 수준의 외란이 발생했을 때 불안정 현상이 생기지 않고 지속적으로 계통을 운용할 수 있는 능력이다. 이때의 극

39) 사고가 발생하면 발전기의 기계적 입력과 전기적 출력의 균형이 무너지고 발전기가 동기운전을 유지할 수 없게 되어 불안정한 상태가 된다. 이 현상이 계속되면 모든 발전기가 정지되면서 정전이 일어날 수도 있다.

한전력을 정태안정극한전력이라고 한다.

부하가 갑자기 크게 변하거나 사고로 급격한 외란이 발생하여도 평형상태를 회복하여 안정된 운전 상태로 도달할 수 있는 능력을 과도안정도라 한다. 이때의 극한전력을 과도안정극한전력이라고 한다.

정상상태 및 과도상태에서 컴퓨터나 전력전자기술 등을 응용한 자동전압조정기(AVR)라든가 조속기 등의 정밀제어로 안정도 한계에서 근접 운전할 경우의 안정도를 동태안정도라고 한다. 동태안정극한전력은 고속 AVR 등으로 동기기의 여자전류를 고속제어하여 발전기 유기전압의 최대치부터 결정되는 정태안정극한전력과 같다.

8.2 전력상차각 특성

그림 8.1과 같이 동기발전기가 동기전동기에 전력을 공급하는 간단한 계통에서 저항과 대지정전용량은 작으므로 무시하고 리액턴스만의 회로로 나타낼 수 있다.

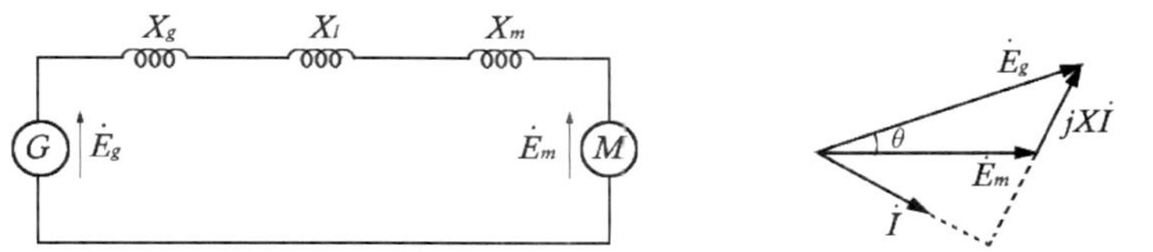

그림 8.1

발전기의 유도기전력을 $\dot{E}_g$, 리액턴스를 X_g라하고, 전동기는 각각 $\dot{E}_m$, X_m, 선로의 리액턴스는 X_l로 표시하면 합성리액턴스 $X = X_g + X_l + X_m$ 이므로 발전기의 유도기전력은 다음과 같다.

$$\dot{E}_g = \dot{E}_m + jX\dot{I} \tag{8.1}$$

따라서 전류 $\dot{I}$ 는 다음과 같이 표현된다.

$$\dot{I} = \frac{\dot{E}_g - \dot{E}_m}{jX} \tag{8.2}$$

$\dot{E}_m$을 기준벡터로 하고 $\dot{E}_g$와 $\dot{E}_m$ 사이의 상차각을 θ라고 하면

$$\dot{E}_g = E_g\angle\theta, \quad \dot{E}_m = E_m\angle 0°, \quad \dot{E}_g^* = E_g\angle -\theta$$

이므로 송전전력 $\dot{P}_a$는 다음과 같이 나타낼 수 있다.

$$\begin{aligned}
\dot{P}_a &= P + jQ = \dot{E}_g\,\dot{I}^* \\
&= E_g\angle\theta\left(\frac{\dot{E}_g - \dot{E}_m}{jX}\right)^* = E_g\angle\theta\left(\frac{E_g\angle-\theta - E_m\angle 0°}{X\angle-90°}\right) \\
&= \left(\frac{E_g^2\angle 0° - E_g E_m\angle\theta}{X\angle-90°}\right) = \frac{E_g^2}{X}\angle 90° - \frac{E_g E_m}{X}\angle\theta+90° \\
&= \left(\frac{E_g^2}{X}\cos 90° - \frac{E_g E_m}{X}\cos(\theta+90°)\right) + j\left(\frac{E_g^2}{X}\sin 90° - \frac{E_g E_m}{X}\sin(\theta+90°)\right) \\
&= \frac{E_g E_m}{X}\sin\theta + j\frac{E_g^2 - E_g E_m}{X}\cos\theta
\end{aligned}$$

그러므로 피상전력 P_a의 실수부인 유효전력 P는 다음과 같다.

$$P = \frac{E_g E_m}{X}\sin\theta \tag{8.3}$$

[참고] 벡터도를 이용한 수전 전력 P의 계산

$P = E_m I\cos\phi = \frac{1}{X}E_m XI\cos\phi$

위식에서 $XI\cos\phi$는 그림에서 GM'로 되므로 $E_m XI\cos\phi$는 $OM \times GM'$로서 삼각형 OMG의 면적의 2배가 된다. 삼각형 OMG의 면적은 $\frac{1}{2}OG\times MO' = \frac{1}{2}E_g E_m\sin\theta$이다.

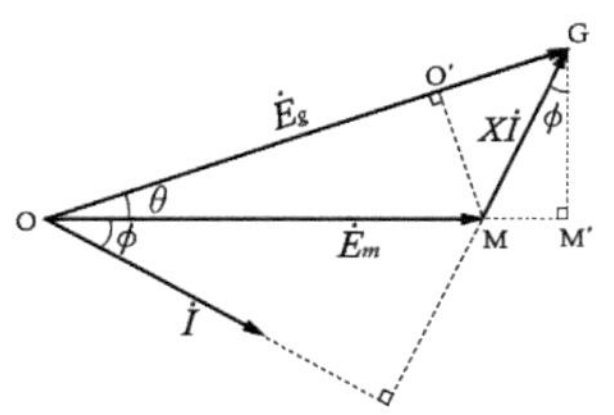

그러므로 $P = \frac{E_g E_m}{X}\sin\theta$로서 식(8.3)과 같다.

8.2.1 정태안정도

식(8.3)의 발전기에서 전동기로 전달되는 유효전력 P는 발전기와 전동기 회전자간의 상차각 θ의 사인파에 비례하여 변화하는 것을 나타낸다. 실제의 계산을 할 때 전압값에 [kV]단위의 선간전압값을 넣으면 P는 [MW]단위로 3상전력을 얻을 수 있으므로 편리하다. 식(8.3)은 전력 상차각 곡선을 나타내는 것으로서 $\theta = 0$일 때 $P = 0$이 되고, $\theta = 90°$일 때 P는 식(8.4)와 같이 최대전력 $P_{\max}$가 된다.

$$P_{\max} = \frac{E_g E_m}{X} \tag{8.4}$$

즉, 이때의 정태안정극한전력은 $\frac{E_g E_m}{X}$이다.

따라서 발전기 전압 E_g와 전동기의 전압 E_m을 증가시키거나 리액턴스 X를 감소시키면 최대전력을 증대시킬 수 있다. 또한 상차각 θ에 따라서 다음과 같이 안정운전, 안정한계, 불안정운전 영역별로 나누어진다.

안정 운전영역 : $0° < \theta < 90° (dP/d\theta > 0)$
안정한계 : $\theta = 90° (dP/d\theta = 0)$
불안정 운전영역: $90° < \theta < 180° (dP/d\theta < 0)$

상차각 θ가 $0° < \theta < 90°$일 때 즉 $dP/d\theta > 0$일 때의 계통운전은 안정하다. 이 $dP/d\theta$의 값을 발전기의 동기화력(synchronizing power)이라고 부른다. 이것이 양(+)의 조건을 만족하는 영역은 안정 운전영역이다.

그림 8.2는 식(8.3)의 전력상차각 곡선을 나타낸 것이다. 상차각 θ_1에서 정상상태의 출력 P_1을 보낸다고 한다. 이때 변동이 서서히 일어나서 상차각이 θ_1보다 커졌다고 하면 발전기 출력은 증가한다. 그러나 전동기 입력이 일정할 때 발전기 출력이 증가하면 이에 상당하는 에너지가 발전기의 회전에너지에서 방출되고 발전기의 회전 속도는 내려가서 상차각이 처음의 θ_1으로 회복되어 안정된 운전을 계속할 수 있다.

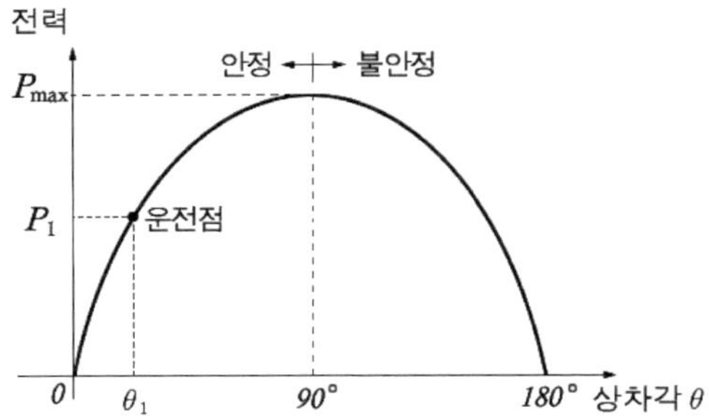

그림 8.2 전력상차각 곡선

다음에 상차각이 θ_1보다 작아질 때는 발전기 출력은 감소하는데, 전동기 입력이 일정하면 발전기는 그 에너지의 차만큼 속도가 올라가서 처음의 θ_1으로 회복되므로 역시 안정하다. 그러나 $\theta = 90°$에서 운전되고 있을 때에는 조금이라도 부하가 증가하여서 상차각이 커진다면 전동기 입력이 일정할 때 발전기 출력은 오히려 감소하므로 회전속도는 가속되어 상차각은 점점 더 커진다. 그러므로 $\theta = 90°$일 때의 P_{max}점이 정태안정극한 전력을 나타내는 것이다.

예제 8-1 PRETEST

송전단 전압 345[kV], 수전단 전압 320[kV], 상차각 60°, 리액턴스 80[Ω]인 송전선로에서 송전전력[MW]을 구하여라.

[풀이]

$$P = \frac{E_g E_m}{X}\sin\theta = \frac{345 \times 320}{80}\sin 60° = 1195[\text{MW}]$$

8.2.2 동태안정도

발전기의 출력이 증가할 때 발전기의 전압이 조금이라도 떨어지면 곧 검출하여 계자회로에 대한 직류 전압의 여자를 늘리도록 자동 제어하는 속응여자방식을 사용한다. 속응여자방식은 여자기의 전압 상승과 정상 전압이 크고 발전기의 전압이 변화하면 곧장 응할 수 있는 자동전압조정기(AVR)를 갖는다. 자동전압조정기로는 회전형(앰플리다인 등), 전자관형, 자기 증폭기 등이 있다. 이런 속응여자방식을 사용하면 일정 내부전압, 즉 일정 계자 전압의 경우에 비하여 안정극한전력이 매우 커진다. 이때의 최대전력이 동태안정극한전력이다. 이와 같이 속응여자방식을 사용해서 동태안정극한전력까지 전력을 높이려는 것은 전력 계통의 규모가 커지기 때문이다.

8.2.3 과도안정도

부하의 급변이나 송전선로의 고장과 같은 계통 외란으로 계통의 평형상태가 깨지게 되면 발전기의 기계적인 입력과 전기적인 출력간의 차이가 생기고 이 차에 따라 회전자는 가속 또는 감속하게 된다. 그 결과 발전기의 운전 평형점(위상각)은 새로운 평형상태가 되는 지점으로 이동하게 된다. 그러나 발전기는 관성을 가진 회전체이기 때문에 새로운 평형점에 도달하는 즉시 그 점에서 정지하여 안정되는 것이 아니라 평형점을 중심으로 상하로 동요하게 된다. 이때 새로운 평형점이 불안정 범위에 들어가면 발전기는 탈조를 일으킨다.

과도안정도는 계통외란 발생 후 약 10초 이내의 시간대에 대한 발전기의 안정성 회복정도를 표시한다. 과도안정도에서 계통의 안정여부에 대한 판별은 보통 계통외란 발생 후 약 1~2초 이내에 결정된다. 이것은 기기의 제1동요가 안정될 때까지의 주기가 대체로 1초정도이기 때문이다. 과도안정도는 고장 전의 부하상태, 외란의 종류, 회전자의 관성모멘트, 고장차단시간 및 전동기의 조속기[40] 동작특성 등 여러 가지 요소가 영향을 미치게 되어 그 현상이 매우 복잡하다. 고장을 신속히 제거하는 고속차단방식 또는 차단 후 일정시간을 경과해서 재투입하는 고속재폐로[41] 방식을 채용하면 과도안정도를 향상시킬 수 있다.

---

40) 터빈에 공급되는 증기의 유입량을 조절하여 터빈의 회전속도를 일정하게 해주는 장치이다. 즉, 발전기의 출력을 조정하여 계통의 주파수를 일정하게 유지시켜 주는 장치이다.

41) 계통의 안정도를 향상시킬 목적으로 고장일 때 차단시킨 다음 사고가 소멸되면 자동으로 송전선을 투입하는 일련의 동작을 재폐로라 한다.

8.3 안정도 향상 대책

계통의 안정도에는 수많은 요소들이 영향을 주므로 안정도의 향상대책도 여러 가지를 생각할 수 있으나 주요한 것은 다음과 같다.

① 계통의 직렬리액턴스 감소
② 전압변동을 적게 함
③ 계통에 주는 충격을 적게 함
④ 고장발생시 발전기 입출력의 불평형을 적게 함

1. 계통의 직렬리액턴스 감소

송전전력을 나타내는 식(8.3)에서 최대송전전력은 전달리액턴스에 반비례하므로 직렬리액턴스를 감소시키면 안정도의 향상이 기대된다. 계통의 직렬리액턴스를 감소하기 위한 방법은 다음과 같다.

① **발전기나 변압기의 리액턴스를 감소**—발전기의 리액턴스를 작게 설계하면 단락비를 크게 하는 것이 되어 장비는 고가의 대형이 되지만 관성상수가 커지므로 안정도 면에서 유리하다. 또한 중성점 직접접지계통에서는 단권변압기를 사용함으로써 리액턴스를 감소시킬 수 있다.
② **복도체 또는 병행다회선 방식을 채용**—특히 복도체 방식은 리액턴스를 20[%]이상 감소시킴과 동시에 코로나의 개시전압이 상승하므로 송전전압도 높일 수 있다.
③ **직렬콘덴서를 사용하여 선로의 리액턴스를 보상**—유도성 리액턴스 X_L인 선로에 용량성 리액턴스 X_c인 커패시터를 직렬로 삽입하여 선로의 리액턴스를 보상한다. 이 방법의 단점은 직렬 보상기를 설치하게 되면 보호계전기의 동작이 복잡해진다는 것이다.

2. 전압변동을 적게 함

고장이 생기면 발전기는 역률이 낮은 뒤진 전류를 흘리기 때문에 전기자반작용에 의해서 단자 전압은 매우 떨어진다. 이때 여자전류를 신속하게 증가시키면 안정도를 높일 수 있다. 전압변동을 적게 하기 위한 방법은 다음과 같다.

① **속응 여자방식 채용**–고장으로 발전기의 전압이 떨어지더라도 고성능 자동전압조정기(AVR) 등을 사용하여 발전기의 전압을 일정 수준까지 유지시킬 수 있으므로 안정도 증진에 기여하게 된다.

② **계통의 연계**–여러 개의 계통을 적당한 장소에서 서로 연계해주는 것이다. 계통의 용량이 그만큼 증가하여 튼튼해지기 때문에 고장일 때의 전압변동이 감소한다. 단, 고장으로 영향이 미치는 범위는 확대된다.

③ **중간 조상 방식의 채용**–선로의 송수전단의 중간 위치에 조상기를 설치한다. 선로의 중간지점의 전압을 올리고 일정하게 유지함으로써 안정극한전력을 증가시키고자 한다. 그림 8.3에서 GC간의 위상차 θ_{gc} 및 CM간의 θ_{cm} 중에서 극한값을 초과하는 전력이 계통의 극한전력이 된다. 따라서 θ_{gm}은 90°를 넘어서도 안정 운전을 계속할 수 있다.

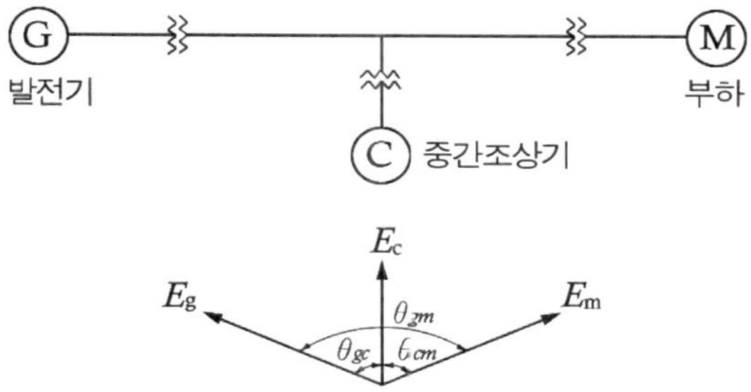

그림 8.3 중간조상방식

3. 계통에 주는 충격을 적게 함

고장으로 인해 계통에 주는 충격을 적게 하기 위하여 고장전류의 감소하고 고장부분을 신속하게 제거하여야 한다. 계통에 주는 충격을 적게 하기 위한 방법은 다음과 같다.

① **적당한 중성점 접지방식의 채용**–1선지락전류를 적게 하는 소호리액터접지방식을 채용한다.

② **고속차단 방식의 채용**–보호계전방식을 완비해서 고장구간의 양단을 신속하게 차

단한다. 차단시간이 늦을수록 과도안정도가 나빠진다.

③ **재폐로 방식의 채용**—송전선로에서의 고장은 대부분 1선지락이며 일시적이다. 영구적 고장은 전체 고장의 10%정도에 불과하다. 따라서 고장구간을 순간적으로 잠시 차단한 후 다시 송전하면 정상으로 되는 경우가 많다. 그리고 차단시간을 짧게 할수록 1선지락에서 단락으로 이행하는 비율이 적고 성공률이 증가한다.

4. 고장발생시 발전기 입출력의 불평형을 적게 함

① **조속기의 성능개선**—조속기는 일반적으로 자동전압조정기(AVR)에 비하여 응답속도가 늦어서 빠른 과도 동요에 대해서는 억제효과가 작다. 그러므로 전자식 조속기 등의 비교적 동작이 빠른 조속기를 채용하면 안정도 향상이 증진될 것이다.

② **제동저항의 설치**—사고발생 직후 발전단에 제동저항(SDR: System Damping Resistor)을 병렬로 접속하여 잉여전력을 일시적으로 흡수하고 발전기가 가속 탈조하는 것을 막는다. 과도안정도를 향상시키기 위해서는 제동저항을 너무 늦게 접속하면 효과가 없으므로 투입시간을 정확하게 선정해야 한다.

③ **터빈에 고속제어 밸브 사용**—수차발전기는 작동유체가 물이기 때문에 빨리 제어하기가 어렵지만, 화력이나 원자력 발전소에서는 터빈의 스팀밸브를 미리 정해진 방식으로 빠르게 닫거나 열게 함으로써 심각한 송전 선로 사고 후 뒤따르는 발전기의 급격한 출력변화를 줄여 안정도를 향상시킨다. 이러한 고속 밸브 제어의 능력은 조속기 시스템의 종류에 달려있다.

연 습 문 제

1 송전선로의 안정도 향상 대책이 아닌 것은?

① 병행 다회선이나 복도체 방식 채용 ② 속응여자방식 채용

③ 계통의 직렬리액턴스 증가 ④ 고속도 차단기 이용

풀이 안정도 향상 대책

(1) 직렬 리액턴스를 작게 한다.(* 발전기나 변압기의 리액턴스를 작게 한다. * 선로의 병행 회선수를 늘리거나 복도체 또는 다도체 방식을 사용한다. * 직렬 콘덴서를 삽입하여 선로의 리액턴스를 보상한다.)

(2) 전압 변동을 작게 한다.(* 속응 여자 방식의 채용. * 계통 연계를 한다.)

(3) 중간 조상 방식을 채용한다.

(4) 고장 전류를 줄이고 고장 구간을 신속하게 차단한다.(* 적당한 중성점 접지 방식을 채용하여 지락 전류를 줄인다. * 고속도 계전기, 고속도 차단기를 채용한다. * 고속도 재폐로 방식을 채용한다.)

(5) 고장 때 발전기 입·출력의 불평형을 작게 한다.(* 조속기의 동작을 빠르게 한다. * 고장 발생과 동시에 발전기 회로의 저항을 직렬 또는 병렬로 삽입하여 발전기 입·출력의 불평형을 작게 한다.

답 ③

2 송전 계통의 안정도 향상 대책이 아닌 것은?

① 계통의 직렬 리액턴스를 증가시킨다.

② 전압 변동을 적게 한다.

③ 고장 시간, 고장 전류를 적게 한다.

④ 계통을 연계한다.

풀이 직렬 리액턴스를 작게 한다.(* 발전기나 변압기의 리액턴스를 작게 한다. * 선로의 병행 회선수를 늘리거나 복도체 또는 다도체 방식을 사용한다. * 직렬 콘덴서를 삽입하여 선로의 리액턴스를 보상한다.)

답 ①

3 전력계통에서의 안정도란 주어진 운전 조건하에서 계통이 안정하게 운전을 계속할 수 있는가의 능력을 말한다. 다음 중 안정도의 구분에 포함되지 않는 것은?

① 동태 안정도 ② 과도 안정도 ③ 정태 안정도 ④ 동기 안정도

풀이 안정도는 송전계통의 구성, 발전기와 부하의 전압특성, 무효전력 설비의 응답특성 등이 서로 관련되어 결정되며, 정태안정도, 과도안정도, 동태안정도의 3가지로 나누어 볼 수 있다. **답** ④

4 다음 송전 계통의 안정도를 증진 시키는 방법이 아닌 것은?

① 전압 변동을 적게 한다. ② 직렬리액턴스를 크게 한다.
③ 제동 저항기를 설치한다. ④ 중간 조상기 방식을 채용한다.

풀이 직렬 리액턴스를 작게 해야 한다.(* 발전기나 변압기의 리액턴스를 작게 한다. * 선로의 병행 회선수를 늘리거나 복도체 또는 다도체 방식을 사용한다. * 직렬 콘덴서를 삽입하여 선로의 리액턴스를 보상한다.) **답** ②

5 계통의 안정도 향상 면에서 좋지 않은 것은?

① 선로 및 기기의 리액턴스를 낮게 한다.
② 고속도 재폐로 차단기를 채용한다.
③ 중성점 직접 접지방식을 채용한다.
④ 고속도 AVR을 채용한다.

풀이 지락 전류를 줄여야 하므로 직접 접지방식은 안정도 향상 면에서 좋지 않다. **답** ③

6 직접접지와 관계없는 것은?

① 과도안정도 증진 ② 기기의 절연 수준저감
③ 계전기의 동작 확실 ④ 단절연 변압기 사용 가능

풀이 직접접지방식은 지락전류가 가장 많이 흐르므로 과도 안정도가 나쁘다. **답** ①

7 송전선의 안정도를 증진시키는 방법으로 맞는 것은?

① 발전기의 단락비를 감소시킨다. ② 선로의 회선수를 감소시킨다.
③ 전압 변동을 작게 한다. ④ 리액턴스가 큰 변압기를 사용한다.

풀이 발전기의 단락비는 커야, 리액턴스를 적게, 회선수는 증가, 고장전류는 신속 차단, 전압변동을 적게 하는 것이 안정도를 증진시키는 방법이다. **답** ③

8 중간 조상 방식이란?

① 송전선로의 중간에 동기조상기 연결
② 송전선로의 중간에 직렬콘덴서의 삽입
③ 송전선로의 중간에 병렬 콘덴서의 삽입

④ 송전선로의 중간에 개폐소를 설치, 리액터와 콘덴서를 병렬로 연결

풀이 전압조정을 위해서 송전선로의 중간에 동기조상기를 연결하는 중간조상 방식을 사용한다.

답 ①

9 송전선로의 정상 상태 극한(최대)송전전력은 선로 리액턴스와 대략 어떤 관계가 성립하는가?

① 송·수전단 사이의 선로 리액턴스에 비례한다.

② 송·수전단 사이의 선로 리액턴스에 반비례한다.

③ 송·수전단 사이의 선로 리액턴스의 제곱에 비례한다.

④ 송·수전단 사이의 선로 리액턴스의 제곱에 반비례한

풀이 $P = \frac{E_g E_m}{X} \sin\theta$에서 $P \propto \frac{1}{X}$

답 ②

10 전력계통의 안정도 향상 대책으로 직렬 리액턴스를 작게 하기 위한 방법이 아닌 것은?

① 발전기의 리액턴스를 작게 한다.
② 변압기의 리액턴스를 작게 한다.
③ 복도체를 사용한다.
④ 계통을 연계한다.

풀이 계통의 직렬리액턴스 감소하는 방법(* 발전기나 변압기의 리액턴스를 감소 * 복도체 또는 병행다회선 방식을 채용 * 직렬콘덴서를 사용하여 선로의 리액턴스를 보상)
계통을 연계하는 것은 전압변동을 적게 하여 안정도를 향상하는 것이다.

답 ④

11 전력계통의 전압조정과 무관한 것은?

① 발전기의 조속기
② 발전기의 전압조정장치
③ 전력용 콘덴서
④ 전력용 분로리액터

풀이 조속기는 터빈에 공급되는 증기의 유입량을 조절하여 터빈의 회전속도를 일정하게 해주는 장치이다. 즉, 발전기의 출력을 조정하여 계통의 주파수를 일정하게 유지시켜 주는 장치를 조속기라고 한다. * 조상설비: 무효전력 조정 → 전압 조정 * 조속기: 발전기의 기계적 입력 조정 → 발전기의 출력(유효전력) 조정 → 주파수 조정

답 ①

12 전력원선도에서 구할 수 없는 것은?

① 조상 용량
② 송전 손실
③ 정태 안정 극한 전력
④ 과도 안정 극한 전력

풀이 ⓐ 전력원선도에서 알 수 있는 사항(* 정태 안정 극한 전력 * 송수전단 전압간의 상차

각 * 조상 용량 * 수전단 역률 * 선로 손실과 송전 효율)

ⓑ 전력원선도에서 알 수 없는 사항(* 코로나 손실 * 과도 안정 극한 전력) 답 ④

13 송전선에 직렬콘덴서를 설치하는 경우 많은 이점이 있는 반면 이상 현상도 일어날수 있다. 직렬콘덴서를 설치하였을 때 이치에 맞지 않는 사항은?

① 선로 중에서 일어나는 전압강하를 감소시킨다.

② 송전전력의 증가를 꾀할 수 있다.

③ 부하 역률이 좋을수록 설치 효과가 크다.

④ 단락 사고가 발생하는 경우 직렬공진을 일으킬 수 있다.

풀이 직렬 콘덴서의 장단점

〈장점〉 * 유도 리액턴스를 보상하고 전압 강하를 감소시킨다. * 수전단의 전압 변동을 경감시킨다. * 최대 송전 전력이 증대하고 정태 안정도가 증대한다. * 부하 역률이 나쁠수록 효과가 크다. * 용량이 작으므로 설비비가 저렴하다.

〈단점〉 단락고장 때 콘덴서 양단에 고전압이 걸린다. * 무부하 변압기에 직렬 콘덴서를 투입하는 경우 선로 전류가 증대한다. * 고압 배전선에 설치하는 경우 자기 여자 현상이 일어날 수 있다. * 과보상이 되면 동기기에 난조 상태가 생기거나 탈조하는 수가 있다. 답 ③

14 차단기의 고속도 재폐로의 목적은?

① 고장의 신속한 제거 ② 안정도 향상

③ 기기의 보호 ④ 고장 전류의 억제

풀이 고속도 재폐로(recloser) 차단기는 고장전류를 신속하게 차단 및 투입함으로써 안정도를 향상시킨다. 답 ②

제 9 장 코로나

학습목표

- 코로나의 발생원리 및 대책

공기는 보통 절연물로 취급되지만 실제는 그 절연 내력에 한계가 있다. 즉 표준 기상 상태(20℃, 1기압[42])에서 직류 약 30[kV/cm]의 전위경도가 걸리면 절연이 파괴된다. 교류의 실효값으로 환산하면 직류의 $1/\sqrt{2}$ 인 약 21.1[kV/cm] 정도가 되는데 이것을 파열극한 전위경도 E_{g0}라고 한다.

도체 사이에 공급하는 전압을 점점 높여갈 때 도체 표면의 전위경도가 공기의 절연내력을 초과하면 도체표면에 낮은 소리와 엷은 빛을 수반한 방전이 일어난다. 이 현상을 코로나방전이라 하고, 공기의 절연이 부분적으로 파괴되는 부분방전 현상이며 섬락 전에 생기는 방전이다.

송전선에 코로나가 발생하면 오존이 생성되어 도체와 애자의 쇠붙이를 부식시키거나 전력손실(코로나 손실)이 생겨서 송전효율을 떨어뜨린다. 또한 송전선 부근의 라디오나 TV의 전파수신 장해를 주고 통신선에의 유도장해를 일으키는 등 나쁜 영향을 미치게 된다.

코로나는 도체, 소호각, 클램프 등에서 발생하는 기중 코로나와 애자 등의 고체유전물 표면에서 발생하는 연면 코로나로 나눌 수 있다. 기중 코로나는 표면의 손상, 부착물 등의 원인으로 발생하며, 연면 코로나는 과전압의 불평균, 전위분포의 불균일, 오손 등의 원인으로 발생한다.

코로나 발생은 전선에 흐르는 전류와는 관계가 없고 공급전압, 도체표면의 상태, 주위의 공기상태에 영향을 받는다. 도체의 지름이 클수록 코로나 발생은 감소된다. 즉, 송전선로가 고압일수록 복도체로 설치하는 것은 도체의 등가반지름을 크게 하여 코로나 발생을 억제하고 송전용량을 증대시키기 위함이다. 또한 전선로에서 도체를 지지물에 매다는데 사용된 쇠붙이 등에 돌기가 있으면 그 부분에서 코로나가 쉽게 발생하고 비나 눈이 올 때에도 코로나가 쉽게 발생된다. 따라서 송전선로의 설계에서 코로나 방지대책은 중요한 고려사항이다.

---

42) 표준 중력 하에서 0℃에서의 수은주 760mm가 부여하는 압력. 대기의 압력

9.1 코로나 임계전압

도체의 표면에서 공기의 절연내력이 파괴되어 코로나가 발생했을 때, 도체의 대지전압을 코로나 임계전압이라고 한다. 표면이 매끈한 반지름 r[m]인 도체에 단위 길이당 Q[C/m]의 전하를 주었을 때 도체표면의 전계의 세기 즉 전위경도 E_g는 다음과 같다.

$$E_g = \frac{Q}{2\pi\varepsilon r} = 9\times 10^9 \frac{2Q}{r} \text{ [V/m]} \tag{9.1}$$

단, ε은 공기의 유전율($\varepsilon \fallingdotseq \varepsilon_0$)로서 8.855×10^{-12}[F/m]

전위경도 E_g값이 파열극한 전위경도 E_{g0}를 넘으면 코로나가 발생한다.

도체의 반지름 r[cm], 등가선간거리 D[cm], 도체의 대지전압을 E[kV], 중성선에 대한 작용정전용량 $C\left(=\dfrac{0.02413}{\log_{10}\dfrac{D}{r}}\right)$[$\mu$F/km]라 하면 도체표면의 전위경도 식(9.1)은 다음과 같이 변환하여 나타낼 수 있다.

$$E_g = 9\times 10^9 \frac{2CE}{r} = \frac{E}{r}\times \frac{0.4343}{\log_{10}\dfrac{D}{r}} \text{ [V/m]} \tag{9.2}$$

그러므로 평상의 운전상태에 있어서 선로의 중성점에 대한 코로나의 임계전압 E_0는 식(9.2)의 E_g에 파열극한 전위경도 21.1[kV/cm]를 대입하여 풀면 다음과 같다.

$$21.1 = \frac{0.4343}{r\log_{10}\dfrac{D}{r}} E_0$$

$$\therefore\ E_0 = 24.3\times 2r\times \log_{10}\frac{D}{r} = 24.3\,d\log_{10}\frac{2D}{d} \text{[kV]} \tag{9.3}$$

여기서, $d = 2r$(지름)이다.

식(9.3)은 표준 기상상태에서 도체의 단면이 완전한 원형(true circle)일 때다. 실제로는 연선을 사용하고 기상조건이 나쁜 경우도 있으므로 임계전압은 달라진다. 따라서 실제 상태에서의 임계전압은 도체표면의 상태계수 m_0, 기상계수 m_1, 상대 공기밀도 δ를 곱하여 다음 식으로 된다.

$$E_0 = 24.3\, m_0 m_1 \delta d \log_{10} \frac{2D}{d} [\text{kV}] \tag{9.4}$$

단, m_0: 도체표면계수

(단선 1, ACSR 0.8)

m_1: 기상(날씨)계수

(맑은 날 1, 비오는 날 0.8, 서리가 많은 날 0.7~0.6)

δ : 상대공기밀도(표준 기상상태를 벗어난 정도)

$$\delta = \frac{0.386 \times \text{기압}[\text{mmHg}]}{273 + \text{기온}[^\circ\text{C}]} \quad \left(\delta \propto \frac{\text{기압}}{\text{기온}}\right)$$

표 9.1에서 보면 연선가닥수가 많을수록 표면이 거칠수록 m_0는 낮은 값이되어 코로나 임계전압이 낮아지므로 코로나가 발생하기 쉽다는 것을 알 수 있다.

표 9.1 도체표면의 상태계수

도체표면의 상태	m_0
잘 닦은 단선	1.0
표면이 거친 단선	0.93~0.98
중공 연선	0.90~0.94
7가닥 연선	0.83~0.87
19~61가닥 연선	0.80~0.85

또한 상대공기밀도 δ는 기온과 기압에 의한 계수로서 표 9.2에서처럼 고도가 높으면 기압이 낮아져서 상대공기밀도는 낮아진다. 그러므로 산악지대를 통과하는 송전선로는 코로나 임계전압이 낮아지므로 코로나가 발생하기 쉽다.

표 9.2 고도와 기압과의 관계

고도[m]	0	500	1,000	1,500	2,000
기압[mmHg]	760	711	668	627	590

예제 9-1 P·R·E·T·E·S·T

154[kV]의 3상선로의 도체 지름이 2.2[cm], 등가 선간 거리가 400[cm]이다. 기온 18[℃], 기압 750[mmHg], m_0 = 0.85, m_1 = 0.8일 경우 이 송전선로에서의 코로나 발생 유무를 검토하여라.

[풀이]

$$\delta = \frac{0.386 \times \text{기압[mmHg]}}{273 + \text{기온}[^\circ C]} = \frac{0.386 \times 750}{273 + 18} = 0.995$$

$$E_0 = 24.3 m_0 m_1 \delta d \log_{10} \frac{2D}{d}$$

$$= 24.3 \times 0.85 \times 0.8 \times 0.995 \times 2.2 \times \log_{10} \frac{2 \times 400}{2.2} = 92.62[\text{kV}]$$

154[kVA] 전압의 대지 전압은 89[kVA]이므로, 코로나는 발생하지 않는다.

9.2 코로나 장해

1. 코로나 손실

도체 표면의 전위경도가 커져서 코로나가 발생하게 되면 방전전류에 따른 코로나 손실(P_c)이 생긴다. 코로나 손실은 저항손실과 더불어 전선로의 송전효율을 떨어뜨린다.

코로나 손실 계산식 중에 피크(Peek)의 식은 다음과 같다.

$$P_c = \frac{241}{\delta}(f + 25)\sqrt{\frac{d}{2D}}(E - E_0)^2 \times 10^{-5}[\text{kW/km/1선}] \tag{9.5}$$

여기서, δ : 상대공기밀도

d : 전선의 지름[cm]

D : 선간거리[cm]

E : 전선의 대지전압[kV]

E_0: 코로나 임계전압[kV]

2. 코로나 잡음

전선로에서 사용된 쇠붙이에서 코로나가 발생하면 방전점 부근에서 급격한 방전전류로 인해 국부적인 전자계가 발생한다. 또한 방전점 좌우의 선로에는 펄스성의 진행파로 주위 공간에 전자계가 형성된다. 이러한 전자계는 합성이되어 넓은 대역의 주파수 성분을 갖는다. 그 중에서 수백~수천[kHz]의 전자파는 라디오나 TV 수신기의 잡음으로 작용한다. 이와 같이 코로나 방전에 의한 잡음을 코로나 잡음이라 하고 이러한 장해를 전파장해라고 한다. 날씨가 맑거나 흐린 날에는 잡음의 수준이 거의 안정되어 있지만 비가 오거나 안개가 낀 날은 10~20[dB]정도 증가하여 변동이 심해진다.

코로나 잡음의 방지대책으로는 신호대 잡음의 비율인 S/N비를 크게 하면 된다. 즉, 방송신호를 증강하거나 잡음을 억제하면된다. 방송신호 S[dB]를 증강하기 위하여 송전선과 거리를 두고 안테나를 설치한다. 송전선에 방송파가 실리는 잡음 N[dB]을 억제하기 위해서는 다도체방식을 채용하거나 소호환(차폐환)을 설치한다.

3. 제3고조파에 의한 유도장해

코로나가 발생하면 주로 제3고조파의 전압과 전류가 생긴다. 3상에서 기본파는 각 상의 위상이 120°씩 차이가 나므로 서로 상쇄된다. 하지만 제3고조파는 각 상의 위상이 같으므로 전류의 크기가 3배이며 중성선을 귀로로 하는 영상전류이다. 그러므로 중성점 접지방식에서 제3고조파의 전류가 흐르면 인근 통신시설의 운용을 방해하거나 인체에 위험을 초래할 수도 있다.

4. 중성점 접지방식과 코로나

중성점 직접접지방식에서는 1선지락이 일어나더라도 건전상의 전압상승이 비교적 작으므로 코로나 발생의 우려가 없다. 하지만 고저항 또는 소호 리액터 접지에서는 건전상의 대지 전압이 급상승하게 되어 도체의 전위경도가 커지므로 코로나가 발생할 수 있다. 특히 소호 리액터의 경우 1선지락 사고가 발생하면 중성점 전압과 같은 위상의 코로나 전류가 지락점을 흐르기 때문에 고장전류가 잔류하여 아크가 꺼지지 않거나 전력선 반송 계전기에서 오동작을 일으키게 된다.

5. 도체의 부식

코로나 방전으로 오존(O_3)과 산화질소(NO)가 생기고 수분이 있으면 초산(NHO_3)으로 되어 도체나 쇠붙이를 부식시킨다.

예제 9-2 PRETEST

도체의 지름 1.8[cm], 등가선간거리 400[cm], 154[kV], 60[Hz]의 3상 송전선이 있다. 기압 740[mmHg], 기온 25[℃], 비오는 날일 경우 코로나 임계전압과 코로나 손실[kW/km/1선]을 구하여라. 단, 도체의 표면 계수 m_0 = 0.82이다.

[풀이]

$$\delta = \frac{0.386 \times \text{기압[mmHg]}}{273 + \text{기온}[^\circ C]} = \frac{0.386 \times 740}{273 + 25} = 0.959$$

$$E_0 = 24.3 m_0 m_1 \delta d \log_{10} \frac{2D}{d}$$
$$= 24.3 \times 0.82 \times 0.8 \times 0.959 \times 1.8 \times \log_{10} \frac{2 \times 400}{1.8} = 72.86[\text{kV}]$$

$$P_c = \frac{241}{\delta}(f + 25)\sqrt{\frac{d}{2D}}(E - E_0)^2 \times 10^{-5}$$
$$= \frac{241}{0.959}(60 + 25)\sqrt{\frac{1.8}{800}}\left(\frac{154}{\sqrt{3}} - 72.86\right)^2 \times 10^{-5} = 2.61[\text{kW/km/1선}]$$

9.3 코로나 방지 대책

코로나에 의한 장점도 있다. 그것은 낙뢰 등으로 인한 이상전압이 발생했을 때 진행파의 파고값을 코로나의 저항 작용으로 급속히 감소시키는 것이다. 그러나 이러한 효과보다는 코로나로 인한 손실과 잡음 등의 나쁜 영향이 너무 크기 때문에 코로나 발생을 최대한 방지해야 한다. 방지대책으로서는 무엇보다도 코로나 임계전압을 대지전압 이상으로 높여야 한다.

1. 굵은 도체 및 다도체의 사용

식(9.4)에서 알 수 있듯이 코로나 임계 전압을 좌우하는 것은 도체의 지름과 선간거리이다. 선간거리 D는 선로의 전압에 따라 경제적으로 결정되는 것이다. 그러므로 결국 도체의 지름을 크게 하여 임계전압을 높일 수 있다. 이를 위하여 도체의 지름이 큰 ACSR 또는 다도체를 사용한다. 일반적으로 단도체에 비해 다도체 방식에서의 코로나 손실이 기상조건과 상관없이 적다는 것이 밝혀져 있다. 또한 다도체는 단도체보다 전위경도를 상당히 저하시킬 수 있어서 코로나 잡음 수준을 적게 할 수 있다. 그리고 앞장에서 살펴보았듯이 다도체 방식은 단도체보다 선로의 작용인덕턴스는 줄고 작용정전용량은 커져서 송전전력을 증대시킬 수 있는 장점도 있다.

2. 소호환의 설치

코로나 잡음에 의한 전파 장해를 방지하기 위하여 소호환을 단다. 또한 애자련 및 애자 쇠붙이에서의 코로나를 방지하기 위하여 소호환을 단다. 소호환은 애자에 가하여지는 전압분포를 균등화하여 특정 애자의 전압이 상승하는 일이 없도록 함으로써 코로나를 방지할 수 있다.

3. 전선로에 사용된 쇠붙이의 개량

쇠붙이의 돌기부분에서 코로나가 발생하기 쉬우므로 돌기부분이 없도록 둥글게 개량하여 쇠붙이에서의 코로나를 방지한다.

연 습 문 제

1 코로나 현상에 대한 설명으로 거리가 먼 것은?
① 소호리액터의 소호능력이 저하된다.
② 전선 지지점 등에서 전선의 부식이 발생한다.
③ 공기의 절연성이 파괴되어 나타난다.
④ 전선의 전위경도가 40[kV/cm]이상일 때부터 나타난다.

풀이 파열극한 전위경도는 21.1[kV/cm]이다. **답** ④

2 다음 중 코로나 임계전압에 직접 관계가 없는 것은?
① 전선의 굵기 ② 기상조건 ③ 애자의 강도 ④ 선간거리

풀이 코로나 임계전압 $E_0 = 24.3 m_0 m_1 \delta d \log_{10} \dfrac{2D}{d}$[kV]이다.
여기서, m_0: 도체표면계수, m_1: 기상계수, δ : 상대공기밀도, d: 도체의 지름,
D: 등가선간거리이다. **답** ③

3 다음 중 송전선의 코로나손과 가장 관계가 깊은 것은?
① 상대공기밀도 ② 송전선의 정전용량
③ 송전거리 ④ 송전선의 전압변동률

풀이 코로나손 $P_c = \dfrac{241}{\delta}(f+25)\sqrt{\dfrac{d}{2D}}(E-E_0)^2 \times 10^{-5}$[kW/km/선]에서
δ: 상대공기밀도, d: 도체의 지름[cm], D: 선간거리[cm], E: 대지전압[kV],
E_0: 코로나 임계전압[kV]이다. **답** ①

4 다음 중 송전선로의 코로나 임계전압이 높아지는 경우가 아닌 것은?
① 상대공기밀도가 작다 ② 도체의 반지름과 선간거리가 크다
③ 날씨가 맑다 ④ 낡은 전선을 새 전선으로 교체한다.

풀이 코로나 임계전압 $E_0 = 24.3 m_0 m_1 \delta d \log_{10} \dfrac{2D}{d}$, $\delta = \dfrac{0.386b}{273+t}$
여기서, t: 온도, b: 기압, δ: 상대공기밀도, d: 도체의 지름 **답** ①

5 코로나 방지에 가장 효과적인 방법은?

① 선간거리를 증가시킨다. ② 전선의 높이를 가급적 낮게 한다.
③ 선로의 절연을 강화한다. ④ 복도체를 사용한다.

풀이 코로나 방지대책 중에 효과적인 것은 굵은 도체 또는 다도체를 사용하는 것이다.

답 ④

6 코로나 방지에 가장 효과적인 방법은 무엇인가?

① 선간 거리를 증가시킨다. ② 전선의 높이를 가급적 낮게 한다.
③ 선로의 절연을 강화한다. ④ 전선의 바깥지름을 크게 한다.

풀이 코로나 방지대책 중에 효과적인 것은 굵은 도체 또는 다도체를 사용하는 것이다.

답 ④

7 3상3선식 송전선로에서 코로나 임계전압E_0[kV]의 계산식은?
단, d = 2r = 전선의 지름[cm], D = 등가 선간거리[cm]이다.

① $E_0 = 24.3\delta d \log_{10}\frac{D}{r}$ ② $E_0 = 24.3\delta d \log_{10}\frac{r}{D}$

③ $E_0 = \frac{24.3}{\delta d \log_{10}\frac{D}{r}}$ ④ $E_0 = \frac{24.3}{\delta d \log_{10}\frac{r}{D}}$

풀이 코로나 임계전압 $E_0 = 24.3 m_0 m_1 \delta (2r) \log_{10}\frac{D}{r}$

답 ①

8 전극의 어느 일부분의 전위경도가 커져서 공기와의 절연이 파괴되어 생기는 현상은?

① 페란티 현상 ② 코로나 현상 ③ 카르노 현상 ④ 보어 현상

풀이 도체 사이에 공급하는 전압을 점점 높여갈 때 도체 표면의 전위경도가 공기의 절연강도를 초과하면 도체표면에 낮은 소리와 엷은 빛을 수반한 방전이 일어난다. 이 현상을 코로나방전이라 한다.

답 ②

9 공기의 파열 극한 전위경도는 정현파 교류의 실효치로 약 몇 [kV/cm]인가?

① 21 ② 25 ③ 30 ④ 33

풀이 절연 파괴 전위경도는 직류에 있어서는 30[kV/Cm], 교류에 있어서는 최대값이 30[kV/Cm]이므로 실효치는 30/ $\sqrt{2}$ [kV/Cm], 즉 21[kV/Cm]이다.

답 ①

10 송전선로에 복도체나 다도체를 사용하는 주된 목적은 다음 중 어느 것인가?
① 뇌해 방지 ② 건설비의 경감 ③ 진동 방지 ④ 코로나 방지

풀이 복도체를 사용함으로써 전선의 등가 반지름이 증가하므로 인덕턴스는 감소하고 정전용량은 증가하여 안정도를 증진시키고, 코로나 임계전압을 높일 수 있어 코로나를 방지한다.

코로나 임계전압 $E_0 = 24.3 m_0 m_1 \delta (2r) \log_{10} \dfrac{D}{r}$

답 ④

11 송전선에 코로나가 발생하면 전선이 부식된다. 다음 무엇에 의해 부식되는가?
① 산소 ② 질소 ③ 수소 ④ 오존

풀이 코로나 방전으로 오존(O_3)과 산화질소(NO)가 생기고 수분이 있으면 초산(NHO_3)으로 되어 도체나 쇠붙이를 부식시킨다.

답 ④

12 송전선 코로나 임계전압이 높아지는 경우는?
① 기압이 낮아지는 경우 ② 전선의 지름이 큰 경우
③ 온도가 높아지는 경우 ④ 상대공기밀도가 작은 경우

풀이 코로나 임계전압 $E_0 = 24.3 m_0 m_1 \delta d \log_{10} \dfrac{2D}{d}$, $\delta = \dfrac{0.386b}{273+t}$

여기서, t: 온도, b: 기압, δ: 상대공기밀도, d: 도체의 지름

답 ②

13 송전선로의 코로나 손실을 나타내는 Peek 식에서 E_0에 해당하는 것은?
단, Peek 식 : $P = \dfrac{241}{\delta}(f+25)\sqrt{\dfrac{d}{2D}}(E-E_0)^2 \times 10^{-5}$[kW/km/선]
① 코로나 임계전압 ② 전선에 걸리는 대지전압
③ 송전단 전압 ④ 기준 충격 절연강도 전압

풀이 피크식에서 δ : 상대공기밀도, d : 도체의 지름[cm], D : 선간거리[cm], E : 도체의 대지전압[kV], E_0: 코로나 임계전압[kV]이다.

답 ①

제 10 장 유도장해

학습목표

- 정전, 전자, 고조파 유도장해에 대한 대책

전력선은 근접해 있는 통신선에 전압과 전류를 발생시켜 통신시설의 절연파괴나 운용을 방해하고 직간접적으로 인체에 위험을 초래하는 것을 유도장해라고 한다. 유도장해에는 정전유도, 전자유도, 고조파유도가 있다.

① **정전유도**－전력선의 전압에 의한 상호정전용량으로 생긴다.
② **전자유도**－전력선의 전류에 의한 상호인덕턴스로 생긴다.
③ **고조파유도**－변압기, 제어장치, 코로나 등으로 발생한 고조파로 인해 생긴다.

10.1 정전유도

전력선의 높은 전압은 인근 도체에 정전유도 현상을 일으킨다. 전력선과 통신선과의 상호정전용량을 통하여 통신선에서 전류가 흐르거나 대지와 통신선이 전위를 갖게 되어 장해를 일으킨다. 전력선의 전압이 높을수록 또는 전력선과 통신선의 거리가 가까울수록 유도현상이 심해진다. 전력선이 3상인 경우 대지전압의 합은 영(0)이 되므로 각상과 통신선과의 떨어진 거리가 같다면 정전유도 현상은 발생하지 않는다. 또한 통신케이블의 금속외피를 접지하면 유도장해를 해소할 수 있다.

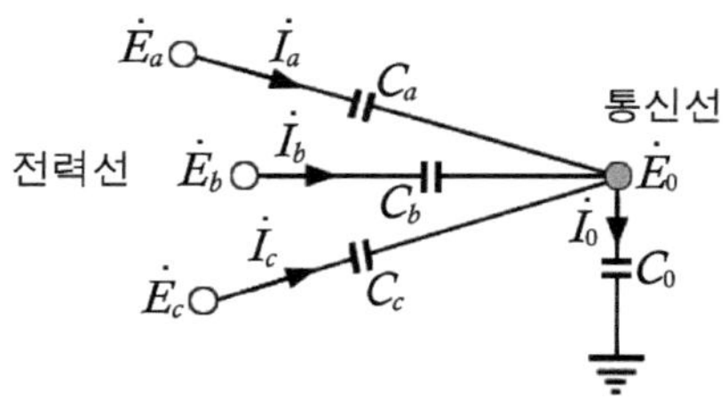

그림 10.1 정전유도

그림 10.1과 같이 전력선 각 상의 대지전압을 $\dot{E}_a$, $\dot{E}_b$, $\dot{E}_c$, 통신선의 정전유도전압을 $\dot{E}_0$라하고, 전력선과 통신선의 상호정전용량을 C_a, C_b, C_c, 통신선의 대지정전용량을 C_0라고 하면 다음 식이 성립한다.

$$\dot{I}_a = j\omega C_a(\dot{E}_a - \dot{E}_0), \qquad \dot{I}_b = j\omega C_b(\dot{E}_b - \dot{E}_0)$$
$$\dot{I}_c = j\omega C_c(\dot{E}_c - \dot{E}_0), \qquad \dot{I}_a + \dot{I}_b + \dot{I}_c = \dot{I}_0$$

$$\therefore \quad j\omega C_a(\dot{E}_a - \dot{E}_0) + j\omega C_b(\dot{E}_b - \dot{E}_0) + j\omega C_c(\dot{E}_c - \dot{E}_0) = j\omega C_0 \dot{E}_0 \qquad (10.1)$$

식(10.1)로부터 통신선에 유도되는 대지전압 $\dot{E}_0$는 다음과 같다.

$$\dot{E}_0 = \frac{C_a\dot{E}_a + C_b\dot{E}_b + C_c\dot{E}_c}{C_a + C_b + C_c + C_0} \qquad (10.2)$$

식(10.2)에 $\dot{E}_a = \frac{V}{\sqrt{3}}$, $\dot{E}_b = a^2\frac{V}{\sqrt{3}}$, $\dot{E}_c = a\frac{V}{\sqrt{3}}$를 대입하여 풀고나서 다시 $a = -\frac{1}{2} + j\frac{\sqrt{3}}{2}$, $a^2 = -\frac{1}{2} - j\frac{\sqrt{3}}{2}$을 대입하면 $\dot{E}_0$는 다음과 같다.

$$\begin{aligned}\dot{E}_0 &= \frac{C_a + a^2C_b + aC_c}{C_a + C_b + C_c + C_0} \times \frac{V}{\sqrt{3}} \\ &= \frac{C_a - \frac{1}{2}C_b - \frac{1}{2}C_c + j\left(-\frac{\sqrt{3}}{2}C_b + \frac{\sqrt{3}}{2}C_c\right)}{C_a + C_b + C_c + C_0} \times \frac{V}{\sqrt{3}}\end{aligned} \qquad (10.3)$$

위 식(10.3)의 크기인 $|\dot{E}_0|$를 구하면 다음과 같다.

$$|\dot{E}_0| = \frac{\sqrt{C_a(C_a - C_b) + C_b(C_b - C_c) + C_c(C_c - C_a)}}{C_a + C_b + C_c + C_0} \times \frac{V}{\sqrt{3}} \qquad (10.4)$$

식(10.4)에서 알 수 있듯이 정전유도전압은 전력선의 대지전압($\frac{V}{\sqrt{3}}$)에만 비례하고, $C_a = C_b = C_c$이면 정전유도전압 $E_0 = 0$이 된다. 즉, 완전 연가된 경우에는 각 상의 상호정전용량이 같게 되므로 정전유도전압을 방지할 수 있다.

10.2 전자유도

전력선에 흐르는 고전류에 의하여 전력선 주변에 분포되는 자속에 의한 전자유도 작용으로 인근 통신선에 기전력이 유기된다. 이 기전력의 전압을 전자유도전압이라 하며 이로 인한 통신시설의 절연파괴와 운전방해 등을 전자유도장해라고 한다. 정전유도와는 달리 지중케이블에도 발생하며 대책방법 또한 쉽지 않고 복잡하다.

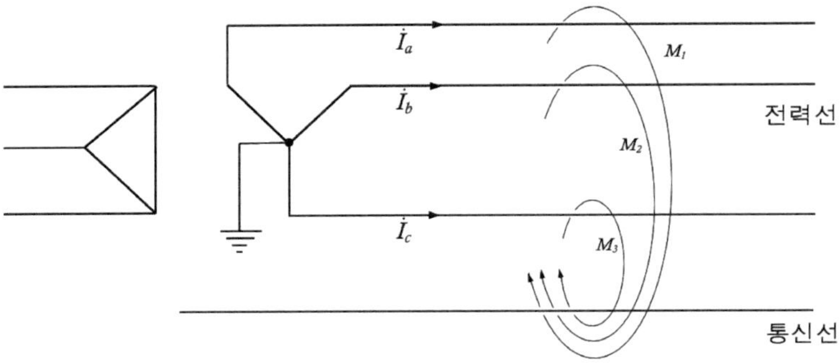

그림 10.2 전자유도

그림 10.2와 같이 전력선 a, b, c상과 통신선 사이에 상호인덕턴스 M_1, M_2, M_3이고, 각 상의 전류는 $\dot{I}_a$, $\dot{I}_b$, $\dot{I}_c$이며 전력선과 통신선의 병행거리가 ℓ[m]라면 3상 전력선으로부터의 전자유도전압은 다음과 같다.

$$E_m = -j\omega\ell(M_1\dot{I}_a + M_2\dot{I}_b + M_3\dot{I}_c) \tag{10.5}$$

전력선이 완전히 연가되어 있으면 $M_1 = M_2 = M_3 = M$ 이므로 다음과 같다.

$$E_m = -j\omega\ell M(\dot{I}_a + \dot{I}_b + \dot{I}_c) = -j\omega M\ell \times 3\dot{I}_0 \tag{10.6}$$

여기서 $\dot{I}_0$는 영상전류이며, $3\dot{I}_0$는 유도전류를 일으키는 전류라는 의미에서 기유도전류라고 한다.

가공전선로의 경우 부하전류는 각 상전류의 크기에 차이가 있더라도 각 상 전류의 합이 영(0)이므로 통신선측에서 볼 때 전선로에 전류가 흐르지 않는 것과 같아 영향을 받지 않는다. 지락사고의 경우 전원측으로 돌아가는 전류(대지귀로 전류, 영상전류)는 대지 도전율이 높고 낮음에 따라 통신선 유도전압에 영향을 미친다.

10.3 고조파 유도

고조파를 대칭분으로 나누면 $(3n)$차의 고조파는 영상, $(3n+1)$차는 정상, $(3n-1)$차는 역상이 된다. 영상분은 대지귀로가 되므로 전자유도 장해를 일으키고, 연가가 불충분하면 정상분과 역상분도 유도를 일으킨다.

전력계통의 고조파의 발생원인은 발전기, 변압기, 코로나 등이다. 근래에는 제어분야에 사용된 사이리스터로 인한 고조파 발생이 확대되고 있다.

고조파는 전력계통 및 전기사용기기를 직접 과열시켜 기기를 파손시킨다. 또한 각종 기기의 성능을 저하시키거나 전력선과 병행하는 통신선에 고조파 전자유도장해를 일으킨다.

고조파 유도장해의 대책은 발전기 출력에 고조파 기전력이 포함되지 않도록 하고 변압기 철심의 과포화를 피하며 Δ결선을 사용한다. 즉 고조파 순환회로를 구성하여 외부에 고조파가 나타나지 않도록 한다. 또한 고조파를 발생시키는 사이리스터 등의 장치에 병렬로 교류필터를 접속하여 고조파 전류를 대지로 방전시킨다. 그리고 용량성 부하는 고조파에 대하여 저임피던스가 되어 고조파 전류가 흐르기 쉬우므로 직렬리액터를 접속한다. 직렬리액터는 고조파에 대하여 높은 유도성 리액턴스로 작용하여 고조파에 의한 과열을 방지할 수 있다.

10.4 유도장해 경감대책

유도장해를 방지하는 근본적인 대책은 전력선과 통신선을 서로 멀리 떨어뜨려 놓는 것이다. 하지만 불가피하게 두 선로의 경과지가 서로 인접될 수도 있다. 따라서 유도장해를 방지하기 위해서 전력측과 통신측이 서로 협의하여 경제적이고 효과적인 대책을 세우는 것이 필요하다.

10.4.1 전력선측의 대책

① 중성점 잔류전압 또는 잔류전류를 적기 한다.
연가를 충분히 하여 각 상의 정전용량과 인덕턴스를 균일하게 한다.

② 고조파분의 발생을 방지한다.
특히 100~1000[Hz]의 것은 전화선에 잡음을 일으키는 원인이 된다. 이것을 방지하기 위하여 발전기에 고조파기전력이 포함되지 않도록 하고 변압기 철심의 과포

화를 피하고 Δ 결선을 사용한다.

③ 지중케이블로 매설한다.

지중케이블로 매설할 경우 정전유도는 거의 없어지며, 1선지락일 때 전자유도도 가공선의 50%정도 밖에 되지 않는다. 하지만 막대한 건설비용이 필요하므로 유도장해를 방지하기 위한 대책만으로 시설할 수는 없는 것이다.

④ 통신선과의 교차를 직각으로 한다.

⑤ 고저항접지 또는 소호리액터 접지를 한다.

경제적인 이유로 직접접지방식을 채용한 경우에는 접지장소를 통신선으로부터 멀리 떨어지도록 하여 기유도전류의 분포를 조절한다.

⑥ 고속도 계전기와 차단방식을 채용한다.

고장선을 신속하게 차단하여 고장 지속시간을 단축한다.

⑦ 차폐선을 시설한다.

전력선과 통신선과의 상호인덕턴스를 줄이기 위하여 두 도체사이에 평행하게 차폐선을 설치한다.

10.4.2 통신선측의 대책

① 절연변압기를 사용한다.

절연변압기는 그림 10.3과 같이 선로와 통신기기를 절연하는 것이다. 높은 전압의 유도를 받는 통신선에 사용된다.

② 통신용 피뢰기를 사용한다.

유도전압을 강제적으로 저감시키기 위하여 피뢰기를 설치한다.

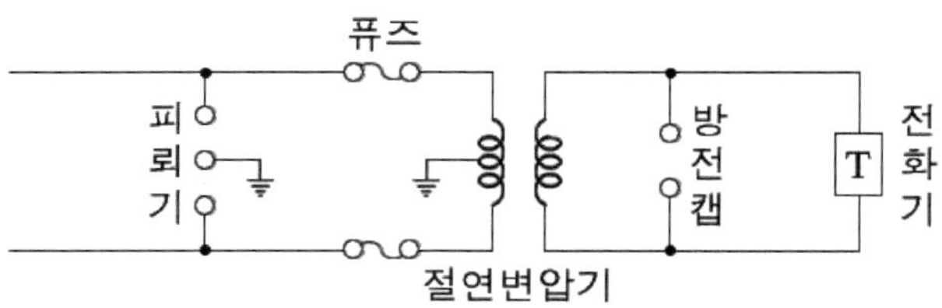

그림 10.3 전화회선의 보안장치

③ 광섬유케이블을 사용한다.

다른 마땅한 유도대책이 없을 때 광케이블을 시설하여 유도장해를 방지하는 방법이다. 광통신의 특성은 전기와는 전송매체가 다른 빛의 신호를 이용하기 때문에 전기적인 영향을 받지 않아 유도장해를 피할 수 있다.

④ 배류코일을 사용한다.

배류코일은 그림 10.4와 같이 저항이 낮고 인덕턴스가 높은 코일로서 통신선 사이에 접속시키고 가운데를 접지시킨 것이다. 코일의 리액턴스는 $2\pi fL$이기 때문에 주파수에 따라 임피던스가 달라진다. 그러므로 선택적으로 주파수가 높은 통신신호에 대해서 코일은 고임피던스로 작용하여 곧장 통신설비로 보내고, 낮은 상용주파수의 유도전압에 대해서는 코일이 저임피던스로 작용하여 접지된 곳으로 방전시킨다.

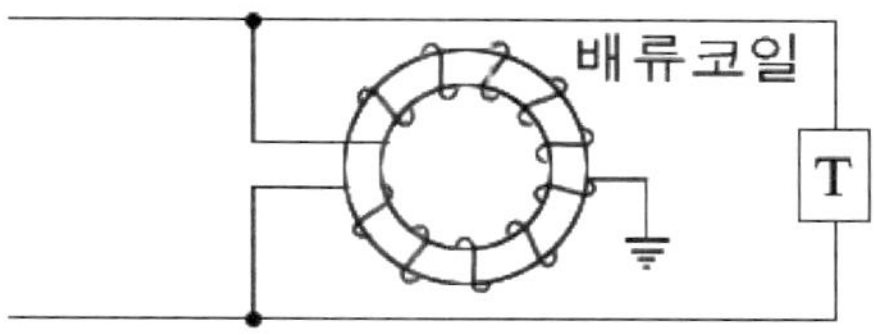

그림 10.4 배류코일

⑤ 통신관로 내 차폐선을 시설한다.

지하 통신케이블 관로 내 또는 케이블 옆에 도전성이 좋은 구리선이나 전선 등을 통신선과 함께 설치하면 상시 유도전압 등이 30%정도 저감된다.

10.5 차폐선의 효과

차폐선은 전력선에 근접하여 양 끝을 접지시킨 도체이다. 그림 10.5와 같이 전력선에 의하여 발생된 자속 M은 차폐선과 통신선에 쇄교한다. 차폐선에서는 쇄교된 자속으로 인하여 전력선의 전류 I_0와 반대방향의 전류 I_s가 흐른다. 전류 I_s에 의하여 자속 M'가 발생하여 통신선과 쇄교하게 된다. 이 자속 M'는 자속 M과 반대방향으로 작용하므로 통신선에 유도된 자속 M을 줄이게 된다. 결국 통신선에 나타나는 유도전압을 줄어들게 한다. 차폐선에 의한 유도전압 감쇄율은 30~50%정도이다.

그림 10.5에서 ①을 전력선, ②를 통신선, ⓢ를 차폐선이라고 할 때 전력선과 통신선과의 상호 임피던스를 Z_{12}, 전력선과 차폐선과의 상호임피던스를 Z_{1s}, 통신선과 차폐선과의 상호임피던스를 Z_{2s}, 차폐선의 임피던스를 Z_s라고 하면 통신선에 유도되는 전압 V_2는 다음과 같다.

$$\begin{aligned} V_2 &= -Z_{12} I_0 + Z_{2s} I_1 \\ &= -Z_{12} I_0 + Z_{2s} \frac{Z_{1s} I_0}{Z_s} \\ &= -Z_{12} I_0 \left(1 - \frac{Z_{1s} Z_{2s}}{Z_s Z_{12}} \right) \end{aligned} \tag{10.7}$$

여기서 I_0는 전력선의 영상전류, I_1은 차폐선의 유도전류이다. $(-Z_{12} I_0)$는 차폐선이 없을 때의 유도전압이므로 $V_2 = -Z_{12} I_0 \lambda$로 놓으면 λ는 다음 식(10.8)과 같고 이것을 저감계수라고 한다.

$$\lambda = \left| 1 - \frac{Z_{1s} Z_{2s}}{Z_s Z_{12}} \right| \tag{10.8}$$

차폐선을 전력선에 근접해서 설치하면 $Z_{12} \fallingdotseq Z_{2s}$가 되므로 저감계수 λ는 다음과 같다.

$$\lambda = \left| 1 - \frac{Z_{1s}}{Z_s} \right| \tag{10.9}$$

차폐선의 임피던스 Z_s를 될 수 있는 대로 작게 하여 차폐선에 흐르는 전류를 크게 해 주면 그만큼 차폐효과를 크게 할 수 있다.

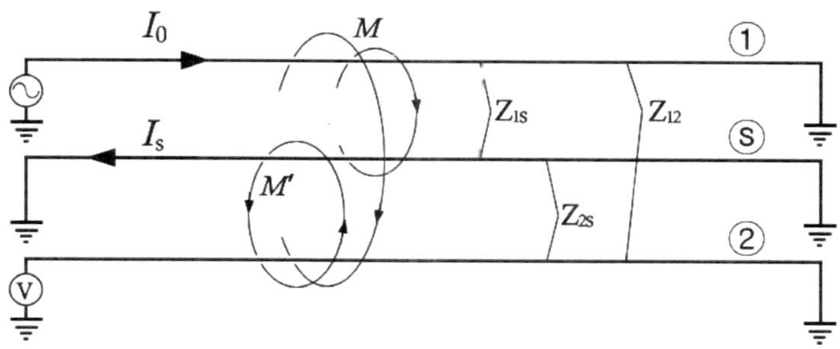

①: 전력선 ②: 통신선 Ⓢ: 차폐선

그림 10.5 차폐선의 효과

원래 직격뢰의 차폐를 위한 가공지선이 통신선의 유도장해를 방지하기 위한 용도로도 사용되어진다. 보통 가공지선은 철선인데, 차폐선 겸용의 가공지선은 차폐효과를 높이기 위해서 도전율이 좋은 ACSR 등의 전선을 사용한다.

연 습 문 제

1 전력선과 통신선과의 상호인덕턴스에 의해 발생하는 유도장해는?

① 정전 유도장해　　② 전자 유도장해
③ 고조파 유도장해　　④ 전력 유도장해

풀이 전자 유도 전압 $E_m = j\omega M\ell \times 3I_0$
여기서, M:전력선과 통신선 사이의 상호인덕턴스[H/km], ℓ:병행길이[km],
I_0:영상전류[A]

답 ②

2 전력선에 의한 통신 선로의 전자유도장해의 발생 요인은 주로 것인가?

① 영상전류가 흘러서
② 전력선의 전압이 통신선로보다 높기 때문에
③ 전력선의 연가가 충분해서
④ 전력선과 통신선로 사이의 차폐효과가 충분할 때

풀이 전자 유도 전압 $E_m = j\omega M\ell \times 3I_0$
여기서, M:전력선과 통신선 사이의 상호인덕턴스[H/km], ℓ:병행길이[km],
I_0:영상전류[A]

답 ①

3 3상 송전선의 각 선의 전류가 $I_a = 220 + j50[\mathrm{A}]$, $I_b = -150 - j300[\mathrm{A}]$, $I_c = -50 + j150[\mathrm{A}]$일 때 이것과 병행으로 가설된 통신선에 유기되는 전자 유도 전압[V]은?(단, 송전선과 통신선 사이의 상호임피던스는 15[Ω]이다.)

① 510　　② 1,020　　③ 1,530　　④ 2,040

풀이 $E_m = \omega M\ell(I_a + I_b + I_c) = \omega M\ell(220 + j50 - 150 - j300 - 50 + j150)$
$= 15 \times \sqrt{20^2 + 100^2} = 1{,}530[\mathrm{V}]$

답 ③

4 통신선과 평행인 주파수 60[Hz] 의 3상 송전선이 있다. 1선지락 때문에 영상전류가 100[A] 흐르고 있다. 통신선에 유도되는 전자유도 전압은 몇[V] 인가?(단, 여기서 영상전류는 전 전선에 걸쳐서 같으며, 송전선과 통신선과의 상호인덕턴스는 0.05[mH/km], 그 평행길이는 50[km] 이다.

① 162 ② 192 ③ 242 ④ 283

풀이 $E_m = \omega M\ell \times 3I_0 = 2\pi \times 60 \times 0.05 \times 10^{-3} \times 50 \times 3 \times 100 = 283[\mathrm{V}]$ **답** ④

5 3상 송전선로와 통신선이 병행되어 있는 경우에 통신유도장해로서 통신선에 유도되는 정전유도전압은?

① 통신선의 길이에 관계없다. ② 통신선의 길이의 제곱에 비례한다.
③ 통신선의 길이에 반비례한다. ④ 통신선의 길이에 비례한다.

풀이 전자 유도 전압($E_m = \omega M\ell \times 3I_0$)은 통신선의 길이에 비례하나
정전 유도 전압($E = \dfrac{\sqrt{C_a(C_a - C_b) + C_b(C_b - C_c) + C_c(C_c - C_a)}}{C_a + C_b + C_c + C_0}\dfrac{V}{\sqrt{3}}$)은
주파수 및 통신선 병행 길이와는 관계가 없다. **답** ①

6 송전선로에 근접한 통신선에 유도장해가 발생하였다. 정전 유도의 원인은?

① 영상전압 ② 역상전압 ③ 역상전류 ④ 정상전류

풀이 정전 유도 전압($E_s = \dfrac{C_m}{C_m + C_0} \times E_0$)은 영상전압(대지전압)과 정전용량이 원인이 된다. **답** ①

7 그림에서 통신선 n에 유도되는 정전 유도 전압은? 단, 전력선의 대칭 전압을 V_0, V_1, V_2 라고하고, 상순은 $a-b-c$ 라 한다.

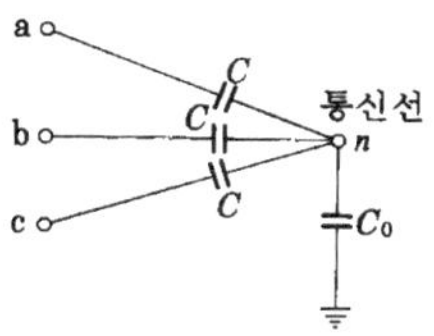

① $\dfrac{3CV_0}{3C+C_0}$ ② $\dfrac{3CV_1}{C+3C_0}$

③ $\dfrac{\sqrt{3}\,CV_0}{C+C_0}$ ④ $\dfrac{\sqrt{3}\,CV_0}{C+3C_0}$

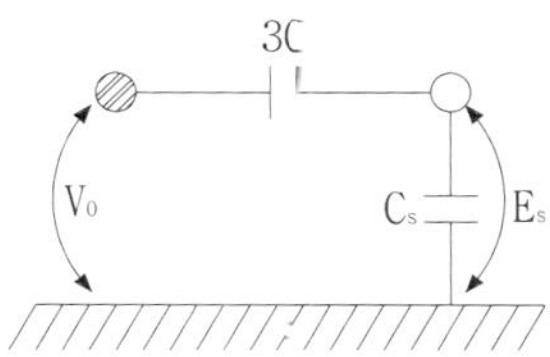

풀이 $E_s = \dfrac{3C}{3C+C_s}V_0$ **답** ①

8 전력선 a의 충전전압을 E, 통신선 b의 대지 정전용량을 C_b, ab사이의 상호 정전용량을 C_{ab}라고 하면 통신선 b의 정전유도 전압 E_s는?

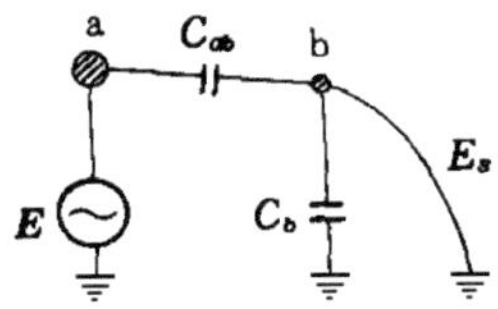

① $\dfrac{C_{ab}+C_b}{C_b}E$ ② $\dfrac{C_{ab}+C_a}{C_{ab}}E$

③ $\dfrac{C_b}{C_{ab}+C_b}E$ ④ $\dfrac{C_{ab}}{C_{ab}+C_b}E$

풀이 $E_s = \dfrac{C_{ab}}{C_{ab}+C_b}E$ **답** ④

9 유도장해를 방지책으로 차폐선을 사용하면 유도전압은 몇[%] 정도 줄일 수 있는가?

① 10∼20 ② 30∼50 ③ 70∼80 ④ 80∼90

풀이 차폐선에 의한 유도 전압의 감쇄율은 30∼50% 정도이다. **답** ②

10 유도장해를 방지하기 위한 전력선측의 대책으로 옳지 않은 것은?

① 소호리액터를 채용한다.
② 차폐선을 설치한다.
③ 중성점 전압을 가능한 한 높게 한다.
④ 중성점 접지에 고저항을 넣어서 지락전류를 줄인다.

풀이 전력선측 대책 (* 충분한 연가를 실시한다. * 통신선과의 이격거리를 크게 하여 상호 인덕턴스를 감소시킨다. * 고장의 신속한 제거를 위해 고속 차단기 등을 채용한다. * 소호리액터 접지방식 등을 채용하여 지락전류를 줄인다. * 차폐선을 시설한다. * 전력선과 통신선은 가능한 한 직각교차 시설한다. * 전력선 및 통신선에 케이블을 사용한다.) **답** ③

11 통신선에 대한 유도장해의 방지 방법으로 가장 적당하지 않은 것은?

① 전력선과 통신선의 교차 부분을 비스듬히 한다.
② 소호리액터 접지 방법을 채용한다.
③ 통신선에 배류코일을 채용한다.
④ 통신선에 절연 변압기를 채용한다.

풀이 *전력선과 통신선은 가능한 한 직각교차 시설하여야 한다. * 소호리액터 접지방식을 채용 * 통신선에 배류코일을 설치한다. * 통신선에 변류기와 절연 변압기를 채용한다. * 통신선에 피뢰기를 설치한다. **답** ①

제 11 장 이상전압

학습목표

- 내부 이상전압(개폐서지 등)의 이해
- 외부 이상전압(직격뢰 등)의 이해
- 이상전압의 방호대책에 대한 이해

전력계통에서 사용하는 최고 전압의 최고값은 정해 놓았다. 하지만 여러 가지 원인으로 최고 사용전압을 초과하는 경우가 생기는데, 이때 최고 전압을 초과한 높은 전압을 '과전압' 또는 '이상전압'이라고 한다. 전력 회로의 기기 및 선로의 절연은 이상전압의 위협에 항상 노출되어 있다.

11.1 이상전압의 종류

이상전압은 전력계통의 내부요인에 의한 내부 이상전압과 외부요인에 의한 외부 이상전압으로 크게 구분할 수 있다.

11.1.1 내부 이상전압

전력계통 내부에서 발생하는 이상전압은 일반적으로 스위칭으로 인한 개폐이상전압, 고장으로 인한 과도 이상전압, 계통조작과 고장시의 지속 이상전압 등으로 나눌 수 있다.

① 개폐 이상전압
- 무부하 송전선의 충전전류 차단
- 고장전류의 차단
- 변압기 여자전류의 차단
- 3상 비동기 투입

② 과도 이상전압
- 지락고장점의 재점호
- 영속성 지락에 따르는 과도현상
- 충격성 지락에 따르는 과도현상
- 이중지락

③ 지속 이상전압
- 무부하 송전선에서의 페란티 현상

- 발전기의 부하차단 및 자기여자현상
- 중성점 고저항 접지계통의 지락사고
- 소호리액터 계통의 직렬공진과 1선단선
- 불평형 단락에 따르는 고조파공진
- 철심포화에 의한 중성점의 불안정현상

1. 개폐 이상전압

전력계통에는 차단기[43](CB: Circuit Breaker), 단로기[44](DS: Disconnecting Switch) 등 다양한 종류의 스위치가 설치되어 있다. 이러한 스위치들은 개폐하는 순간에 과도적인 이상전압이 발생한다. 이 과도적인 이상전압을 개폐서지(switching surge)라 하며 개폐서지는 스위치의 종류, 회로조건, 차단전류 등에 따라 다르다.

송전계통에서는 차단기를 투입(on)할 때 일어나는 투입서지와 차단(off)할 때 일어나는 개방서지가 있다. 투입서지는 대지전압의 2배정도 밖에 되지 않지만 개방서지는 투입서지보다 크게 나타난다. 특히 무부하 선로를 개방할 경우 높은 이상전압을 발생한다.

2. 고장시의 이상전압

송전선로에서 발생하기 쉬운 것은 지락사고에 따른 지속적인 전위상승과 공진현상이다. 중성점 비접지방식 또는 중성점 저항접지방식의 경우 1선지락이 생기면 다른 건전상의 대지전위는 최대로 평상시의 2배로 상승하는 것으로 알려져 있다. 송전선로에는 인덕턴스 L과 정전용량 C가 존재하기 때문에 L에 축적된 전자적 에너지와 C에 축적된 정전적 에너지가 서로 주고받는 현상이 발생한다. 주고받는 주기에 맞춰 외부에서 에너지가 공급되면 LC간에 서로 주고받고 있는 진동에너지는 증대하고 이에 따라 이상전압이 발생한다. 이것을 공진현상이라 한다.

11.1.2 외부 이상전압

대표적인 외부 이상전압은 낙뢰(벼락)이다. 낙뢰는 대규모 정전기 방전이 스위치처럼

43) 전기회로에 과전류(정격전류 이상의 전류)가 흐를 때 이로 인한 사고를 예방하기 위해 전류의 흐름을 끊는 장치. 12장 참조.
44) 부하전류를 제거한 후 회로를 격리하도록 하기 위한 장치. 12장 참조.

짧은 순간에 단락되면서 높은 에너지를 방출하는 현상이다. 송전선로에 최대 120[kA], 평균 30~50[kA]의 뇌전류를 방전시킨다. 이 과정에서 낙뢰는 진행파로 송전선로를 따라 교란을 발생시키고 과도값을 유도시킨다.

외부 이상전압의 종류는 낙뢰가 직접 전력설비에 떨어져 이상전압을 발생시키는 직격뢰, 전력설비의 근처에 떨어져 전자 및 정전 유도로 전력선에 진행파를 발생시키는 유도뢰, 다른 고압 전력선과의 접촉이나 유도현상이 있다. 특히 직격뢰는 파고값이 대단히 높아서 전력계통에서의 이상전압 중에 가장 큰 위협이 된다.

1. 직격뢰

직격뢰는 뇌방전[45]이 전기설비 등의 대지에 직접적으로 이루어지면서 그 전압이 침입하는 경우이며, 물리적인 파괴와 이에 따른 화재 등의 피해를 가져온다. 가공전선로에서 직격뢰를 받았을 때는 아무리 절연을 강화하여도 섬락을 일으킨다. 일반적으로 뇌전압 또는 뇌전류의 파형은 그림 11.1과 같이 극히 짧은 시간에 파고값에 도달했다가 소멸해버리는 충격파이다. P점을 파고점, E를 파고값, $0P$를 파두(wave front), PQ를 파미(wave tail)라고 한다.

파고값의 30%와 90%의 점을 이은 직선이 시간축과 교차하는 점을 시간의 기준으로 잡고 규약영점이라고 한다. 규약영점의 시간을 t_0라하고, 직선이 파고점을 통과하는 수평선과 마주치는 점까지의 시간을 t_1이라하면, t_0에서 t_1까지의 시간을 파두장(T_f)이라고 한다. 파미부분에서 파고값이 50%로 감소할 때의 시간을 t_2라고 하면, t_0에서 t_2까지의 시간을 파미장(T_t)이라고 한다. 파두장은 짧고, 파미장은 길다.

45) 뇌운 속에서 분리 축적된 음전하와 양전하사이 또는 뇌운 속의 전하와 지면에 유도되는 전하와의 사이에서 발생하는 불꽃방전으로 뇌운에 의해서 형성되는 주위의 전장의 세기가 대기의 절연파괴 강도를 넘어서게 되어 일어나는 전기적 방전이다.

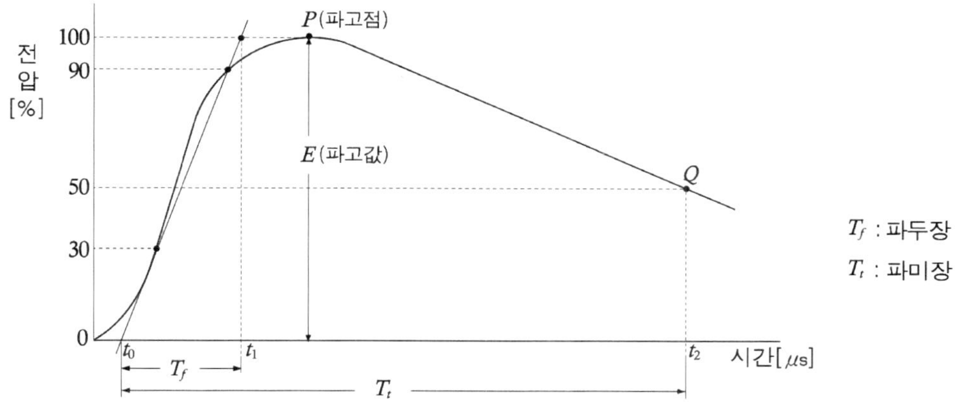

그림 11.1 표준충격파형

국내에서 충격전압을 시험할 때의 표준충격파형으로 $T_f = 1.2[\mu s]$, $T_t = 50[\mu s]$ 즉, $1.2 \times 50[\mu s]$를 표준으로 하고 있다.

직격뢰에 의한 충격파의 파고값은 대단히 높고, 10[MV]이상이라고 추정되고 있으며, 파두장은 1~10[μs], 파미장은 10~100[μs]정도이다.

낙뢰의 빈도는 그림 11.2와 같이 뇌우발생 일수를 등뢰빈도곡선도(IKL)로 표시된다. 그림의 숫자는 1년간 그 지점에서 발생한 연간뇌우일수이며 여러 해 동안 관측된 평균을 표시한다.

2. 유도뢰

유도뢰는 주변의 낙뢰에 의해서 발생하는 전하의 이동이 소멸작용으로 일어나는 전기장의 변화 또는 자기장의 변화에 의해 발생하며, 귀환뇌격[46]에 의해 뇌운 전하가 중화되는 과정에서 발생되고, 일반적으로 통신기기 및 전자기기 등을 파손하는 고장을 초래한다.

---

46) 뇌격(stroke)은 지면을 향해서 하강하는 비교적 약한 빛의 리더뇌격(leader stroke)과 이것이 지면에 도달하는 순간 같은 길을 통해서 지면으로부터 구름을 향해서 상승하는 매우 밝고 빠른 속도의 방전 즉, 귀환뇌격(return stroke)으로 되어있다.

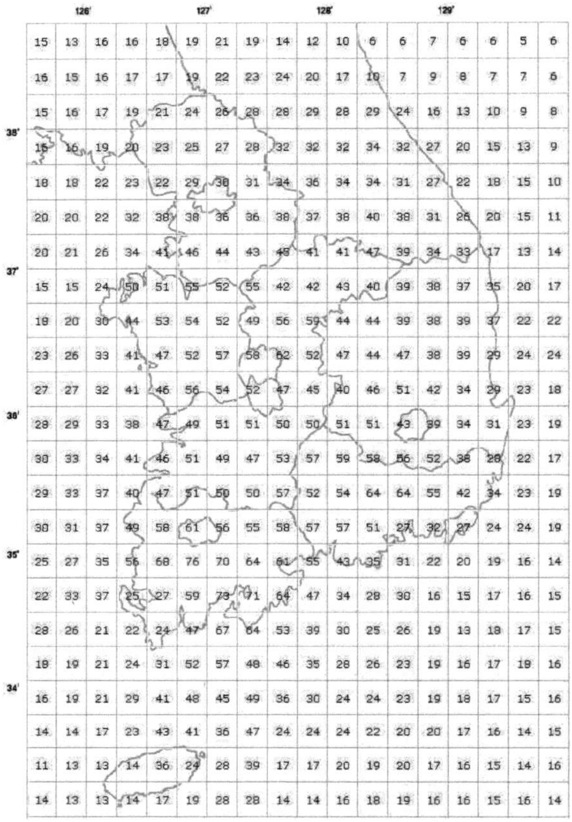

그림 11.2 연간뇌우일수 평균분포(1996~2008)

11.2 진행파의 반사와 투과

어떤 파형을 가진 전위 또는 전류가 선로로 전파되어 나가는 것을 진행파라고 한다. 진행파가 선로의 종단, 가공선과 케이블 또는 선로와 기기의 접속점과 같이 특성임피던스가 다른 점(변이점)에 도달하면 일부는 반사되고 나머지는 투과한다. 반사와 투과의 모양은 변이점의 상태에 따라 다르다.

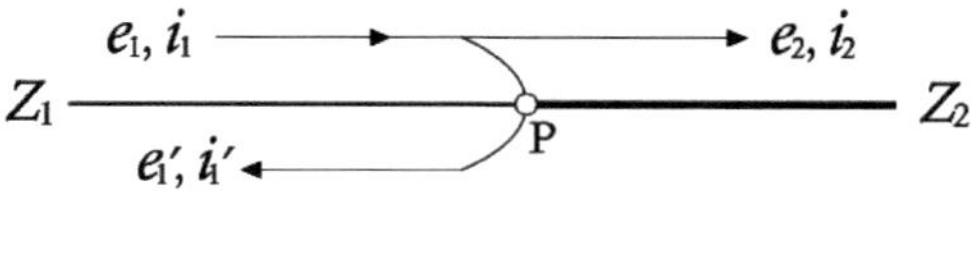

그림 11.3 입사파, 반사파, 투과파

선로상수가 서로 다른 선로와 접속된 경우, 진행파의 특성을 살펴보자. 그림 11.3과 같이 특성임피던스 Z_1과 Z_2인 선로의 접속점 P에 대한 전위와 전류 입사파를 e_1과 i_1, 반사파를 e_1'와 i_1', 투과파를 e_2와 i_2라고 하면 키르히호프의 법칙으로부터 투과파는 다음과 같다.

$$e_2 = e_1 + e_1', \qquad i_2 = i_1 - i_1' \tag{11.1}$$

또한 반사파는 다음의 관계가 성립한다.

$$e_1' = e_2 - e_1, \qquad i_1' = i_1 - i_2 \tag{11.2}$$

식(11.1)의 i_1'의 부호가 음수(-)인 것은 전하의 이동이 i_1의 반대 방향임을 나타내고, 식(11.2)의 e_1'의 부호가 양수(+)인 것은 전위는 반사가 생겨도 전하의 부호가 변하지 않기 때문이다.

식(11.1)과 (11.2)는 선로의 변이점에서의 기본식이다. 전위와 전류진행파와 파동임피던스 Z_1, Z_2 사이에 다음과 같은 관계가 있다.

$$e_1 = Z_1 i_1, \qquad e_1' = Z_1 i_1', \qquad e_2 = Z_2 i_2 \tag{11.3}$$

식(11.3)을 식(11.1)과 (11.2)에 대입하여 투과파 e_2를 구하면 다음과 같다.

$$\begin{aligned} e_2 &= e_1 + e_1' = e_1 + Z_1 i_1' = e_1 + Z_1(i_1 - i_2) = e_1 + Z_1 i_1 - Z_1 i_2 \\ &= e_1 + e_1 - \frac{Z_1}{Z_2} e_2 = 2e_1 - \frac{Z_1}{Z_2} e_2 \end{aligned}$$

$$\therefore \quad e_2 = \left(\frac{2Z_2}{Z_2 + Z_1}\right) e_1 \tag{11.4}$$

마찬가지로 투과파 전류 i_2, 반사파 e_1'와 i_1'를 구하면 다음과 같다.

$$i_2 = \left(\frac{2Z_1}{Z_2 + Z_1}\right) i_1$$

$$e_1' = \left(\frac{Z_2 - Z_1}{Z_2 + Z_1}\right) e_1 \tag{11.5}$$

$$i_1{}' = \left(\frac{Z_2 - Z_1}{Z_2 + Z_1}\right) i_1$$

여기서 $\frac{e_1{}'}{e_1}$, $\frac{i_1{}'}{i_1}$를 진행파의 반사계수, $\frac{e_2}{e_1}$, $\frac{i_2}{i_1}$를 진행파의 투과계수라고 한다. 표 11.1은 진행파의 반사계수와 투과계수를 나타낸다.

표 11.1 진행파의 반사계수와 투과계수

	반사계수	투과계수
전위 진행파	$\frac{Z_2 - Z_1}{Z_2 + Z_1}$	$\frac{2Z_2}{Z_2 + Z_1}$
전류 진행파	$\frac{Z_2 - Z_1}{Z_2 + Z_1}$	$\frac{2Z_1}{Z_2 + Z_1}$

$Z_2 > Z_1$의 경우는 반사계수가 정(+)이 되므로 정반사라고 하고 $e_1{}' > 0$, $i_1{}' > 0$가 되며, 전위의 투과파는 입사파보다 높아진다. $Z_2 < Z_1$의 경우는 반사계수가 부(-)가 되므로 부반사라고 하고 $e_1{}' < 0$, $i_1{}' < 0$가 되며, 전위의 투과파는 입사파보다 낮아진다.

선로종단이 개방된 경우는 $Z_2 = \infty$이다. 반사계수에 $Z_2 = \infty$로 놓으면

$$\text{반사계수} = \frac{Z_2 - Z_1}{Z_2 + Z_1} = \frac{1 - Z_1/Z_2}{1 + Z_1/Z_2} = \frac{1 - Z_1/\infty}{1 + Z_1/\infty} = 1$$

이 되고, 투과계수에 $Z_2 = \infty$로 놓으면

$$\text{투과계수} = \frac{2Z_2}{Z_2 + Z_1} = \frac{2}{1 + Z_1/Z_2} = \frac{2}{1 + Z_1/\infty} = 2$$

가 된다. 즉, 전위의 반사는 정반사로서 반사파의 파고는 입사파의 파고와 같고, 투과파의 파고는 입사파의 파고값의 2배가 된다.

선로종단이 단락된 경우는 $Z_2 = 0$이다. 반사계수에 $Z_2 = 0$으로 놓으면

$$\text{반사계수} = \frac{Z_2 - Z_1}{Z_2 + Z_1} = \frac{0 - Z_1}{0 + Z_1} = -1$$

이 되고, 투과계수에 $Z_2 = 0$으로 놓으면

$$투과계수 = \frac{2Z_2}{Z_2 + Z_1} = 0$$

이 된다. 즉, 전위의 반사는 부반사로서 반사파의 파고는 입사파의 파고와 같으나 방향이 반대이고, 투과파의 파고는 영(0)으로 종단전위는 항상 영(0)이 된다.

11.3 이상전압의 방지대책

송전계통의 이상전압 방지대책으로는 다음과 같은 방법이 있다.

① 피뢰기 설치 : 기기 보호
② 가공지선의 설치 : 가공 전선로 보호
③ 매설지선의 설치 : 역섬락 방지

11.3.1 피뢰기

낙뢰나 개폐서지 등으로 갑자기 발생한 이상전압의 파고값을 낮춰서 전력기기의 보호 및 절연 수준의 저감을 위해 피뢰기를 설치한다. 이상전압으로 피뢰기의 단자전압이 설정값 이상으로 올라가면 즉시 대지로 방전해서 전력설비의 절연을 보호한다. 이상전압이 사라지고 단자전압이 설정값 이하로 되면 즉시 방전을 정지해서 계통을 원래상태로 되돌아가게 한다. 이와 같이 피뢰기를 설치하는 목적은 전력계통으로 갑자기 침입한 이상전압을 대지로 방전시키고, 전력계통에서 계속 공급되어 오는 상용주파수의 속류[47](follow current)는 방전되지 않도록 차단하는 것이다. 상용주파전류인 속류를 차단하지 않으면 지락사고를 일으킬 뿐만 아니라 피뢰기를 손상시킨다.

1. 피뢰기의 구성

피뢰기는 직렬갭과 특성요소로 구성되어있다. 직렬갭은 평상시에 피뢰기 특성요소를

47) 방전이 실질적으로 끝난 후에도 전력계통에서 계속 공급되어 피뢰기에 흐르는 전류.

선로에서 절연시켜 상용주파전류가 흐르지 않도록 한다. 뇌서지가 발생하면 즉시 방전하여 뇌전류를 대지로 방전시키고 속류를 차단한다.

특성요소는 피뢰기의 주체로서 이상전압 진행파의 파고값을 낮춰 다른 기기를 보호한다. 뇌전류가 방전될 때 피뢰기 자신의 전위상승을 억제하여 자신의 절연파괴를 방지한다. 그 모양은 원판 또는 원통형이며 필요한 개수만큼 쌓아 애관에 넣어서 밀봉한다.

2. 피뢰기의 종류

그림 11.4와 같이 직렬갭과 특성요소[48]로 구성된 피뢰기와 직렬갭 없이 산화아연(ZnO)의 특성요소만으로 구성된 산화아연형 피뢰기가 있다.

직렬갭을 가지는 피뢰기는 평상시 선로로부터 절연되어 있다. 이 피뢰기에 뇌전압이 침입하면 직렬갭이 방전하고, 선로에 특성요소가 연결되면서 방전전류가 흐르게 된다. 직렬갭의 방전이 끝나면 특성요소는 전류를 제한하며 직렬갭과 더불어 방전전류를 차단한다.

그림 11.5와 같은 산화아연 피뢰기는 전류의 급격한 증가에도 전압이 거의 일정하게 유지되는 비선형성 전압-전류 특성을 가진다. 이러한 특성은 이상전압에 대한 선로 및 기기의 절연보호에 대해서는 매우 이상적이라고 할 수 있다. 그러므로 각종 형식의 피뢰기 중 산화아연형 피뢰기가 주류를 이루고 있다.

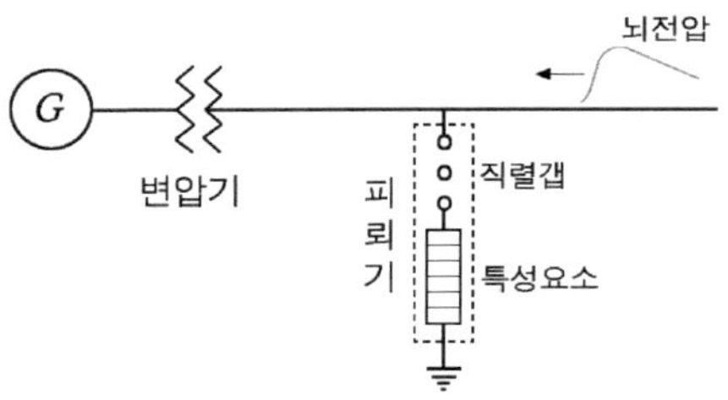

(a) 직렬갭 피뢰기

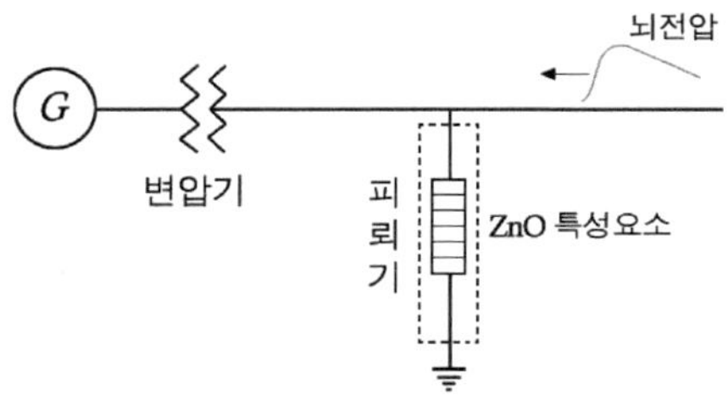

(b) 산화아연형 피뢰기

그림 11.4 피뢰기의 설치

48) 비선형 전압, 전류특성에 따라 방전할 때는 대전류를 통과 시키고 단자전압을 제한하며, 방전 후에는 속류를 실질적으로 저지 또는 차단하는 구성성분.

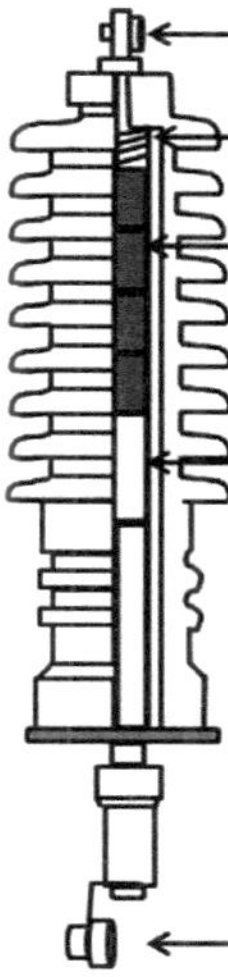

그림 11.5 산화아연형 피뢰기

3. 피뢰기의 구비조건

기본적으로 요구되는 피뢰기의 구비조건은 다음과 같다.

① 제한전압이 낮을 것－제한전압이란 이상전압이 피뢰기에서 방전될 경우 피뢰기 단자의 전압이다. 즉 피뢰기 방전 중에 피뢰기 두 단자 사이에 남아있는 충격파 전압의 파고값이다.

② 충격 방전개시전압은 낮고, 상용주파 방전개시전압은 높을 것－충격방전개시전압은 피뢰기 단자간에 충격전압이 걸릴 때 방전을 시작하는 전압순시값이다. 이에 대하여 상용주파수의 방전개시전압(실효값)을 상용주파 방전개시전압이라 한다. 피뢰기는 방전개시전압 이하에서는 절연체로 있다가 방전개시전압 이상에서는 도체로 작용한다.

③ 속류 차단능력이 충분할 것

④ 내구성 및 경제성이 있을 것

4. 피뢰기의 정격전압

피뢰기에서 속류를 차단할 수 있는 최고의 상용주파수의 교류전압을 말하며, 실효값으로 표시된다. 계통의 최고허용전압에서 1선지락사고가 발생했을 때 상승한 건전상의 대지전압에 약간의 여유(Safety Margin)를 둔 전압으로 한다. 피뢰기의 정격전압 E_r의 계산은 다음과 같다.

$$E_r = \alpha\beta\frac{V_m}{\sqrt{3}} \tag{11.6}$$

α: 접지계수($\frac{\text{고장중 건전상의 최대대지전압}}{\text{최대선간전압}}$)

β: 여유도($\frac{\text{기기의 절연강도}-\text{피뢰기의 제한전압}}{\text{피뢰기의 제한전압}}$, 1.15적용)

V_m: 최고허용전압(선간전압)=공칭전압 × (1.2/1.1)

공칭전압을 V[kV]라고 할 때 중성점 접지방식에 따른 피뢰기의 정격전압은 다음과 같다.

$$\left.\begin{array}{ll} \text{직접접지계} & \text{정격전압} = (0.8 \sim 1.0)\times V[\text{kV}] \\ \text{비유효접지계} & \text{정격전압} = (1.4 \sim 1.6)\times V[\text{kV}] \end{array}\right\} \tag{11.7}$$

계통전압별로 적용되는 피뢰기의 정격전압(IEC에서 6으로 나누어지는 값으로 권고)은 표 11.2와 같다.

표 11.2 피뢰기의 정격전압

송전전압[kV]	중성점 접지방식	피뢰기의 정격전압[kV]
765	유효접지	580
345	유효접지	288
154	유효접지	138(144, ANSI)
22.9	3상4선식 다중접지	21(변전소)/18(배전선로)

5. 피뢰기의 제한전압

피뢰기의 제한전압은 충격파 전압이 덮쳐와 피뢰기가 방전할 때 피뢰기의 단자간에 나타나는 전압이다. 이것은 충격전압이므로 파고값으로 나타낸다. 피뢰기에 나타나는 전압은 피뢰기의 제한전압과 피뢰기의 접지저항에 의한 전압강하의 합이다. 그러므로 피뢰기의 제1보호대상인 변압기의 절연강도는 다음과 같이 설계할 수 있다.

변압기의 절연강도 > (피뢰기의 제한전압 + 접지저항 전압강하)

피뢰기는 접지저항을 통하여 대지에 접속하는데, 피뢰기 접지저항은 낙뢰가 칠 때 방전전류를 대지로 흘려보내고, 인체에 접촉 위험이 있으므로 전위상승을 일정 수준 이하로 유지하도록 설계되어야 한다. 피뢰기의 접지저항 크기는 전기설비기술 기준에서 제1종접지로 10[Ω]이하로 규정하고 있다.

6. 피뢰기의 설치 장소

피뢰기는 보호해야할 기기의 가까운 곳에 설치하는 것이 바람직하다. 피뢰기의 설치장소는 다음과 같다.

① 발·변전소 또는 이에 준하는 장소의 가공지선 인입출구
② 고압 및 특별 고압 가공전선로로부터 공급을 받는 수용장소의 인입구
③ 가공전선로와 지중 전선로가 접속되는 곳

피뢰기의 설치장소가 피보호기기(변압기 등)와 떨어져 있으면 침입서지의 반사작용에 의하여 피보호기기의 단자전압은 피뢰기 방전개시전압 보다 높아져서 보호 효과가 떨어진다.

그림 11.6과 같이 피뢰기를 변압기로부터 x만큼 떨어진 위치에 설치하였다고 하자. 전압 진행파 V_0는 피뢰기의 위치에서 파고값이 제한전압 V_p까지 저하된다. 이 제한전압이 다음의 구간에 대해서는 투과파로 되며, 거리 x를 통과하여 변압기의 단자에 도달한다.

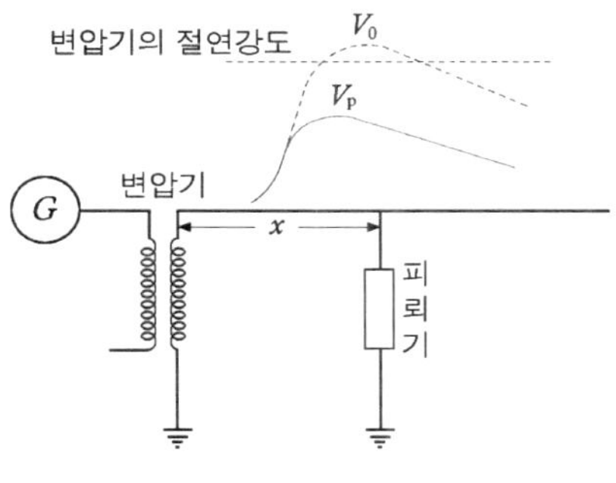

그림 11.6 피뢰기의 설치위치

또한 변압기의 특성임피던스는 선로의 특성임피던스보다 매우 크기 때문에 변압기의 단자에서 정반사를 일으킨다. 이것이 피뢰기의 설치점으로 돌아와 부반사를 일으켜 다시 변압기에 이르게 되며, 피뢰기와 변압기 사이에서 전압 진행파의 왕복진동이 반복되어 변압기 단자에 걸릴 전압의 파고값 V_t는 증대하게 된다.

$$V_t = V_p + 2ux/v \tag{11.8}$$

여기서, V_t : 피보호기기에 걸리는 전압

V_p : 피뢰기 억제 전압

u : 침입파의 전압상승률[kV/μs]

x : 피뢰기와 기기와의 거리[m]

v : 서지의 전파속도[m/μs]

피뢰기의 설치점이 변압기로부터 멀리 떨어져있으면 V_t의 왕복 진동주기가 길어져 변압기의 단자에 걸리는 전압은 점점 높아지게 되어 변압기는 거의 견딜 수가 없게 된다. 피뢰기와 변압기 사이의 유효거리는 다음 표 11.3과 같다.

표 11.3 피뢰기 설치위치

선로 전압(kV)	345	154	22.9
유효거리(m)	85	65	20

11.3.2 가공지선

낙뢰가 송전선을 직접 친 경우, 전선을 지지하는 애자의 절연이 낙뢰의 고전압에 견디지 못하고 섬락을 일으켜 애자의 파손, 또는 전선로의 단선사고가 일어난다. 그러나 가공지선[49]을 설치하면 송전선 가까이 존재하는 낙뢰를 정전유도작용에 의해서 가공지선으로 흡수하여 철탑을 통해서 땅으로 흘려보낸다. 이러한 가공지선의 낙뢰차폐작용으로 전선이나 애자를 보호할 수 있게 된다. 또한 직접접지 송전계통에서는 지락고장일 때 지

49) 지지물의 최상부에 설치한 다중 접지 도체이다. 도체를 낙뢰(벼락)로부터 보호하기 위한 것이다. 1선 또는 2선으로 설치해서 대지와 접지시킨다.

락전류의 일부를 가공지선으로 유도하여 갈라지게 함으로써 인근 통신선에 전자유도장해를 경감시킬 수 있어서 유도차폐 역할도 한다.

가공지선으로 낙뢰가 칠 때 뇌전류는 철탑을 거쳐 대지로 방전된다. 이때 뇌전류가 크거나 철탑의 접지저항이 크면 철탑의 전위가 너무 커지게 되어 그림 11.7과 같이 철탑에서 도체로 섬락하는 수가 있다. 이를 역섬락이라고 하는데, 이것을 방지하기 위해서 접지저항을 10～30[Ω] 이하로 해야 한다.

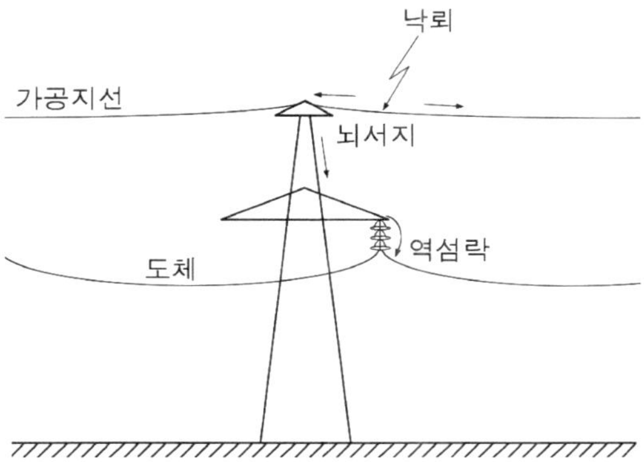

그림 11.7 역섬락

배전선로에서는 가공지선으로 낙뢰가 치더라도 선로의 절연강도가 낮기 때문에 역섬락이 발생한다. 그러나 가공지선 접지부에서 에너지가 크게 흡수되기 때문에 선로의 피해는 경감된다. 배전선에서의 가공지선의 주목적은 유도 서지전압의 저감과 그 접지점 통과 후 다음 지지물에 침입하는 서지 전압을 저하시키는 것이다. 가공지선을 설치함으로써 서지 전압을 1/2정도 저감시킬 수 있지만 낙뢰의 피해를 방지하기 위해서 피뢰기를 함께 사용할 필요가 있다.

가공지선으로 종래에는 강연선이 사용되었으나 근래에는 차폐효과를 높이기 위해서 도전성이 좋은 ACSR(근래에는 OPGW로 교체) 등을 사용하고 있다. 광섬유 복합 가공지선(OPGW)의 구조는 외부에 알루미늄 피복강선, 내부에 광섬유로 되어있다. 알루미늄 피복강선은 낙뢰차폐용으로 사용되고, 내부의 광섬유는 자체가 절연체이며 낙뢰 및 유도 등의 영향을 받지 않고 적은 손실로 장거리 정보통신 케이블로 사용할 수 있다.

그림 11.8과 같이 가공지선과 도체를 잇는 직선과 수직선이 이루는 각도 θ를 차폐각

(보호각)이라 한다. 차폐각은 될 수 있는 대로 작게 하는 것이 바람직하다. 하지만 작게 하려면 그 만큼 가공지선을 높게 설치해야 하므로 철탑의 높이가 높아져야 한다.

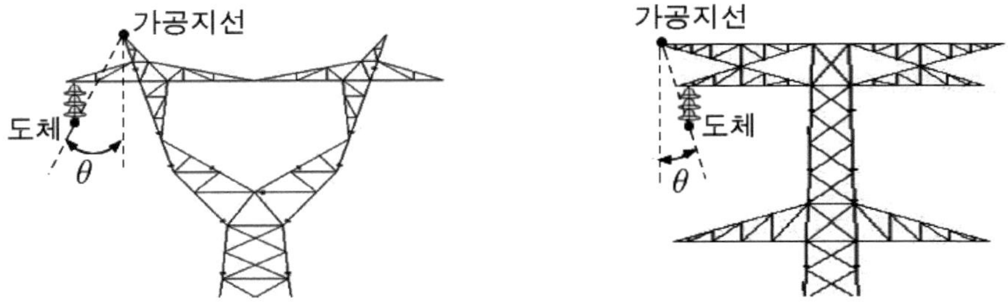

그림 11.8 가공지선과 차폐각

2회선 가공송전선에 대해서 가공지선 1가닥의 경우는 차폐각을 35 ~ 40° 정도로 잡는 경우가 많으며, 초고압 송전선에서는 가공지선을 2가닥으로 설치해서 차폐각을 0° 또는 음(-)의 부호가 되도록 한다.

이와 같이 가공지선을 2가닥으로 하면 차폐효과가 향상될 뿐만 아니라 통신선의 정전유도전압에 대한 차폐효과도 커지고 서지 임피던스가 낮아지기 때문에 경간역섬락[50]도 억제되는 효과가 있다. 송전선로 보호면에서 우수하기 때문에 초고압 송전선로에서는 2가닥으로 시설한다. 우리나라에서도 1986년부터 154[kV] 송전선로에도 2가닥으로 설치하고 있다.

765[kV] 송전선로의 경우 차폐각을 −8° 로 설계함으로써 IKL이 20일의 경우 뇌습회수를 0.35[회/100km/년]이하가 되도록 되어 있다.

가공지선에 의하여 뇌의 몇 %가 선로에 직격되지 않고 보호되는가를 가공지선의 보호효율이라 한다. 예를 들어 보호효율 90%라는 것은 선로에 대한 뇌직격 100회 중 10회는 전선에 직격되지만(보호실패), 나머지 90회는 모두 가공지선이 막아준다(보호성공)는 뜻이다. 표 11.4는 전압별 가공지선의 보호각 및 보호효율을 나타낸다.

50) 낙뢰가 경간 중앙부 가공지선에 발생하여 가공지선에서 직접 선로도체로 서지가 침입하는 현상.

표 11.4 전압별 가공지선의 차폐각 및 보호효율

전압[kV]	차폐각[°]	가닥수	보호효율[%]	비고
154	5	2	95이상	
345	0	2	100	IKL=20
765	-8	2	100	

11.3.3 매설지선

매설지선은 탑각의 접지저항을 감소시켜 직격뢰 등에 의한 애자련의 역섬락을 방지하기 위한 금속선이다. 보통 아연도금철선 7/3.2[㎜]이상을 사용하며 매설깊이는 30 ~ 50[㎝]이상으로 한다. 매설지선의 길이는 30[m]이하, 가닥수는 철탑 1기당 4가닥 이하로 하여 목표한 접지저항값 이하가 되도록 한다.

11.3.4 도체의 절연간격

도체가 풍압을 받았을 때 횡진동[51)]을 일으킨다. 횡진동에도 도체와 철탑사이에 섬락이 발생하지 않도록 그림 11.9와 같이 절연간격을 설정해야한다. 풍속 40[m/s]일 때의 최대 진동각도는 현수식 애자에는 60°, 내장식 애자에서는 40°로 본다.

애자련의 뇌서지에 대하여 견딜 수 있는 공기절연거리를 표준절연간격라고 한다. 그림 11.9에서 ℓ_1이 표준절연간격이다. 154[kV] 송전선로에서 현수철탑의 경우 애자련이 20°까지 횡진동하였을 때 유지하여야 할 표준절연간격은 1,400[㎜]이며, 345[kV] 4도체인 경우에는 15°까지 횡진동하였을 때 유지하여야 할 표준절연간격은 2,700[㎜]이다. 765[kV]의 경우는 위의 표 11.5와 같다.

51) 현수애자련의 길이 방향에 대해 직각으로 진동한 경우를 말한다.

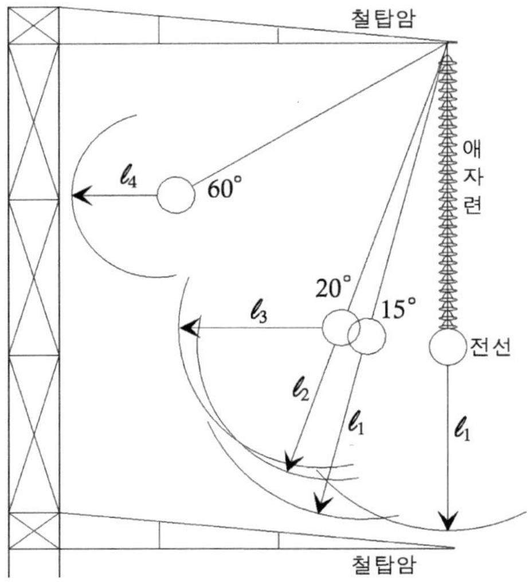

그림 11.9 현수철탑의 절연간격

표 11.5 765kV 송전선로 공기절연거리

절 연 간 격			1,000m 이하	1,000m 초과
표 준 절연간격 (㎜)	현수	애자련 ℓ_1	5,330	5,330
	내장	애자련 ℓ_1	5,110	5,110
		점퍼 ℓ_1	5,150	5,150
최 소 절연간격 (㎜)	현수	도체~철탑암 ℓ_2	3,650	3,740
		도체~탑체 ℓ_3	4,950	4,950
	내장	도체~철탑암 ℓ_2	4,430	4,550
		도체~탑체 ℓ_3	4,950	5,090
극한 절연간격 ℓ_4(㎜)			1,850	1,930

최소절연간격은 개폐서지에 대한 송전선의 애자련 절연강도와 협조할 수 있는 공기 절연간격을 말한다. 즉, 과전압에 대하여 섬락이 일어나지 않도록 도체로부터 철탑 돌출부간에 유지하여야 할 거리를 말한다. 154[kV] 송전선 현수철탑의 경우 애자련이 40°까

지 횡진동할 때 유지하여야 할 최소절연간격은 1,150[mm]이며, 345[kV] 4도체 현수철탑의 경우 40°까지 횡진동할 때 유지하여야 할 최소절연간격은 2,200[mm]이며, 765[kV]의 경우는 표11.5와 같다.

송전선로에서 1선 지락사고시 발생하는 상용주파수의 과전압에 대한 애자련의 절연강도와 협조할 수 있는 공기절연거리를 극한절연간격이라 한다. 이때 애자련의 오손에 대한 것까지 고려하며, 공기절연거리는 애자련이 최대로 횡진동할 때를 기준으로 한다. 154[kV] 송전선로 현수철탑의 경우 60°까지 횡진동할 때 극한절연간격은 900[mm]이며, 345[kV]의 경우는 60°까지 횡진동할 때 1,100[mm]이며, 765[kV]의 경우는 표11.5와 같다. 이렇게 횡진동 각도를 최대로 보는 것은 개폐서지나 뇌서지는 간혹 일어나지만 상용주파수에 대한 과전압은 자주 일어나기 때문이다.

11.4 절연협조

송전계통에는 변압기, 차단기, 애자, 결합콘덴서, 계기용 변성기 등 많은 기기가 있다. 이들 사이에는 서로 균형있는 절연강도를 유지해야 한다. 피뢰기의 제한전압을 정하고, 이를 기준으로 계통 내의 기기들 간에 적정한 절연강도를 조화롭게 설정함으로써 계통 전체의 합리적이고 경제적인 절연을 실시하는 것을 절연협조라 한다. 계통설계에서 상호간에 균형 잡힌 적절한 절연협조가 이루어지지 않으면 절연강도가 가장 낮은 특정한 기기에 절연파괴가 집중적으로 일어나는 결과를 초래한다. 그러므로 계통전체의 절연강도를 적정하게 배분하여야 한다.

먼저 고려해야 할 것은 뇌전압 이외의 내부 이상전압에서는 결코 섬락이나 절연파괴가 일어나지 않도록 하는 것이다. 또한 직격뢰에 대한 피해를 최소한으로 유지하기 위해 계통의 접지방식, 피뢰기의 보호효과, 보호계전기의 동작, 회로조건 및 경제성 등을 감안하여 계통전체에 걸친 절연을 합리적으로 조정하여야 한다.

절연협조는 외부의 뇌격에 의한 충격전압만을 대상으로 고려한다. 외부의 뇌격에 의한 이상전압의 파고값은 회로전압과는 무관하여 1,000만[V] 이상이 될 때도 있어 피뢰기 없이 기기 자체의 절연강도만으로 견딜 수 있도록 높인다는 것은 경제적으로 불가능하다.

따라서 그림 11.10과 같이 사용전압등급별로 피뢰기의 제한전압보다 높은 기준충격절연강도[52](BIL, Basic Impulse insulation Level)를 정해놓고 변압기와 기기의 절연강도 결정에 이용한다. BIL은 기기절연을 표준화하고 통일된 절연체계를 구성할 목적으로 절연계급을 설정하고 있다. 표 11.6은 피뢰기의 신뢰성과 각국의 경험을 기초로 한 기준충격절연강도와 절연협조 대조표이다.

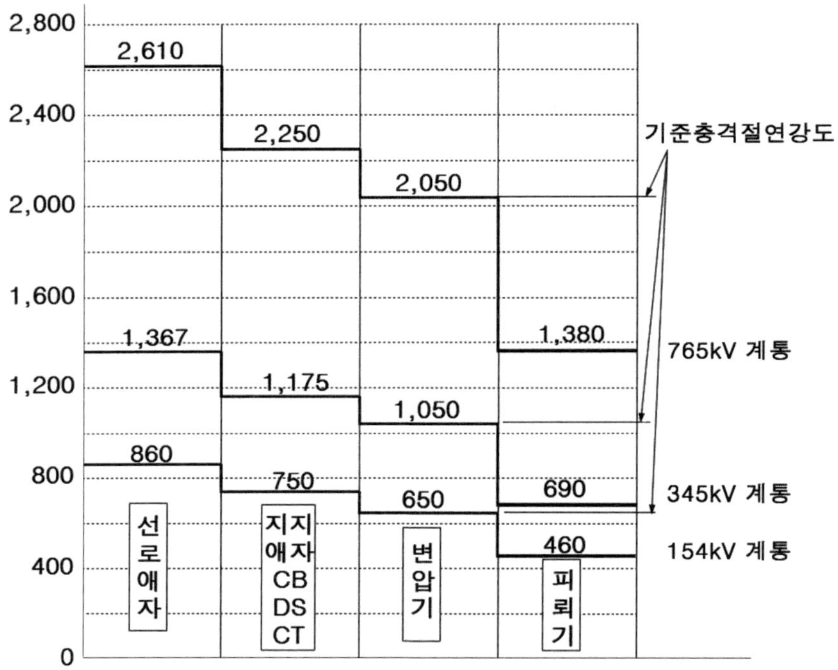

그림 11.10 절연강도 비교표

52) 송배전 계통에서 절연협조의 기준이 되는 절연강도를 이른다. 계통의 공칭 전압과 절연 층수에 따라 각 기계에 대하여 BIL[kV]이 규정되어 있다.

표 11.6 절연협조 대조표

공칭전압[kV]	22	66	154	275
절연계급(호)	20	60	140	200
BIL[kV]	150	350	750	1050
피뢰기제한전압[kV] (10[kA]용)	94	281	656	844
표준 현수애자 1련의 개수	2	4	9	16
표준 현수애자 50% 충격섬락전압	255	440	860	1425

국내 22.9[kV-Y] 배전계통의 기준충격절연강도(BIL)는 125[kV]를 적용하고 있으며 크게 가공배전선로와 지중배전선로로 구분할 수 있다. 표 11.7과 같이 가공배전선로에서 피뢰기 제한전압은 65[kV]를 유지하고 개폐기, 차단기 등 주요 기자재는 중요도 및 복구성 등을 고려하여 150[kV]를 적용하고 있다. 주상변압기와 콘덴서는 선로의 BIL을 적용하여 125[kV]를 적용하고 있다. 배전 변전소의 차단기, 단로기, 피뢰기의 BIL은 150[kV]이다. 가공배전선로의 BIL 적용절차는 그림 11.11과 같다.

피뢰기(제한전압) → 변압기, 콘덴서 → 개폐기 → 애자섬락전압

그림 11.11 가공배전선로 BIL 적용순서

표 11.7 변전소 설비와 가공배전선로의 BIL

구분		BIL[kV]	충격내전압[kV]
변전소	차단기	150	150
	단로기	150	150
	피뢰기	150	76(제한전압)
가공배전선로	피뢰기	125	65(제한전압)
	LP애자	-	180(섬락전압)
	현수애자	-	230(섬락전압)
	선로개폐기	150	150
	COS	125	125
	주상변압기	125	125
	콘덴서	125	125

지중배전선로는 표 11.8과 같이 케이블 입상주 피뢰기(제한전압 65kV)의 BIL은 125[kV]이며, 지중 전력케이블 및 접속재의 BIL은 150[kV](고장탐색 및 복구시간 고려)가 적용된다. 또한 지상 설치형 개폐기 및 변압기는 BIL 125[kV]를 적용한다. 수전설비인 고장구간 자동개폐기[53](ASS: Automatic Section Switch)와 계기용 변압변류기[54](MOF: Metering Out Fit)의 BIL은 150[kV]이다. 지중배전선로의 BIL 적용절차는 그림 11.12와 같다.

피뢰기(제한전압) → 기기류 → 케이블, 접속재

그림 11.12 지중 배전선로 BIL 적용순서

53) 배전선로의 고장구간을 신속하게 제거하기 위한 개폐장치. 14장 참조.
54) 변류기(CT)와 변압기(PT)의 기능을 같이 갖고 있는 계기용 장치. 12장 참조.

표 11.8 지중배전선로와 수전설비의 BIL

구분		BIL[kV]	충격내전압[kV]
지중배전선로	종단접속재	150	240(130℃)
	케이블	150	240(130℃)
	지중용개폐기	125	125
	지상변압기	125	125
	직선접속재	150	240
수전설비	ASS	150	150
	MOF	150	150

그림 11.13은 국내 배전계통의 BIL 현황을 나타낸 것이다.

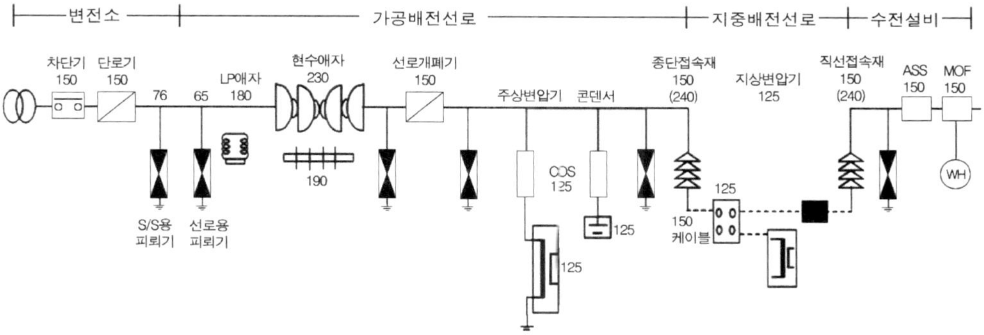

그림 11.13 국내 배전계통의 BIL 현황

연 습 문 제

1 피뢰기의 충격방전 개시전압은 무엇으로 표시하는가?

① 직류전압의 크기 ② 충격파의 평균치

③ 충격파의 최대치 ④ 충격파의 실효치

풀이 충격 전압이 가해져 방전 전류가 흐르기 시작할 때 도달할 수 있는 최고 전압값을 충격방전 개시전압이라 한다. **답** ③

2 송배전 계통에 발생하는 이상전압의 내부적 원인이 아닌 것은?

① 직격뢰 ② 선로의 개폐 ③ 아크 접지 ④ 선로의 이상

풀이 과전압의 발생원인 * 내부적인 요인 : 계통의 고장발생, 선로의 개폐, 변압기의 3상 비동기투입, 발전기의 자기여자현상 * 외부적인 요인 : 직격뢰, 유도뢰, 유도현상 **답** ①

3 서지 흡수기를 설치하는 장소는?

① 변전소 부근 ② 변전소 인출기 ③ 발전기 부근 ④ 변압기 부근

풀이 충격 입력파에 대하여 기기의 보호 목적으로 기기의 단자와 대지간에 접속되는 보호 콘덴서 또는 피뢰기와 조합한 것을 서지 흡수기라 한다. 주로 발전기 단자에 접속하여 충격 입력파에 대하여 발전기 권선 절연을 보호하는 역할을 한다. **답** ③

4 피뢰기의 공칭전압으로 삼고 있는 것은

① 제한전압 ② 상규대지전압

③ 상용 주파 허용 단자 전압 ④ 충격방전 개시전압

풀이 피뢰기에는 상용 주파 허용 단자 전압을 공칭전압으로 삼고 있다. **답** ③

5 피뢰기가 구비해야 할 조건으로 옳지 않은 것은?

① 속류차단 능력이 충분할 것

② 충격방전 개시전압이 높을 것

③ 상용 주파 방전 개시 전압이 높을 것

④ 방전내량이 크면서 제한전압이 낮을 것

풀이 피뢰기의 구비조건(* 속류 차단능력이 있을 것 * 제한전압이 낮을 것 * 충격방전 개시전압은 낮을 것 * 상용 주파 방전 개시 전압은 높을 것 * 방전 내량이 클 것 * 내구성 및 경제성이 있을 것) **답** ②

6 가공선의 임피던스가 Z_1, 케이블의 임피던스 Z_2인 선로의 접속점에 피뢰기를 설치하였더니 가공선로 쪽에서 파고값 e[V]의 진행파가 진행되어 이상전류 i[A]를 방전시켰다면 피뢰기의 제한 전압식은?

① $\frac{2Z_2}{Z_1+Z_2}e+\frac{Z_1Z_2}{Z_1+Z_2}i$　② $\frac{2Z_2}{Z_1+Z_2}e-\frac{Z_1Z_2}{Z_1+Z_2}i$

③ $\frac{2Z_2}{Z_1+Z_2}e+\frac{Z_1+Z_2}{Z_1Z_2}i$　④ $\frac{2Z_2}{Z_1+Z_2}e-\frac{Z_1+Z_2}{Z_1Z_2}i$

풀이 제한전압 = 피뢰기가 처리하고 남은 전압 = 투과 전압 – 피뢰기가 처리한 전압

$$=\frac{2Z_2}{Z_1+Z_2}e-\frac{Z_1Z_2}{Z_1+Z_2}i$$

답 ②

7 피뢰기의 구조는?

① 특성요소와 소호리액터　② 특성요소와 콘덴서

③ 소호리액터와 콘덴서　④ 특성요소와 직렬갭

풀이 피뢰기의 구조 = 직렬갭 + 특성요소 **답** ④

8 피뢰기의 직렬갭의 역할은?

① 특성요소의 보호　② 전압 분배 개선

③ 속류차단　④ 재료 절약

풀이 직렬갭은 방습애관 내에 밀봉된 평면 또는 구면 전극을 직렬로 접속한 다극구조이고, 과전압이 내습하면 뇌전류를 방전하고, 그 속류를 차단하는 역할을 한다. **답** ③

9 피뢰기의 접지 공사는?

① 제1종 접지 공사　② 제2종 접지 공사

③ 제3종 접지 공사　④ 특별 제3종 접지 공사

풀이 피뢰기의 접지저항은 충분히 낮게 하여야 하며, 접지는 제1종 접지공사를 하도록 규정되어 있다. **답** ①

10 피뢰기의 제한전압이란?

① 특성요소에 흐르는 전압의 순시치

② 방전을 개시할 때의 단자 전압의 순시치
③ 충격파 전류가 흐르고 있을 때 피뢰기의 단자전압
④ 피뢰기에 걸린 회로전압

풀이 제한전압: 피뢰기가 동작 중(충격파 전류가 흐르고 있을 때)에 계속해서 걸리고 있는 단자 전압의 파고값 **답** ③

11 송전계통의 절연협조에 있어서 절연레벨을 가장 낮게 잡고 있는 것은?
① 피뢰기 ② 단로기 ③ 변압기 ④ 차단기

풀이 절연협조는 피뢰기의 제한전압이 기준이 된다. 따라서 피뢰기의 절연 레벨이 제일 낮다. **답** ①

12 피뢰기가 역할을 잘하기 위하여 구비되어야 할 조건으로 옳지 않은 것은?
① 시간지연이 적을 것
② 속류를 차단할 것
③ 제한전압은 피뢰기의 정격 전압과 같게 할 것
④ 내구력이 많을 것

풀이 정격전압 : 피뢰기가 견딜 수 있는 최고전압, 제한전압 〈 정격전압 **답** ③

13 송변전 계통에 사용되는 피뢰기의 정격 전압은 선로의 공칭 전압의 보통 몇 배로 선정하는가?
① 직접접지계 : 0.8~1.0배 저항 또는 소호리액터 접지 : 0.7~0.9배
② 직접접지계 : 1.0~1.3배 저항 또는 소호리액터 접지 : 1.4~1.6배
③ 직접접지계 : 0.8~1.0배 저항 또는 소호리액터 접지 : 1.4~1.6배
④ 직접접지계 : 1.0~1.3배 저항 또는 소호리액터 접지 : 0.7~0.9배

풀이 유효접지계(직접접지)에서는 공칭 전압의 0.8~1.0배, 비유효접지계(저항 또는 소호리액터 접지)에서는 공칭 전압의 1.4~1.6배의 것을 정격 전압으로 선정하여 사용하고 있다. **답** ③

14 피뢰기의 정격 전압이란?
① 충격 방전 전류를 통하고 있을 때의 단자 전압
② 충격파의 방전 개시 전압
③ 속류의 차단이 되는 최고의 교류 전압

④ 상용 주파수의 방전 개시 전압

풀이 피뢰기의 정격전압은 속류 차단이 되는 교류의 최고 전압을 말한다. **답** ③

15 피뢰기의 정격을 나타내는 단위는?

① A ② Ω ③ V ④ W

답 ③

16 송전선로에서 역섬락을 방지하는 유효한 방법은?

① 가공지선을 설치한다. ② 소호각을 설치한다.
③ 탑각 접지 저항을 작게 한다. ④ 피뢰기를 설치한다.

풀이 탑각 접지저항이 충분히 낮지 않으면 가공지선이 포착한 직격뢰는 대지로 흐를 수 없고, 철탑 전위가 상승하여 철탑부가 애자를 통하여, 또는 경간 내에서 가공지선과 전력선간의 공기를 통하여 전력선에 방전하는 역섬락을 일으킨다. **답** ③

17 철탑의 탑각 접지저항이 커지면 우려되는 것으로 옳은 것은?

① 뇌의 직격 ② 역섬락
③ 가공지선의 차폐각의 증가 ④ 코로나의 증가

풀이 철탑의 접지저항이 크면 철탑의 전위가 매우 높아진다. 철탑의 높은 전위는 송전선으로 섬락을 일으키는데 이를 역섬락이라 한다. **답** ②

18 송전선로에서 매설지선의 설치 목적은?

① 코로나 전압의 감소 ② 뇌해의 방지
③ 기계적 강도의 증가 ④ 절연강도의 증가

풀이 매설지선은 철탑의 탑각 접지저항을 감소시켜 역섬락을 방지한다. 역섬락은 직격뢰에 의해서 많이 기인되므로 뇌해 방지가 된다. **답** ②

19 송전선로에 매설지선을 설치하는 주된 목적은?

① 직격뢰로부터 송전선을 차폐보호하기 위하여
② 철탑 기초의 강도를 보강하기 위하여
③ 현수애자 1연의 전압분담을 균일화하기 위하여
④ 철탑으로부터 송전선로로의 역섬락을 방지하기 위하여

풀이 매설지선은 철탑의 탑각 접지저항을 감소시켜 역섬락을 방지한다. **답** ④

20 기기의 충격 전압을 시험할 때 채용하는 우리나라의 표준 충격 전압파의 파두장 및 파미장을 표시한 것은?

① $1.5 \times 40[\mu sec]$　② $2 \times 40[\mu sec]$
③ $1.2 \times 50[\mu sec]$　④ $2.3 \times 50[\mu sec]$

풀이 표준충격전압파의 파두장 및 파미장은 $1 \times 40[\mu sec]$ 또는 $1.2 \times 50[\mu sec]$이다.

답 ③

21 뇌서지와 개폐서지의 파두장과 파미장에 대한 설명으로 옳은 것은?

① 파두장은 같고 파미장이 다르다.　② 파두장이 다르고 파미장은 같다.
③ 파두장과 파미장이 모두 다르다.　④ 파두장과 파미장이 모두 같다.

풀이 개폐서지와 뇌서지는 파두장과 파미장이 모두 다르다. **답** ③

22 뇌해 방지와 관계가 없는 것은?

① 매설지선　② 가공지선　③ 소호각　④ 댐퍼

풀이 * 매설지선: 역섬락방지, * 가공지선: 낙뢰차폐, * 소호각: 섬락사고 때 애자련의 보호, * 댐퍼: 선로의 진동 방지에 쓰인다. **답** ④

23 이상전압(overvoltage)에 대한 방호장치가 아닌 것은?

① 방전코일　② 피뢰기　③ 서지흡수기　④ 가공지선

풀이 * 방전코일 : 잔류 전하 방전 * 피뢰기 : 과전압에 대한 기기보호 * 서지흡수기 : 발전기 등을 과전압으로부터 보호 * 가공지선 : 직격뢰 차폐 **답** ①

24 차단기의 개폐에 의한 이상전압은 대부분 송전선 대지전압의 몇 배 정도가 최고인가?

① 2　② 3　③ 4　④ 5

풀이 개폐서지의 크기는 선로의 길이 차단기의 성능 및 중성점 접지방식에 따라 차이는 있으나 대부분의 경우 상규 대지전압의 4배를 넘는 경우는 거의 없다. **답** ③

25 피뢰기가 방전을 개시할 때의 단자전압의 순시값을 방전 개시전압이라 한다. 방전 중의 단자전압의 파고값은 무슨 전압이라고 하는가?

① 뇌 전압　② 상용 주파 교류전압
③ 제한전압　④ 충격 절연 강도 전압

풀이 제한전압이란 피뢰기가 동작 중일 때의 단자전압의 파고값을 말한다. 피뢰기가 동작한다는 것은 충격파 전압을 대지로 방전시켜 단자전압을 기기의 내전압 이하로 낮추는 것을 말한다. 그러므로 제한전압은 송전계통에서 절연협조의 기본이 된다. **답** ③

26 송전계통에서 이상전압의 방지대책으로 볼 수 없는 것은?

① 철탑 접지저항의 저감

② 가공 송전선로의 피뢰용으로서의 가공지선에 의한 뇌차폐

③ 기기 보호용으로서의 피뢰기 설치

④ 복도체 방식

답 ④

27 송전계통에서 절연협조의 기본이 되는 것은?

① 피뢰기의 제한전압 ② 코로나 전압 저감

② 변압기 부싱의 섬락 전압 ④ 권선의 절연 내력

풀이 피뢰기는 과전압을 주변 기기의 내전압 이하로 낮추어, 기기의 절연 파괴를 방지하는 장치이다. 과전압을 피뢰기가 방전시킬 때 단자전압의 파고값을 제한전압이라 한다. 그러므로 제한전압은 송전계통에서 절연협조의 기본으로 가장 낮게 잡는다. **답** ①

28 파동임피던스 $Z_1 = 500[\Omega]$인 전선로 종단에 파동임피던스 $Z_2 = 1000[\Omega]$의 변압기가 접속되어 있다. 지금 선로에서 파고 $e_1 = 600$[kV]의 전압이 입사 되었다면, 접촉점에서 전압의 반사파는 약 몇 [kV]인가?

① 200 ② 300 ③ 400 ④ 500

풀이 반사 전압 $e_2 = \dfrac{Z_2 - Z_1}{Z_2 + Z_1} e_1 = \dfrac{1000-500}{1000+500} \times 600 = 200[\text{kV}]$ **답** ①

29 파동임피던스 $Z_1 = 400[\Omega]$인 가공선로에 파동임피던스 $Z_2 = 80[\Omega]$인 케이블이 접속 되어 있다. 지금 가공선로에서 파고 $e_1 = 900$[kV]의 전압이 입사 되었다면, 접촉점에서 전압의 투과파는 약 몇 [kV]인가?

① 200 ② 250 ③ 300 ④ 350

풀이 투과 전압 $e_2 = \dfrac{2Z_2}{Z_2 + Z_1} e_1 = \dfrac{2 \times 80}{80+400} \times 900 = 300[\text{kV}]$ **답** ③

30 서지파(진행파)가 서지 임피던스 Z_1의 선로 측에서 서지 임피던스 Z_2의 선로 측으로 입사한 때 투과 계수 b를 나타낸 식은?

① $b=\frac{Z_2-Z_1}{Z_1+Z_2}$ ② $b=\frac{2Z_2}{Z_1+Z_2}$ ③ $b=\frac{Z_1-Z_2}{Z_1+Z_2}$ ④ $b=\frac{2Z_1}{Z_1+Z_2}$

풀이 반사계수 : $\frac{Z_2-Z_1}{Z_2+Z_1}$ 투과계수 : $\frac{2Z_2}{Z_2+Z_1}$

답 ②

31 가공선의 서지 임피던스를 Z_a, 지중선의 서지 임피던스를 Z_c라 할 때 일반적으로 어떤 관계가 성립하는가?

① $Z_a=Z_c$ ② $Z_a>Z_c$ ③ $Z_a<Z_c$ ④ $Z_a\le Z_c$

풀이 케이블은 가공선에 비해 정전용량 C가 매우 크다. 따라서 서지 임피던스= $\sqrt{\frac{L}{C}}$ 이므로 $Z_a>Z_c$가 성립된다.

답 ②

32 가공지선의 설치 목적이 아닌 것은?

① 정전차폐 효과 ② 전압강하의 방지
③ 직격차폐 효과 ④ 전자차폐 효과

풀이 가공지선의 역할(* 직격뢰 및 유도뢰의 차폐 * 유도장해(전자유도, 정전유도) 감소

답 ②

33 가공지선의 대한 설명 중 옳은 것은?

① 차폐각은 보통 15°~ 30°정도로 하고 있다.
② 차폐각이 클수록 낙뢰에 대한 차폐효과가 크다.
③ 가공지선을 2회선으로 하면 차폐각이 적어진다.
④ 가공지선으로는 연동선을 주로 사용한다.

풀이 가공 지선은 뇌 서지로부터 송전선의 차폐를 위해 시설한다. 차폐각은 보통 35°~ 40°정도로 잡고 있으며, 차폐각이 작을수록 보호율이 높으나 그 반면에 건설비가 비싸다. 가공지선은 ACSR을 사용한다.

답 ③

34 가공지선에 관한 사항 중 틀린 것은?

① 직격뢰를 방지하는 효과 ② 유도뢰를 저감하는 효과
③ 차폐각이 클수록 효과 ④ 사고시 통신선에 전자 유도장해 경감

풀이 가공지선(over head ground wire)은 송전선 위에 나란히 가설된 도선으로 각 철탑에 접지되어 있으며 뇌운에 의한 전선로에서의 정전 유도 작용을 차폐할 수 있어 유도뢰에 의한 피해를 줄일 수 있다. 가) 직격뢰에 대한 차폐 효과 나) 유도뢰에 대한 정전 차폐 효과

다) 통신선에 대한 전자 유도장해 경감 효과

답 ③

35 송전선로에서 가공지선을 설치하는 목적이 아닌 것은?

① 뇌의 직격을 받을 경우 송전선 보호 ② 유도에 의한 송전선의 고전위 방지
③ 통신선에 대한 차폐효과 증진 ④ 철탑의 접지저항 경감

풀이 철탑의 접지저항을 감소시키기 위한 시설은 매설지선이다.

답 ④

36 피뢰기의 설명으로 틀린 것은?

① 충격방전 개시전압이 낮을 것. ② 상용 주파 방전 개시 전압이 낮을 것.
③ 제한전압이 낮을 것. ④ 속류의 차단 능력이 클 것.

답 ②

37 전력용 피뢰기에서 직렬갭(gap)의 주된 사용 목적은?

① 방전 내량을 크게 하고 장시간 사용하여도 열화를 적게 하기 위함이다.
② 충격방전 개시전압을 높게 하기 위함이다.
③ 충격파가 침입할 때 대지에 흐르는 방전전류를 크게 하여 제한전압을 낮게 하기 위함이다.
④ 상시는 누설전류를 방지하고 충격파방전 종료 후에는 속류를 즉시 차단하기 위함이다.

답 ④

38 KSC의 공칭 방전 전류는 얼마로 되어 있는가?

① 250[A] 또는 500[A] ② 1250[A] 또는 1500[A]
③ 2500[A] 또는 5000[A] ④ 7500[A] 또는 10000[A]

답 ③

39 피뢰기에 대한 설명 중 옳지 않은 것은?

① 제한전압이란 피뢰기가 동작 중일 때의 단자전압의 파고값을 말한다.
② 직렬갭은 속류를 차단하는 역할을 한다.
③ 정격 전압이란 속류를 차단하는 최고 교류 전압의 최대값을 말한다.
④ 송전계통의 절연협조 중 가장 높게 잡는다.

답 ④

40 345kV 송전계통의 절연계통의 절연협조에서 충격절연내력의 크기순으로 적합한 것은?

① 선로애자 > 차단기 > 변압기 > 피뢰기
② 선로애자 > 변압기 > 차단기 > 피뢰기
③ 변압기 > 차단기 > 선로애자 > 피뢰기
④ 변압기 > 선로애자 > 차단기 > 피뢰기

답 ①

41 피뢰기에서 속류를 끊을 수 있는 최고의 교류 전압?

① 정격전압 ② 제한전압 ③ 차단전압 ④ 방전개시전압

답 ①

42 피뢰기가 구비해야 할 조건 중 잘못 설명된 것은?

① 충격방전 개시전압이 낮을 것
② 상용 주파 방전 개시 전압이 높을 것
③ 방전내량이 작으면서 제한전압이 높을 것
④ 속류차단 능력이 충분할 것

답 ③

제 12 장 보호계전기 및 차단기

학습목표

- 보호계전기의 이해
- 차단기의 이해

전력계통이 대용량화되고 복잡해짐에 따라 계통에서 발생한 사고구간을 신속하게 분리하여 계통의 안정도를 확보하는 동시에 건전한 계통에 사고의 영향을 최소화하는 계통보호[55]의 중요성은 날로 커지고 있다.

전력계통에서 방치된 사고는 확대되어지기 때문에 안정된 전력을 공급할 수 없게 된다. 따라서 기기와 선로의 손상을 막고 건전 계통에는 사고가 파급되지 않도록 고장구간을 검출하여 차단기(CB: Circuit Breaker)에게 고장구간을 계통에서 분리하도록 지시하는 것이 보호계전기의 역할이다. 보호계전기는 전력계통이 정상일 때는 동작하지 않고 고장일 때에만 적절한 동작을 할 수 있는 구조이어야 한다. 그림 12.1은 보호계전 시스템의 구성도이다.

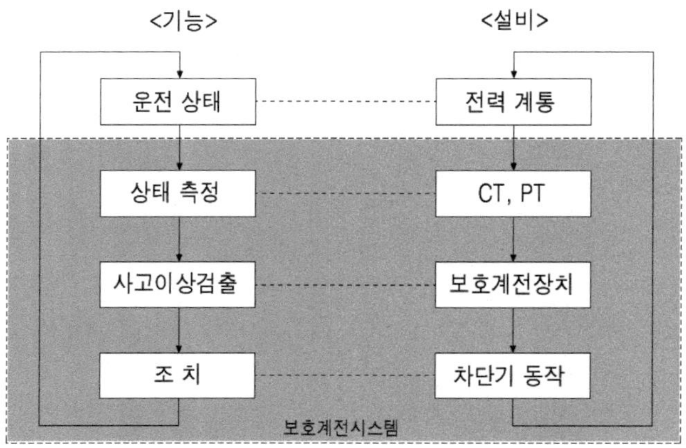

그림 12.1 보호계전 시스템의 구성

사고 상태를 검출하는 보호계전기와 고장구간을 차단하는 차단기를 조합하여 보호계전방식을 이룬다. 보호계전방식의 구성은 그림 12.2와 같이 고장이 발생하면 계통의 운전 상태를 검출하기 위한 계기용 변압기(PT), 변류기(CT)와 보호계전기가 동작하여 차단기의 트립코일(TC)을 여자하여 고장구간을 차단한다. 차단기의 차단에 필요한 전원은 일반적으로 직류전원인 축전지를 사용한다.

55) 전력선, 전력기기 등에 단락, 지락 등의 피해를 경감시키고 파급되지 않도록 하는 것. 즉, 계통을 분리하여 정상부분이 이상부분의 영향을 받지 않도록 하고, 이상부분의 운전을 정지시키고, 정상으로 회복시키는 것 등의 조치를 취하는 것.

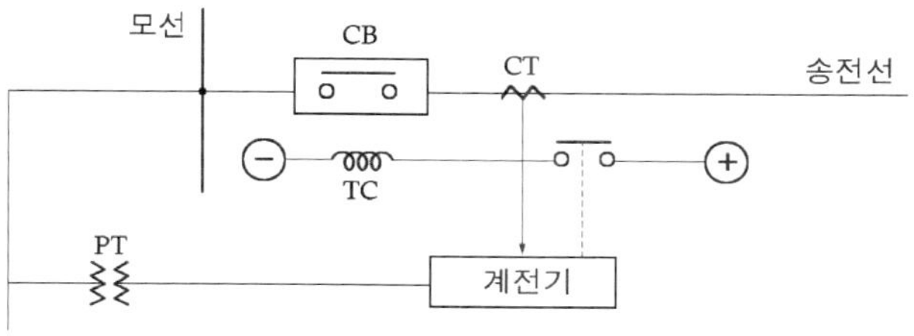

그림 12.2 보호계전방식의 구성

12.1 보호계전기의 분류

12.1.1 보호계전기의 특성

보호계전기의 역할은 고장구간을 신속히 제거하고 건전상은 계속 전력을 공급할 수 있게 한다. 보호계전기의 구비조건은 다음과 같다.

① **선택성** : 고장회선 및 고장구간을 신속정확하게 선택 차단할 것
② **신뢰성** : 오동작 없이 동작이 확실할 것
③ **감도** : 어떠한 조건에도 동작할 수 있을 것
④ **속도** : 안정도 유지 및 사고확대를 방지하기위한 속도로 동작할 것
⑤ **경제성** : 계기용 변압기, 변류기 등을 조합하여 사용하므로 될 수 있으면 소비 전력이 적고 경제적일 것
⑥ **후비[56]보호능력** : 적당한 후비보호능력이 있을 것

12.1.2 동작원리에 의한 분류

① **유도형** : 2개의 코일이 만드는 이동자계와 그 이동자계에 의해 발생하는 와류와의 상호작용으로 알루미늄 원판이 회전하여 접점이 닫히면서 동작하는 계전기이다. 송전계통에서는 유도형이 제일 많이 사용된다.
② **전류력계형** : 고정코일과 가동코일에 전류를 흘려서 두 코일사이에 작용하는 토크

56) 주보호장치의 실패 또는 운전이 멈추는 것에 대비한 2차적인 준비.

를 이용하는 구조이다. 고속 동작이 가능하므로 교류 계전기 전반에 사용되고 있다.

③ **가동철심형** : 코일에 전류가 흐를 때 흡인력 또는 반발력에 의해 가동부를 움직여 접점을 개폐하는 계전기이다. 전류 코일의 전자력만으로 철심을 운동시키는 전자형과 전자코일에 흘리는 전류의 극성에 따라서 철편의 흡인력의 방향을 변화시키는 유극형의 두 가지가 있다. 구조는 간단하지만 정밀성이 약간 떨어지기 때문에 보조 계전기로 사용되고 있다.

④ **가동코일형** : 영구자석의 자계 중에 가동코일의 회전력을 이용한 것이다. 소비전력은 작지만 토크도 작아서 주로 직류계전기로 사용된다.

⑤ **전자형(트랜지스터 계전기)** : 각종 논리회로 및 전자부품을 이용한 것으로서 고속으로 동작되면서 소비전력은 작다. 그러나 온도에 민감하고 서지에 약한 단점이 있다. 전자형 계전기에는 정류형, 위상 비교형 등이 있다.

⑥ **디지털형(마이컴)** : 마이크로프로세서를 사용하여 입력된 기준량과 실제 운전량을 비교하여 고장을 검출하는 방식이다. 표준화가 가능하고 계통의 변화에 능동적으로 대처할 수 있다.

12.1.3 동작시간에 의한 분류

계전기에 설정된 동작값을 초과하는 전압 또는 전류가 공급되었을 때부터 계전기의 접점을 닫을 때까지 소요되는 시간을 동작시간이라고 한다. 그림 12.3과 같이 동작시간에 따른 계전기는 다음과 같다.

① **순한시 계전기(고속도 계전기)** : 고장전류가 흐르면 즉시 동작하는 계전기이다.

② **정한시 계전기** : 고장전류가 흘렀을 때 동작전류의 크기와는 상관없이 정해진 시간 후에 동작하는 계전기이다.

③ **반한시 계전기** : 계전기의 동작코일에 흐르는 전류가 증가함에 따라 동작시간이 짧아지는 특성을 가진 것으로서 동작시간은 전류값에 반비례하는 계전기이다.

② **반한시·정한시 계전기** : 고장전류가 일정값까지는 반한시성이지만, 그 이상이 되면 정한시 특성을 갖는 계전기이다.

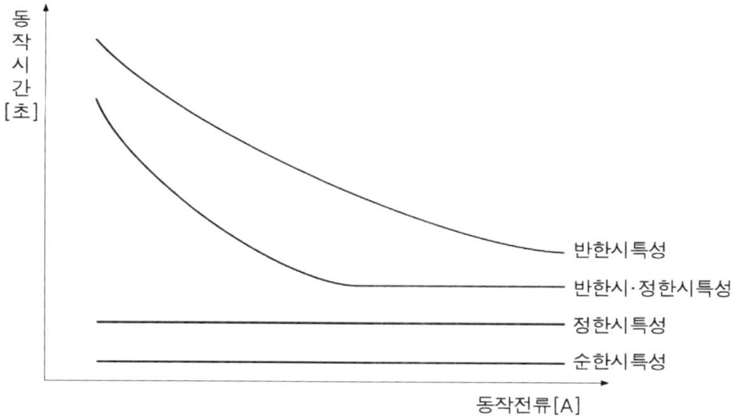

그림 12.3 계전기의 동작시간 특성

12.1.4 용도 및 사용목적에 따른 분류

1. 전류 계전기

① **과전류 계전기**(OCR, 50 **순시형**, 51 **교류한시형**) : 계전기를 통과하는 전류가 설정값을 초과하면 동작한다. 과부하 계전기라고도 한다. 용도가 대단히 많고 단락보호용과 지락보호용이 있다. 교류용 과전류 계전기에는 유도원판형과 가동철심형, 정류형, 열동형, 정지형이 있고, 직류용 과전류 계전기에는 가동코일형, 가동철심형, 정지형이 있다.

② **부족전류 계전기**(UCR, 37) : 계전기를 통과하는 전류값이 설정값 이하가 되었을 때 동작하는 계전기이다. 교류발전기의 계자 보호 및 직류기의 시동용으로 사용된다.

2. 전압 계전기

① **과전압 계전기**(OVR, 59) : 전압이 설정값을 초과하면 동작하는 계전기이다. 일반적으로 발전기가 무부하로 되었을 경우의 과전압 보호용으로 사용된다.

② **부족전압 계전기**(UVR, 27) : 계기용 변압기(PT) 2차 회로에 접속되어 선로의 단락고장, 전원의 정전 등에 의해서 회로의 전압이 설정값 이하로 떨어졌을 때 동작하는 계전기이다. 대형 유도 전동기 등에서 갑자기 공급전압이 내려갔을 때 지나친 과전류가 흐르지 않도록 동작하게 된다.

3. 거리 계전기(21)

전선로의 고장을 자동적으로 선택 구분하는 것으로서 고장점까지의 리액턴스 및 임피던스를 측정하는 요소로 구성되어 있어 고장점까지의 거리에 따라 동작시간이 변화하는 계전기이다. 거리계전기에는 동작특성에 따라 오옴(Ω)형, 임피던스형, 모우(mho)형 등이 있다.

① **옴 계전기** : 계전기의 입력 전압·전류에서 얻어지는 임피던스와 위상각에 의해 거리를 판단한다.

② **임피던스 계전기**(ZR) : 계전기가 설치된 위치로부터 고장점까지의 임피던스(전압과 전류비)의 절대값에 비례하여 동작하는 계전기이다. 임피던스의 위상각에는 관계가 없다. 고장점으로부터 일정한 임피던스 이하이면 동작한다.

③ **모 계전기** : 방향특성을 갖는 거리계전기로서 모우라는 명칭의 의미는 동작원리에서 볼 때 임피던스의 역수 즉 어드미턴스의 일정각도에 대한 성분의 크기가 설정값 이상인 경우 동작하는 계전기이다.

4. 방향 단락 계전기(DSR)

방향 단락 계전기(67S)는 고장전류가 일정한 방향이고 그 크기가 설정값 이상이 되면 동작하는 계전기이다. 과전류 요소와 방향성 요소를 갖춘 계전기이다. 전압코일에 계기용 변압기 2차측 선간 전압을, 전류코일에 변류기에서 선로전류를 공급한다.

5. 선택 단락 계전기(SSR)

병행 2회선 송전선로에서 한 쪽의 1회선에 단락 고장이 발생하였을 경우 2중 방향 동작의 계전기를 사용해서 고장 회선을 선택하여 차단할 수 있는 것으로서, 방향 단락 계전기 또는 2회선의 전류차로 동작하는 계전기를 사용한다.

6. 지락 계전기(GR)

지락사고(1선지락, 2선지락 등) 검출을 주목적으로 하여 제작된 계전기로서 보다 낮은 입력 수준에서 동작하며 과전류 지락계전기, 과전압 지락계전기, 선택 지락계전기, 방향 지락계전기 등이 있다.

① **과전류 지락 계전기(OCGR, 51G)** : 영상전류 요소만으로 동작하는 과전류계전기로서 동작원리는 과전류 계전기와 차이가 없다. 지락전류의 크기는 계통의 접지방식에 따라 다르지만 일반적으로 단락전류보다 훨씬 작기 때문에 계전기는 소세력형[57]으로 한다. 즉 과전류 계전기보다 훨씬 작은 전류에 동작하도록 민감하게 되어 있다. 유도원판형, 유도원통형, 정지형 등이 있다.

② **과전압 지락 계전기(OVGR, 64)** : 접지형 계기용변압기(GPT)의 3차회로 또는 계기용변압기(PT) 2차 회로를 개방 Δ접속으로 하고 지락고장일 때 나타나는 영상전압을 계전기로 검출해서 지락보호를 한다.

③ **방향 지락 계전기(DGR, 67)** : 과전류 지락 계전기에 방향성[58]을 준 것이다.

④ **선택 지락 계전기(SGR, 50G)** : 비접지 계통의 배전선 지락사고를 검출하여 사고회로만을 차단하는 방향성 계전기로서 지락사고일 때 계전기 설치점에 나타나는 영상전압과 영상지락고장전류를 검출하여 선택 차단한다.

12.2 계기용 변성기

계측기 또는 보호계전기를 직접 고압회로에 접속하는 것은 위험하다. 그러므로 계기용 변성기를 이용하여 고압회로의 전압·전류를 일정한 비율로 낮춘다. 보통 110[V], 5[A]로 낮추어 계측기나 보호계전기로 공급한다.

이와 같이 계측기나 보호계전기에 전압을 낮추어 공급하는 계기용 변압기(PT, Potential Transformer)와 전류를 낮추어 공급하는 변류기(CT, Current Transformer)를 함께 일컬어 계기용 변성기라고 한다.

12.2.1 계기용 변압기(PT)

계기용 변압기(PT)는 그림 12.4와 같이 변압기의 원리를 이용하여 고압회로의 전압을

57) 적은 입력(0.5A 정도)으로 동작하는 계전기를 통칭하여 소세력계전기라 한다

58) 어느 특정한 위상각의 입력에 대해서만 동작하고 그 이외의 위상각에서서는 동작하지 않는 것을 방향성이라고 한다.

계측기나 보호계전기에 적합하도록 강압시키는 것이다. 즉, 고압의 송전전압을 직접 계측기나 보호계전기에 접속할 수 없으므로 권선비를 조정하여 2차 단자를 110[V]로 낮추어 사용한다.

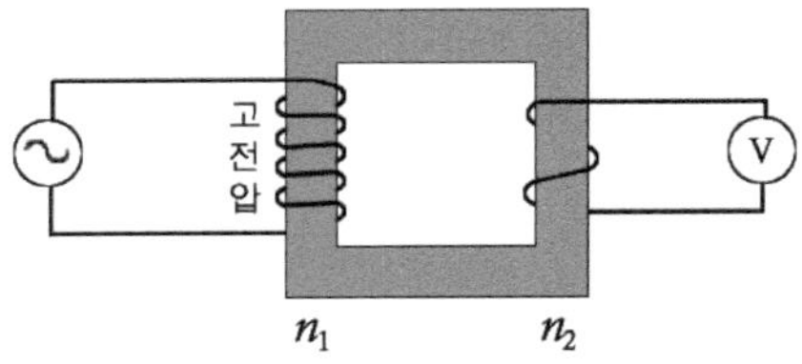

그림 12.4 계기용 변압기 원리

(a) 22.9[kV]용 (b) 단상용 (c) 3상용

그림 12.5 계기용 변압기(출처:삼능전기, 시티이텍)

계기용 변압기에는 전자유도 원리를 이용한 전자형의 계기용 변압기와 콘덴서형의 계기용 변압기(CPD: Capacitance Potential Device)가 있다. 전자형은 오차가 적고 특성이 양호하다. 하지만 구조상 절연에 대한 신뢰도가 낮기 때문에 일반적으로 66[kV] 이하의 회로에서 사용한다. 콘덴서형은 콘덴서 분압기 원리를 응용한 것으로서 154[kV] 이상의 회로에서 주로 사용된다.

PT를 사용할 때의 주의사항은 다음과 같다.

① PT의 2차측은 단락시키지 않는다. PT의 2차측을 단락하면 큰 전류가 흘러 권선을 손상시킬 수 있다.

① PT 변환비 또는 정격부담을 변동할 때에는 전압계도 함께 바꾸어야 한다.

12.2.2 변류기(CT)

변류기 CT는 그림 12.6과 같이 1차회로의 전류를 계측기나 보호계전기에 적합한 작은 전류로 변환시키기 위하여 사용한다. CT의 공칭 변류비는 정격1차전류/정격2차전류로 표시하는데 정격2차전류는 1[A], 5[A]가 있으나 5[A]를 표준으로 사용한다. 예를 들어 정격 1차전류가 400[A]이고 정격 2차전류가 5[A]인 경우에는 400/5[A]와 같이 표시한다. 변류기의 정격전류는 1차전류에 관계없이 5[A]로 설계되어 있으며, 대전류를 소전류로 바꾸기 위하여 2차측에 비해 1차측을 수차례 조금 감거나 관통형(1회의 권선)으로 한다.

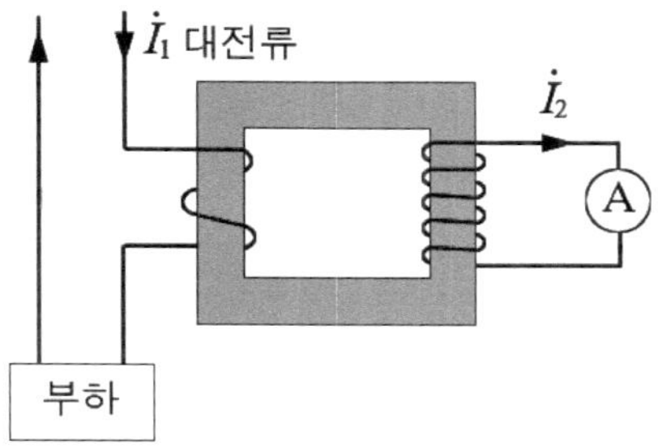

그림 12.6 변류기 원리

변류기에는 관통형, 권선형, 부싱형(bushing type) 등이 있다. 관통형 변류기는 1차측 도체를 변류기의 1차 권선으로 사용하는 것으로서 권수 1인 1차권선을 구성하고 있다. 즉, 2차 권선이 감겨진 환상철심의 중심부를 1차 도체가 통과하는 형태의 변류기이다. 권선형 변류기는 철심에 1차 및 2차 권선을 감은 것으로서 필요에 따라서 1차권선을 2개 이상으로 감을 수 있으며 저전류 특성을 좋게 만든 변류기이다. 부싱형 변류기는 관통형 변류기와 동일하나 2차권선이 전력기기의 절연된 부싱에 설치하여 이 부싱을 1차권선으로 사용하는 변류기이다. 고압용으로서 1차전류가 큰 경우에도 오차가 적다. 그러나 저전류 영역에서는 1차측이 관통형(1회의 권선)이므로 일반적으로 오차가 크다.

(a) 22.9[kV]용　(b) 권선형　(c) 관통형

그림 12.7 변류기(출처:삼능전기, 시티이텍)

CT 사용시 주의사항은 다음과 같다.

① CT 1차전류가 흐르고 있을 때에 2차측을 개방하면 1차전류는 모두 여자전류가 되어 2차측에 이상전압이 발생하여 권선이 탈 수 있으므로 사용 중에는 2차측을 개방하지 않는다.

① CT의 변환비 또는 정격부담이 바뀌어서 교체할 때에는 전류계도 함께 바꾸어야 한다.

표 12.1은 계기용변압기와 변류기의 사용법상의 차이를 나타낸다.

표 12.1 PT와 CT의 사용법상의 차이

항목	PT	CT
1차측 접속	주회로에 병렬접속	주회로에 직렬접속
2차측 접속	임피던스가 큰 부하	임피던스가 작은 부하
2차 유기전압	정격전압 110[V]	저전압(2차전류×2차임피던스)
사용상 주의점	2차측은 단락하지 말 것	2차측은 개방하지 말 것

변류기의 2차 단자에 접속되는 전선과 보호계전기 또는 계측기에 소요되는 전력을 부담(burden)이라 하며 [VA]의 단위로 나타낸다. 정격부담이란 그 계기용변압기의 성능과 특성을 보증할 수 있는 한도를 나타낸 것이며 다음과 같이 정한다.

계기용 변압기의 정격부담[VA] ≥ (계측기 또는 보호계전기의 부담) + (접속 전선의 부담)

12.2.3 계기용 변압변류기(MOF)

계기용 변압변류기 MOF(Metering Out Fit)는 하나의 기기에 변류기(CT)와 변압기(PT)의 기능을 같이 갖고 있다. 대개 1차회로의 고전압 대전류를 적산전력량계에 공급할 수 있도록 110[V], 5[A]로 낮추어 준다. MOF는 적산전력량계와 함께 소비전력량을 측정할 때 사용된다.

그림 12.8 MOF(출처:삼능전기)

12.2.4 영상 변류기(ZCT)

지락고장이 발생하면 회로에 흐르는 영상전류를 검출하여 보호계전기에 고장상태를 전달하는 기기를 영상변류기 ZCT라고 한다. 즉, 영상변류기는 지락사고가 발생한 경우 영상전류(누설전류)를 검출하여 과전류지락계전기(OCGR)를 동작시켜 차단하는 고감도 지락보호에 사용한다.

그림 12.9는 2차 권선을 감은 철심에 1차 도체로서 3심 케이블 또는 단심케이블 3줄을

관통하여 사용하는 ZCT이다. ZCT는 1차전류 300[mA], 200[mA], 2차전류 3.0[mA], 1.5[mA]가 있으나 200/1.5[mA]가 많이 사용된다. 주로 비접지 배전선로의 지락보호용으로 방향지락계전기(DGR)과 함께 사용된다.

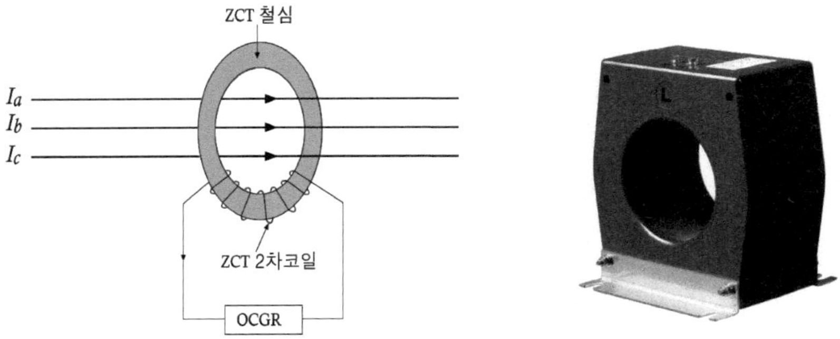

(a) ZCT 원리 (b) ZCT(출처:시티이텍)

그림 12.9 영상변류기

12.3 보호계전방식

과전류 계전기 OCR은 과전류로부터 권선을 보호하기 위하여 적용되며 과전압 계전기 OVR은 과전압으로부터 선로와 기기의 절연보호를 목적으로 사용된다. 뇌서지와 같은 순간적인 이상전압은 피뢰기에 의존하지만 일정값에 도달하는데 시간이 걸리는 이상전압은 과전압 보호계전방식으로 보호한다.

대다수 초고압 송전선의 주 보호방식은 파일럿 계전방식을 사용하고 있으며, 154[kV] 송전계통에서는 방향 비교 파일럿 계전방식 및 거리 계전방식이 함께 사용되고 있다. 각 변전소에는 거리 계전기, 과전류 계전기, 재폐로 계전기 등으로 구성되어 있다.

12.3.1 과전류 계전방식

과부하나 단락사고일 때에 흐르는 과전류를 검출하여 작동하는 보호계전방식으로서 방사상[59] 계통의 송배전 선로, 변압기, 전동기의 보호에 적용된다.

과전류 계전방식의 구성은 그림 12.10과 같다. 송전선에서 고장이 발생하면 평상시의 부하전류보다 많은 고장전류가 흐르게 된다. 고장전류를 과전류 계전기(OCR)가 검출하여 차단기(CB)를 차단시킨다.

각 모선[60]마다 설치되어있는 과전류 계전기는 반한시 특성이며, 전원에서 떨어져 있는 모선일수록 빨리 동작하도록 동작시간을 다르게 설정한다. 예를 들어 B와 C사이에서 사고가 발생하면 A모선의 계전기 동작시간 T_1보다 B모선의 계전기 동작시간 T_2가 더 빨리 동작하여 정전구간을 축소시킨다.

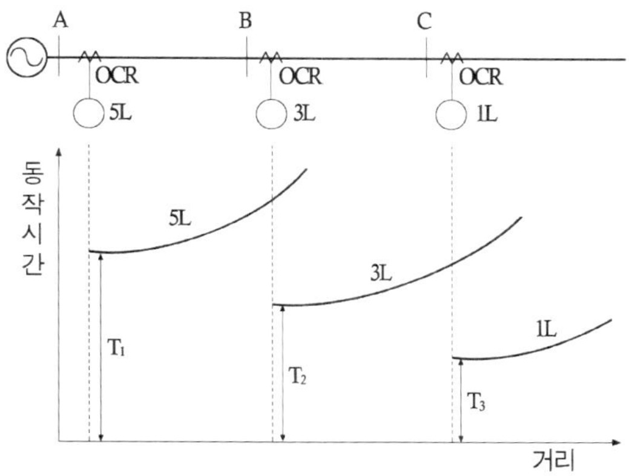

그림 12.10 과전류 계전방식

결국 과전류 계전방식은 전원으로부터 가장 먼 위치에 설치된 계전기의 동작시간을 가장 짧게 하고 전원에서 가까울수록 계전기의 동작시간을 길게 하여 그 동작시간 차에 의해서 고장구간을 선택 차단하는 것이다. 그러므로 전원에 가까운 곳에 사고가 발생하면 보호계전기의 동작이 지연되는 단점이 있다.

12.3.2 방향 과전류 계전방식

그림 12.11과 같이 양단전원의 경우는 고장전류가 양방향으로부터 유입되므로 방향성이 없는 과전류 계전방식으로는 고장구간을 선택 차단할 수 없다. 이때 방향성 과전류

59) 나뭇가지 모양처럼 한 쪽 방향으로만 전력을 공급하는 방식이다. 13장 참조.
60) 발변전소에 도입된 여러 개의 송배전선, 발전기, 변압기 등이 접속되어 있는 공통 도체를 의미한다.

계전기를 사용하면 각각의 전원으로부터 흐르는 고장전류의 선택이 가능해진다. 즉, 전원 A에서 공급되는 고장전류에 대해서는 계전기 1, 2, 3으로 보호하고, 전원 B에서 공급되는 고장전류에 대해서는 계전기 a, b, c에 의하여 보호하면 된다. 이 경우 동작시간은 계전기 1보다는 계전기 2가 빨리 동작하게 하고 계전기 a보다는 계전기 b의 동작을 빠르게 하면 고장구간을 선택할 수 있다.

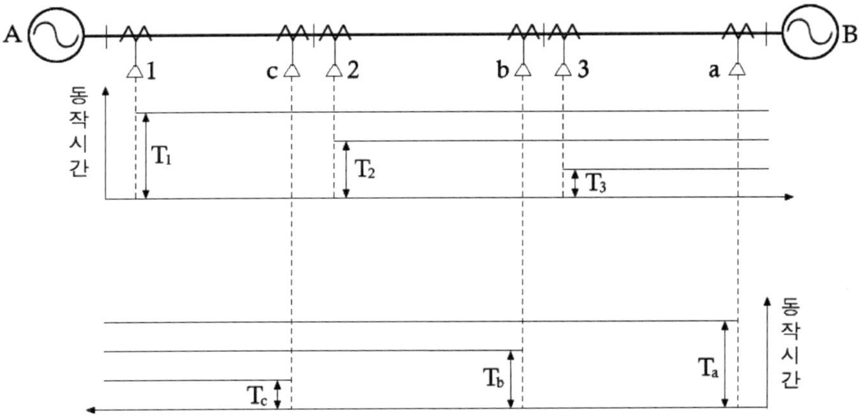

그림 12.11 방향 과전류 계전방식

12.3.3 병행회선 선택 계전방식

병행회선 선택 계전방식은 3상 2회선 중에서 1회선만 고장이 발생한 경우 양쪽 회선의 전류 또는 전력의 방향을 비교하여 고장회선을 선택하여 차단하는 선택 단락 계전기(SSR)를 사용한다.

그림 12.12는 고장회선의 전류방향과 건전회선의 전류방향을 비교하여 선택하는 계전방식이다. 즉, 선로의 양단에 설치한 변류기 CT의 2차측을 교차접속하고, 그 회로에 흐르는 차동전류를 SSR에 흘리며, 그림 12.12(a)와 같이 보호구간 내 고장에서는 차동전류가 양단의 방향계전기에 서로 역방향으로 흐르기 때문에 계전기가 접점을 닫아 고장회선을 선택한다. 그림 12.12(b)와 같이 보호구간 외부의 고장일 때는 차회로에 전류가 흐르지 않으므로 전력 방향 계전기는 동작하지 않는다.

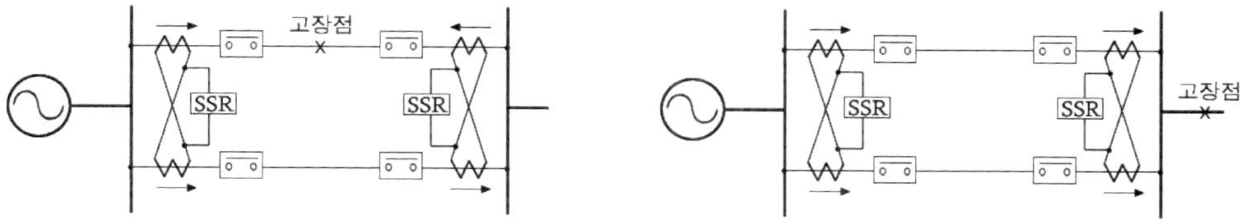

(a) 보호구간 내 (b) 보호구간 외

그림 12.12 병행회선 선택 계전방식

이 방식은 고속 거리 계전방식과 파일럿 계전방식이 적용되기 이전에는 송전선 고장에 대한 순시보호 방법으로 널리 사용되었으나 현재는 거의 사용되지 않는다.

12.3.4 거리 계전방식

거리계전기는 송전선의 단락 및 지락사고에 대한 보호계전기이다. 원리는 고장일 때의 전압 E와 전류 I를 이용하여 계전기 설치점에서 고장점까지의 선로임피던스를 산출하고 이 값이 보호 범위 내의 임피던스보다 작으면 계전기가 동작하여 차단기를 개방하도록 하는 계전방식이다. 이 방식은 계전기의 거리 판정오차로 인해 보호구간을 완전히 보호하는 것이 어렵다. 그러므로 그림 12.13과 같이 단계별로 한시 거리 계전방식이 적용된다.

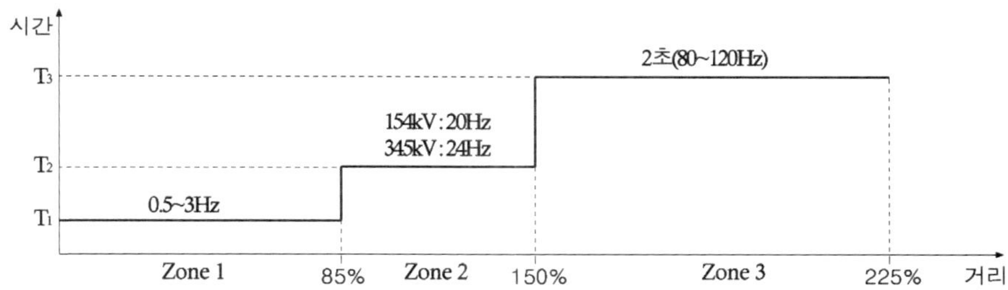

그림 12.13 거리 계전방식의 보호특성

제1단계(Zone 1)는 보호구간 임피던스의 85% 이내의 고장에 대하여 동작한다. 동작시간은 0.5~3[Hz]의 고속 동작이 된다. 이와 같이 85%로 하는 것은 계기용 변성기(PT,

CT) 및 계전기 등의 오차로 인해 인접구간의 사고에 대하여 오동작되는 것을 막기 위함이다.

제2단계(Zone 2)는 보호구간의 150%까지를 동작범위로 하고 1단계 계전기와 협조를 위해서 20~24[Hz] 정도의 지연동작을 시킨다. 제1단계 계전기에 대한 후비보호계전기로 사용한다.

제3단계(Zone 3)는 보호구간 선로의 225%에 해당하는 거리의 고장까지 동작하도록 하고 동작시간은 80~120[Hz] 정도의 지연동작을 시킨다. 제1단계와 제2단계 계전기에 대한 후비보호계전기로 사용한다.

거리 계전방식의 특징은 건전상태와 고장상태 식별이 우수하며 보호구간이 명확하고 고장전류의 크기에 상관없이 동작할 수 있으나 보호구간의 80~100% 내에서는 차단이 지연되는 단점이 있다. 이 방식은 66[kV] 송전선의 주보호 계전방식으로 채용되고, 154[kV] 이상의 송전선에서 파일럿 계전방식의 후비보호로 채용되고 있다.

12.3.5 파일럿 계전방식

보호범위 내의 모든 사고에 대하여 고장점의 위치에 관계없이 선로 양단을 동시에 차단하기 위하여 보호구간의 양단간에 통신수단을 두고 사고가 보호 범위 내에서 발생됨을 확인한 후 차단하는 보호 방식을 파일럿 계전방식이라 한다. 통신수단에 따라서 분류하면 송전선 양단간에 설치된 표시선(P.W: 파일럿 와이어)을 이용하는 표시선 계전방식과 반송계전방식이 있다.

1. 표시선 계전방식

송전선 보호구간의 양단에 설치하는 표시선은 설치비용이 거리에 대략 비례하므로 보통 10~15[km] 이내의 단거리 송전선로에 적용된다. 표시선의 사용방법으로서 전류순환식, 전압반향식이 있다.

(1) 전류순환식

평상시의 부하전류나 외부사고시의 전류가 표시선을 통하여 순환하도록 되어있는 방식을 전류순환방식이라 한다. 평상시 또는 외부사고시의 전류는 점선과 같이 표시선을 순환하게 되나 내부고장시 전류는 실선과 같은 방향으로 흘러 표시선 및 억제코일(RC)

에는 순환될 수 없고 동작코일(OC)에는 전류가 흐르게 되어 계전기가 동작한다. 이 방식은 전압 반향식에 비해 CT의 소비부담이 적고 동작특성이 좋다.

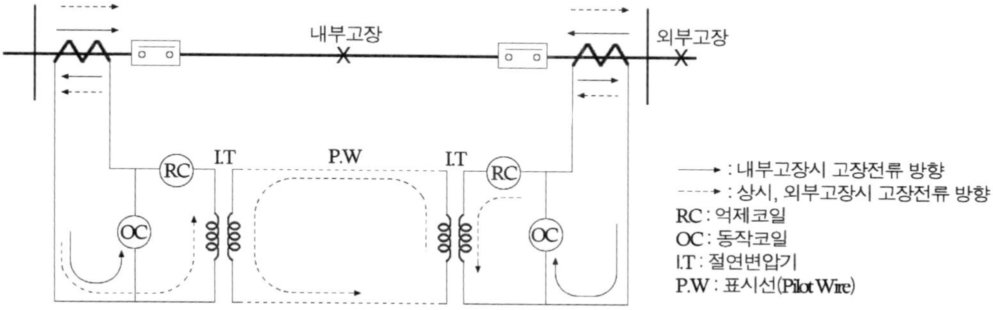

그림 12.14 전류순환식

(2) 전압반향식

전류순환식과 비교하면 동작코일과 억제코일이 서로 바뀐 위치에 있으며 표시선의 극성이 반대로 접속되어 있다. 평상시의 부하전류 또는 외부고장 전류는 억제코일에만 흐르고 표시선에는 전류가 흐르지 않으나 내부고장시는 반대로 표시선에 전류가 환류되어 동작코일에 전류가 흘러 계전기가 동작하는 방식이다. 이 방식은 부하전류에 의해 상시 표시선에 전압이 공급되어 있으므로 표시선간의 정전용량이나 절연변압기의 여자 임피던스 등을 통해 전류가 흐르기 쉽다. 더욱이 고조파분 돌입전류에 대해서는 표시선간의 정전용량이 저임피던스가 되므로 오동작하지 않도록 주의가 필요하다. 전압반향식은 전력케이블이나 단거리 송전선의 주 보호계전기로 사용되고 있다.

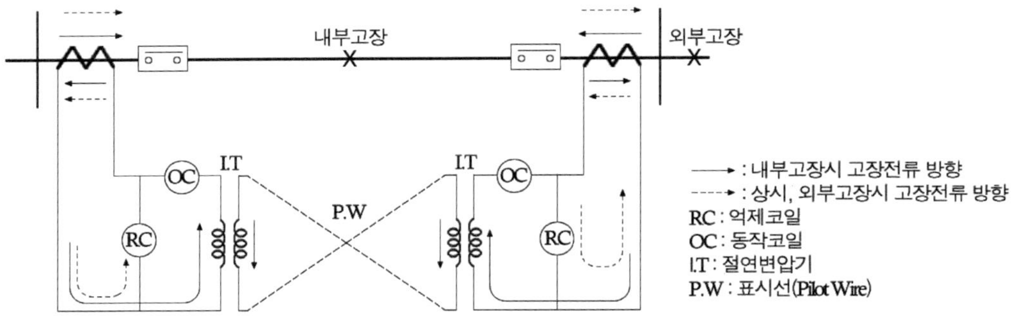

그림 12.15 전압반향식

2. 반송 계전방식

파일럿 계전방식의 일종인데 반송파(Carrier)를 통신수단으로 하는 계전방식이다. 반송계전방식에는 전력선을 이용하여 신호를 전송하는 전력선 반송 계전방식, 통신선을 이용하여 신호를 전송하는 통신선 반송 계전방식, 마이크로파를 이용하는 마이크로파 반송 계전방식이 있다.

(1) 전력선 반송계전방식

반송파의 전송로로서 가공전력선을 이용하는 반송계전방식을 전력선 반송 계전방식이라 하며, 일반적으로 사용되는 반송파의 주파수 범위는 30～300[kHz]이다. 설비비가 송전선로 길이에 거의 무관하므로 지중송전선을 제외한 가공 송전선로 보호에 널리 적용되었으나 근래에는 거의 사용되지 않는 방식이다.

(2) 통신선 반송 계전방식

반송파의 전송로로서 별도의 통신선을 이용하는 반송계전방식을 통신선 반송 계전방식이라 한다. 정지형 계전기에 일부 사용되었으나 근래에는 사용되지 않는다.

(3) 마이크로 반송 계전방식

반송파의 전송수단으로서 마이크로파 설비를 이용하여 무선으로 송수신하는 반송계전방식이다. 이 방식은 마이크로파 설비가 이미 갖추어진 발·변전소간에는 적은 비용으로 이용할 수 있다. 고속 보호를 위해 필요할 경우 여러 개의 채널을 동시에 보호할 수 있다. 전송수단이 전력선과 별개이므로 전력계통의 개폐서지 또는 아크지락 등의 영향을 받지 않는 장점이 있다.

12.3.6 모선의 보호

전력계통에서 모선은 발변전소에 도입되는 여러 개의 송배전선이나 발전기, 변압기, 조상설비 등이 접속되는 공통도체로 전력을 집중 분배하는 역할을 한다. 모선의 고장은 전력공급에 중대한 영향을 주므로 고장제거의 지연과 오동작이 없어야 한다. 모선고장의 원인은 절연의 자연열화, 뇌격 및 오조작 등이다. 오조작은 작업을 하기 위해 모선을 접지한 후 접지를 제거하지 않고 가압하는 경우에 일어난다. 모선고장은 3상단락인 경우가 많고 이때는 모선전압이 완전히 영(0)이 되므로 계전방식의 선택에 주의를 해야 할 것이다.

1. 전류비율 차동 계전방식

전류차동 계전기는 보호 대상의 입력전류와 출력전류를 측정하여 두 전류가 같지 않을 때 동작하는 계전기이다. 보호대상과 변류기의 다양한 오차 요인에 의해 계전기가 잘못 작동하거나 작동하지 않을 수 있다. 전류 비율차동 계전기는 이러한 단점을 보완하기 위해 전류차동 계전기에 억제코일과 동작코일을 설치하여 각 코일에 흐르는 전류의 비가 설정값 이상일 때 동작하도록 만든 계전기이다. 그림 12.16은 일반적인 기계식 전류 비율차동 계전기의 등가회로를 나타낸 것이다.

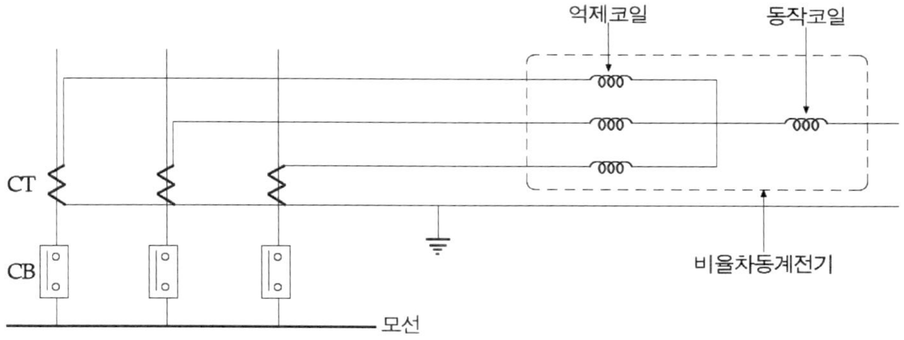

그림 12.16 전류 비율차동 계전방식 기본회로

2. 전압차동 계전방식

전압차동방식은 그림 12.17과 같이 전선로의 CT를 병렬로 접속해서 이 차동회로에 전류계전기 대신 고임피던스 전압계전기를 접속하는 방식이며 외부사고시는 CT포화에 의한 오차전류가 차동회로의 높은 임피던스 때문에 차동회로에 흐르지 못하고 CT 2차회로를 환류해서 차동회로에 걸리는 전압은 낮게 되고 내부사고시는 CT 2차를 환류할 수 없으므로 차동회로에 높은 전압이 발생되어 계전기를 동작 시킨다.

이때 내부고장전류가 큰 경우 차동회로에 높은 전압이 걸려 위험하므로 전압회로에 병렬로 비직선특성을 갖는 저항을 삽입하여 차동전압이 비직선저항 내전압 이상으로 커지면 비직선저항은 낮은 값으로 변화하여 전류에 의해 동작되도록 한다. 전압 계전기는 전파정류 회로를 통해 DC로 여자되는 높은 임피던스의 계전기이며 원하는 전압만을 받기 위해 직렬공진 회로가 구비되어 있다.

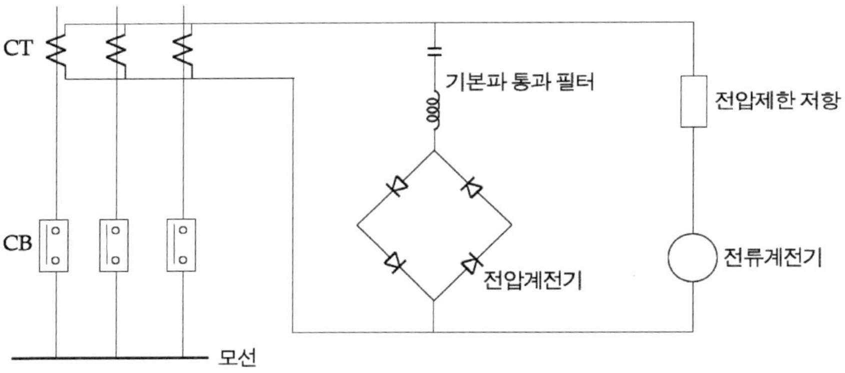

그림 12.17 전압차동 계전방식 기본회로

3. 위상비교방식

차동방식이 전기량을 비교하는데 대해 위상비교방식은 모선에서 유출하는 전류의 유무를 검출하여 내·외부사고를 판정하는 방식이다. 즉, CT 2차전류의 위상만으로 고장위치를 판별하는 방식으로 내부사고는 각 급전선의 모선보호반 유입전류가 동상(0°)이고 외부사고는 모선 유입전류가 역위상(180°)이 됨으로써 내부와 외부사고의 판별을 할 수 있다.

변류기 출력의 크기에 관계없이 위상만으로 고장위치를 판정하므로 변류기 포화에 의한 오차전류의 영향을 받지 않는 방식이다.

위상비교는 기준위상으로 각 회선의 합성전류 즉 전류차동의 경우의 차동회로 전류를 기준벡터로 하여 위상비교 결과를 바로 모선고장 여부의 판정요소로 하는 방식과 모선 내부로 유입하는 전류만 있을 때는 억제력을 적게 하고 외부 유출전류가 있을 때는 억제력을 크게 하여 오동작을 방지하기 위한 억제로 사용하는 경우가 있다.

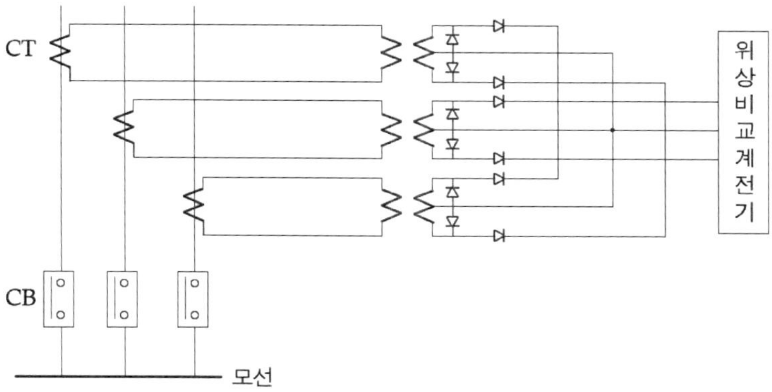

그림 12.18 위상비교방식 기본회로

위상비교방식은 그림 12.18과 같이 변류기 2차 회로를 직접 병렬로 접속하지 않으며 모선보호 적용의 변류기가 반드시 필요하지도 않고 모선구성의 변화에 따른 보호회로의 변경이 쉬운 것이 특징이다. 그러나 내부사고시 외부로 유출하는 회로가 있을 때는 동작하지 않는 결점이 있다.

12.3.7 변압기의 보호

변압기 운전 중 여러 원인에 의하여 발생되는 고장을 조기에 감지하여 사고가 파급되는 것을 방지해야 한다. 변압기에서 발생되는 고장의 종류는 권선 단락 및 층간 단락, 권선과 철심간의 절연 파괴에 의한 지락, 고압권선과 저압권선의 혼촉, 단선, 부싱[61]의 파손 및 염해에 의한 지락 등이 있다. 변압기 고장에 대해 전기적으로 감지하는 보호장치

61) 고압과 저압 단자를 외부로 인출할 때 변압기 외함과 도체를 절연시키는 장치.

와 기계적으로 감지하는 보호장치가 있다.

1. 전기적 보호장치

변압기의 권선 단락사고를 보호하는 방법으로는 용량이 작은 경우에는 과전류 계전기 방식만으로도 되지만, 용량이 커지면 내부 사고를 확실히 검출할 수 있는 차동계전방식을 사용한다.

(1) 차동계전기

전력설비를 보호하는 계전기에는 차동계전기(DR, Differential Relay, 87)가 있다. 차동계전기는 내부 고장이 발생할 때 고·저압측에 설치한 CT 2차 전류의 차에 의하여 계전기를 동작시키는 방식이다. 그림 12.19에서 보호구간 외부 사고일 때에는 양단 변류기(CT)에서 유입되는 차전류($\dot{I}_1 - \dot{I}_2$)가 영(0)이므로 계전기는 동작하지 않는다. 내부 사고일 때에는 차전류($\dot{I}_1 - \dot{I}_2$)가 동작코일(OC)로 흐르게 되므로 계전기가 동작하게 된다. 차동계전기는 발전기, 변압기 등의 기기 보호에 널리 쓰인다.

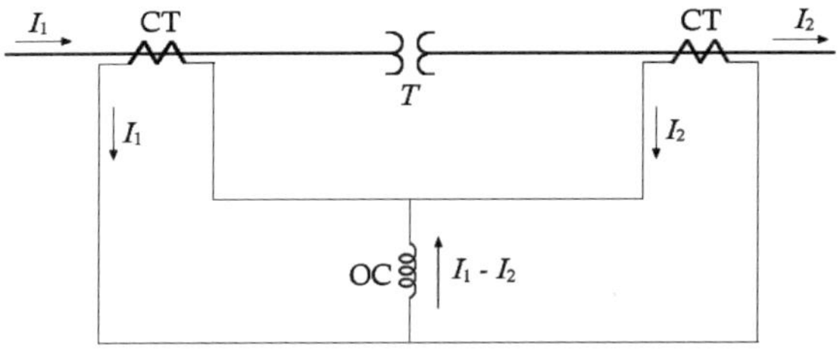

그림 12.19 차동계전기

변압기 1차, 2차의 전압과 전류는 다르므로 같은 종류, 같은 용량의 CT를 사용할 수 없다. 그러므로 설치된 CT의 특성이 서로 달라서 외부사고에 의한 대전류가 발생하면 CT의 특성차에 의하여 차전류가 생겨 오동작되는 단점이 있다.

(2) 비율차동계전기

차동계전기는 외부 사고일 때 변류기 특성의 불일치나 철심포화로 오동작될 수 있다. 그러므로 실제 전력 설비 보호용으로 그림 12.20과 같이 비율차동계전기(RDR, Ratio

Differential Relay)를 사용한다. 비율차동계전기는 내부고장일 때 고·저압측에 설치한 CT 2차측의 억제코일(RC)에 흐르는 전류차가 일정비율 이상이 되었을 때 계전기가 동작하는 방식이다. 즉, 억제코일(RC)에 흐르는 전류보다 동작코일(OC)에 흐르는 전류가 일반적으로 20~50% 이상일 때 동작하게 된다.

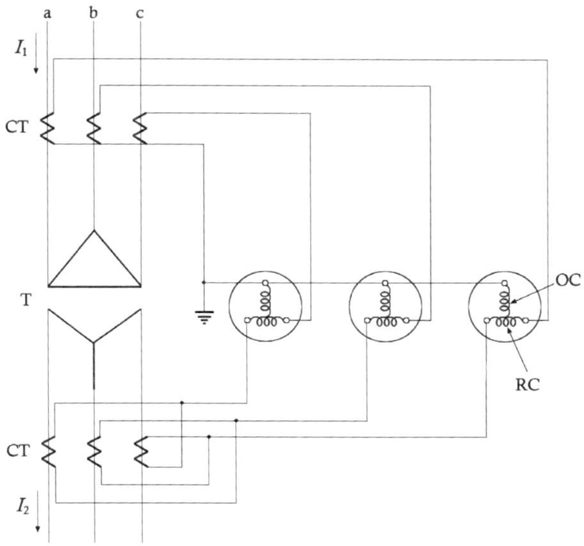

그림 12.20 변압기의 비율차동보호

2. 기계적 보호방식

변압기 내부고장을 기계적으로 감지하는 설비에는 부흐홀쯔 계전기, 충격압력 계전기(Sudden Pressure Relay), 방압장치(Pressure Relief Device)가 있다.

(1) 부흐홀쯔 계전기

그림 12.21과 같은 부흐홀쯔 계전기(96)는 변압기의 내부고장을 검출하여 중대한 사고를 방지하는 보호계전기이다. 변압기를 보호하기 위해 변압기 본체와 콘서베이터를 연결하는 배관 중앙부에 설치한다. 경미한 사고로 인해 발생하는 가스의 양으로 동작되는 제1접점(경고용)과 큰 사고로 급격히 생겨나는 유류에 의해 동작되는 제2접점(차단용)을 갖추고 있다. 변압기 내부 고장으로 인해 발생하는 절연유 분해가스나 절연유 흐름을 감지하여 경고 및 차단을 한다. 경미한 사고를 조기에 검출할 수 있는 이점은 있으

나 지진 등의 외부진동에도 오동작할 수 있다.

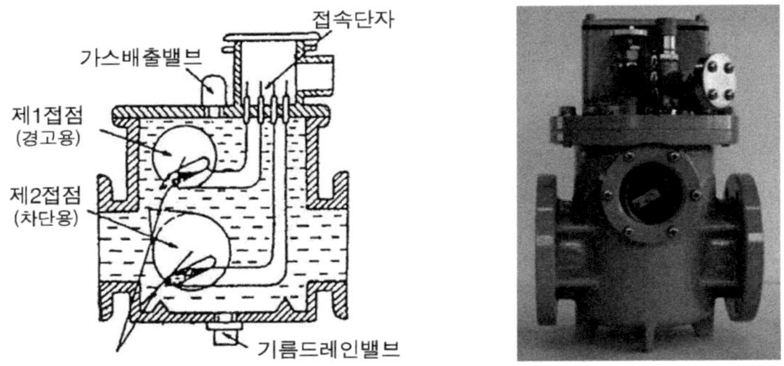

그림 12.21 부흐홀쯔 계전기

(2) 충격압력 계전기

충격압력 계전기는 내부고장으로 발생되는 가스로 탱크 내부 압력이 급격히 상승할 때 동작하는 계전기이며 가스압을 검출하는 것과 유압을 검출하는 것이 있으며, 그림 12.22는 가스압 검출 충격압력 계전기이다.

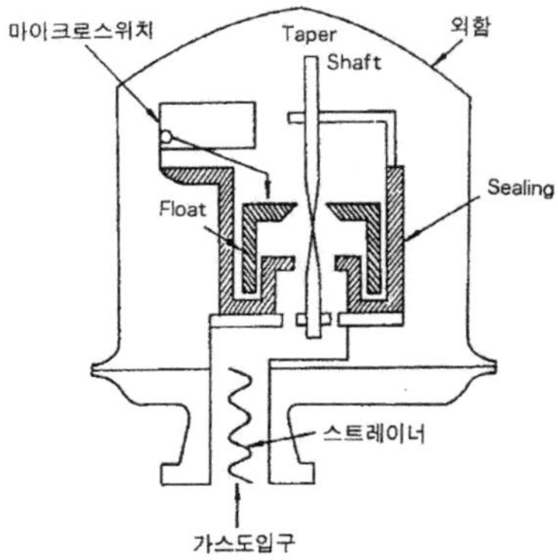

그림 12.22 충격압력 계전기

(3) 방압장치

방압장치는 내부압력 상승으로 인한 탱크의 변형이나 폭발을 방지하기 위해 내부의 압력을 방출하는 장치이며 보통 내부압력이 0.5~0.8[kgf/cm^2] 정도 되면 파괴되는 방압막이 있다.

12.4 전력용 차단기

전력용 차단기는 전력계통에서 보호계전기와 같이 회로를 개방하거나 투입하는 기능을 가지며, 계통에 단락사고가 일어났을 때 계통의 안정을 확보하기 위해 신속히 고장계통을 분리하고 정상계통에서 계통조건을 변경시키기도 한다.

국제 전기 표준 회의(IEC: International Electro-technical Commission)에서는 전력용 차단기를 "정상상태에서는 전류의 흐름을 전달하거나 개폐하는 구조체이며, 회로의 단락과 같은 비정상 상태에서는 전류의 흐름을 차단하고 규정된 시간동안에만 전류를 흘려주거나 연결하여 주는 장치"라고 정의되어 있다.

12.4.1 차단기의 분류

차단기는 정상 부하전류는 물론 고장으로 인해 발생된 대전류를 안전하게 차단해야 하므로 차단할 때 발생되는 아크[62]를 얼마나 빨리 소호시키느냐가 관건이다. 차단기가 사용되는 회로의 전압에 따라서 고압차단기와 저압차단기로 분류한다.

1. 고압차단기

고압차단기에는 유입차단기(OCB: Oil Circuit Breaker), 공기차단기(ABB: Air Blast circuit Breaker), 진공차단기(VCB: Vacuum Circuit Breaker), 가스차단기(GCB: Gas Circuit Breaker), 자기차단기(MBB: Magnetic Blast circuit Breaker) 등이 있다.

(1) 유입차단기(OCB)

오일차단기라고도 한다. 대전류를 차단할 때 생기는 아크가 기름 속에서 쉽게 사라지는 것을 이용한 장치이다. 즉, 전기회로를 차단할 때 발생하는 아크에 의해 절연유가 분해되면서 아세틸렌, 메탄 등과 함께 50~70%의 수소가스가 생긴다. 이 수소가스의 강력한 냉각작용에 의해 아크가 급속히 발산되어 소호작용이 촉진된다. 따라서 공기 중에 설

62) 개폐기의 양 접촉자 개폐시 접촉자간의 절연내력이 파괴되면서 발생되는 방전상태

치된 차단기에 비해 차단효과가 큰 것이 특징이다.

상대적으로 가격이 저렴하여 많이 보급되었으나, 근래 개발된 다른 차단기에 비해 정비와 성능면에서 뒤지고 화재의 우려가 있어 차츰 자기차단기나 진공차단기 등으로 교체되고 있다. 고전압 회로에 주로 쓰인다.

(2) 공기차단기(ABB)

공기자체는 우수한 소호 능력을 갖춘 매질이 아니지만 압력을 높여 아크에 불어넣으면 소호 성능이 향상되어 대전류를 차단할 수 있다. 10기압 이상의 압축공기를 사용하여 차단한다. 기름을 전혀 사용하지 않으므로 화재의 우려가 없으나 사용 기압이 10~20[kg/cm^2] 정도이기 때문에 그 제어와 정비에 세심한 주의가 필요하다. 수천 [V]에서 초고압의 것까지 만들어지고 있다. 주로 발전소, 변전소, 전기 철도 따위에서 널리 쓰였으나 근래 SF_6 가스를 사용한 가스 차단기로 교체되고 있다.

(3) 진공차단기(VCB)

진공에서의 높은 절연내력과 아크 생성물이 진공 중으로의 급속한 확산을 이용하여 소호시키는 구조이다. 소형, 경량화되어 있어 설치면적의 절약과 점검 및 정비 횟수를 최소화 할 수 있다. 기름을 사용하지 않으므로 화재의 위험이 없어 자가용 수전설비에 많이 채용되고 있다. 진공차단부 내부에 주 접촉자가 있기 때문에 접점의 마모상태 등 육안점검 및 열화진단 판정이 곤란하다.

(4) 가스차단기(GCB)

가스차단기는 공기나 절연유 대신에 절연능력과 소호능력이 뛰어난 SF_6 가스를 이용한 차단기이다. 개폐시에 발생되는 아크에 SF_6 가스를 분사하여 소호시킨다. SF_6 가스는 소호 매질 중 가장 각광을 받고 있는 매질로서, 비중이 공기의 5.5배 정도이다. 정상 상태에서는 무색, 무취, 불활성의 안정도가 매우 높다. 전자 부착능력이 매우 커, 소호능력(공기의 100배)과 절연내력(공기의 약 3배)이 우수하다.

점검 및 정비 횟수가 적고 차단성능이 우수할 뿐만 아니라 차단할 때 폭발음이 거의 없다. 가격이 고가이며 설치면적이 커 대부분 초고압 계통의 차단기로 많이 사용된다. 가스차단기는 절연내력을 높이기 위하여 고압의 가스밀폐탱크를 갖고 있는데, 가스의 밀봉이 불량할 경우 부식성 가스가 발생하고, 수분이 SF_6 가스와 혼합되면 절연물이나 금속 등을 부식시키는 단점이 있다.

(5) 자기차단기(MBB)

자기 차단기 또한 공기차단 형태이며 금속제 프레임 회로 차단기이다. 3~15[kV]급의 고압 중전압 회로에 주로 적용된다. 전류를 차단하거나 접촉자가 개방될 때 발생하는 아크를 자신이 만든 자기에 의해 유도하여 소호판(아크슈트)의 내부에 배열하고 있는 격리벽 속의 좁은 홈에 아크를 밀어 넣어 냉각하고, 그 소호 이온작용에 의해 아크를 소멸시키는 일종의 자력형 고압기중 개폐기이다. 따라서 자기차단기는 발·변전소 중전압 분배모선, 중전압 전동기 등에 사용되고, 중고압 스위치기어에 주로 적용된다.

2. 저압차단기

저압차단기에는 기중차단기(ACB: Air Circuit Breaker), 배선차단기(MCCB: Mold Case Circuit Breaker), 누전차단기(ELB: Earth Leakage circuit Breaker) 등이 있다.

(1) 기중차단기(ACB)

저전압 전력계통에 사용되는 저압차단기이다. 자연 공기 내에서 개방할 때 접촉자가 떨어지면서 자연 소호시키는 차단기이다. 교류 1,000[V] 미만의 전선로, 직류 3,000[V] 이하의 회로에 적용되고 있다.

(2) 배선차단기(MCCB)

배선차단기는 교류 600[V], 직류 750[V] 이하의 전선로 보호에 사용하는 과전류 차단기로서 배전선로의 단락, 과부하, 아크에 의한 과전류를 검출하여 선로를 차단하는 기능을 갖는다. 그림 12.23은 배선차단기의 구조를 나타낸다. 배선차단기는 프레임의 크기 및 극수, 동작 방식에 따라 여러 가지가 있으나, 기본적으로 다음의 각 요소로 구성되어 있다.

배선차단기의 과부하 전류를 차단하는 방식은 일반적으로 열동식(Thermal Type), 열동 전자식(Thermal Magnetic Type), 완전 전자식(Hydraulic Magnetic Type)의 3가지가 있다.

① **열동식** : 바이메탈을 이용하기 때문에 크기가 작고 구조가 간단하여 작은 정격의 저차단 용량에 적합하다.

② **열동 전자식** : 시연동작을 하는 바이메탈과 정격전류의 80% 정도 이상에서 순시동작을 하는 전자석 장치로 구성되어 있다.

③ **완전 전자식** : 정확성과 신뢰도가 커서 많이 사용하고 있지만 코일의 굵기 등에 문제가 있어 100[A]이하에만 사용하고 있다.

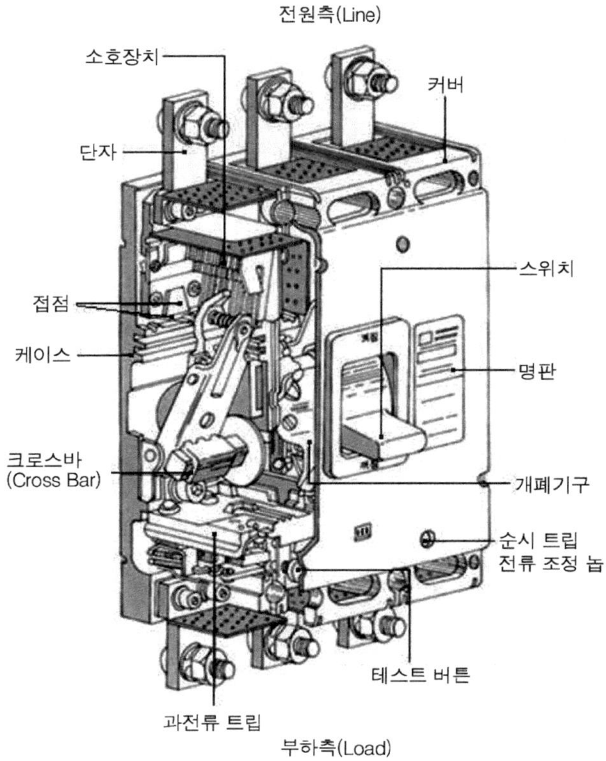

그림 12.23 배선차단기의 구조

(3) 누전차단기(ELB)

누전차단기는 누전에 의한 감전위험을 방지하기 위해 사용되는 기기이다. 이 장치는 전선로의 정격에 적합하고, 감도가 양호하며, 확실하게 작동하도록 되어 있어야 한다. 누전차단기의 내부구조는 지락검출장치, 차단(Trip)장치, 개폐기구로 구성되어 있으며, 지락검출장치로 사용되는 영상변류기(ZCT)는 고정밀 제작되어, 그 신뢰성이 우수하여 저압 배선계통에서 정격감도전류가 15[mA] 또는 30[mA]로 정해져 사용된다.

누전차단기는 보통 과부하를 검출하여 차단하는 배선차단기와 결합되어 과부하 겸용 누전차단기 ELBO로 사용된다. 이러한 차단기들은 전기화재의 위험요소인 순간단락사고 또는 아크에 대해서는 그 발생 주기가 매우 짧아 30[ms]의 차단동작시간으로 규정된 기존의 ELB, MCCB, ELBO로는 차단기능을 발휘하지 못하는 문제점이 있다.

12.4.2 차단기의 정격

1. 정격전압

차단기가 사용되는 회로의 최대 허용전압으로 기기에 부과될 수 있는 사용회로 전압의 상한값을 말하며 표 12.2와 같이 계통의 공칭전압에 따라 구분된다. 정격전압은 3상 선간전압(실효값)으로 표시한다.

표 12.2 차단기 정격전압의 표준값

공칭전압[kV]	22.9	154	345	765
정격전압[kV]	25.8	170	362	800

2. 정격전류

정격전류란 정격상태(정격전압 및 정격주파수 등)에서 차단기 각 부분의 온도상승 한도를 넘지 않으면서 차단기에 연속적으로 흘릴 수 있는 전류값의 한도를 말하며, 다음 식(12.1)에 의해 구해진다.

$$\text{정격전류 } I_n = \frac{P}{\sqrt{3}\,V\cos\theta}\ [\text{A}] \tag{12.1}$$

여기서, P: 설비용량[kW]

V: 정격전압[kV]

$\cos\theta$: 역률

3. 정격차단전류

정격조건하에서 표준 동작책무를 행하는 경우 차단기가 차단할 수 있는 단락전류(지연 역률의 차단전류)의 한도를 말하며, 차단시간도 정격 차단시간 내가 되어야 한다. 교류분(실효값)으로 표시하며 계산되어진 단락전류 보다 큰 정격차단전류를 선정한다.

$$\text{정격차단전류 } I_s = \frac{100}{\%Z} I_n \text{ [kA]} \quad \text{또는} \quad I_s = \frac{P_s}{\sqrt{3}\,V} \text{ [kA]} \tag{12.2}$$

여기서, P_s : 차단용량[kVA]

I_n : 정격전류[kA]

4. 정격차단 용량

차단기의 정격차단 용량은 식(12.3)과 같이 차단기의 정격전압과 정격차단전류를 곱하고 여기에 $\sqrt{3}$ 배한 값이다.

$$P_s = \sqrt{3}\,VI_s \quad \text{또는} \quad P_s = \frac{100}{\%Z} P_n \text{ [kVA]} \tag{12.3}$$

여기서, P_n : 변압기 정격용량[kVA]

차단기의 차단용량이 충분하지 못하면 단락사고일 때 차단되지 않고 차단기가 폭발하여 피해가 커질 수 있다.

5. 정격차단시간

트립코일 여자로부터 아크가 소호될 때까지의 시간(개극시간+아크소호시간)을 차단시간이라 하며, 정격차단시간이란 정격차단전류를 표준동작책무 및 동작상태에 따라서 차단할 경우 차단시간의 한도를 말한다. 정격차단시간은 정격 주파수를 기준으로 하여 사이클 수로 나타낸다. 표 12.3의 값은 정격차단시간의 표준이다. 정격전압하에서 정격차단전류의 30% 이상의 전류를 차단할 때의 시간은 정격차단을 초과할 수 없다.

표 12.3 차단기의 정격차단시간

정격전압[kV]	25.8	170	362	800
정격차단시간 (cycle)	5	3	3	2

6. 표준동작책무

차단기는 전력의 송수전, 절환 및 정지 등을 계획적으로 하는 것 외에 전력계통에 고장이 발생하면 신속히 차단하고 계통의 안정도를 위해서 재투입하는 책무를 가진다. 차단기의 동작책무란 1~2회 이상의 투입(C), 차단(O) 또는 투입 즉시 차단(CO)을 일정한 시간간격으로 행하는 일련의 동작을 말한다. 이것을 기준으로 차단기의 차단성능, 투입성능 등을 규정한 동작책무를 표준동작책무(Standard Duty Cycle)라 한다. 표 12.4는 표준동작책무를 나타낸다.

표 12.4 표준동작책무(ES 150)

종별	동작책무
일반용	O - (15초) - CO
고속 재투입용	O - (0.3초) - CO - (3분) - CO

여기에서 7.2[kV]급 차단기, 전력용 콘덴서용 차단기 및 병렬리액터용 차단기의 표준동작책무는 O-(15초)-CO로 하고, 25.8[kV]급 이상 차단기의 표준동작책무는 O-(0.3초)-CO-(3분)-CO로 한다. 다만 800[kV] 차단기의 경우는 O-(0.3초)-CO-(1분)-CO로 하고 있다.

12.5 가스절연 개폐장치

가스절연 개폐장치(GIS)는 옥내외의 발·변전소용으로서, 정상 사용 조건에서의 부하전류 개폐뿐만 아니라 사고·단락 전류 등의 이상 상태에서도 선로를 안전하게 개폐하여 전력계통을 적절히 보호하는 개폐장치이다. 가스절연 개폐장치는 철제용기 내에 모선 및 개폐장치, 기타장치를 내장시키고 절연특성이 우수한 SF_6 가스로 충전, 밀폐하여 절연을 유지시킨다. 22[kV]급에서 765[kV]급까지 기간계통 및 도시과밀지역의 변전소 등에 사용되고 있다.

가스절연 개폐장치의 장점은 절연거리 축소로 설치면적이 작고, 전기적 충격과 화재의 위험이 적다. 주위 환경과의 조화를 이룰 수 있으며, 작동 중에 소음이 적고 라디오 방해 전파를 줄일 수 있다. 또한, 공장조립이 가능하여 설치공간이 단축되고, 절연물, 접촉자 등이 SF_6 가스 내에 설치되어 정비와 검사 주기가 길어진다.

가스절연 개폐장치의 단점은 단로기[63] 등의 개폐기 조작에 동반하여 발생하는 서지에 의한 절연파괴 현상이 나타난다. 또한 내부에 혼입된 금속 입자에 의해 절연 성능이 떨어지는 문제에 대한 대책과 기밀구조 유지와 수분 관리가 필요하다. 가장 큰 문제점은 고장에 따른 파급이 광범위하다는 것이다.

그림 12.24와 같이 가스절연 개폐장치는 차단기, 단로기, 모선, 접지장치, 변류기, 계기용변압기, 부싱, 피뢰기 등을 조합하여 기기를 구성하고 이것을 적정배치 접속하여 개폐장치를 구성한다. 개폐기의 조작은 3상일체로 동작하며 차단기는 전동스프링, 유압, 공기압 동작방식이 사용되고, 각 구획마다 가스밀도 검출기로 가스의 누출을 탐지한다.

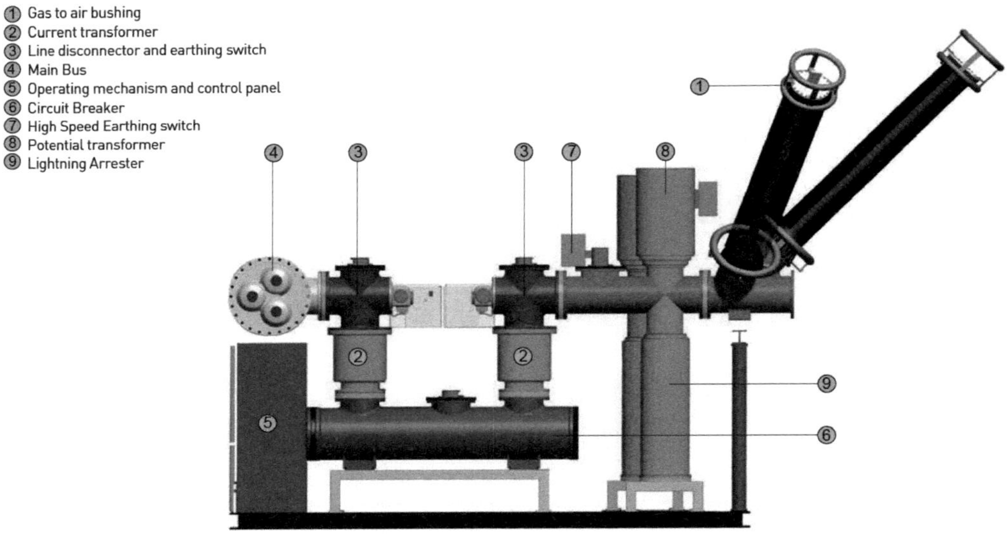

그림 12.24 가스절연 개폐장치(출처:LS산전)

63) 전기회로에 과전류(정격전류 이상의 전류)가 흐를 때 이로 인한 사고를 예방하기 위해 전류의 흐름을 끊는 장치. 12.8절 참조.

12.6 자동재폐로방식

송전선로 사고의 80~90%가 뇌격이나 바람 등에 의한 순간적인 절연체의 섬락으로 인한 사고이다. 이러한 순간고장임에도 불구하고 사고선로를 즉시 차단시켜 정전상태를 지속시키는 것은 바람직하지 않다. 도체나 절연체에 손상이 없다면 전력은 다시 공급될 수 있어야 한다. 그러므로 선로를 무전압 상태로 하거나 아크를 제거하여 사고의 근원을 제거할 시간을 주는 차단기의 자동재폐로가 필요하다. 재폐로는 사고로 개방된 차단기를 다시 폐로하여 전력공급을 신속히 재개하는 역할을 한다.

12.6.1 재폐로의 종류

1. 투입 속도에 따른 분류

(1) 고속도 재폐로

사고로 차단기가 차단된 후 일반적으로 35사이클 이내에 재폐로 되는 방식을 말한다. 재폐로 시간은 빠를수록 계통 안정도에는 좋지만 전력기기의 사고발생으로 섬락이나 역섬락이 발생하면 공기가 이온화되어 주위의 공기는 도통 상태가 된다. 이 상태에서 재폐로 할 경우 실패하게 되므로 최소한의 무전압시간(dead time) 후에 재폐로를 실시해야 한다. 국내에서는 765[kV]를 제외하고는 일정한 무전압시간 이후에 재폐로하는 방안이 적용되고 있다. 345[kV]의 무전압 시간은 15~20사이클, 154[kV]는 10~12사이클, 22.9[kV]는 3~4사이클 정도이다.

(2) 저속도 재폐로

계통의 안정도보다는 사고시 자동 복구에 중점을 둘 때 사용되는 방식이다. 일반적으로 35사이클 정도의 무전압시간 이후 차단기를 재폐로하는 방식으로 배전선로 등에 많이 사용된다.

2. 투입 상(phase)에 따른 분류

(1) 3상 재폐로

사고가 발생하면 3상을 전부 차단하고 일정한 무전압시간 후 재폐로하는 방식이다.

일반적으로 소호가 잘되어 재폐로 성공률이 높은 장점이 있지만, 계속적인 전력공급이 불가능하고 계통의 동기를 유지시킬 수 있을 정도로 재폐로가 빠르게 수행되지 않는다는 단점을 가진다. 계통안정도 보다는 사고 자동복구에 중점을 둔 방식으로서, 1선지락만을 고려하면 전력공급의 신뢰도 향상을 위한 방법으로는 적합하지 않다.

(2) 단상 재폐로

사고난 상(phase)만을 차단한 후 무전압시간 후에 재투입하는 방식으로 계전기도 각 상별로 고장을 검출해야 하고 차단기도 각 상별로 차단이 가능해야 한다. 따라서 사고난 상만을 재폐로하므로 계통 안정도 향상에 크게 도움을 주는 방식이다. 3상 재폐로 방식에 비해 늦게 소호된다는 단점을 갖고 있지만 계속적인 전력공급을 할 수 있다는 장점이 있어 국내 345[kV] 송전선로에 적용하고 있다.

(3) 다상 재폐로

다회선 송전선에서 다상 사고시 고장상만을 재폐로하는 방식으로서 고장상태에 따라 중대한 고장인 선로를 먼저 차단하고 재폐로하도록 하는 우선순위가 정해져야 한다. 또한 다상재폐로 방식을 적용하기 위해서는 다중 사고시 오동작하지 않는 위상비교방식을 적용해야 하며 방향비교방식은 다중 사고시 오동작의 우려가 있으므로 적용이 곤란하다.

12.6.2 재폐로 시간

재폐로 시간은 보호계전기의 동작으로 재폐로 계전기가 기동되는 순간부터 재폐로 계전기가 차단기에 투입지령을 보내는 순간까지의 시간을 의미한다. 재폐로 시간의 흐름도는 다음 그림 12.25와 같고, 표 12.5는 전압별 재폐로 시간이다.

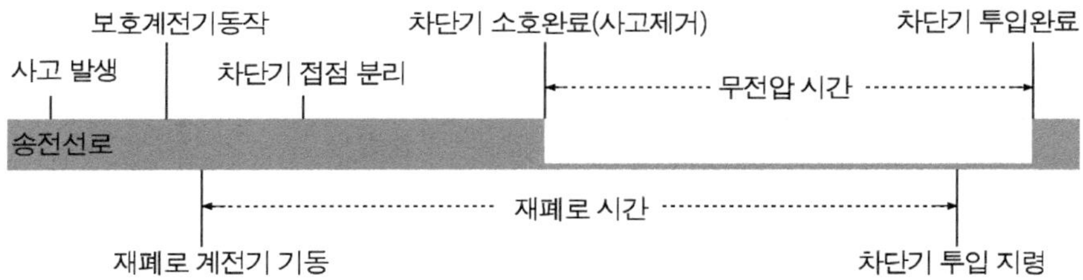

그림 12.25 재폐로 시간 흐름도

표 12.5 전압별 재폐로 시간

345kV		154kV	22.9kV	
단상 재폐로	3상 재폐로	3상 재폐로	1회 순시	2회 한시
48Cycle	24Cycle	18Cycle	20~30Cycle	15초

재폐로 준비시간은 선로 충전 후 선로의 상태가 안정될 때까지의 시간을 말하며 대개 1분 전후이다. 이 준비 시간이 필요한 이유는 선로충전 초기에는 투입 전 무전압 상태에서 발생한 고장이 계속될 가능성이 있어 불안정하다고 할 수 있다. 또 재폐로 운전 중에 짧은 시간 간격으로 발생하는 일시사고 때마다 재폐로 되지 않고 1회만 재폐로하기 위하여 재폐로 시간을 멈추게 할 때도 재폐로 준비시간이 필요하다.

12.6.3 자동재폐로 방식의 장점

자동재폐로는 다음과 같은 장점으로 수용가에 높은 공급서비스를 제공할 수 있다.

① 사고 감지 후 송전선로의 자동재폐로와 계통으로부터 사고를 분리하여 계통의 과도안정도를 향상시킨다.
② 정전시간을 현저히 감소시켜 안정된 전력을 공급할 수 있다.
③ 송전용량을 2회선 용량한도까지 증대시킬 수 있다.
④ 1회선 구간에서는 신뢰도를 향상시켜 2회선에 버금가는 능력을 보유할 수 있다.

12.7 전력퓨즈

전력퓨즈(PF: Power Fuse)는 그림 12.26과 같이 고압, 특별고압기기의 단락전류 차단을 목적으로 사용되며 소호방식에 따라 전류제한형(PF)과 비전류제한형(COS)이 있다.

(a) 전류제한형 (b) 비전류제한형

그림 12.26 전력퓨즈(출처:LS산전, 일진전기)

1. 퓨즈의 역할

① 부하전류를 안전하게 흐르게 한다.

② 설정값 이상의 과전류는 차단하여 전선로와 기기를 보호한다.

과전류에는 다음의 3종류가 있으나 퓨즈는 주로 단락전류의 차단을 목적으로 한다.

① **단락전류** : 전선로에 있어서 부하에 이르는 도중 혼촉할 때 흐르는 전류로 정상시 보다도 아주 큰 전류이다.

② **과부하전류** : 보통 전류에 비해 1.2~2배 정도의 것이 많으며, 대개 부하의 변동이 원인으로 된다.

③ **과도전류** : 전동기 또는 용량성 부하가 있는 경우에는 전원 투입시에 큰 전류가 흐르고, 잠시 후에 소정의 부하 전류가 된다. 이처럼 전원 투입할 때와 같이 회로가 과도상태일 때 흐르는 전류이다.

2. 퓨즈의 동작

퓨즈는 차단기의 대용으로 생각하기 쉬우나, 퓨즈의 기능은 차단기, 보호계전기, 변성기의 3가지 역할을 할 수 있는 편리한 것이다. 퓨즈가 경제적인 기기라고 일컬어지는 것은 소형, 저렴할 뿐만 아니라 퓨즈를 쓰면 보호계전기와 변성기가 생략되는 이점이 있기 때문이다.

3. 퓨즈의 용도

① 변압기의 보호 및 그 변압기 회로의 고장전류 차단
② 전동기, 제어장치 회로의 고장전류 차단
③ 콘덴서 단락일 때의 케이스파괴 보호 및 콘덴서 회로의 고장전류 차단
④ 차단용량이 부족한 차단기 또는 개폐기의 백업 보호
⑤ 케이블의 단락전류로부터의 손상 보호
⑥ 그 외 계통, 장치, 기기, 회로의 단락보호

4. 퓨즈의 장단점

퓨즈의 장단점은 다음 표 12.6과 같다.

표 12.6 퓨즈의 장단점

장 점	단 점
• 가격이 저렴 • 소형 경량 • 계전기나 변성기가 불필요 • 전류제한형 퓨즈는 차단시 무소음, 무방출 • 소형으로 큰 차단용량을 가진다. • 정비가 간단 • 고속 차단 • 뛰어난 전류제한 특성 • 후비보호 완벽	• 재투입이 불가 • 과도전류에 녹아 끊어지기도 한다. • 동작시간-전류특성을 계전기처럼 조정불가 • 비보호 영역이 있어 결상을 일으킬 우려 • 전류제한형은 차단 시에 과전압이 발생 • 고임피던스 접지계통의 지락보호 불가

12.8 전력 개폐장치의 조작순서

송전계통에서 사고가 발생할 때 고장구간을 신속히 차단하기 위하여 전력 개폐장치를 적당한 장소에 설치한다. 전력 개폐장치에는 차단기(Circuit Breaker), 단로기(Disconnecting Switch), 부하개폐기(Load Break Switch)가 있다.

1. 차단기(CB, 52)

전선로에 전류가 흐르고 있는 상태에서 회로를 개폐하거나 차단기 부하 측에서 단락 사고 및 지락 사고가 발생했을 때 신속하게 회로를 차단할 수 있는 능력을 가진 개폐기이다.

2. 단로기(DS, 89)

단로기는 개폐기의 일종으로 수용가의 인입구 부근에 부착하여 무부하 상태의 전선로를 개폐하는 역할을 한다. 또한 차단기, 변압기, 피뢰기 등과 같은 고전압 기기류의 1차 측에 부착하여 기기를 점검하고 수리할 때 회로를 분리하기 위하여 사용한다. 이것은 다른 개폐기가 전류개폐의 기능을 갖고 있는 반면에 단로기는 전압개폐의 기능만을 가지고 있으므로 부하전류를 차단하는 능력이 없다. 부하 전류의 개폐는 차단기, 개폐기 등으로 하고, 단로기는 개폐하지 않는 것이 원칙이다. 따라서 단로기는 차단기를 열고 개폐하는 것을 잊어서는 안된다.

3. 부하개폐기(LBS)

큰 고장전류는 차단할 수 없지만 평상 운전시의 부하전류는 개폐할 수 있다. 배전선 등의 개폐빈도가 많지 않은 장소에 사용한다. 정격전류 이하는 3상 일괄 개폐할 수 있으나 큰 고장전류는 개폐할 수 없으므로 그림 12.27과 같은 전력퓨즈(PF) 장착형의 부하개폐기를 많이 사용한다.

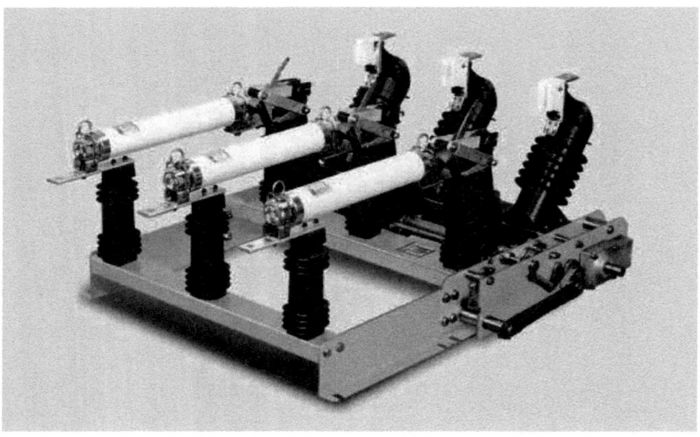

그림 12.27 LBS (출처:LS산전)

차단기는 부하전류뿐만 아니라 고장전류도 차단할 수 있는 반면 단로기는 부하전류를 개폐할 수 없으므로 차단기가 개방된 상태에서만 동작해야 한다. 그러므로 인터록(interlock) 장치를 두어 부하전류가 흐를 때 단로기를 열 수 없도록 해야 한다. 다음은 차단기와 단로기의 조작순서이다.

① 전원투입(close) : 단로기(DS) → 차단기(CB)

② 전원차단(open) : 차단기(CB) → 단로기(DS)

연 습 문 제

1 변전소의 전력기기를 시험하기 위하여 회로를 분리하거나, 계통의 접속을 바꾸거나 하는 경우에 사용되며 여기에는 소호장치가 없이 고장전류나 부하전류의 개폐에는 사용할 수 없는 것은?

① 차단기　　② 계전기　　③ 단로기　　④ 전력용 퓨즈

풀이 단로기(DS:Disconnecting Switch) - 무부하 상태에서 선로를 개폐하거나, 차단기, 변압기, 피뢰기 등과 같은 고전압 기기류의 1차측에 부착하여 기기류의 점검, 보수시 회로를 분리하는 데 사용하는 것으로 부하 전류의 개폐능력은 없지만 극히 미약한 선로의 충전전류나 변압기의 여자전류는 개폐할 수 있다. **답** ③

2 다음 중 무부하시의 충전전류 차단만이 가능한 기기는?

① 진공차단기　　② 유입차단기　　③ 단로기　　④ 자기차단기

풀이 단로기(DS) : 부하 전류의 개폐능력은 없지만 극히 미약한 선로의 충전전류나 변압기의 여자전류는 개폐할 수 있다. **답** ③

3 부하 전류가 걸려 있는 상태에서는 원칙적으로 개로하지 않는 것은?

① 유입차단기　　② 유입개폐기　　③ 단로기　　④ 기중차단기

풀이 단로기(DS) : 무부하 상태에서 선로를 개폐 **답** ③

4 부하 전류 차단 능력이 없는 것은?

① NFB　　② OCB　　③ VCB　　④ DS

풀이 NFB(No Fuse Breaker) : 과전류 차단하는 배선용 차단기
유입차단기(OCB) : 절연유 이용, 300[kV]급
진공차단기(VCB) : 진공상태 이용, 154[kV]급
단로기(DS) : 무부하 상태에서 선로를 개폐 **답** ④

5 단로기에 대한 설명 중 옳지 않은 것은?

① 소호장치가 있어 아크를 소멸시킨다.

② 회로를 분리하거나, 계통의 접속을 바꿀 때 사용한다.
③ 고장전류는 물론 부하전류의 개폐에도 사용할 수 없다.
④ 배전용의 단로기는 보통 디스커넥팅바로 개폐한다.

풀이 단로기(DS)는 switch이므로 아크 소호장치가 없어 대전류의 차단이 곤란하다.

답 ①

6 단로기의 사용 목적은?

① 과전류의 차단　② 단락사고의 차단
③ 부하의 차단　④ 회로의 개폐

풀이 단로기(DS:Disconnecting Switch) - 무부하 상태에서 선로를 개폐하거나, 고전압 기기류의 1차측에 부착하여 기기류의 점검, 보수시 회로를 분리하는 데 사용. **답** ④

7 그림과 같은 배전선이 있다. 부하에 급전 및 정전할 때 조작 방법 중 옳은 것은?

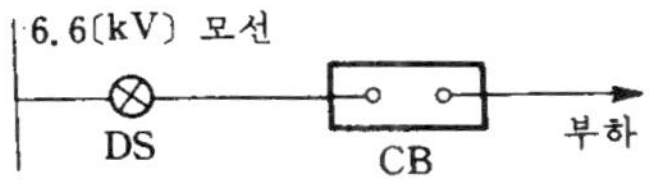

① 급전 및 정전할 때는 항상 CB, DS순으로 한다.
② 급전 및 정전할 때는 항상 DS, CB순으로 한다.
③ 급전시는 DS, CB순이고, 정전시는 CB, DS순이다.
④ 급전시는 CB, DS순이고, 정전시는 DS, CB순이다.

풀이 DS는 부하 전류를 개폐할 수 없으므로 정전시에는 차단기로 부하 전류를 차단 후 DS를 조작하고 급전시에는 DS를 조작 후 CB를 닫아야 한다. **답** ③

8 과부하 전류는 물론 사고 때의 대전류도 개폐할 수 있는 것은?

① 단로기(DS)　② 나이프 스위치(KS)
③ 차단기(CB)　④ 부하 개폐기(LS)

풀이 차단기(CB: Circuit Breaker)는 정상적인 부하전류의 개폐는 물론 고장 발생으로 흐르게 되는 과도한 고장전류도 개폐할 수 있어야 한다. switch : 아크 소호장치가 없어 대전류 차단 곤란. breaker: 아크 소호 장치가 있어 대전류 차단 가능. **답** ③

9 차단기의 정격차단시간은?

① 가동 접촉자의 동작 시간부터 소호까지의 시간

② 고장 발생부터 소호까지의 시간

③ 가동접촉자의 개극부터 소호까지의 시간

④ 트립코일 여자로부터 소호까지의 시간

풀이 차단기의 정격차단시간 : 정격전압 하에서 규정된 표준동작책무 및 동작 상태에 따라 차단할 때의 차단시간 한도로서 트립코일 여자로부터 아크의 소호까지의 시간(개극시간 + 아크소호시간)을 말하며 3, 5, 8[Hz]의 값을 표준으로 한다. **답** ④

10 차단기의 정격차단시간의 표준이 아닌 것은?

① 3[c/sec] ② 5[c/sec] ③ 8[c/sec] ④ 10[c/sec]

풀이 차단기의 정격차단시간이란 트립코일 여자로부터 아크 소호까지의 시간을 말하며 3, 5, 8[Hz]의 값을 표준으로 한다. **답** ④

11 차단기에서 "O-t_1-CO-t_2-CO"의 표기로 나타내는 것은? (단, O : 차단동작, t_1, t_1 : 시간간격 , C : 투입동작, CO : 투입직후차단)

① 차단기 동작책무 ② 차단기 재폐로 계수

③ 차단기 속류 주기 ④ 차단기 무전압 시간

풀이 표준동작책무: 차단기가 어느 시간 간격을 두고 행하여지는 일련의 동작 **답** ①

12 차단기의 표준동작책무가 O-1분-CO-3분-CO 부호인 것은 다음 어느 경우에 적합한가? 단, O는 차단동작, C는 투입동작, CO는 투입에 뒤따라 곧 차단동작이다.

① 일반 차단기 ② 자동재폐로 방식

③ 정격 차단기 용량 50[mA] 미만의 것 ④ 차단용량의 무한대의 것

풀이 차단기의 표준동작책무

일반용	A형:	O-1분-CO-3분-CO
	B형:	CO-15초-CO
고속 재투입용:		O-임의(0.3초)-CO-1분-CO

답 ①

13 고속도 재투입 차단기의 표준동작책무는? 단, t는 임의시간이다.

① O-1분-CO-3분-CO ② CO-15초-CO

③ CO-1분-CO-t-CO ④ O-t-CO-1분-CO

풀이 차단기의 표준동작책무

일반용	A형:	O-1분-CO-3분-CO
	B형:	CO-15초-CO
고속 재투입용:		O-임의(0.3초)-CO-1분-CO

답 ④

14 차단기의 차단 책무가 가벼운 것은?

① 중성점 저항접지 계통의 지락 차단 전류

② 중성점 직접접지 계토의 지락 차단 전류

③ 중성점 소호리액터 접지한 장거리 송전선로의 충전 차단 전류

④ 송전선로의 단락 사고시의 차단

풀이 고장 전류가 가장 작은 것은 소호리액터 접지시 충전전류이다. 답 ③

15 회로의 전류를 차단할 때의 소호 작용과 관계없는 것은?

① 재점호 ② 유중 작용 ③ 압력 작용 ④ 불어내는 작용

풀이 전류가 0인 점에서 아크가 소호된 후 차단점에서 다시 아크를 일으키기도 하는데, 이것을 재점호라 하고, 재기 전압에 의한 것이다. 답 ①

16 전력용 퓨즈는 주로 어떤 전류의 차단을 목적으로 사용하는가?

① 충전전류 ② 과부하 전류 ③ 단락전류 ④ 과도 전류

풀이 전력용 퓨즈는 단락 보호용으로 사용된다. 답 ③

17 전력용 퓨즈의 장점으로 틀린 것은?

① 소형으로 큰 차단용량을 갖는다.

② 밀폐형 퓨즈는 차단시에 소음이 없다.

③ 가격이 싸고 유지보수가 간단하다.

④ 과도 전류에 의해 쉽게 용단되지 않는다.

풀이 전력퓨즈 장점(* 고속도 차단할 수 있다. * 소형으로 큰 차단용량을 갖는다. * 한류형 퓨즈는 차단시 무소음, 무방출이다. * 가격이 싸고 유지보수가 간단하다.)
단점(* 재투입이 불가능. * 과전류에 의해 용단되기 쉽다. * 차단시 과전압 발생) 답 ④

18 전력 퓨즈에 대한 설명 중 옳지 않은 것은?

① 차단용량이 크다. ② 보수가 간단하다.

③ 정전용량이 크다. ④ 가격이 저렴하다.

풀이 전력퓨즈(* 차단용량이 크다. * 보수가 간단하다. * 가격이 저렴하다) 답 ③

19 전력용 퓨즈를 차단기와 비교할 때 옳지 않은 것은?

① 소형, 경량이다. ② 고속도 차단을 할 수 없다.

③ 소형으로 큰 차단용량을 가진다. ④ 보수가 간단하다.

풀이 전력퓨즈 장점(* 고속도 차단할 수 있다. * 소형으로 큰 차단용량을 갖는다. * 한류형 퓨즈는 차단시 무소음, 무방출이다. * 가격이 싸고 유지보수가 간단하다.)
단점(* 재투입이 불가능. * 과전류에 의해 용단되기 쉽다. * 차단시 과전압 발생) **답** ②

20 SF_6가스 차단기를 공기 차단기와 비교할 때 옳은 것은?

① 소음이 작다. ② 고속조작에 유리하다.

③ 압축 공기로 투입한다. ④ 지지애자를 사용한다.

풀이 SF_6가스 차단기의 특징(* 밀폐구조 이므로 소음이 없다. * 절연 내력이 공기의 2~3배이고, 소호 능력이 공기의 100~200배이다. * 근거리 고장 등의 가혹한 재기 전압에 대해서도 우수하다. * 무색, 무취, 무해 가스이므로 유독 가스는 발생되지 않는다.) **답** ①

21 SF_6가스 차단기의 설명이 잘못 된 것은?

① SF_6가스는 절연 내력이 공기의 2~3배이고, 소호 능력이 공기의 100~200배이다.

② 밀폐구조이므로 소음이 없다.

③ 근거리 고장 등의 가혹한 재기 전압에 대해서도 우수하다.

④ 아크에 의해 SF_6가스는 분해되어 유독가스를 발생시킨다.

풀이 SF_6가스는 무색, 무취, 무해 가스이므로 유독 가스는 발생되지 않는다. **답** ④

22 345[kV] 선로의 차단기로 가장 많이 사용되는 것은?

① 공기 차단기 ② 가스 차단기 ③ 자기 차단기 ④ 유입 차단기

풀이 345[kV], 154[kV] 전선로 보호용 차단기는 거의 모두가 SF_6(육불화유황)가스 차단기를 사용한다. **답** ②

23 차단기와 차단기의 소호 매질이 틀리게 결합된 것은 어느 것인가?

① 공기 차단기-압축공기 ② 가스 차단기-SF_6가스

③ 자기 차단기-진공 ④ 유입 차단기-절연유

풀이 자기 차단기(Magnetic Circuit Breaker) : 자계에 의한 소호 **답** ③

24 자기 차단기의 특징 중 옳지 않은 것은?

① 화재의 위험이 적다.

② 보수, 점검이 비교적 쉽다.
③ 전류 절단에 의한 와전류가 발생되지 않는다.
④ 회로의 고유 주파수에 차단 성능이 좌우된다.

풀이 자기 차단기의 특징(* 화재 위험이 없다. * 보수 점검이 비교적 쉽다. * 압축 공기 설비가 필요 없다. * 전류 절단에 의한 과전압을 발생하지 않는다. * 회로의 고유 주파수에 차단 성능이 좌우되는 일이 없다.)

답 ④

25 유입차단기의 특징이 아닌 것은?
① 방음설비가 있다
② 부싱 변류기를 사용할 수 있다.
③ 공기보다 소호 능력이 크다.
④ 높은 재기 전압상승에도 차단성능에 영향이 없다.

풀이 유입차단기의 특징(* 보수가 번거롭다. * 방음설비가 필요 없다. * 공기보다 소호 능력이 크다. * 부싱 변류기를 사용할 수 있다.)

답 ①

26 압축된 공기를 아크에 불어 넣어서 차단하는 차단기는?
① ABB　② MBB　③ VCB　④ ACB

풀이 ABB: Air Blast Circuit Breaker(공기차단기)

답 ①

27 수(數) 10기압의 압축 공기를 소호실 내의 아크에 급부(扱附)하여 아크 흔적을 급속히 치환하며 차단 정격 전압이 가장 높은 차단기는?
① MBB　② ABB　③ VCB　④ ACB

풀이 ABB: Air Blast Circuit Breaker(공기차단기)

답 ②

28 가스 절연 개폐 장치(GIS)의 특징이 아닌 것은?
① 감전사고 위험 감소　② 밀폐형이므로 배기 및 소음이 없음
③ 신뢰도가 높음　④ 변성기와 변류기는 따로 설치

풀이 GIS(Gas Insulated Switch-gear)란 철제용기에 모선, 차단기, 변성기, 변류기, 단로기, 피뢰기, 접지장치 등의 변전설비를 넣고 SF_6가스를 충진 밀폐한 것으로 특징은 다음과 같다. (* 충전부가 대기에 노출되지 않아 기기의 안정성, 신뢰성이 우수하다. * 감전사고 위험이 적다. * 밀폐형이므로 배기 소음이 없다. * 소형화 가능하다. * 보수 점검이 용이하다.)

답 ④

29 진공 차단기의 특징에 속하지 않는 것은?

① 화재 위험이 거의 없다.

② 소형 경량이고 조작 기구가 간편하다.

③ 동작시 소음은 크지만 소호실의 보수가 거의 필요치 않다.

④ 차단 시간이 짧고 차단 성능이 회로 주파수의 영향을 받지 않는다.

풀이 진공 차단기의 특징(* 소형 경량이고 조작기구가 간편하다. * 화재 위험이 없다. * 폭발음이 없다. * 소호실에 대해서 보수가 거의 필요치 않다. * 차단 시간이 짧고 차단 성능이 회로의 주파수에 영향을 받지 않는다.)

답 ③

30 재폐로 차단기에 대한 설명으로 옳은 것은?

① 배전선로용은 고장 구간을 고속 차단하여 제거한 후 다시 수동조작에 의해 배전이 되도록 된 것이다.

② 재폐로 계전기와 함께 설치하여 계전기가 고장을 검출하여 이를 차단기에 통보, 차단하도록 된 것이 다.

③ 송전선로의 고장 구간을 고속차단하고 재송전하는 조작을 자동적으로 시행하는 재폐로 차단장치를 장비한 자동차단기이다.

④ 3상 재폐로 차단기는 1상의 차단이 가능하고 무전압 시간을 약 20~30초로 정하여 재폐로 하도록 되어 있다.

풀이 송전선로 대부분의 사고는 순시적인 것으로서 고장을 일으킨 구간을 신속히 차단 제거하면 고장의 아크는 저절로 소멸되고 고장점의 절연이 회복되어 차단기만 투입하면 이상 없이 송전을 계속할 수가 있다. 따라서 계통의 안정도를 향상시킬 목적으로 고장일 때 차단시킨 다음 사고가 소멸되면 자동으로 송전선을 투입하는 일련의 동작을 재폐로라 한다.

답 ③

31 선로개폐기에 대한 설명으로 틀린 것은?

① 책임 분계점에 전선로를 구분하기 위하여 설치한다.

② 3상 선로개폐기는 3개가 동시에 조작되게 되어있다.

③ 부하상태에서도 개방이 가능하다.

④ 최근에는 기중부하 개폐기나 LBS로 대체되어 사용하고 있다.

풀이 * 보안상의 책임 분기점에는 보수점검 때 전로를 구분하기 위하여 선로개폐기를 시설(단로기와 비슷한 용도)하며, 선로개폐기는 부하 전류의 차단이 곤란하다. * 선로개폐기의 조작은 조작봉에 의해 조작되며, 조작봉은 반드시 시건 장치를 하여 안전사고를 방지하

여야 한다. 답 ③

32 보호계전기의 필요한 특성 중 옳지 않은 것은?

① 동작을 느리게 하여 다른 건전부의 송전을 막을 것.
② 고장상태를 식별하여 정도를 판단할 수 있을 것.
③ 고장개소를 정확히 선택할 수 있을 것.
④ 동작이 예민하고 오동작이 없을 것.

풀이 보호계전기의 구비조건
선택성: 고장의 정도 및 위치를 정확히 파악할 것
신뢰성: 동작이 예민하고 오동작이 없을 것
감도: 어떠한 조건에도 동작할 수 있을 것
속도: 안정도 유지 및 사고확대방지에 필요한 속도로 동작할 것
경제성: 소비전력이 적고 경제적일 것
후비보호능력: 적당한 후비 보호 능력이 있을 것 답 ①

33 보호계전기의 반한시·정한시성은?

① 최소 동작 전류 이상의 전류가 흐르면 즉시 동작하는 특성
② 동작 전류가 커질수록 동작 시간이 짧게 되는 현상
③ 동작전류의 크기에 관계없이 일정한 시간에 동작하는 특성
④ 동작전류가 적은 동안에 동작전류가 커질수록 동작 시간이 짧게 되고 어떤 전류 이상이면 동작전류의 크기에 관계없이 일정한 시간에서 동작하는 특성

풀이 동작시한에 의한 분류
* 순한시 계전기 (고속도 계전기) : 고장 검출 즉시 동작하는 계전기
* 정한시 계전기 : 고장검출 일정 시간 후에 동작하는 계전기
* 반한시 계전기 : 고장전류가 크면 동작시한이 짧고, 고장전류가 작으면 동작시한이 길어져 동작하는 계전기.
* 반한시·정한시성 계전기 : 고장전류가 적은 동안에는 고장 전류가 클수록 동작시한이 짧게 되지만 고장전류가 일정값 이상 되면 정한시 특성을 갖는 계전기 답 ④

34 동작전류가 커질수록 동작시간이 짧게 되는 특성을 가진 계전기는?

① 반한시 계전기 ② 정한시 계전기
③ 순한시 계전기 ④ Nothing 한시 계전

풀이 반한시 계전기 : 고장전류가 크면 동작시한이 짧고, 고장전류가 작으면 동작시한이

길어져 동작하는 계전기. **답** ①

35 동작 전류의 크기에 관계없이 일정한 시간에 동작하는 한시 특성을 갖는 계전기는?

① 순한시 계전기　　② 정한시 계전기
③ 반한시 계전기　　④ 반한시성 정한시 계전기

풀이 정한시 계전기 : 고장검출 일정 시간 후에 동작하는 계전기 **답** ②

36 다음 중 동작 시간에 따른 보호계전기의 분류와 그 설명으로 틀린 것은?

① 순한시 계전기는 설정된 최소 작동 전류 이상의 전류가 흐르면 즉시 동작하는 것으로 한도를 넘은 양과는 관계없다.
② 정한시 계전기는 설정된 값 이상의 전류가 흘렀을 때 작동전류의 크기와는 관계없이 항상 일정한 시간 후에 작동하는 계전기이다.
③ 반한시 계전기는 작동시간이 전류값의 크기에 따라 변하는 것으로 전류값이 클수록 느리게 동작하고 반대로 전류값이 작아질수록 빠르게 작동하는 계전기이다.
④ 반한시성 정한시 계전기는 어느 전류값까지는 반한시성이지만 그 이상이 되면 정한시로 작동하는 계전기이다.

풀이 반한시 계전기 : 고장전류가 크면 동작시한이 짧고, 고장전류가 작으면 동작시한이 길어져 동작하는 계전기. **답** ③

37 변전소에서 비접지 선로의 접지 보호용으로 사용되는 계전기에 영상 전류를 공급하는 것은?

① CT　　② GPT　　③ ZCT　　④ PT

풀이 GPT는 영상전압을 공급하며 영상 전류는 ZCT가 공급한다. **답** ③

38 여러 회선의 비접지 3상3선식 배전선로에 방향 지락 계전기를 사용하여 선택지락 보호를 하려고 한다. 필요한 것은?

① CT와 OCR　　② CT와 PT
③ 접지 계전기와 ZCT　　④ 접지 계전기와 ZPT

풀이 비접지 선로 지락 검출시 접지변압기(GPT)와 영상변류기(ZCT) 조합해서 사용한다.
답 ③

39 6.6[kV] 고압 배전선로(비접지 선로)에서 지락 보호를 위하여 특별히 필요하지 않은 것은?

① CT ② GPT ③ DG ④ ZCT

풀이 비접지 선로에서는 1선이 지락되어도 지락전류는 미소 전류(1A 미만)가 흐르므로 선로 전류에 영향을 미치지 못한다. 지락 보호계전기 시스템 : 영상전류(ZCT) + 영상전압(GPT) + 지락방향계전기

답 ①

40 차동 계전기는 무엇에 의하여 동작하는가?

① 양쪽 전압의 차로 동작한다.
② 양쪽 전류의 차로 동작한다.
③ 전압과 전류의 배수의 차로 동작한다.
④ 정상전류와 역상전류의 차로 동작한다.

풀이 차동 계전기는 보호 구간에 유입하는 전류와 유출하는 전류의 벡터차를 검출해서 동작하는 계전기이다.

답 ②

41 변성기의 정격 부담을 표시하는 기호는?

① W ② s ③ dyne ④ VA

풀이 변성기 및 변류기의 정격 부담 I^2Z이므로 단위는 [VA]이다.

답 ④

42 용량형 전압 변성기 CPD의 장점이 아닌 것은?

① 공진을 이용하므로 주파수 특성이 좋다.
② 절연 내량이 커서 계전기와 공용할 수 있다.
③ 절연의 신뢰도가 높다
④ 고장이 나더라도 값싼 예비품으로 신속히 수리된다.

풀이 콘덴서형 계기용 변압기(CPD)의 특징(* 권선형에 비해 소형 경량이고 값이 싸다. * 절연의 신뢰도가 권선형에 비해 크다 * 전력선 반송용 결합 콘덴서와 공용할 수 있다. * 전자형에 비해 오차가 많고 특성이 나쁘나 절연 설계가 유리하다.)

답 ①

43 모선의 보호 계전 방식에 해당되는 것은?

① 전력 평형 보호 방식 ② 전압 차동 보호방식
③ 표시선 계전 방식 ④ 위상 비교 반송 방식

풀이 모선 보호 방식의 종류(* 전류 차동 보호방식, * 전압 차동 보호방식, * 위상 비교 보

호방식, * 환상 모선 보호방식, * 방향 거리 계전 방식) **답** ②

44 모선 보호형 계전기로 사용하면 가장 유리한 것은?

① 재폐로 계전기 ② 옴형 계전기
③ 역상 계전기 ④ 차동 계전기

풀이 차동 계전기 : 전류 차동 계전기식으로 모선 보호용
모선 보호 방식의 종류 : 전류 비율 차동 방식, 전압 차동 방식, Liner Coupler 방식, 위상 비교 방식 **답** ④

45 표시선 계전 방식이 아닌 것은?

① 전압 반향 방식 ② 전류 순환 방식
③ 방향 비교 방식 ④ 반송 계전방식

풀이 표시선 계전 방식에는 전압 반향 방식, 방향 비교 방식, 전류 순환 방식이 있다.
답 ④

46 전력선 반송 보호 계전 방식의 장점이 아닌 것은

① 장치가 간단하고 고장이 없으며 계전기의 성능 저하가 없다
② 고장의 선택성이 우수하다
③ 동작이 예민하다
④ 고장점이나 계통의 여하에 불구하고 선택 차단 개소를 동시에 고속도 차단할 수 있다

풀이 장시간 사용하면 계전기의 성능 저하가 발생한다. **답** ①

47 전력선 반송 보호 계전 방식에서 고장의 선택 방법이 아닌 것은?

① 방향 비교 방식 ② 순환 전류 방식
③ 위상 비교 방식 ④ 고속도 거리 계전기와 조합하는 방식

풀이 전력선 반송 보호 방식에는 전력 방향 비교 방식, 고속도 거리 계전기와 조합하는 방식, 전자형 계전기를 사용하는 위상 비교 방식 및 반송파를 지령 신호로 하는 방법이 있다. **답** ②

48 선로의 단락보호 또는 계통의 탈조사고의 검출용으로 사용되는 계전기는?

① 접지 계전기 ② 역상 계전기
③ 재폐로 계전기 ④ 거리 계전기

풀이 거리 계전기는 전압과 전류를 입력량으로 하여 전압과 전류의 비가 설정값 이하로 될 경우 동작하는 계전기이다. 즉 계전기의 설치점으로부터 단락 또는 지락점의 방향과 고장발생점까지의 전기적거리(임피던스)를 판별하여 동작하게 된다. 계통의 단락, 직접접지계의 주보호 및 후비보호로 광범위하게 사용된다. 거리 계전기의 종류는 임피던스형, 모우형, 리액턴스형, 오옴형, 오프셋모우형 등이 있다.
탈조 : 송전선로에서 안전하게 송전할 수 있는 최대 전력 이상의 전력을 보내거나, 고장 혹은 급격한 부하(負荷) 변동이 있을 경우에 발전기의 동기(同期)가 깨지는 일. 이 현상이 계속되면 모든 발전기가 정지되면서 정전이 일어날 수도 있다. **답** ④

49 전원이 양단에 있는 환상 선로의 단락보호에 사용되는 계전기는?
① 방향거리 계전기 ② 부족전압 계전기
③ 선택접지 계전기 ④ 부족전류 계전기

풀이 방향계전기 + 단락 계전기 = 방향단락 계전기(방향거리 계전기)
전원이 2군데 이상 환상 선로의 단락보호 → 방향거리 계전기(DZR) **답** ①

50 전원이 양단에 있는 방사상 송전선로의 단락보호에 사용되는 계전기의 조합 방식은?
① 방향거리 계전기(DZR)와 과전압 계전기(OVR)의 조합
② 방향단락 계전기(DSR)와 과전류 계전기(OCR)의 조합
③ 선택접지 계전기(SGR)와 과전류 계전기(OCR)의 조합
④ 부족전류 계전기(UCR)와 과전압 계전기(OVR)의 조합

풀이 방사상식 선로의 보호
(가) 전원이 한 군데인 경우 : 과전류 계전기(OCR)
(나) 전원이 두 군데인 경우 : 과전류 계전기(OCR), 방향단락 계전기(DSR) **답** ②

51 보호계전기 중 발전기, 변압기, 모선 등의 보호에 사용되는 것은?
① 비율차동 계전기 ② 과전류 계전기
③ 과전압계전기 ④ 유도형계전기

풀이 비율차동 계전기는 보호 구간에 유입하는 전류와 유출하는 전류의 차 전류의비율에 의하여 동작하는 계전기로서 전력설비(발전기, 변압기 등)의 내부 고장을 보호하는 데 사용된다. **답** ①

52 발전기 보호용 비율차동 계전기의 특성이 아닌 것은?
① 외부 단락시 오동작을 방지하고 내부 고장시만 예민하게 동작한다.

② 계전기의 최소 동작 전류를 일정치로 고정시켜 비율에 의해 동작한다.
③ 발전기 전류와 계전기의 차전류의 비율에 의해 동작한다.
④ 외부 단락으로 전기자 전류 급증시 계전기의 최소 동작 전류도 증대된다.

풀이 비율차동 계전기는 보호 구간에 유입하는 전류와 유출하는 전류의 차 전류의 비율에 의하여 동작하는 계전기로서 전력설비(발전기, 변압기 등)의 내부 고장을 보호하는 데 사용된다. **답** ③

53 변압기를 보호하기 위한 계전기로 사용되지 않는 것은?
① 비율차동 계전기 ② 온도 계전기
③ 부흐홀쯔 계전기 ④ 주파수 계전기

풀이 변압기 보호방식에는 전기적보호방식(차동 계전기와 비율차동 계전기)과 기계적 보호방식(충격 압력 계전기, 온도 계전기 등)으로 나눌 수 있다. **답** ④

54 변압기의 내부 고장 보호용으로 사용되는 계전기는?
① 거리 계전기과 ② 전압계전기
③ 방향계전기 ④ 비율차동 계전기

풀이 비율차동 계전기는 보호 구간에 유입하는 전류와 유출하는 전류의 차 전류의비율에 의하여 동작하는 계전기로서 전력설비(발전기, 변압기 등)의 내부 고장을 보호하는 데 사용된다. **답** ④

55 전압이 설정값 이하로 되었을 때 동작하는 것으로 단락고장의 검출 등에 사용되는 계전기는?
① 부족전압 계전기 ② 비율차동 계전기
③ 재폐로 계전기 ④ 선택 계전기

풀이 부족전압 계전기(UVR): 전압이 정상값 이하시 동작
과전압 계전기(OVR): 전압이 정상값 초과시 동작 **답** ①

56 수전 설비와 병렬로 자가용 발전기가 설치된 회로에서 발전기 쪽으로 전류가 흐를 경우 동작하는 계전기를 자동 제어 기구 번호로 나타내면?
① 51 ② 67 ③ 80 ④ 90

풀이 67: 전력방향 계전기 또는 지락방향 계전기 **답** ②

57 변압기 운전 중에 절연유를 추출하여 가스 분석을 한 결과 어떤 가스 성분이 증가

하는 현상이 발생되었다. 이 현상이 내부 미소방전(유중 아크 분해)이라면 그 가스는?

① CH_4 ② H_2 ③ CO ④ CO_2

풀이 유중 아크 분해시의 방출 가스는 수소(H_2)이다. 답 ②

58 중성점 저항접지방식의 병행 2회선 송전선로의 지락사고차단에 사용되는 계전기는?

① 거리 계전기 ② 선택접지 계전기
③ 과전류 계전기 ④ 역상 계전기

풀이 병행 2회선의 지락사고 때 선택접지 계전기가 동작 답 ②

59 3ϕ 결선 변압기의 단상 운전에 의한 소손 방지 목적으로 설치하는 계전기는?

① 차동 계전기 ② 단락 계전기
③ 과전류 계전기 ④ 역상 계전기

풀이 3상 변압기가 단상으로 운전되면 역상분이 존재하므로 역상 계전기로 결상을 검출한다. 답 ④

60 선택접지 계전기의 용도는?

① 단일회선에서 접지전류의 대소를 선택
② 단일회선에서 접지전류의 방향 선택
③ 단일회선에서 접지사고의 지속시간 선택
④ 다회선에서 접지고장 회선의 선택

풀이 다회선 송전선로에서 1회선 지락 또는 접지 고장이 발생하였을 때 이것을 검출하여 고장 회선만을 선택하여 차단할 수 있는 계전기를 선택 접지(지락) 계전기라 한다. 답 ④

61 과전류 계전기(OCR)의 탭 값을 옳게 설명한 것은?

① 계전기의 최소 동작 전류 ② 계전기의 최대 부하 전류
③ 계전기의 동작 시한 ④ 변류기의 권수비

풀이 과전류 계전기는 전류가 정규값 이상으로 흘렀을 경우에 계전기가 동작하여 전기 회로를 차단하여 기기를 보호하는 장치이다. 답 ①

62 계기용 변성기 중에서 전압, 전류를 동시에 변성하여 전력량을 계량할 목적으로

사용하는 것은?

① CT ② MOF ③ PT ④ ZCT

풀이 * 계기용 변류기(CT: Current Transformer)-회로의 대전류를 소전류로 변성하여 계기나 계전기에 공급하기 위한 목적으로 사용되며 2차측 정격전류는 5[A]이다. * 계기용 변압 변류기(MOF: Metering Out Fit)-계기용 변압기와 변류기를 조합한 것으로 전력 수급용 전력량을 측정하기 위하여 사용한다. * 계기용 변압기(PT: Potential Transformer)-고전압을 저전압으로 변성하여 계기나 계전기에 공급하기 위한 목적으로 사용되며 2차측 정격전압은 110[V]이다. * 영상 변류기(ZCT: Zero phase Current Transformer)- 지락 사고일 때 영상전류(지락전류)를 검출한다. **답** ②

63 MOF에 대한 설명으로 옳은 것은?

① 계기용 변압기의 별명이다.
② 계기용 변류기의 별명이다.
③ 한 탱크 내에 계기용 변압기와 변류기를 장치한 것이다.
④ 변전소 내의 계기류의 총칭이다.

풀이 전력량을 측정하기 위하여 한 탱크 안에 계기용 변압기와 변류기를 장치하여 변압, 변류된 전압과 전류를 검출하여 적산 전력계로 연결한다. **답** ③

64 변류기 개방시 2차측 단락하는 이유는?

① 2차측 절연보호 ② 2차측 과전류 보호
③ 측정 오차 방지 ④ 1차측 과전류 방지

풀이 변류기 2차측을 개방하면 1차 전류가 모두 여자전류가 되어 2차 권선이 매우 높은 전압이 유기되어 절연은 파괴되고 소손될 염려가 있다. **답** ①

65 배전반에 연결되어 운전 중인 PT와 CT를 점검할 때에는?

① CT는 단락 ② CT와 PT 모두 단락
③ CT와 PT 모두 개방 ④ PT는 단락

풀이 PT는 전원과 병렬로 연결되고 CT는 회로와 직렬로 연결시키므로, PT는 개방상태로 되어도 무관하다. CT는 개방이 되면 부하 전류에 의하여 파손이 되므로 CT의 점검시에는 반드시 2차측을 단락시켜야 한다. **답** ①

66 전류제한 리액터를 사용하는 가장 큰 목적은?

① 충전전류의 제한 ② 접지전류의 제한

③ 누설전류의 제한 ④ 단락전류의 제한

풀이 전류제한 리액터: 단락전류의 제한 **답** ④

67 3상용 차단기의 정격 차단용량이라 함은?

① 정격전압 × 정격 차단전류
② $\sqrt{3}$ × 정격전압 × 정격 차단전류
③ 3 × 정격전압 × 정격 차단전류
④ $\sqrt{3}$ × 정격전압 × 정격전류

풀이 $P_s = \sqrt{3}\,VI_s$ [MVA] **답** ②

68 차단기의 정격 투입 전류란 투입되는 전류의 최소 주파의 무엇으로 표시되는가?

① 실효값 ② 평균값 ③ 최대값 ④ 순시값

풀이 정격 투입 전류란 투입전류의 최초 주파수에서의 최대값으로 표시되며, 크기는 정격 차단 전류(실효값)의 2.5배를 표준으로 한다. **답** ③

69 차단기의 정격 투입 전류는 정격 차단 전류(실효값)의 몇 배를 표준으로 하는가?

① 1.5 ② 2.5 ③ 3.5 ④ 5

풀이 정격 투입 전류란 투입 전류의 최초 주파수에서의 최대값으로 표시되며, 크기는 정격 차단 전류(실효값)의 2.5배를 표준으로 한다. **답** ②

70 차단기의 고속도 재폐로의 목적은?

① 고장의 신속한 제거 ② 안정도 향상
③ 기기의 보호 ④ 고장 전류의 억제

풀이 고속도 재폐로(recloser) 차단기는 고장전류를 신속하게 차단 및 투입함으로써 안정도를 향상시킨다. **답** ②

71 파일럿 와이어 (pilot wire) 계전 방식에 해당되지 않는 것은?

① 고장점 위치에 관계없이 양단을 동시에 고속 차단할 수 있다.
② 송전선에 평행하도록 양단을 연락한다.
③ 고장시 장해를 받지 않게 하기 위하여 연피 케이블을 사용한다.
④ 고장점 위치에 관계없이 부하측 고장을 고속도 차단한다.

풀이 파일럿 와이어 계전 방식의 특징(* 고정점의 위치에 무관하게 양단을 동시에 고속

차단할 수 있다. * 송전선에 평행되도록 표시선을 설치하여 양단을 연락하게 한다. * 고장 때 장해를 받지 않게 하기 위하여 연피 케이블을 설치한다.)

답 ④

72 과부하 또는 외부의 단락 사고시에 동작하는 계전기는?

① 차동 계전기
② 과전압 계전기
③ 과전류 계전기
④ 부족 전압 계전기

풀이 과전류 계전기(OCR): 설정값 이상의 전류가 흘렀을 때 동작하며, 과부하 계전기라고 불러진다. 단락사고 또는 과부하 검출에 사용된다.

답 ③

73 다음은 어떤 계전기의 동작 특성을 나타낸 것이다. 계전기의 종류는? (단, 전압 및 전류를 입력량으로 하여, 전압과 전류의 비의 함수가 예정치 이하로 되었을 때 동작한다)

① 변화폭 계전기
② 거리 계전기
③ 차동 계전기
④ 방향 계전기

풀이 계전기가 설치된 위치로부터 고장점까지의 임피던스(전압과 전류의 비)에 비례하여 동작하는 것으로서 임피던스는 송전선의 거리의 척도이므로 거리 계전기라 부른다. 거리 계전기는 송전선로의 단락 보호에 적합하며 임피던스 계전기, 옴 계전기, 모호 계전기 등이 있다.

답 ②

74 영상 변류기를 사용하는 계전기는?

① 과전류 계전기
② 과전압 계전기
③ 선택접지 계전기
④ 차동 계전기

풀이 영상 변류기는 배전선로나 지중 케이블 등에 사용되며 고감도 지락 계전기가 접속된다. 선로 중에 흐르는 정상 및 역상전류는 철심 내에 자속을 만들지 않고 영상 전류만에 의하여 자속을 만들므로 접지 계전기나 지락 계전기 등에 쓰인다.

답 ③

75 계전기의 반한시 특성이란?

① 동작 전류가 커질수록 동작 시간이 길어진다.
② 동작 전류가 작을수록 동작 시간이 짧다.
③ 동작 전류에 관계없이 동작 시간은 일정하다.
④ 동작 전류가 커질수록 동작 시간은 짧아진다.

풀이 보호계전기의 특성

순한시 특성 : 최소 동작 전류 이상의 전류가 흐르면 즉시 동작하는 특성
반한시 특성 : 동작 전류가 커질수록 동작 시간이 짧게 되는 특성
정한시 특성 : 동작 전류의 크기에 관계없이 일정한 시간에 동작하는 특성
반한시 정한시 특성 : 동작 전류가 적은 동안에는 동작 전류가 커질수록 동작 시간이 짧게 되고 어떤 전류 이상이면 동작 전류의 크기에 관계없이 일정한 시간에 동작하는 특성 **답** ④

76 동작 전류의 크기에 관계없이 일정한 시간에 동작하는 한시 특성을 갖는 계전기는?

① 순한시 계전기 ② 정한시 계전기
③ 반한시 계전기 ④ 반한시성 정한시 계전기

풀이 정한시 계전기는 최소 동작값 이상의 구동 전기량이 주어지면, 일정 시한으로 동작한다 **답** ②

77 변류기 개방시 2차측을 단락하는 이유는?

① 2차측 절연 보호 ② 2차측 과전류 보호
③ 측정오차방지 ④ 1차측 과전류 방지

풀이 PT(병렬연결)는 개방상태가 무방하지만 CT(직렬연결)는 개방하면 부하전류로 인하여 소손되므로 CT를 점검할 경우에는 반드시 2차측을 단락한다. **답** ①

78 3상으로 표준 전압 3[kVJ. 600[kW]를 역률 0.85로 수전하는 공장의 수전회로에 시설할 계기용 변류기의 변류비로 적당한 것은? 단 변류기의 2차 전류는 5 [A]임.

① 5 ② 15 ③ 27 ④ 40

풀이 $P=\sqrt{3}\,V_1 I_1 \cos\theta \qquad I_1=\dfrac{600\times10^3}{\sqrt{3}\times3000\times0.85}=136\,[\mathrm{A}]$

25[%] 여유를 두면 1차 전류는 136×1.25=170 그러므로 200/5를 선정한다. **답** ④

79 인터록(interlock)의 설명으로 옳게 된 것은?

① 차단기가 열려 있어야만 단로기를 닫을 수 있다.
② 차단기가 닫혀 있어야만 단로기를 닫을 수 있다.
③ 차단기와 단로기는 제각기 열리고 닫힌다.
④ 차단기의 접점과 단로기의 접점이 기계적으로 연결되어 있다.

풀이 단로기는 부하 전류를 개폐할 수 없다. 따라서 단로기는 차단기가 열려 있어야(부하 전류가 흐르지 않을 때) 열고 닫을 수 있다. 즉 인터록 장치를 두어 부하 통전시 단로기를 열 수 없도록 하여야 한다. **답** ①

80 초고압용 차단기에서 개폐저항기를 사용하는 이유는?

① 개폐서지 이상전압(SOV)억제 ② 차단 전류 감소
③ 차단 속도 증진 ④ 차단 전류의 역률 개선

풀이 차단기 개폐 때 재점호로 인하여 개폐서지 과전압이 발생된다. 이것을 낮추고 절연 내력을 높일 수 있게 하기 위해 차단기 접촉자간에 병렬 임피던스로서 개폐저항기를 삽입한다.

답 ①

81 전력 회로에서 사용되는 차단기의 차단용량을 결정할 때 이용되는 것은?

① 예상 최대 단락전류
② 회로에 접속되는 전부하 전류
③ 계통의 최고 전압
④ 회로를 구성하는 전선의 최대 허용 전류

풀이 3상 차단기의 차단용량은 $\sqrt{3}$ × 정격전압 × 정격 차단전류
정격 차단 전류 〉 예상 최대 단락전류

답 ①

82 차단기의 차단용량을 MVA로 나타낼 때에 고려해야 할 항목은?

① 차단전류, 회복전압 ② 차단전류, 회복전압, 상계수
③ 회복전압, 차단전류, 회로의 역률 ④ 회복전압, 차단전류, 주파수

풀이 차단용량 MVA 또는 kVA= $\sqrt{3}$ × 정격 전압 혹은 회복 전압 × 정격 차단 전류
위의 식은 3상인 경우이며, 단상이면 $\sqrt{3}$ 을 곱하지 않는다.

답 ②

83 차단기의 용량을 표시하는 단위는?

① [V] ② [A] ③ [kW] ④ [MVA]

답 ④

84 발변전소에서 사용되는 상분리 모선의 특징으로 틀린 것은?

① 절연 열화가 적고 선간 단락이 거의 없다.
② 다도체로서 대전류를 흘릴 수 있다.
③ 기계적 강도가 크고 보수가 용이하다.
④ 폐쇄되어 있으므로 안정도가 크고 외부로부터 손상을 받지 않는다.

풀이 상분리 모선은 각 상의 도체를 각각 접지한 금속판재의 상자 속에 수납하고 각 상을 분리한 폐쇄모선이다.

답 ②

제 13 장 배전선로의 구성 및 특성

학습목표

- 배전선로의 배전방식에 대한 이해
- 배전선로의 전기적 특성 이해
- 배전용 변압기의 이해

배전선로는 변전소에서 수용가로 직접 전력을 분배하는 선로를 말한다. 송전선로에 비해 전선로가 짧고 저전압이며 회선수가 많고 각 선로전류는 불평형으로 되는 등 여러 가지 다른 점이 있다.

우리나라는 전력소비 증대에 따른 저전압 현상을 개선하고 전력손실을 경감하기 위하여 고압선은 22.9[kV]의 3상4선식 공통 중성선 다중접지식을 채용하고, 저압선은 전등용으로 단상 220[V], 전동기용으로 3상4선식 380[V]를 채용하고 있다.

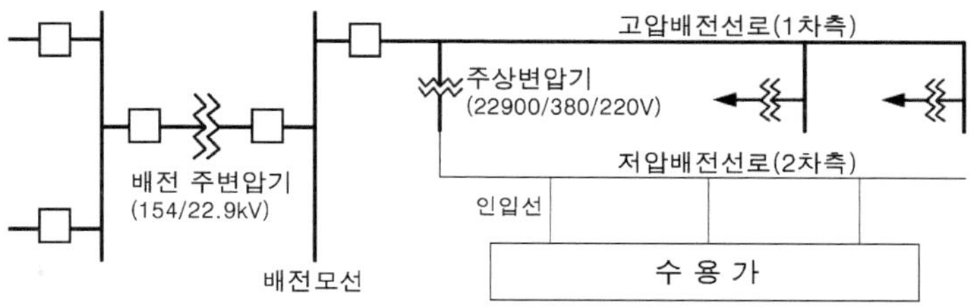

그림 13.1 배전계통의 일반적인 구성도

그림 13.1에서 보는 바와 같이 배전계통은 고압배전선로와 저압배전선로로 구성된다. 고압배전선로는 배전 변전소의 주 변압기에서 시작하여 주상변압기(배전용 변압기)에 전력을 공급한다. 저압배전선로에서는 배전용 변압기 2차측에서 수용가로 전력을 공급하게 된다.

13.1 배전선로의 배전방식

13.1.1 고압 배전선

그림 13.2와 같이 배전선은 급전선(피더), 간선 및 분기선으로 이루어진다. 배전용 변전소에서 인출되는 배전선로에서 최초 분기점까지의 전선을 급전선이라 하고, 수용지점에서 부하분포에 따라 급전선에 접속하여 각 수용가에 공급하는 주요 배전선을 간선이라고 한다. 그리고 간선과 부하사이의 선로를 분기선이라고 한다.

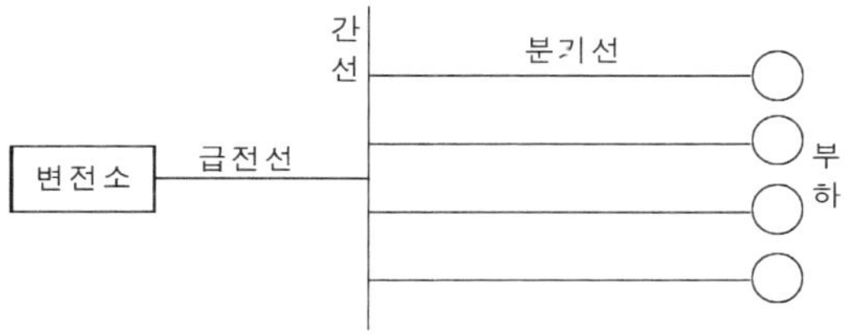

그림 13.2 배전선로의 구성

고압 배전선의 형식은 간선의 형태에 따라서 가지식(트리 시스템), 환상식(루프 시스템), 망상식(네트워크 시스템)이 있다.

1. 가지식(방사상, 수지식)

그림 13.3과 같이 나뭇가지 모양처럼 한 쪽 방향으로만 전력을 공급하는 방식이다. 이 방식은 새로운 수용가에 대하여 간선 및 분기선을 연장해 간다. 다른 방식에 비해서 공사비가 저렴하기 때문에 널리 이용되고 있으나 전압강하가 크고 사고 때 정전범위가 크므로 공급신뢰도가 낮은 결점이 있다. 가지식의 특징을 정리하면 다음과 같다.

① 시설이 간단하다.
② 전압강하가 크고 정전 범위가 넓다.(공급신뢰도가 낮다.)
③ 농어촌 지역에 적합하다.

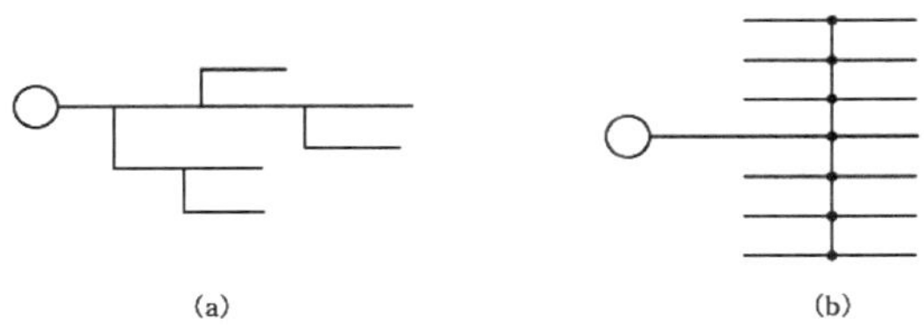

그림 13.3 가지식

2. 환상식

그림 13.4와 같이 간선을 고리 모양으로 구성하여 양방향에서 전력을 공급하는 방식이다. 선로에서 고장이 일어난 경우 고장부분을 제거하고 전력공급을 계속할 수 있는 장

점이 있다. 또한 선로의 전류분포가 좋고 전압강하와 전력손실이 적으므로 도시 배전선로에 적합하다. 환상식의 특징을 정리하면 다음과 같다.

① 전류 통로에 대한 융통성이 있다.
② 전압강하(변동) 및 전력손실이 경감된다.
③ 공급신뢰도가 향상된다.
④ 설비의 복잡화에 따른 부하증설이 어렵다.
⑤ 부하밀집지역에 적합하다.

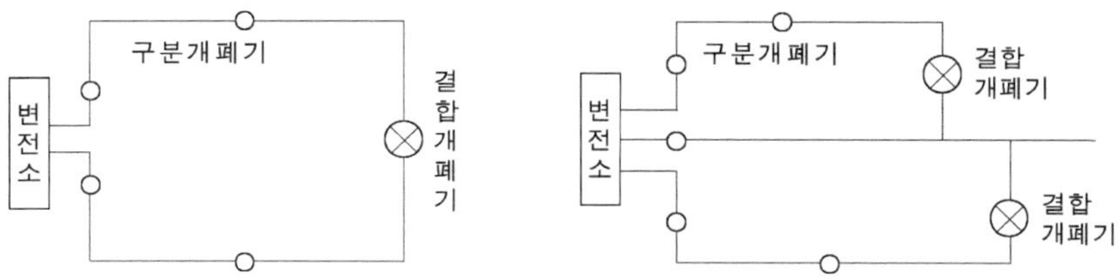

(a) 1회선 루프 방식 (b) 다중 루프 방식

그림 13.4 환상식

환상식에는 결합개폐기를 평상시 개방하여 두고 사고시 투입해서 반대 선로로 전력을 공급하는 상시개로식과 결합개폐기를 평상시 닫아두는 상시폐로식이 있다. 상시폐로식에서는 전압 강하, 전력손실이 경감되고 배전 용량을 증가할 수 있다.

3. 네트워크 방식(망상식)

같은 변전소의 같은 변압기에서 나온 2회선이상의 고압배전선에 접속된 변압기의 2차측을 같은 저압선에 연결하여 부하에 전력을 공급하는 방식이다. 고장이 발생하여도 다른 전원을 이용하여 계속 공급할 수 있는 무정전 방식이다.

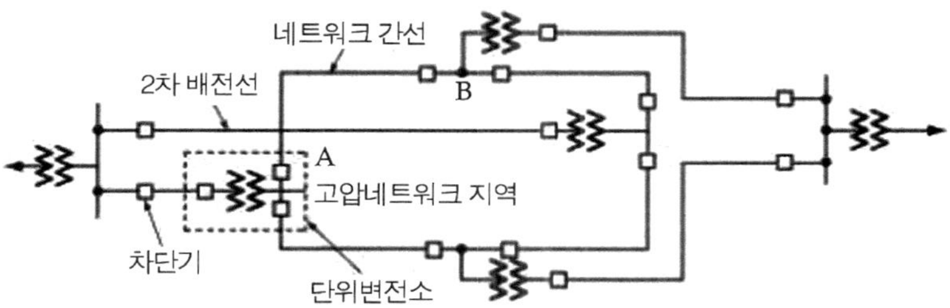

그림 13.5 네트워크 방식

그림 13.5의 AB 구간에서 사고가 발생하면 구분용 차단기가 고장 구간을 차단하여 다른 구간으로 사고가 파급되는 것을 방지한다. A와 상위 변전소 간의 사고에서는 차단기가 동작해서 사고 급전선을 제거하고 다른 급전선에서 공급하여 무정전을 실현한다. 고압 네트워크 방식은 전압 변동이 적고, 공급신뢰도가 높으며, 새로운 수용 증가에 대하여 쉽게 대처할 수 있지만 설비비 및 운전비가 많이 소요된다.

13.1.2 저압 배전선

저압 배전선로는 저압 방사상 방식(redial system), 저압 뱅킹방식(banking system), 저압 네트워크 방식이 있다.

1. 저압 방사상 방식

배전변압기마다 저압배전선이 독립되어 있는 것으로서 우리나라에서 일반적으로 채용되고 있는 방식이다. 이 방식은 고압 배전선의 가지식과 같이 선로 구성이 간단하고 공사비가 저렴한 반면에 전압변동 및 전력손실이 크고 사고시 정전 범위가 넓어지기 때문에 신뢰성이 낮은 단점이 있다.

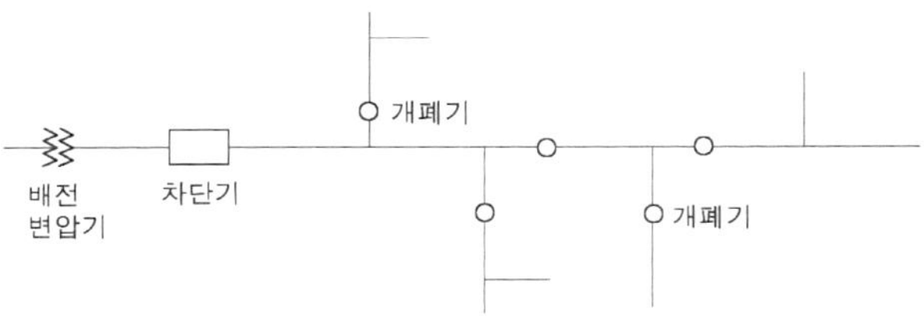

그림 13.6 저압 방사상 방식

2. 저압 뱅킹 방식

그림 13.7과 같이 하나의 고압배전선에 접속된 2대 이상의 변압기의 저압측 간선을 상호 병렬 접속하여 공동으로 사용하는 배전방식이다. 그림 13.7의 (a)의 선상식에서 양단의 2단 선로는 뱅킹방식이 효과를 크게 기대할 수 없다. (b)는 2차계가 환상식으로 되어 있어서 뱅킹의 효과를 충분히 얻을 수 있다.

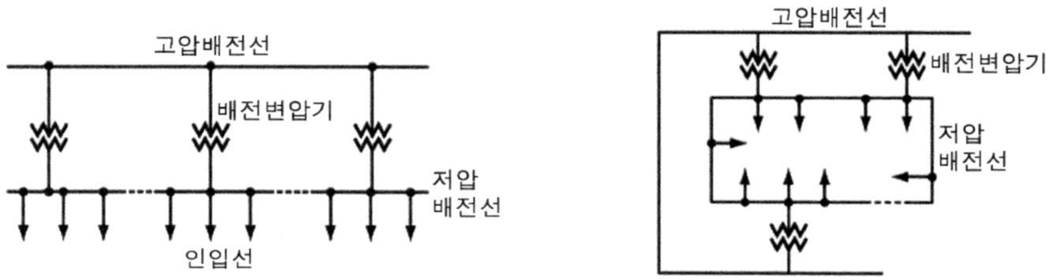

(a) 선상 뱅킹 방식

(b) 환상 뱅킹 방식

그림 13.7 저압 뱅킹 방식

저압 뱅킹 방식의 특징을 정리하면 다음과 같다.

① 전압강하(변동) 및 전력 손실이 경감된다.

② 전압변동에 의한 플리커[64] 현상이 적다.

③ 공급 신뢰도가 향상된다. 그러나 보호협조가 잘 이루어지지 않으면 캐스케이딩[65]에 의한 정전범위가 넓어질 수 있다.

④ 부하밀집지역에 적합하다.

고장보호 방식으로는 그림 13.8과 같이 변압기의 1차측에는 컷아웃스위치[66](COS)를 설치하고, 변압기 2차측의 인접 구간을 서로 구분할 수 있도록 2차측의 중간에는 구분개폐기를 설치한다. 변압기 또는 저압배전선에 고장이 발생하면 1차측 퓨즈와 변압기의

64) 연속적으로 발생하는 짧은 주기의 전압변동을 말하며, 조명의 어른거림, TV화면의 동요 등 다른 기기에 악영향을 미친다.
65) 변압기 2차측 저압선 일부의 고장으로 인하여 건전한 변압기의 일부 또는 전부가 변압기 1차측 보호장치에 의하여 차단되는 현상
66) 변압기나 주요기기 1차측에 부착하여 단락 등에 의한 과전류로부터 기기를 보호하는데 사용한다.

구분개폐기가 끊어져 고장 구간만 정전이 되고 나머지 변압기의 수용가는 전력을 계속 공급받게 된다. 이때 1차측의 COS보다 구분개폐기가 먼저 빨리 끊어지도록 보호협조 되어야 한다.

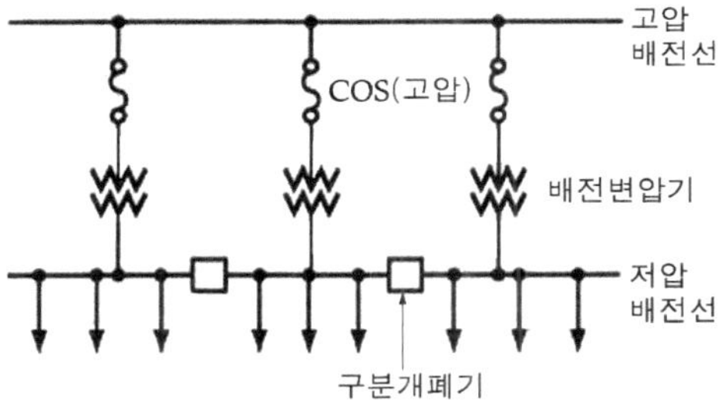

그림 13.8 저압 뱅킹 방식

3. 저압 네트워크 방식

저압 네트워크 방식은 하나의 모선에서 2회선 이상의 급전선을 공급해서 수용가에 무정전 공급을 할 수 있도록 한 것이다. 그림 13.9와 같이 네트워크 프로텍터[67]라고 하는 보호장치를 통해서 네트워크 변압기에서 전력을 공급한다.

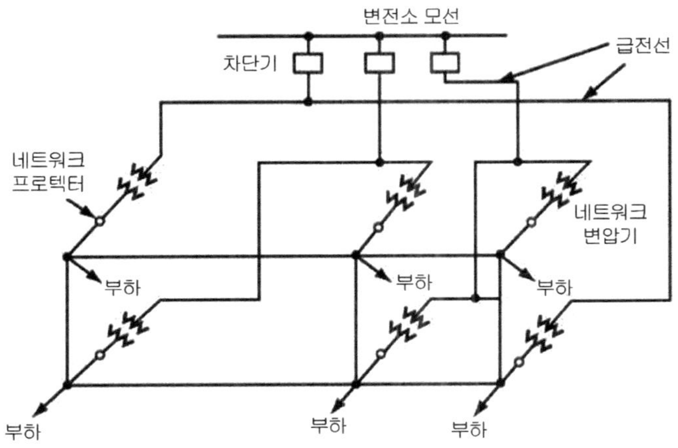

그림 13.9 저압 네트워크 방식

67) 변전소의 차단기가 동작할 때 네트워크에서 전류가 변압기 쪽으로 거꾸로 흐르면 차단기를 개방하여 고장구간을 완전 분리하는 역전력 차단장치.

인접한 변압기는 보통 다른 급전선에 접속되어 있고, 급전선의 사고는 변전소 차단기와 프로텍터에서 구분 차단한다.

저압 네트워크 방식의 특징을 정리하면 다음과 같다.

① 전압 강하(변동) 및 전력손실이 경감된다.
② 무정전 전력공급이 가능하다.
③ 공급신뢰도가 가장 좋다.
④ 부하증설이 용이하다.
⑤ 네트워크변압기나 네트워크 프로텍터 설치에 따른 설비비가 비싸다.
⑥ 대형 빌딩가와 같은 고밀도 부하밀집지역에 적합하다.

13.2 부하용량 산정

부하 설비용량의 산정은 수변전 설비 설계의 기본 계획을 하는데 매우 중요하다. 하지만 부하의 내용을 정확하게 알 수 없는 경우가 많으며 수용가의 부하설비는 전부하가 동시에 사용되는 일이 거의 없기 때문에 수용가의 부하 설비용량 합계와 실제로 사용하는 최대 전력과는 일치하지 않는다. 따라서 변압기 용량의 결정은 부하 설비용량에 수용률, 부등률, 역률 등을 고려하여 결정한다.

$$변압기\ 용량 = 부하\ 설비용량 \times \frac{수용률}{부등률 \times 부하율 \times 역률}\ [\mathrm{kVA}]$$

13.2.1 수용률

수용률은 모든 전력기기가 동시에 사용되는 정도를 나타내는 것으로서 총 부하 설비용량에 대한 최대 수용전력의 비를 백분율로 나타낸 것이다. 수용률은 변압기 용량 및 계약전력을 결정하는 중요한 계수로서 다음 식으로 계산된다.

$$수용률 = \frac{최대\ 수용전력}{총\ 부하\ 설비용량} \times 100\,[\%] \tag{13.1}$$

수용률은 같은 수요에 대해서도 측정하는 기간에 따라서 다른 값이 되므로 일반적으로 1년 동안 측정한 값으로 표시한다. 수용률은 부하종류, 사용시간, 계절에 따라 달라질 수 있으며, 최대수용전력은 총 부하설비 보다 작다. 그러므로 그 값은 항상 1보다 작은 값이 된다.

설비용량에 대해 수용률을 적용하여 배전선로, 차단기 등은 가능한 낮게 적용하고 동력의 경우 대략 32~92%의 수용률을 적용하고 비상용의 경우 수용률은 100%로 한다.

13.2.2 부등률

부등률은 최대전력의 발생시각 또는 발생시기의 분산을 나타내는 계수로서, 식(13.2)와 같이 각 부하의 최대 수용전력의 합과 합성 최대수용전력의 비로 나타낸다. 부등률이 클수록 전력설비 이용률이 높아지므로 유리하다. 부등률은 계통의 규모, 부하의 성질 및 계절에 따라 달라질 수 있다. 각 부하의 최대 수용전력의 합계는 합성 최대 수용전력보다 크므로 부등률은 항상 1보다 큰 값이 된다.

$$\text{부등률} = \frac{\text{수용설비 각각의 최대 수용 전력의 합}}{\text{동시에 사용한 합성 최대 수용 전력}} \geq 1 \tag{13.2}$$

13.2.3 부하율

전력사용은 시각 또는 계절에 따라서 상당히 변화한다. 수용가 또는 변전소 등에서 일정 기간 중에 부하의 변동을 나타내는 계수로서 식(13.3)과 같이 평균 수용전력과 최대 수용전력의 비를 백분율로 나타낸다. 부하율은 클수록 전력설비 이용도가 높다는 것을 의미하며 년, 월, 일, 시간 단위의 부하율로 표현되고 변압기, 수용가, 단위 등 범위 또는 시기에 따라서 달라진다. 부하율은 전기설비가 어느 정도 유효하게 사용되는가를 나타내며, 부하율이 높을수록 전기설비를 효율적으로 사용하는 것이다.

$$\text{부하율} = \frac{\text{평균 수용전력}}{\text{최대 수용전력}} \times 100[\%] \tag{13.3}$$

근래에는 연간 가동시간이 짧은 에어콘 등의 냉난방기의 사용이 급격히 증대함에 따라 연부하율은 저하되고, 전기밥솥, 전자레인지 등 첨두 부하기의 보급으로 일부하율이 저하되고 있다. 부하율은 전력요금 등의 산정에도 중요한 관계를 가진다.

이론적으로 변압기의 부하율은 철손과 동손이 일치하는 75%에서 사용할 때 최대 효율을 내는 것으로 되어있으나 주변환경과 부하설비 특성을 고려하여 적정한 부하율을 선택한다. 부하율이 너무 큰 경우에는 변압기가 파손될 우려가 있고, 부하율이 너무 작은 경우에는 변압기 무부하손에 의한 전력손실이 발생한다.

수용률, 부등률, 부하율의 관계는 그림 13.10과 같다. 부하율은 부등률에 비례하고 수용률에는 반비례하는 특징을 가지고 있다. 특히 수용률은 변압기용량을 결정하는데 중요한 변수가 되며, 변압기의 전 손실과 효율에 큰 영향을 미치게 되므로 수용률의 기준 설정은 에너지 절약을 위한 중요한 기초자료가 된다.

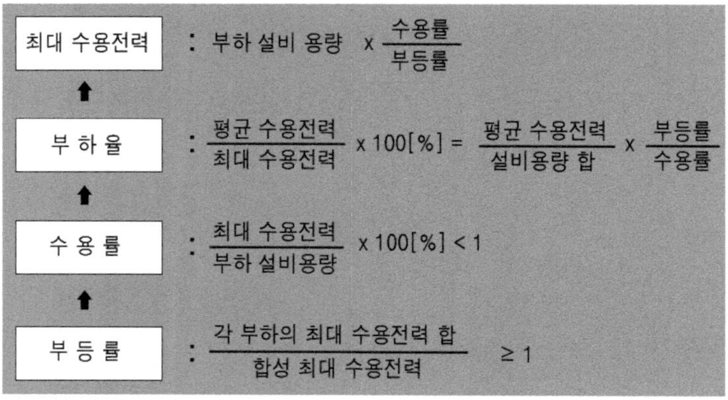

그림 13.10 부등률, 수용률, 부하율의 관계

13.3 배전용 변압기

13.3.1 주상변압기 용량

배전용 변압기인 주상변압기[68]는 단상용과 3상용이 있다. 주상변압기는 22.9[kV]의 배전선로에 연결되어 220[V], 380[V]의 전압으로 낮추어 대부분의 주택, 소규모 상가, 공

---

68) 배전용으로 사용되는 변압기는 주상변압기 뿐 아니라 지중형 또는 지상형 변압기 등 다양한 형태가 있으나 대표적인 용어로 주상변압기(Post Transformer)를 사용한다.

장 등에 전력을 공급한다. 전등용으로는 단상변압기 한 대를 사용하고, 동력용으로는 단상변압기 2대를 V결선하거나 3대를 Δ결선해서 사용한다. 또한 설치장소를 줄이기 위하여 3상 변압기 1대를 사용하기도 한다. 열화로 인한 고장을 예방하고자 설치 후 13년이 되면 교체하고 있다.

변압기의 용량은 최대 수용전력을 공급할 수 있도록 계산된 용량에서 장래의 수요증가의 예상량까지 감안하여 변압기의 표준용량 가운데서 결정하게 된다. 일반적으로 사용되는 주상변압기의 용량은 다음과 같다.

1, 15, 20, 25, 30, 50, 75, 100, 150[kVA]

대개 수용가가 많을수록 수용률은 작아지고 부등률은 커지기 때문에 비교적 소용량의 변압기로도 많은 부하에 전력을 공급할 수 있다.

13.3.2 V-V결선의 출력

단상 변압기 3대로 $\Delta-\Delta$결선해서 운전 중 1대가 고장나면 나머지 2대로 V-V 결선하여 계속 3상 전력을 공급할 수 있다. 배전계통에서는 부하가 작은 초기에는 2대의 변압기를 V-V 결선해서 전력을 공급하다가, 부하가 증가하면 변압기 1대를 추가하여 $\Delta-\Delta$결선으로 전력을 공급하므로써 부하증가에 유연하게 대응할 수 있다.

V결선에서의 전압관계는 Δ결선의 경우와 같이 각 변압기의 단자사이에는 선간전압이 걸리지만 변압기 권선을 흐는는 전류는 선전류이기 때문에 V 결선에서의 출력 P_V는 다음과 같다.

$$P_V = \sqrt{3}\,EI = \sqrt{3}\,E \times \frac{P}{E} = \sqrt{3}\,P[\mathrm{kVA}] \tag{13.4}$$

여기서, P : 변압기 1대의 용량[kVA]

E : 선간전압(변압기의 정격전압[kV])

I : 변압기의 정격전류[A]

즉, V 결선 변압기에서의 출력은 변압기 1대 용량의 $\sqrt{3}$배까지이다. V 결선에서 사용하는 변압기는 2대이므로 변압기의 설비용량은 $2P$가 되는 반면에 변압기의 출력은

$\sqrt{3}\,P$에 불과하므로 변압기의 이용률은 다음과 같이 변압기 용량의 86.6%만 이용할 수 있다.

$$\frac{\sqrt{3}\,P}{2P} = 0.866$$

그러므로 V 결선 변압기에 접속할 수 있는 부하용량은 전체 변압기 용량($2P$)의 86.6% 이내이어야 한다. 또한 Δ 결선으로 운전 중 변압기 1대가 고장으로 제거되고 나머지 2대로 V 결선해서 전력을 공급할 경우에는 Δ 결선으로 공급할 수 있는 전력은 $3P$인 반면에 V 결선에서는 $\sqrt{3}\,P$에 불과하므로 고장전에 비하여 고장 후의 출력 감소율 $\left(\frac{P_V}{P_\Delta}\right)$은 다음과 같다.

$$\frac{P_V}{P_\Delta} = \frac{\sqrt{3}\,P}{3P} = \frac{1}{\sqrt{3}} = 0.577 \tag{13.5}$$

즉, V 결선 변압기에서 낼 수 있는 출력 P_V는 Δ 결선 변압기의 출력 P_Δ에 비하여 57.7%에 불과하므로 부하도 여기에 맞추어서 감소시켜야 한다. 그렇지않으면 과부하로 변압기가 파손될 것이다.

13.3.3 주상변압기의 손실과 효율

전력계통에서 발생되는 전체손실 중 변압기에 의한 손실이 약 25%를 차지하고 있는 실정이다. 그러므로 전력손실을 감소시키기 위해서는 고효율 변압기의 개발 보급과 함께 변압기의 적정한 용량산정이 필요하다.

변압기 손실은 크게 무부하손 및 부하손으로 나눌 수 있다. 무부하손은 변압기에 부하를 걸지 않는 무부하 상태에서 철심이나 절연물에 의하여 발생하는 손실로서 철손, 무부하 동손 등이 있다. 무부하손은 부하율이 낮을수록 총 손실에 미치는 영향이 매우 크며 히스테리시스손과 와전류손으로 구분되고 철심 재질에 따라 그 값이 변한다. 철손은 교류 전류가 철심에 감긴 코일을 흐를 때 자장이 철심에 유도되고, 이 교류 자장은 다시 같은 철심에 감겨있는 2차 코일에 전압을 유기시킨다. 이러한 과정에서 전기 에너지의 일부분이 무익한 열로 소모되며 이 손실 중에서 중요한 부분을 차지하는 것이 철심 내부의 에너지 손실을 의미하며, 변압기의 무부하손은 대부분 철손이 차지한다. 표 13.1은 변압기에서 발생되는 손실의 종류를 나타낸다.

표 13.1 변압기 손실의 종류

구분	종류	발생장소	내용
무부하손 (철손)	철손	철심	히스테리시스손과 와전류손으로 구분되며, 계산이 가능
	무부하동손	전원전선	계산이 가능하나 보통은 무시
	유전체손	절연물	고압 이외의 것은 무시
	표류부하손	외함, 부착볼트 등	매우 적어 무시
부하손 (동손)	동손	코일	부하전류에 의한 저항손이며, 계산이 가능
	와류손	코일	부하전류에 의한 누설자속에 따라 권선에서 발생
	유전체손	절연물, 외함	고압 이외의 것은 무시
	표류부하손	부착볼트 등	매우 적어 무시
기타	냉각동력	풍냉용 팬, 송유펌프	대용량 이외는 무시

부하손은 변압기 부하율에 따라 변동되는 손실로서, 변압기에 부하 전류가 흐르면 권선의 저항에 의하여 발생하는 동손과 누설자속에 의하여 발생하는 표류부하손 등이 있다. 대략적으로 부하율의 제곱에 비례하고, 부하율이 높을수록 총 손실에 미치는 영향이 크다.

변압기에서 발생하는 손실은 모두 열에너지로서 권선 및 철심 표면에서 발생하여 권선의 온도를 높이고, 절연물을 열화시켜 변압기 수명을 단축시킨다. 열로 인한 부작용을 최소화하기 위해서 변압기용량 및 사용조건의 특성에 따른 냉각방식이 선택된다.

연 습 문 제

1 배전선을 구성하는 방식으로 방사상식에 대한 설명으로 옳은 것은?

① 부하의 분포에 따라 수지상으로 분기선을 내는 방식이다.

② 선로의 전류 분포가 가장 좋고 전압 강하가 적다

③ 수용증가에 따른 선로연장이 어렵다.

[④ 사고시 무정전 공급으로 도시배전선에 적합하다.

답 ①

2 배전 방식에 있어서 방사상식과 비교해서 저압 뱅킹방식이 유리한 점 중에서 틀린 것은?

① 전압의 동요가 작다.

② 고장이 광범위하게 파급될 우려가 없다.

③ 단상3선식에서는 변압기가 서로 전압평형 작용을 한다.

④ 부하 증가에 대하여 융통성이 좋다.

풀이 저압 방사상식(수지식)에 비하여 저압 뱅킹 방식은 캐스케이딩 현상이 발생하므로 고장이 광범위하게 파급될 우려가 있다. ⇒ 캐스케이딩 현상 : 변압기 2차측 저압선 일부의 고장으로 인하여 건전한 변압기의 일부 또는 전부가 변압기 1차측 보호장치에 의하여 차단되는 현상

답 ②

3 발전소 옥외 변전소의 모선 방식 중 환상 모선 방식은?

① 1 모선 사고시 타모선으로 절체할 수 있는 2중 모선 방식이다.

② 1 발전기마다 1 모선으로 구분하여 모선 사고시 타발전기의 동시 탈락을 방지한다.

③ 다른 방식보다 차단기의 수가 적어도 된다.

④ 단모선 방식을 말한다.

풀이 환상(loop) 모선 방식은 사고 때 모선의 접속 상태가 분리되어 다른 타 모선으로 급전이 가능하므로 사고의 범위를 국한시킨다.

답 ①

4 루프 배전의 이점은?

① 전선비가 적게 든다. ② 농어촌에 적당하다.
③ 증설이 용이하다. ④ 전압 변동이 적다

풀이 루프(환상식) 방식의 특징
*전류통로에 대한 융통성이 있다. *전압강하(변동) 및 전력손실이 경감된다. *공급신뢰도가 향상된다. *설비의 복잡화에 따른 부하증설이 어렵다. * 부하밀집지역에 적합하다. **답** ④

5 저압 네트워크 배전 방식의 장점이 아닌 것은?
① 무정전 공급이 가능하다. ② 인축의 접지 사고가 적어진다.
③ 전압 변동이 작다. ④ 부하 증가에 적응성이 크다.

풀이 같은 변전소의 같은 변압기에서 나온 2회선이상의 고압배전선에 접속된 변압기의 2차측을 같은 저압선에 연결하여 부하에 전력을 공급하는 방식. *전압 강하(변동) 및 전력손실이 경감된다. *무정전 전력공급이 가능하다. *공급신뢰도가 가장 좋다. *부하증설이 용이하다. *네트워크 변압기나 네트워크 프로텍터 설치에 따른 설비비가 비싸다. *대형 빌딩가와 같은 고밀도 부하밀집지역에 적합하다. **답** ②

6 저압 네트워크 배전 방식에 대한 설명으로 틀린 것은?
① 전압 강하가 적다.
② 부하 밀도가 적은 곳에 유용하다.
③ 무정전 공급의 신뢰도가 높다.
④ 부하의 증가에 대한 적응성이 크다.

풀이 저압 네트워크 배전 방식은 대형 빌딩가와 같은 고밀도 부하밀집지역에 적합하다.
답 ②

7 저압 네트워크 배전 방식에 사용되는 네트워크 프로텍터의 구성 요소가 아닌 것은?
① 저압용 차단기 ② 퓨즈
③ 전력 방향 계전기 ④ 계기용 변압기

풀이 네트워크 프로텍터: 변전소의 차단기 동작시 네트워크에서 전류가 변압기 쪽으로 흘러 1차측으로 역가압되는 현상을 방지. 네트워크 프로텍터의 3요소(① 저압용 차단기 ② 전력 방향 계전기 ③ 퓨즈) **답** ④

8 저압 뱅킹 배전 방식에서 캐스케이딩 현상이란?
① 전압 동요가 적은 현상
② 변압기의 부하 배분이 불균일한 현상

③ 저압선이나 변압기에 고장이 생기면 자동적으로 고장이 제거되는 현상.
④ 저압선의 고장에 의하여 건전한 변압기 일부 또는 전부가 차단되는 현상.

풀이 캐스케이딩 현상 : 변압기 2차측 저압선 일부의 고장으로 인하여 건전한 변압기의 일부 또는 전부가 변압기 1차측 보호장치에 의하여 차단되는 현상 **답** ④

9 저압 뱅킹 배전방식에서 저전압의 고장에 의하여 건전한 변압기 일부 또는 전부가 차단되는 현상은?

① 플리커(Flicker) ② 캐스케이딩(Cascading)
③ 밸런서(Balancer) ④ 아킹(Arcking)

풀이 캐스케이딩 현상 : 변압기 2차측 저압선 일부의 고장으로 인하여 건전한 변압기의 일부 또는 전부가 변압기 1차측 보호장치에 의하여 차단되는 현상 **답** ②

10 저압 뱅킹 방식에 대한 설명으로 옳은 것은?

① 깜빡임 현상이 심하게 나타난다.
② 저압 간선의 전압강하가 줄여지나 전력손실은 줄일 수 없다.
③ 캐스케이딩 현상의 염려가 있다.
④ 부하의 증가에 대한 융통성이 없다.

풀이 저압 뱅킹 방식은 캐스케이딩 현상에 의한 정전범위가 넓어진다. **답** ③

11 다음과 같은 특징이 있는 배전 방식은?

- 전압 강하 및 전력손실이 경감된다.
- 변압기 용량 및 저압선 동량이 절약된다.
- 부하 증가에 대한 탄력성이 향상된다.
- 고장 보호 방법이 적당할 때 공급 신뢰도가 향상되며 플리커 현상이 경감된다.

① 저압 네트워크 방식 ② 저압 뱅킹방식
③ 고압 네트워크 방식 ④ 수지상식

풀이 저압 뱅킹방식의 특징(* 전압강하(변동) 및 전력손실이 경감된다. * 플리커 현상이 감소한다. * 공급 신뢰도가 향상된다. * 캐스케이딩 현상에 의한 정전범위가 넓어진다. * 부하밀집지역에 적합하다.) **답** ②

12 다음의 배전 방식 중 공급의 신뢰도가 가장 우수한 계통의 구성 방식은?

① 수지상식 ② 저압 뱅킹방식
③ 고압 네트워크 방식 ④ 저압 네트워크 방식

풀이 동일 모선에서 나오는 2회선 이상의 급전선으로 공급하여 저압 수용가에 무정전 공급이 되도록 한 것이 저압 네트워크 방식으로 신뢰도가 가장 우수하다. **답** ④

13 저압 밸런서를 필요로 하는 방식은?

① 3상3선식 ② 3상4선식 ③ 단상2선식 ④ 단상3선식

풀이 단상3선식에서 중성선의 단선에 의한 전압불평형이 발생하여 부하가 파손될 우려가 있다. 이의 방지책으로 저압 밸런서를 사용한다. **답** ④

14 저압 단상3선식 배전방식의 단점은?

① 절연이 곤란하다. ② 전압의 불평형이 생기기 쉽다.
③ 설비 이용률이 나쁘다. ④ 2종의 전압을 얻을 수 있다.

풀이 단상3선식 배전 방식에서 중성선의 단선에 의한 경부하측의 전위가 상승되는 전압불평형이 생기기 쉽다. **답** ②

15 단상3선식에 사용되는 밸런서의 특성이 아닌 것은?

① 여자 임피던스가 적다. ② 누설임피던스가 적다.
③ 권수비가 1:1이다. ④ 단권변압기이다.

풀이 저압밸런서 : 누설임피던스를 적고 여자임피던스는 큰 권수비 1:1의 단권변압기
답 ①

16 배전용 변전소의 주 변압기는?

① 단권변압기 ② 삼권변압기 ③ 체강변압기 ④ 체승변압기

풀이 * 체승 변압기: 승압용(송전) * 체강 변압기: 강압용(배전) **답** ③

17 다음 표는 리액터의 종류와 그 목적을 나타낸 것이다. 바르게 짝지어진 것은?

종 류	목 적
㉠ 병렬리액터	ⓐ 지락 아크의 소멸
㉡ 한류리액터	ⓑ 송전 손실 경감
㉢ 직렬리액터	ⓒ 차단기 용량 경감
㉣ 소호리액터	ⓓ 제5고조파의 제거

① ㉠ - ⓑ　② ㉡ - ⓐ　③ ㉢ - ⓓ　④ ㉣ - ⓒ

풀이 * 병렬리액터: 페란티 현상 방지 * 한류리액터: 단락 전류 경감 * 직렬리액터: 제5고조파 제거 * 소호리액터: 지락 아크 소멸

답 ③

18 다음 중 그 값이 1 이상인 것은?

① 수용률　② 전압 강하율　③ 부하율　④ 부등률

풀이 $\text{부등율} = \dfrac{\text{수용설비 각각의 최대 수용 전력의 합}}{\text{동시에 사용한 합성 최대 수용 전력}} \geq 1$

답 ④

19 전력 소비 기기가 동시에 사용되는 정도를 나타내는 것은?

① 부하율　② 수용률　③ 부등률　④ 보상율

풀이 부등률은 최대 전력의 발생 시각 또는 발생 시기의 분산을 나타내는 지표로서 일반적으로 1보다 크다.

답 ③

20 수용률 80[%], 부하율 60[%]일 때 설비용량이 320[kW]인 최대수용전력[kW]은?

① 633　② 400　③ 256　④ 190

풀이 $\text{수용률} = \dfrac{\text{최대수용전력}}{\text{설비용량}} \times 100[\%]$

$\text{최대 수용 전력} = \text{수용률} \times \text{설비 용량} = 0.8 \times 320 = 256[\text{kW}]$

답 ③

21 어떤 고층건물의 부하의 총설비 전력이 400[kW] 수용률이 0.5일 때 이 건물의 변전시설 용량의 최저값은 몇[kVA]인가? 단, 부하역률은 0.8이다.

① 150　② 200　③ 250　④ 300

풀이 $\text{변압시설의 용량} \geq \text{합성 최대 수용 전력} = \dfrac{\text{설비용량} \times \text{수용률}}{\text{역률}}[\text{kVA}]$

$= \dfrac{400 \times 0.5}{0.8} = 250[\text{kVA}]$

답 ③

22 설비용량 800[kW], 부등률 1.2, 수용률 60[%]일 때, 변전시설 용량은 최저 몇 [kVA]이상 이어야 하는가?(단, 평균 역률은 80[%]이다.)

① 430　② 450　③ 480　④ 500

풀이 $\text{변전 설비 용량} = \dfrac{\text{설비 용량} \times \text{수용률}}{\text{부등률} \times \text{역률}} = \dfrac{800 \times 0.6}{1.2 \times 0.8} = 500[\text{kVA}]$

답 ④

23 평균 수용 전력을 A, 합성 최대 전력을 M, 부등률을 D, 부하율 L, 수용률을 C라

고 할 때 옳은 것은?

① $A=\frac{M}{D}$　② $A=D\times M$　③ $A=C\times M$　④ $A=L\times M$

풀이 부하율 $=\frac{\text{평균수용전력}}{\text{합성최대전력}}\times 100[\%]$

∴ 평균수용전력$(A)=$부하율$(L)\times$합성최대전력(M)　**답** ④

24 총 설비용량 80[kW], 수용률 75[%], 부하율 80[%]인 수용가의 평균 전력[kW]은?

① 36　② 42　③ 48　④ 54

풀이 수용률 $=\frac{\text{최대수용전력}}{\text{설비용량}}\times 100[\%]$

최대수용 전력 $=$ 수용률 $\times$ 설비 용량 $=0.75\times 80=60$[kW]

부하율 $=\frac{\text{평균수용전력}}{\text{최대수용전력}}\times 100[\%]$

∴ 평균수용전력 $=$ 부하율 $\times$ 최대수용전력 $=0.8\times 60=48$[kW]　**답** ③

25 수용가군 총합의 부하율은 각 수용가의 수용률 및 수용가 사이의 부등률이 변화할 때 다음 중 옳은 것은?

① 수용률에 비례하고 부등률에 반비례한다.
② 부등률에 비례하고 수용률에 반비례한다.
③ 부등률에 비례하고 수용률에 비례한다.
④ 부등률에 반비례하고 수용률에 반비례한다.

풀이 부하율 $=\frac{\text{평균 전력}}{\text{합성 최대 전력}}=\frac{\text{평균 전력}}{\frac{\text{최대 전력의 합}}{\text{부등률}}}=\frac{\text{평균 전력}\times\text{부등률}}{\text{설비 용량의 합}\times\text{수용률}}$

부등율 $=\frac{\text{최대 전력의 합}}{\text{합성 최대 전력}}$, 수용률 $=\frac{\text{최대 전력}}{\text{설비 용량}}$　**답** ②

26 수전 용량에 비해 첨두부하가 커지면 부하율은 그에 따라 어떻게 되는가?

① 낮아진다.　② 높아진다.
③ 변하지 않고 일정하다.　④ 부하의 종류에 따라 달라진다.

풀이 부하율 $=\frac{\text{평균 전력}}{\text{최대 전력}}$에서 첨두부하가 커지면 부하율은 낮아진다.　**답** ①

27 최대수용전력이 500[kW]인 공장에서 어느 하루의 소비전력이 5200[kWh]라 한다. 하루의 부하율은 몇[%]인가?

① 9.6 ② 19.2 ③ 43.3 ④ 51.4

풀이 $\text{평균 수용 전력} = \frac{\text{전력량[kWh]}}{\text{기준 시간[h]}}$, $\text{부하율} = \frac{\text{평균 수용 전력}}{\text{최대 수용 전력}} \times 100[\%]$

$\text{부하율} = \frac{5200/24}{500} \times 100 = \frac{216.7}{500} \times 100 = 43.3[\%]$

답 ③

28 30일 간의 최대 수용전력이 200[kW], 소비 전력량이 72,000[kWh]라면 월부하율 [%] 은?

① 30 ② 40 ③ 50 ④ 60

풀이

$\text{월부하율} = \frac{\text{평균 전력}}{\text{최대 전력}} = \frac{\text{전력 사용량/전력 사용시간}}{\text{최대 전력}} = \frac{72000/(30 \times 24)}{200} \times 100 = 50[\%]$

답 ③

29 연간 전력량 E[kWh], 연간 최대전력 W[kW]인 연부하율은 몇[%]인가?

① $\frac{E}{W} \times 100$ ② $\frac{W}{E} \times 100$ ③ $\frac{8760\,W}{E} \times 100$ ④ $\frac{E}{8760\,W} \times 100$

풀이 $\text{평균 수용 전력} = \frac{\text{전력량[kWh]}}{\text{기준 시간[h]}}$, $\text{부하율} = \frac{\text{평균 수용 전력}}{\text{최대 수용 전력}} \times 100[\%]$

$\text{연 부하율} = \frac{\text{평균 전력}}{\text{최대 전력}} = \frac{E/(365 \times 24)}{W} \times 100 = \frac{E}{8760\,W} \times 100$

답 ④

30 어떤 수용가의 1년간의 소비 전력량은 100만[kWh]이고 1년 중 최대 전력은 130[kW]라면 수용가의 부하율은 약 몇 [%]인가?

① 74 ② 78 ③ 82 ④ 88

풀이 $\text{평균 수용 전력} = \frac{\text{전력 사용량[kWh]}}{\text{전력 사용 시간[h]}}$, $\text{부하율} = \frac{\text{평균 수용 전력}}{\text{최대 수용 전력}} \times 100[\%]$

$\text{연 부하율} = \frac{\text{평균 전력}}{\text{최대 전력}} = \frac{1,000,000/(365 \times 24)}{130} \times 100 = 87.8[\%]$

답 ④

31 수용률이 50[%]인 주택지에 배전하는 66/6.6[kV]의 변전소를 설치할 때 주택지의 부하 설비 용량을 20,000[kVA]로 하면 필요한 변압기의 용량[kVA]은? 단, 주상변압기 배전 간선을 포함한 부등률은 1.3이라 한다.

① 3850 ② 5780 ③ 7700 ④ 9500

풀이 $\text{부등률} = \frac{\text{수용설비 각각의 최대 수용 전력의 합}}{\text{동시에 사용한 합성 최대 수용 전력}} = \frac{\Sigma(\text{수용률} \times \text{설비용량})}{\text{합성 최대 수용 전력}}$

$$합성최대수용전력 = \frac{수용률 \times 설비용량}{부등률} = \frac{0.5 \times 20,000}{1.3} = 7,700[kVA]$$

답 ③

32 정격이 10[kVA]의 주상 변압기가 있다. 이것의 2차측 일부하곡선이 다음과 같을 때 1일의 부하율은 몇[%] 인가?

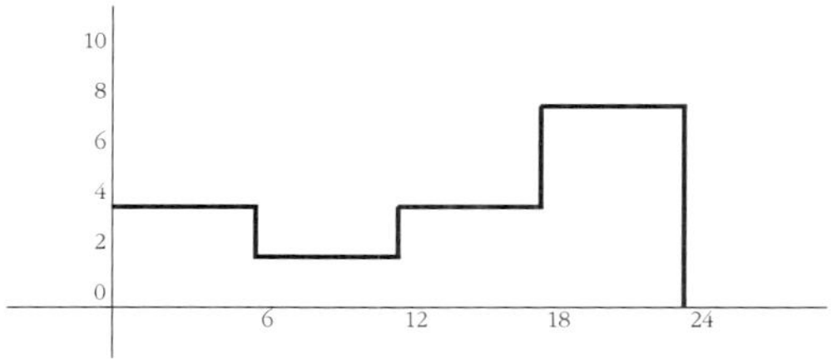

① 52.3　② 54.3　③ 56.3　④ 58.3

풀이 $$부하율 = \frac{평균전력}{최대전력} = \frac{\frac{4\times6+2\times6+4\times6+8\times6}{24}}{8} \times 100 = 56.25[\%]$$

답 ③

33 22.9[kV]로 수전하는 어떤 수용가의 최대 부하 250[kVA], 부하 역률 80[%]이고 부하율이 50[%]이다. 월간 사용 전력량[MWh]은 약 얼마인가?

① 62　② 72　③ 82　④ 92

풀이 $$부하율 = \frac{평균전력}{최대전력} \times 100 에서$$

$$평균전력 = 부하율 \times 최대전력 = 0.5 \times 250 \times 0.8 = 100[kW]$$

$$월간사용전력량 = 100[kW] \times 24[시간] \times 30[일] = 72,000[kWh] = 72[MWh]$$

답 ②

34 변전소의 설치 목적이 아닌 것은?

① 경제적인 이유에서 전압을 승압 또는 강압을 한다.
② 발전전력을 집중 연계한다.
③ 수용가에 배분하고 정전을 최소화 한다.
④ 전력의 발생과 계통의 주파수를 변환시킨다.

풀이 변전소의 설치 목적은 경제적인 이유에서 전압을 승압 또는 강압시키며 발전전력을 집중 연계해서 수용가에 배분하고 정전을 최소화 한다. 전력의 발생과 계통의 주파수 변환은 발전소에서 한다.

답 ④

35 계통의 전압을 조정하는 방법으로 가장 보편적인 것은?

① 발전기의 유효전력 조정　② 부하의 유효전력 조정

③ 계통의 주파수 조정 ④ 계통의 무효전력 조정

풀이 정전압 송전 방식을 위해서 전력원선도를 이용하므로 전력원선도에서 전압조정은 조상설비에 의한 무효전력 조정이 쓰인다. **답** ④

36 단권변압기를 초고압 계통의 연계용으로 이용할 때 장점에 해당되지 않는 것은?

① 동량이 경감된다.

② 2차측의 절연강도를 낮출 수 있다.

③ 분로권선에는 누설자속이 없어 전압변동률이 작다.

④ 부하용량은 변압기 고유용량보다 크다.

풀이 단권변압기의 2차측 권선은 공통 권선이므로 절연강도를 낮출 수 없다. **답** ②

37 공통 중성선 다중 접지 3상4선식 배전선로에서 고압측 (1차측)중선선과 저압측 (2차측) 중성선을 전기적으로 연결하는 목적은?

① 저압측의 단락 사고를 검출하기 위함

② 저압측의 접지 사고를 검출하기 위함

③ 주상변압기의 중성선 측 부싱(bushing)을 생략하기 위함

④ 고저압 혼촉시 수용가에 침입하는 상승 전압을 억제하기 위함

풀이 중성선끼리 연결되지 않으면 고저압 혼촉시 고압측의 큰 전압이 저압측을 통해서 수용가에 침입한다. **답** ④

38 주상 변압기의 고장 보호를 위하여 그 1차측에 설치하는 기구는?

① 유입개폐기(OS) ② 컷아웃스위치(COS)

③ 단로기(DS) ④ 캐치홀더(Catch Holder)

풀이 주상 변압기의 1차측 보호에는 컷아웃스위치(COS)를, 2차측 보호에는 캐치홀더를 설치한다. **답** ②

39 전선에 흐르는 전류가 1/2배로 되면 전력손실은?

① 1/2배 ② 1/4배 ③ 2배 ④ 4배

풀이 전력손실 $P_l = 3I^2R \quad \therefore \; P_l \propto I^2 = \left(\frac{1}{2}\right)^2 = \frac{1}{4}$ **답** ②

40 배전선로의 전력손실 경감 대책과 관계없는 것은?

① 승압 ② 다중접지방식 채용

③ 역률 개선　　④ 부하의 불평형 방지

풀이 전력손실($P_l \propto \dfrac{1}{V^2 \cos^2\theta}$)은 전압과 역률의 제곱에 반비례한다. **답** ②

41 배전선의 전력손실 경감 대책이 아닌 것은?

① Feeder 수를 늘린다.　　② 역률을 개선한다.
③ 배전 전압을 높인다.　　④ 네트워크 방식을 채택한다.

풀이 하나의 변전소에는 Feeder 수가 제한된다. 따라서 Feeder 수를 늘리는 것은 전력손실 경감 대책이 될 수 없다. 전력손실 $P_l \propto \dfrac{1}{V^2 \cos^2\theta}$ **답** ①

42 3상 전원에 접속된 Δ결선의 콘덴서를 Y결선으로 바꾸어 이으면 진상용량은 Δ결선시의 몇 배로 되는가?

① $\sqrt{3}$　　② $\dfrac{1}{3}$　　③ $\dfrac{1}{\sqrt{3}}$　　④ 3

풀이 Δ결선 : $Q = 3EI_d = 3\dfrac{E^2}{Z} = 3 \times 2\pi f C_d V^2 \times 10^{-6}$[kVA]

$$C_d = \frac{Q}{3 \times 2\pi f V^2} \times 10^6 [\mu F]$$

Y결선 : $Q = 3EI_s = 3\dfrac{E^2}{Z} = 3 \times 2\pi f C_s \left(\dfrac{V}{\sqrt{3}}\right)^2 \times 10^{-6}$[kVA]

$$C_s = \frac{Q}{2\pi f V^2} \times 10^6 [\mu F]$$

위식에서 Δ결선의 상전압(E)과 선간전압(V)은 같고 Y결선의 상전압 E는 $\dfrac{\text{선간전압}(V)}{\sqrt{3}}$이다.

∴ Δ결선을 Y결선으로 등가변환하면 $C_d = \dfrac{1}{3}C_s$ 임을 알 수 있다. Δ결선의 콘덴서를 Y결선으로 바꾸어 이으면 Y결선 용량(Q)은 1/3배가 된다. **답** ②

43 500[m]의 거리에 100개의 가로등을 같은 간격으로 배치하였다. 전등 하나의 소요 전류 1[A], 전선의 단면적 38[mm²], 도전율 55[Ω • m/mm²]라 한다. 한쪽 끝에서 110[V]로 급전할 때 최종 전등에 걸리는 전압[V]은?

① 80　　② 83　　③ 86　　④ 90

풀이 $e = \dfrac{1}{2}IrL = \dfrac{1}{2}I \times \rho\dfrac{2l}{A} = \dfrac{1}{2} \times 1 \times 100 \times \dfrac{1}{55} \times \dfrac{2 \times 500}{38} = 23.9$

최종 전등 전압 $= 110 - 23.9 = 86.1[V]$

답 ③

44 주상 변압기의 1차측 전압이 일정할 경우, 2차측 부하가 변동하면 주상 변압기의 동손과 철손은 어떻게 되는가?

① 동손과 철손이 다 변동한다. ② 동손은 일정하고 철손은 변동한다.
③ 동손은 변동하고 철손은 일정하다. ④ 동손고 철손이 다 일정하다.

풀이 변압기의 손실은 철손(히스테리시스손+와류손)과 동손(I^2R)이 있는데 철손은 1차 전압만 걸리면 손실이 발생되고, 동손은 2차전류가 흘러야 손실이 발생된다. 그러므로 2차 부하가 변동하면 철손은 일정하고 동손은 변동한다.

* 철손: 1차전압에 관계 * 동손: 부하 전류의 제곱에 비례

답 ③

45 각 수용가의 수용설비 용량의 합이 각각 16[kW], 8[kW], 10[kW] 수용율이 각각 50[%], 75[%], 60[%]이고 각 수용가 사이의 부등율이 1.3인 경우 공급 설비 용량[kVA]은 ? (단, 평균 부하 역률은 80[%]이다.)

① 15.4 ② 16.8 ③ 19.2 ④ 21.3

풀이

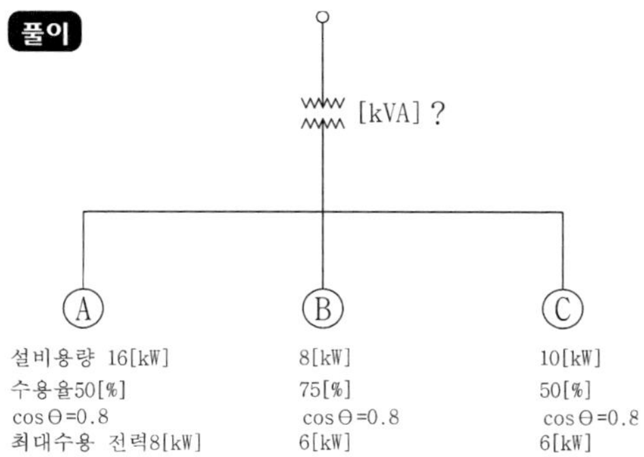

변압기 용량[KVA]

$$= \frac{8+6+6}{1.3 \times 0.8} = 19.23[kVA]$$

답 ③

46 선로의 부하가 균일하게 분포되어 있을 때 배전선로의 전력손실은 이들의 전부하가 선로의 말단에 집중되어 있을 때에 비하여 어떠한가?

① 1/5 ② 1/4 ③ 1/3 ④ 1/2

풀이

	전압 강하	전력손실
말단 집중 부하	IrL	I^2rL
균등 분포 부하	$\frac{1}{2}IrL$	$\frac{1}{3}I^2rL$

여기서, I : 전선의 전류, r : 전선 단위길이당 저항, L : 전선의 길이 **답** ③

47 변압기 결선에 있어서 1차에 제3고조파가 있을 때 2차 전압에 제3고조파가 나타나는 결선은?

① Δ - Y ② Δ - Δ ③ Y - Y ④ Y - Δ

풀이 제3고조파는 변압기의 Δ결선에 의하여 순환 전류가 되어 소멸되나, Y결선에서는 2차측에도 나타난다. **답** ③

48 가공 배전선로에 있어 고압선과 저압선과의 혼촉에 의한 위험을 방지 하는데 필요한 시설은 무엇인가?

① 제1종 접지공사 ② 제2종 접지공사
③ 제3종 접지공사 ④ 특별 제3종 접지공사

풀이 * 제1종 접지 : 고압측 *제2종 접지 : 고·저압 혼촉방지 * 제3종 접지 : 저압측 **답** ②

49 단일 부하 배전선에서 부하역률 $\cos\theta$, 부하전류 I, 선로저항 r, 리액턴스를 X라 하면 배전선에서 최대 전압강하가 생기는 조건은?

① $\cos\theta \fallingdotseq rX$ ② $\sin\theta \fallingdotseq \frac{X}{r}$ ③ $\tan\theta \fallingdotseq \frac{X}{r}$ ④ $\cot\theta \fallingdotseq \frac{X}{r}$

풀이 전압강하 $e = I(r\cos\theta + x\sin\theta)$

$$\frac{\partial e}{\partial \theta} = I(-r\sin\theta + x\cos\theta) = 0$$

$$x\cos\theta = r\sin\theta \quad \therefore \quad \tan\theta = \frac{x}{r}$$

답 ③

50 주상변압기의 2차측 접지공사는 다음의 어느 것에 의한 보호를 목적으로 하는가?

① 2차측 단락 ② 1차측 접지
③ 2차측 접지 ④ 1차측과 2차측의 혼촉

풀이 주상변압기에는 1차측과 2차측의 혼촉에 의한 2차측 전압의 상승을 막기 위해서 2차측의 접지를 함으로써 고전압에 의한 사고를 막아준다. **답** ④

제 14 장 배전선로의 운용과 보호

학습목표

- 배전변전소의 모선과 배전선로의 전압조정에 대한 이해
- 배전선로의 보호방식에 대한 이해
- 배전자동화에 대한 이해

14.1 전압조정

우리나라 전기사업법에는 공칭전압 220[V], 380[V]에 대한 허용범위를 각각 220[V]±13[V], 380[V]±38[V]로 정하고 있다. 공급 전압을 허용범위 이내로 유지하려면 배전용 변전소의 모선과 배전선로의 전압을 조정할 필요가 있다.

14.1.1 모선 전압 조정

배전용 변전소의 모선 전압을 조정하는 기기로는 유도전압조정기와 부하시 탭 절환 변압기가 있다. 유도전압조정기는 연속적인 전압조정이 가능하고, 속응적인 동작을 하며 접점이 없으므로 점검 및 정비가 수월하여 많이 사용된다. 하지만 절연강도의 유지가 곤란하고 회전자를 가지고 있으므로 대용량으로 제작이 곤란하기 때문에 부하시 탭 절환 변압기를 채용하고 있다.

1. 유도전압조정기

선로의 길이나 부하상태가 서로 다른 배전선로에서 각각의 급전선에 설치하는 전압조정 장치이다. 동작 원리가 권선형 유도 전동기와 같은 정지기로, 입력측에 접속된 분로 권선과 회로에 직렬로 접속된 직렬 권선을 가지고 있다. 두 권선의 상대 위치를 변화시킴으로써 출력측 전압을 조정하도록 한 장치이다. 단상형과 3상형이 있다.

2. 부하시 탭 절환(OLTC) 변압기

변압기의 전압을 조정하기 위하여 선로에서 변압기를 분리하여 탭을 조정한다는 것은 조작이 번거로울 뿐만 아니라 전력 공급이 중단되므로 매우 불합리하다. 따라서 부하가 걸려있는 상태에서 전력 공급의 중단 없이 변압비를 바꾸어 줌으로써 전압을 조정할 필요가 있다. 이러한 목적으로 그림 14.1과 같이 권선 전압의 지정된 범위를 자동적으로 조정할 수 있는 부하시 탭 절환기(OLTC: on load tap changer)를 변압기에 설치한다. 변전소의 전압을 조정하기 위하여 변압기 본체에 부하시 탭 절환기를 내장시킨 것을 부하시 탭 절환 변압기라고 한다.

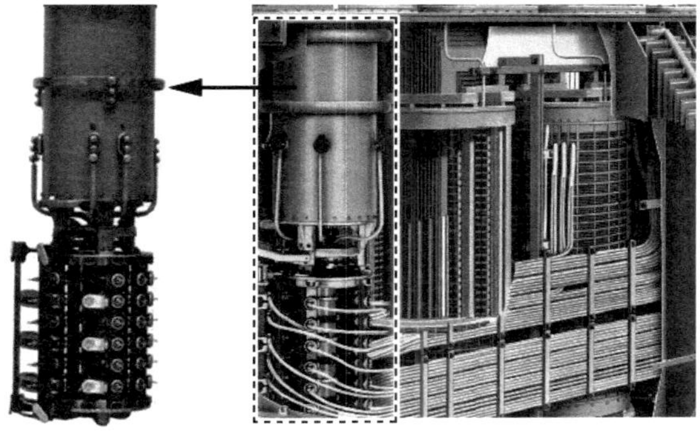

(a) OLTC (b) 주변압기 내부결선

그림 14.1 부하시 탭 절환기

부하시 탭 절환기는 변압기 기준전압의 2.5% 또는 1.25% 간격으로 달려있는 여러 개의 탭을 절환하여 변압기의 1, 2차측 기준전압에 있어서의 권선비에 따라 부하상태에서 탭을 절환할 수 있다. 즉, 보통의 전력용 변압기의 권선에 탭을 설치해서 부하시 탭 절환기를 부착하여 부하전류가 흐르는 상태에서 권선비를 조정하여 전압비를 조정할 수 있도록 되어 있다.

변압기 1차측의 전원전압이 변하던가 혹은 부하의 크기나 역률이 변하면 그에 따라 2차 전압도 당연히 변동된다. 전원전압이나 부하변동에 관계없이 2차 전압을 원하는 일정값으로 유지하기 위하여 권수비를 바꾸는 것이 좋다. 권수비를 변화시키기 위해 권선의 일부분에서 리드선[69]을 내어 단자에 연결하여 얻고자 하는 전압을 얻을 수 있다. 탭은 일반적으로 전압이 변동하는 측의 권선, 이를테면 1차 전압이 변동하고 2차 전압을 일정하게 유지하고자 할 때는 1차측 권선에 설치하고, 2차 전압을 변동시키고자 할 때는 2차측 권선에 설치하는 것이 일반적이다. 그러나 저압측 전압을 변경시킨다면 저압권선은 대전류가 흐르며 권수가 적기 때문에 원하는 전압을 얻기 어려운 경우가 많으므로 고압측 권선에 탭을 설치하여 전압을 조정한다. 그림 14.2와 같이 모선전압 변동이 생기면 모선전압조정 계전기를 통해 감지하고 OLTC를 구동시켜, 변압기 1차 전압을 변동시킨다.

69) 단자와 단자 사이를 이어 주는 전선

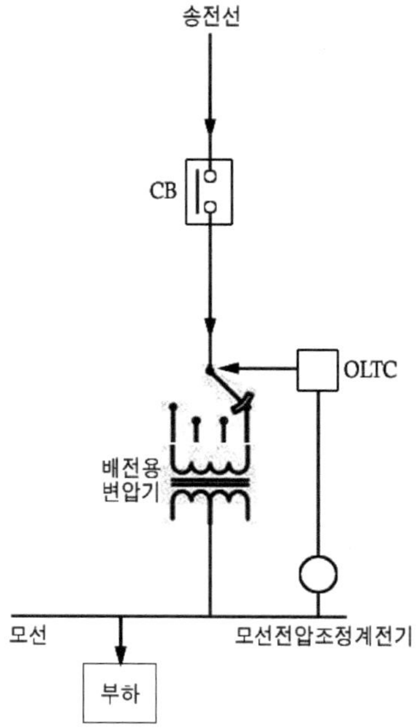

그림 14.2 OLTC로 전압조정

14.1.2 선로 전압 조정

1. 선로 전압 강하 보상기(LDC)

변압기에서 송출하는 전압은 변압기 2차측에 연결된 선로의 길이와 종류에 따라 결정되는 선로 임피던스에 의해 선로의 각 지점(전압 송출점과 선로의 중간점, 선로의 말단)에서 그 크기가 달라진다. 이는 부하전류의 크기에 따라 선로임피던스에 의한 전압강하가 다르게 나타나기 때문이다. 따라서, 변압기에서 전압을 송출시 이를 고려할 필요가 있다.

AVR을 이용한 전압조정에서 이러한 선로전압강하를 보상하기 위해 사용되는 것이 선로전압강하보상기이다. 선로전압강하보상방식을 적용하여 사용할 때, 식(14.1), (14.2)와 같이 선로의 저항성 전압강하성분(U_R), 유도성 전압강하성분(U_X)을 정확히 구하여 적용하면, 선로 말단의 전압은 부하에 관계없이 일정하게 된다. 이 방식은 전압·전류의 벡터적 보상으로서 U_R, U_X값이 정확하면 선로전압강하의 판정이 정확하다.

$$U_R = I_n \times \frac{R_{CT}}{R_{PT}} \times R \times \ell \,[\mathrm{V}] \tag{14.1}$$

$$U_X = I_n \times \frac{R_{CT}}{R_{PT}} \times X \times \ell \,[\mathrm{V}] \tag{14.2}$$

여기서, I_n : CT 2차 정격전류

R_{CT} : CT 변류비

R_{PT} : PT 변압비

R : 선로 각 상의 저항[Ω/km]

X : 선로 각 상의 유도성 리액턴스[Ω/km]

ℓ : 선로의 길이[km]

2. 고정 승압기

배전선로의 전압강하가 클 때는 변전소의 모선전압 조정만으로는 충분하지 않기 때문에 선로의 중간에 승압기(booster)를 설치한다. 승압기는 고정식과 자동식이 있는데 자동식은 단권변압기에 다단계의 전환 탭을 마련하여 부하에 대하여 자동으로 탭을 바꾸어서 전압조정을 하게 된다. 고정식 승압기는 단상 승압기, 3상 V결선 승압기, 3상 Δ결선 승압기가 있다.

(1) 단상 승압기

1차측 전압 E_1을 승압하면 2차측 전압 E_2는 다음 식(14.3)과 같다.

$$E_2 = E_1 + \frac{e_2}{e_1}E_1 = \left(1 + \frac{1}{n}\right)E_1 \,[\mathrm{V}] \tag{14.3}$$

부하용량 W[VA]을 공급하기 위해서는 식(14.4)와 같은 승압기 용량 w[VA]가 필요하다.

$$w = e_2 \times i_2 = \frac{e_2}{E_2}W \,[\mathrm{VA}] \tag{14.4}$$

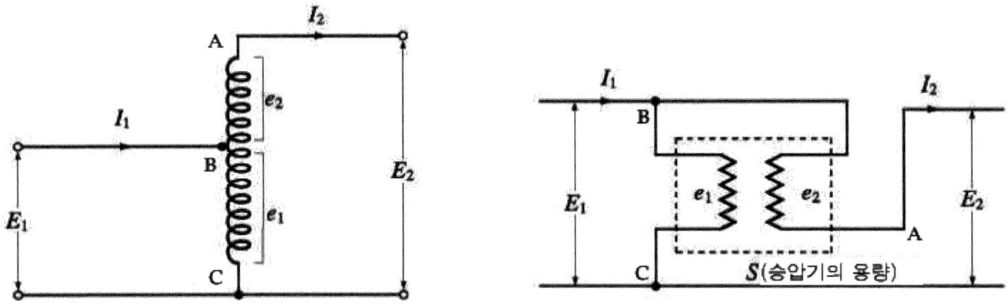

(a) 승압기 회로도 (b) 등가 회로도

그림 14.3 단상승압기

(2) 3상 V결선 승압기

그림 14.4는 단상 승압기 2대를 V형으로 접속해서 3상을 승압하는 경우의 결선도이다. 식(14.5)는 승압 후의 전압 E_2이다.

$$E_2 = \left(1 + \frac{1}{n}\right) E_1 [\mathrm{V}] \tag{14.5}$$

승압기 용량 w은 다음 식(14.6)과 같다.

$$w = e_2 \times i_2 = \frac{e_2}{\sqrt{3}\, E_2} W\ [\mathrm{VA}] \tag{14.6}$$

단, w는 승압기 1대의 용량이므로 총용량은 $2w$를 필요로 한다.

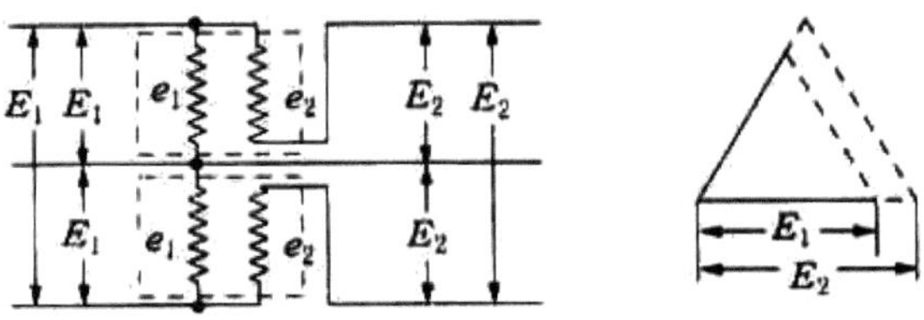

그림 14.4 3상 V결선 승압기

(3) 3상 Δ결선 승압기

그림 14.5는 단상 승압기 3대를 Δ 결선해서 3상 전압을 승압할 경우의 결선도와 벡터도이다. 식(14.7)은 승압 후의 전압 E_2이다.

$$\begin{aligned} E_2 &= \sqrt{\left(E_1 + \frac{E_1}{2n} + \frac{E_1}{n}\right)^2 + \left(\frac{\sqrt{3}\,E_1}{2n}\right)^2} \\ &= \sqrt{\left(E_1 + \frac{3E_1}{2n}\right)^2 + \left(\frac{\sqrt{3}\,E_1}{2n}\right)^2} \\ &\fallingdotseq E_2 = \left(1 + \frac{1.5}{n}\right)E_1\,[\mathrm{V}] \end{aligned} \tag{14.7}$$

승압기 용량 w는 다음 식(14.8)과 같다.

$$w = e_2 \times i_2 = \frac{e_2}{\sqrt{3}\,E_2} W\,[\mathrm{VA}] \tag{14.8}$$

단, w는 승압기 1대의 용량이므로 총용량은 $2w$를 필요로 한다.

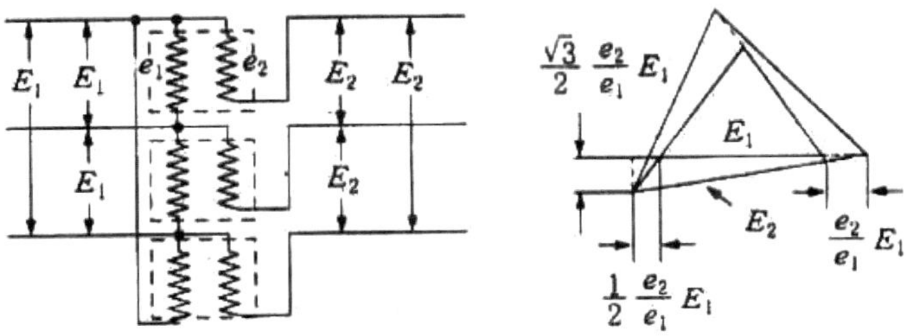

그림 14.5 3상 Δ결선 승압기

3. 직렬 콘덴서

전력용 콘덴서는 주로 역률 개선용으로 사용되지만 동시에 전압조정효과도 있다. 역률 개선용으로 사용되는 콘덴서는 부하와 병렬로 설치하여 뒤진무효전력을 보상하게 된다. 한편 선로에 직렬로 설치하는 직렬콘덴서는 선로의 유도성 리액턴스를 용량성 리액턴스에 의해 보상하는 것으로서 송전선로뿐만 아니라 배전선로에서도 사용할 수 있다. 용량성 리액턴스가 X_c인 콘덴서를 유도성 리액턴스가 X_L인 선로에 삽입한 경우 전압강하 e는 다음과 같다.

$$e = V_s - V_r = \sqrt{3}\, I\{\mathrm{R}\cos\theta + (\mathrm{X_L} - \mathrm{X_c})\sin\theta\} \tag{14.9}$$

그러므로 직렬콘덴서에 의한 전압강하의 감소량 $\Delta V = \sqrt{3}\, I X_c \sin\theta$이다. 그러나 직렬콘덴서는 부하의 변동에 대하여 신속하게 전압강하가 보상되므로 대용량의 전동기나 용접기의 기동정지에 따르는 플리커 방지 등에 적합하다. 그러나 사고시에는 고장전류에 의하여 과전압이 발생하는 등 이상전압에 대한 대처가 요구되므로 실계통에서는 적용되지 않고 있다.

4. 주상변압기의 탭 조정

배전선로의 전압은 변전소에서 멀어질수록 선로의 임피던스에 의해 낮아지지만 전압강하는 부하에 비례하게 된다. 평균적인 부하에 의한 전압강하를 기준으로 배전용 변압기의 탭을 정한다. 배전용 변압기에는 부하시 탭절환기가 없기 때문에 탭을 상시 조정할 수는 없다. 그러므로 수용가의 평균전압은 조정이 가능하나 수전전압은 선로의 임피던스와 부하에 따라 변한다. 승압기나 주상변압기의 1차 탭은 무부하 탭 절환장치에 속한다. 6.6[kV]용 변압기의 1차측에는 일반적으로 6.9[kV], 6.6[kV], 6.3[kV], 6[kV], 5.7[kV]의 5개 탭을 부착하고 있으며, 변압기 설치 위치의 전압값에 맞춰 사용할 탭을 설정한다.

14.2 역률 개선

14.2.1 부하의 역률

전력계통에서 전기 부하의 역률은 부하의 종류와 용량에 따라 다르며, 일반적으로 전등 등의 저항 부하는 역률이 1에 가깝지만 전동기 등의 유도성 부하나 전기로 등과 같은 리액턴스가 있는 모선을 갖는 부하는 역률이 매우 나쁘며 또한, 부하의 상태에 따라 그 값이 일정하지 않다. 특히, 역률을 저하시키는 원인으로서는 변압기나 유도 전동기와 같이 내부에 코일로 이루어진 유도성 부하가 대부분을 차지하고 있기 때문에 전류가 전압보다 위상이 뒤지는 지상역률이 되는 것이 일반적이다.

부하의 유효전력으로부터 일정한 전압 하에서 동일 전력을 공급할 때, 역률이 작을수록 더욱더 큰 전류를 흘려주어야 한다. 그러나 전류의 증가는 전력손실과 전압강하가 발생하여 전압변동률이 증가하고 선로 손실도 역률의 제곱에 반비례해서 증가하게 된다. 또한, 전선로의 송전 용량은 전압 강하에 의해서 정해지므로 역률이 저하하면 그만큼 용량이 감소된다. 이를 방지하기 위하여 유도성 부하에 전력용 콘덴서를 병렬로 접속하면 유도성 부하의 지상전류를 상쇄 시키는 진상전류가 흐르게 되어 부하에 흐르는 전류를 작게 하여 역률이 높아지게 된다.

이와 같이 콘덴서를 부하에 병렬로 접속하여 역률을 높이는 것을 역률개선이라 하고 부하 역률은 전기 설비에 영향을 미치게 되므로 역률 개선의 중요성은 매우 크다고 하겠다.

부하의 역률을 개선하면 다음과 같은 효과를 얻을 수 있다.

① 배전선로의 전력손실 감소
② 전압강하의 감소
③ 설비용량의 여유 증가
④ 전기요금 경감

이들 중 특히 전력손실 감소가 주된 목적이라 할 수 있다.

14.2.2 부하의 역률 개선용 콘덴서 용량 계산

1. 콘덴서 용량과 정전용량의 관계

배전선로에서 단상 콘덴서 3대를 사용하여 3상 회로를 구성할 때 △ 결선과 Y결선을 비교하면, 이때 콘덴서 용량 $Q[kVar]$와 정전용량 $C[\mu F]$의 관계는 다음과 같다.

△ 결선의 콘덴서 용량은 $Q_{\triangle} = 3VI = 3 \times 2\pi f C_{\triangle} V^2 \times 10^{-3} [kVar]$ 이고, Y 결선의 콘덴서 용량은 $Q_Y = \sqrt{3}\,VI = \sqrt{3} \times 2\pi f C_Y \dfrac{V^2}{\sqrt{3}} \times 10^3 = 2\pi f C_Y V^2 \times 10^3\ [kVar]$ 이다. 이들 관계로부터 즉, △ − Y 관계에서 $C_Y = 3C_{\triangle}$ 이므로 △ 결선을 Y 결선으로 바꾸면 용량은 $\frac{1}{3}$로 줄어들게 되므로 역률개선용 콘덴서는 △ 결선으로 한다. 또 콘덴서의 정전용량 C는 전압의 제곱에 반비례하므로 고압측에 고압 콘덴서를 설치하고 저압

콘덴서는 부하에 직접 설치한다.

2. 콘덴서의 개선 용량계산

역률 개선은 유효전력을 일정하게 유지하면서 역률을 개선하는 방법과 피상전력을 일정하게 유지하면서 역률을 개선하는 두 가지 방법이 있다.

그림 14.6은 유효전력을 일정하게 유지하면서 역률을 개선하는 방법을 나타내는 벡터도이다. 역률개선 전의 피상전력 P_a은 유효전력 P와 무효전력 Q로 표현되고 이 때 역률은 θ_1으로 운전하고 있다.

유효전력 P을 일정하게 유지하면서 역률을 $\cos\theta_1$에서 $\cos\theta_2$로 계산하려면 부하의 유도성 무효전력 Q_1을 용량성 무효전력 Q_C 만큼 상쇄시켜 부하의 무효전력을 Q_2로 감소시키게 된다.

역률 개선용 콘덴서의 용량 $Q_C[kVar]$는 다음과 같이 구할 수 있다.

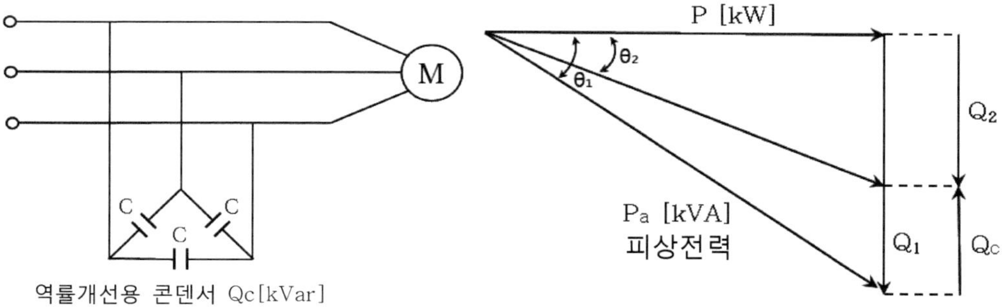

(a) 콘덴서의 결선도 (b) 유효전력을 일정하게 유지한 벡터도

그림 14.6 역률개선 개념도

역률개선용 콘덴서의 용량은 다음과 같이 구하여 진다.

$$Q_C = Q_1 - Q_2 (Q_1 = P\tan\theta_1, \quad Q_2 = P\tan\theta_2)$$
$$Q_C = P(\tan\theta_1 - \tan\theta_2) \ [kVar] \qquad (14.10)$$

위의 식으로부터

$$\begin{aligned} Q_C &= P\left(\frac{\sin\theta_1}{\cos\theta_1} - \frac{\sin\theta_2}{\cos\theta_2}\right) \\ &= P\left(\frac{\sqrt{1-\cos^2\theta_1}}{\cos\theta_1} - \frac{\sqrt{1-\cos^2\theta_2}}{\cos\theta_2}\right) \\ &= P\left(\sqrt{\frac{1}{\cos^2\theta_1}-1} - \sqrt{\frac{1}{\cos^2\theta_2}-1}\right)\ [kVar] \end{aligned} \tag{14.11}$$

역률개선용 콘덴서의 용량의 단위는 피상전력의 단위 $[kVA]$를 이용하지만, 최근에는 무효전력 단위인 $[kVar]$도 사용되고 있다.

예제 14-1 PRETEST

지상역률 60%, 30$[kW]$인 부하를 역률 80%로 개선하기 위한 진상용 콘덴서의 용량 $[kVA]$와 콘덴서에 걸리는 전압이 220$[V]$라고 하면 정전 용량$[\mu F]$은 얼마로 되겠는가? (단. 주파수는 60$[Hz]$라고 한다.)

[풀이]

개선 전의 무효전력 $Q_1 = P\tan\theta_1$

개선 후의 무효전력 $Q_2 = P\tan\theta_2$

역률개선용 콘덴서의 용량은

$$\begin{aligned} Q_c &= Q_1 - Q_2 \\ &= P(\tan\theta_1 - \tan\theta_2) \\ &= P\left(\frac{\sqrt{1-\cos^2\theta_1}}{\cos\theta_1} - \frac{\sqrt{1-\cos^2\theta_2}}{\cos\theta_2}\right) \\ &= 30\left(\frac{\sqrt{1-0.6^2}}{0.6} - \frac{\sqrt{1-0.8^2}}{0.8}\right) \fallingdotseq 17.5([kVA]=[kVar]) \end{aligned}$$

이다.

또한, 정전 용량 $C[\mu F]$는

$$Q_C = 3VI = 3\times 2\pi f C V^2 \times 10^{-3}\ [kVar]$$

$$3\times(2\pi\times 60)\times C\times 10^{-6}\times 220^2 = 17.5\times 10^3$$

$$C = \frac{17.5 \times 10^9}{220^2 \times 3 \times 2\pi \times 60} = \frac{17500}{17.4\pi} = 320\,[\mu F]$$

이다.

3. 전압강하의 경감

역률을 개선하면 배전선로의 전류가 감소하여 선로에서 전압 강하는 경감된다. 선로의 수전단 전압 E_r, 저항 R, 리액턴스 X, 유효 전력 P_r라 하고 이때 부하 역률 $\cos\theta_1$이라고 하면 역률개선 전 전압 강하 $\triangle E$는

$$\triangle E = I(R\cos\theta_1 + X\sin\theta_1) = \frac{P_r}{E_r}(R + X\tan\theta_1) \tag{14.12}$$

이다.

한편, 그림 14.7과 같이 부하와 병렬로 콘덴서를 설치해서 역률을 개선한 후의 전압 강하 $\triangle E'$는

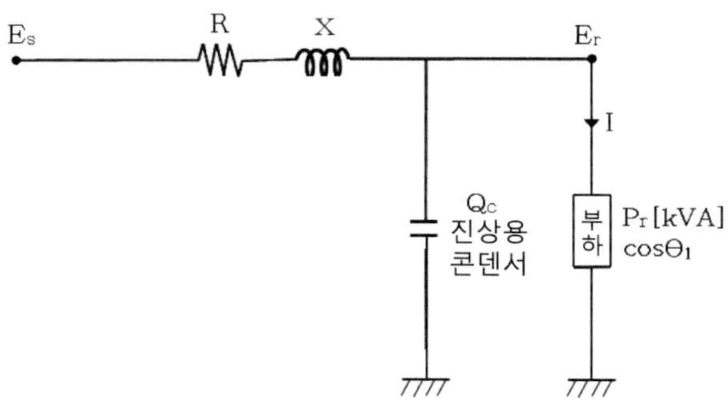

그림 14.7 계통의 역률개선용 콘덴서의 결선도

$$\triangle E' = I'(R\cos\theta_2 + X\sin\theta_2) = \frac{P_r}{E_r}(R + X\tan\theta_2) \tag{14.13}$$

가 된다.

식 (14.12)과 식 (14.13)으로부터 전압강하 경감량 (e)은

$e = \triangle E - \triangle E' = \dfrac{XP_r}{E_r}(\tan\theta_1 - \tan\theta_2)$으로, $\theta_1 > \theta_2$이므로 $\tan\theta_1 > \tan\theta_2$로 되어

전압강하 $\triangle E > \triangle E'$ 로 되어 전압강하가 경감하게 된다.

또한, 전압강하가 경감을 벡터도로 나타내면 그림 14.8과 같다.

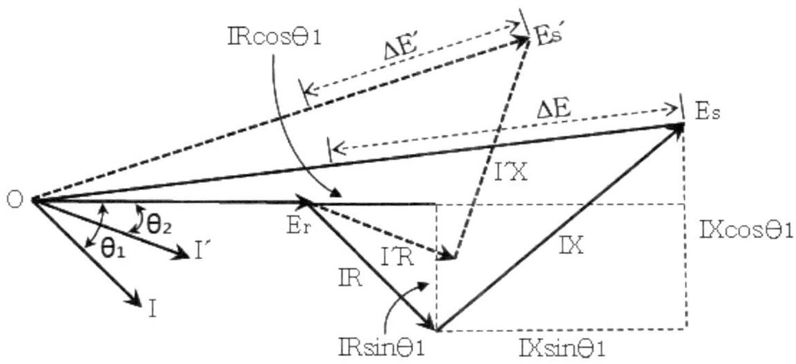

그림 14.8 전압강하의 벡터도

여기서, 전압강하 경감량 (e)에서 전압강하 경감률($\triangle V_C$)을 산출하면 다음과 같이 간략화 할 수 있다.

$$\triangle V_C = \frac{e}{E_r} = \frac{\triangle E - \triangle E'}{E_r} \times 100$$

$$= \frac{X}{E_r^2} P_r (\tan\theta_1 - \tan\theta_2) \times 100 \, [\%] \qquad (14.14)$$

$$\fallingdotseq \frac{Q_C}{RC} \times 100 \, [\%]$$

여기서, 모선의 단락용량 $RC \fallingdotseq \frac{E_r^2}{X}$ 이므로 $\triangle V_C = \frac{Q_C}{RC} \times 100 \, [\%]$ 가 된다.
따라서 콘덴서 설치에 의한 전압상승은 콘덴서 용량과 단락 용량의 비로 쉽게 구해진다.

예제 14-2 PRETEST

부하의 역률을 개선하기 위하여 50,000[kVA] 단락용량의 모선에 2,500[kVA] 콘덴서를 설치 할 때 전압강하 경감률은 얼마인가?

[풀이]

콘덴서 설치 전과 후의 전압강하 경감량(e)은

$$e = \frac{\Delta V}{E_r} \times 100[\%] = \frac{P_r}{E_r} \cdot X(\tan\theta_1 - \tan\theta_2) \times 100[\%]$$

$$= \frac{Q_C}{RC} \times 100[\%], \text{ 단, } Q_C = P_r(\tan\theta_1 - \tan\theta_2)$$

$$RC = \frac{E_r^2}{X} \text{ 이다.}$$

따라서, 전압강하 경감률(e)은

$$e = \frac{2{,}500}{50{,}000} \times 100[\%] = 5[\%] \text{ 이다.}$$

4. 공급용량의 증가

부하에 병렬로 진상용 콘덴서를 설치하여 역률이 개선되면 부하 전류가 감소하게 되어 피상전력이 감소하여 설비 용량에 여유가 생기되므로 설비 용량을 늘리지 않고도 부하에 더 많은 전력을 공급할 수 있다.

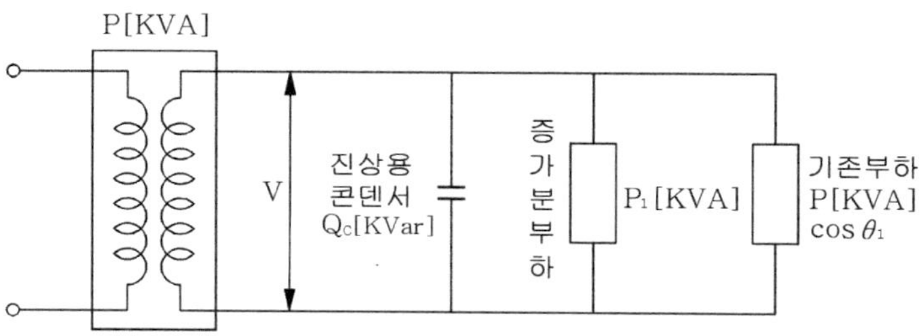

그림 14.9 역률개선에 의한 출력증가

그림 14.9와 같이 정격용량 $P[kVA]$의 변압기를 통해서 부하를 공급하고 있을 때 이 변압기에서는 기존의 정격용량 $P[kVA]$ 이상의 부하를 공급할 수 없다. 여기서, 기존부화의 피상전력 $P_a(=P)$과 진상용 콘덴서 $Q_C[kVar]$\을 병렬로 접속시키고, 이 경우

P, P_1, Q_C의 합성 값이 $P[kVA]$와 같은 크기의 조건으로 하면 이때의 역률개선에 따른 전력의 벡터도는 그림 14.10과 같이 된다. 진상용 콘덴서 $Q_C[kVar]$을 접속하면 변압기의 합성 역률은 $\cos\theta_2$로 되고 그 결과 변압기에서 역률 $\cos\theta_1$의 새로운 부하 $P_1[kVA]$ 만큼 더 공급할 수 있게 된다.

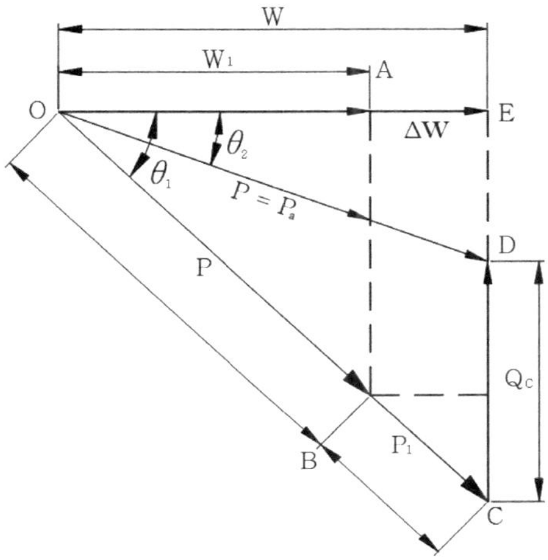

그림 14.10 역률 개선 후 출력 증가의 벡터도

따라서, 역률 $\cos\theta_1$의 새로운 부하 $P_1[kVA]$ 에 대응하는 전력용 콘덴서의 용량 $Q_C[kVar]$는 다음과 같다.

$$
\begin{aligned}
Q_C &= CE - DE = W(\tan\theta_1 - \tan\theta_2) \\
&= P\cos\theta_2(\tan\theta_1 - \tan\theta_2) \\
&= P\cos\theta_2\left(\sqrt{\frac{1}{\cos^2\theta_1} - 1} - \sqrt{\frac{1-\cos^2\theta_2}{\cos^2\theta_2}}\right) \qquad (14.15)\\
&= P\left(\cos\theta_2\sqrt{\frac{1}{\cos^2\theta_1} - 1} - \sqrt{1-\cos^2\theta_2}\right)\ [kVar]
\end{aligned}
$$

$$\frac{Q_c}{P} = \cos\theta_2\sqrt{\frac{1}{\cos^2\theta_1} - 1} - \sqrt{1-\cos^2\theta_2} \qquad (14.16)$$

또, $W = Pcos\theta_1$ 이므로

$$\frac{Q_C}{P} = \frac{\cos\theta_2}{\cos\theta_1}\sqrt{\frac{1}{\cos^2\theta_1} - 1} - \frac{\sqrt{1-\cos^2\theta_2}}{\cos\theta_1}$$ 으로 나타낼 수 있다.

이 경우에 더 공급할 수 있는 부하의 피상전력 $P_1[kVA]$(역률 $\cos\theta_1$)과 증가분 전력 $\triangle W[kW]$은 다음과 같다.

$$P_1 = BC = OC - OB$$

$$\frac{W}{\cos\theta_1} - P = P\left(\frac{\cos\theta_2}{\cos\theta_1} - 1\right)\ [kVA] \tag{14.17}$$

$$\triangle W = P_1\cos\theta_1 = W - W_1 = P(\cos\theta_1 - \cos\theta_2)\ [kW] \tag{14.18}$$

예제 14-3 PRETEST

변압기의 정격용량 500[kVA]이고 지상 역률 70[%]의 부하에 500[kVA]를 공급하고 있다. 이때 합성 역률을 90[%]로 개선하여 변압기의 전용량까지 공급하려고 한다. 전력용 콘덴서의 용량과 증가시킬 수 있는 부하(지상역률 70[%])는 얼마인가?

[풀이]

전력 콘덴서의 용량 $Q_C[kVar]$는

$$Q_c = P\left(\cos\theta_2\sqrt{\frac{1}{\cos^2\theta_1} - 1} - \sqrt{1-\cos^2\theta_2}\right)$$

$$= 500\left(0.9\sqrt{\frac{1}{0.7^2} - 1} - \sqrt{1-0.9^2}\right) = 292[kVA]$$

증가 부하의 피상 전력 $\triangle W$ 및 전력 P_1은

$$P_1 = P\left(\frac{\cos\theta_2}{\cos\theta_1} - 1\right) = 500\left(\frac{0.9}{0.7} - 1\right) = 142.8[kVA]$$

$$\triangle W = P_1\cos\theta_1 = 142.8 \times 0.7 = 100[kW]$$

14.3 배전선로의 보호

14.3.1 배전계통 보호협조

배전계통에는 발생한 고장이 파급되는 것을 방지하기 위하여 적어도 1대 이상의 보호기기가 설치되어 있다. 보호기기의 중요한 역할은 고장이 발생하면 스스로 개방되어 건전구간과 고장구간을 분리시킴으로써 고장으로 인한 피해를 축소시키는 것이다. 보호기기가 미리 설정된 동작 순서에 따라 선로와 장치로부터 고장을 제거하기 위한 과전류 보호장치의 선정과 배전선로를 따라 과전류 보호장치들의 적절한 배치과정을 보호협조라 한다. 이와 같이 배전계통 보호시스템은 고장전류 크기를 이용하여 보호협조를 이루어 고장을 신속 정확하게 차단하여 수용가에 정상적인 전력을 공급한다.

배전계통에서 발생되는 고장의 종류는 고장형태에 따라 지락고장, 단락고장과 시간에 따라 순간고장, 영구고장으로 분류할 수 있다. 순간고장과 영구고장은 고장의 지속시간에 따라 구분을 한다. 순간고장은 고장의 지속시간이 5분미만이며, 배전계통 고장의 약 80% 이상을 차지한다. 영구고장은 5분 이상 고장이 지속되는 경우를 말한다. 순간고장의 예로는 나무나 새들의 접촉, 벼락 등으로 인하여 순간적으로 고장이 발생하였다가 자연 소멸되는 것이다.

배전계통 보호기기로는 자동 재폐로 장치인 리클로저(Recloser), 섹셔널라이즈(Sectionalizer)와 선로용 퓨즈(Line Fuse) 등이 있다.

1. 자동 재폐로 장치

(1) 리클로저(R/C)

전위와 후비보호장치[70] 사이의 보호협조를 하는데 중추적인 역할을 담당하는 대표적인 배전선로의 보호장치이다. 순간고장이 일어났을 경우에는 선로를 일정시간 동안 차단한 후 다시 재투입하여 정상적으로 전력을 공급한다. 영구고장일 때는 미리 설정된 동작에 의해서 선로를 차단함으로써 고장 구간을 배전계통으로부터 분리시킨다.

---

70) 보호장치 중 부하 측에 위치한 것을 전위보호장치라 하고 전원 측에 위치한 것을 후비보호장치라 한다.

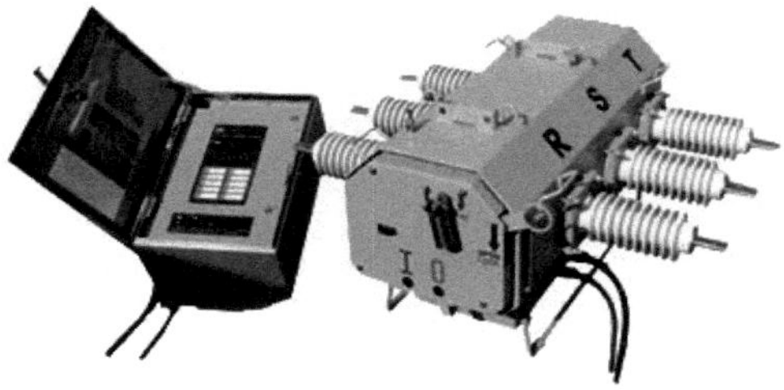

그림 14.11 리클로저(출처:신성산전)

미리 설정되어 있는 동작 순서는 선로의 구성과 보호기기의 협조 관계에 따라 다르며 보통 2F2D, 2F1D 등으로 설정한다. 여기서 2F는 2번의 순시동작을 의미하며, 1D는 1번의 지연동작을 의미한다. 이때 사용되는 순시동작과 지연동작의 시간-전류 특성 곡선은 서로 다른 특성상수를 사용한다. 순시동작은 고장전류에 대해 짧은 시간에 동작하며, 지연동작은 순시동작 보다는 긴 동작이다. 만약 순간고장이 일어나면 순시동작으로 선로를 짧은 시간동안 개방하여 순간고장을 제거하지만, 영구고장일 때는 순시동작 뿐만 아니라 지연동작까지 마친 후 선로를 완전히 개방함으로써 고장에 대한 피해를 줄인다.

재폐로 동작이란 순시 및 지연동작을 시행한 후 리클로저의 접점이 개방되어 일정 시간 후에 동적으로 투입되는 동작을 말한다. 그림 14.12는 순간고장일 경우 리클로저가 동작하여 다시 재투입된 상태를 나타낸다. 복귀동작이란 리클로저가 동작 중 선로의 고장이 제거되어 완전히 개방하지 않고 재폐로되어 송전을 계속하게 될 경우 최초의 상태로 복귀하여 대비하는 동작이다.

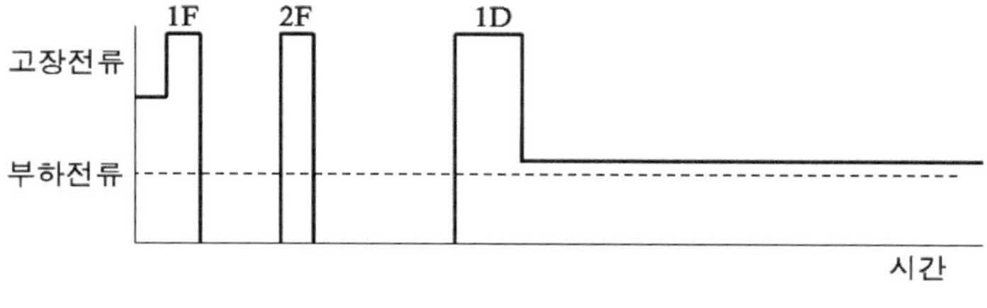

그림 14.12 순간고장일 경우 동작시퀀스

순시, 지연, 재폐로 동작을 마친 후에도 고장이 제거되지 않아 개방된 상태를 영구개방(Lock out) 동작이라 한다. 영구개방된 상태에서는 선로고장을 제거 후 수동으로 투입을 해야 한다. 그림 14.13은 영구고장일 경우 4회 동작을 마친 후 영구개방된 상태를 나타낸다.

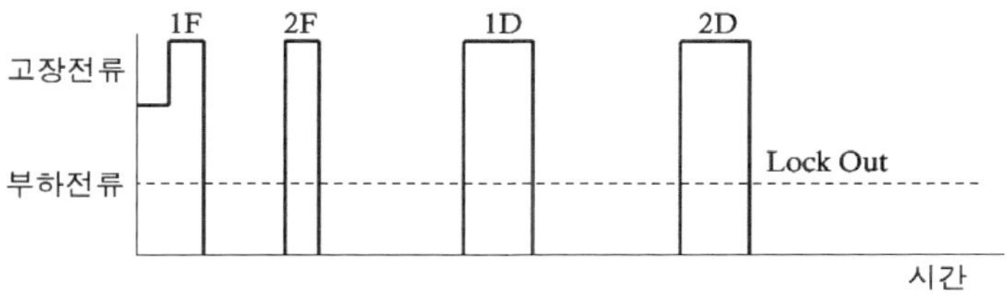

그림 14.13 영구고장일 경우 동작시퀀스

(2) 자동구간 개폐기(S/E: 섹셔널라이저)

섹셔널라이저는 부하전류 개폐능력은 있으나, 스스로 고장전류를 차단할 수 있는 능력이 없으므로 후비에 리클로저(자동재폐로 차단기)와 직렬로 조합하여 사용한다. 부하측에 선로고장이 발생하면, 이를 감지하고 후비 차단기(리클로저)에 의한 차단 횟수를 기억하며, 미리 정한 횟수에 이르면 무전압 상태의 선로에서 접점을 개방한다. 고장구간을 분리하여 후비 차단기에 의한 건전구간의 재폐로 성공이 가능하므로 건전구간의 계속적인 송전으로 공급신뢰도를 높일 수 있다.

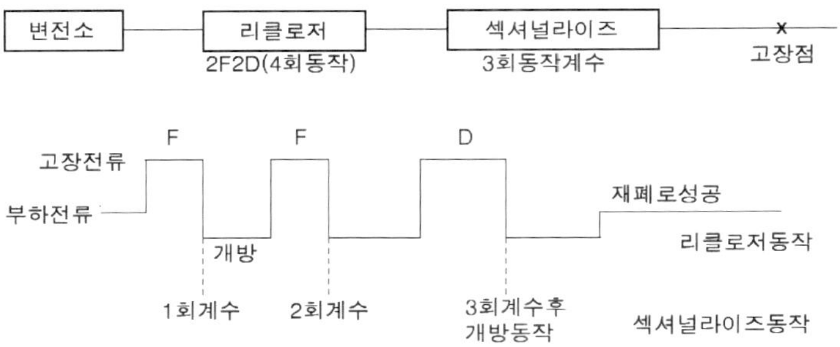

그림 14.14 자동재폐로 동작시퀀스

그림 14.15는 리클로저와 섹셔널라이저의 동작상태를 나타낸다. 최소 동작전류 이상의 과전류가 흐르면 차단 횟수를 셀 준비를 하고, 이 전류가 후비 차단기에 의해 차단되거나 최소 동작전류의 50% 이하로 감소되면 횟수를 세기 시작한다. 영구 고장시에는 정

정된 횟수만큼 세고난 다음 섹셔널라이저는 개방되어 고장구간을 분리하고, 순간 고장 시에는 예정된 횟수 이전에 고장이 제거되면 횟수는 일정 시간 경과 후 원래 정한 횟수로 복귀되고, 섹셔널라이저의 접점은 개방되지 않는다.

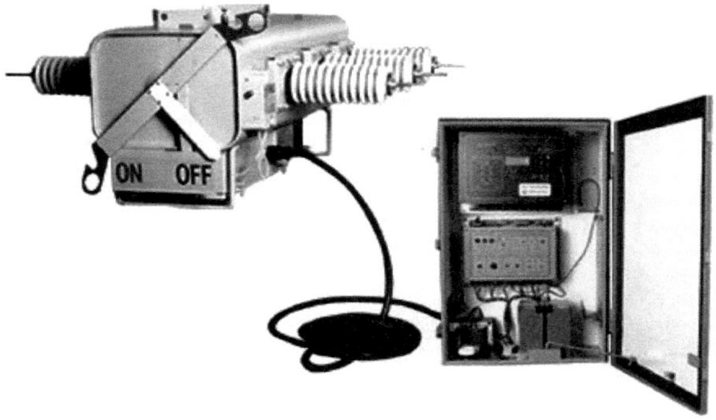

그림 14.15 섹셔널라이저(출처:신성산전)

2. 선로용 퓨즈

선로용 퓨즈(line fuse)는 과전류에 의한 변압기의 보호를 위하여 배전선로를 개폐하는 퓨즈로서 배전용 컷아웃 스위치(COS: cut out switch)라고 한다. 변압기의 1차측에 설치하며 퓨즈가 녹아 끊어지면 교환이 가능하다. 공통중성선 다중접지 방식인 22.9[kV-Y] 계통에서는 지락 사고일 때에도 큰 전류가 흐른다. 그러므로 고장전류가 흐를 경우 선로용 퓨즈를 끊어지게 하여 부하측 고장을 제거하는 것은 경제적인 방법이다.

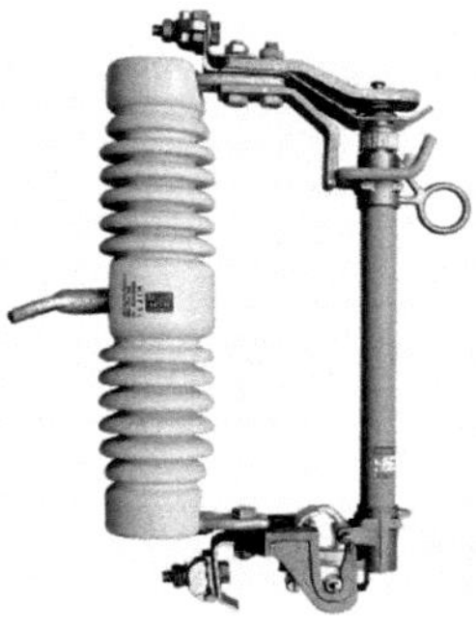

그림 14.16 COS(출처:일진전기)

COS의 동작원리는 고장전류로 인해 퓨즈가 끊어지면서 발생하는 아크 열에 의해 퓨즈통 내부의 물질이 분해되어 절연성 가스가 발생된다. 이 가스는 아크의 지속을 억제시키고 열에 의해서 팽창되어 외부로 방출되면서 아크를 소멸하여 고장을 제거한다. 선로용 퓨즈의 연속 정격전류는 정격전류의 1.5배이며, 최소동작전류는 정격전류의 2배이다. 간선에는 설치하지 않고 분기선에만 설치한다. 직렬로 2군데까지 설치할 수 있다.

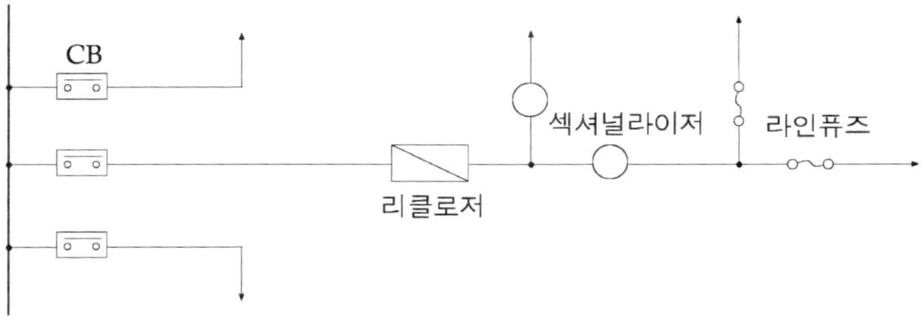

그림 14.17 리클로저, 섹셔널라이저 및 라인퓨즈의 설치예

변전소의 차단기와 리클로저, 섹셔널라이저 및 선로용 퓨즈 상호간의 협조를 도모하면 그림 14.17과 같이 고장 구간만을 제거할 수 있다. 예를 들면 일시적인 선로 사고인 경우 리클로저가 순시 차단동작 후 재폐로하여 송전을 계속할 수 있으며, 영구고장이면 리클로저가 순시동작과 지연동작의 반복으로 고장점에 가까운 섹셔널라이저의 동작으로 고장선로를 분리하거나 고장점에 가까운 선로용 퓨즈를 끊어지게 함으로써 정전을 일부구간으로 국한시킬 수 있다.

14.3.2 기타 보호기기

1. 고장구간 자동개폐기(ASS)

우리나라의 배전전압은 대부분이 22.9[kV-Y]의 3상4선식 다중접지방식이다. 여러 가지 장점이 있으나 단점도 있다. 그 단점 중 하나가 지락사고일 때 지락전류가 너무 커서 리클로저나 차단기가 동작하여 한 군데의 사고로 인해 여러 수용가로 피해가 확산되는 것이다. 그러므로 건전 수용가의 피해를 최소화하기 위하여 고장구간 자동개폐기(ASS: Automatic Section Switch)를 설치하도록 의무화하고 있다.

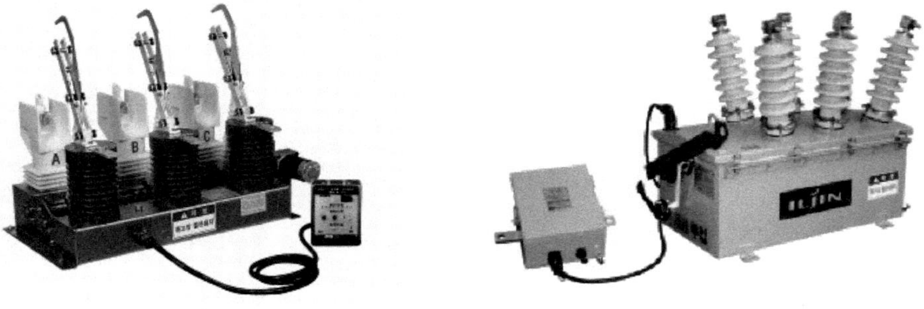

(a) 기중절연형(air insulated)　　(b) 오일절연형(oil insulated)

그림 14.18 고장구간 자동개폐기(출처: 일진전기)

ASS는 수용가의 인입구에 부하용량 4,000[kVA]이하 선로에 설치하여 과부하 또는 사고가 발생할 때 고장 구간만을 신속 정확하게 분리하여 피해를 줄이는 선로보호 장치이다. 보호계전기 기능과 개폐기능을 일체화한 차단기의 역할을 한다. 섹셔널라이저보다 차단용량은 다소 적으나 보호협조 능력은 거의 손색이 없다. 개폐방식에서 개방은 수동 또는 자동으로 하고, 투입은 수동으로 한다.

2. 자동부하 전환개폐기(ALTS)

자동부하 전환개폐기(ALTS: Automatic Load Transfer Switch)는 22.9[kV-Y] 접지계통의 지중배전선로에 사용되는 개폐기이다. 정전시에 큰 피해가 예상되는 중요시설(공공기관, 병원, 군사시설, 상수도시설 등)에 이중전원을 확보하여 주전원이 공급되지 않거나 기준전압이하로 떨어질 경우 예비전원으로 자동 전환되어 무정전 전원공급을 수행하는 3회로 2스위치의 개폐기이다. 개폐기는 예비전원으로 전환된 후 주전원이 정상적으로 복구되면 원상태인 상시 주전원으로 복구된다. 정격전압은 25.8[kV]이며 정격연속전류600[A]이고, 정격부하차단전류 600[A]이다. 근래에는 SF_6가스차단방식의 ALTS가 개발 보급되어 차단할 때 서지현상이 발생하지 않는다.

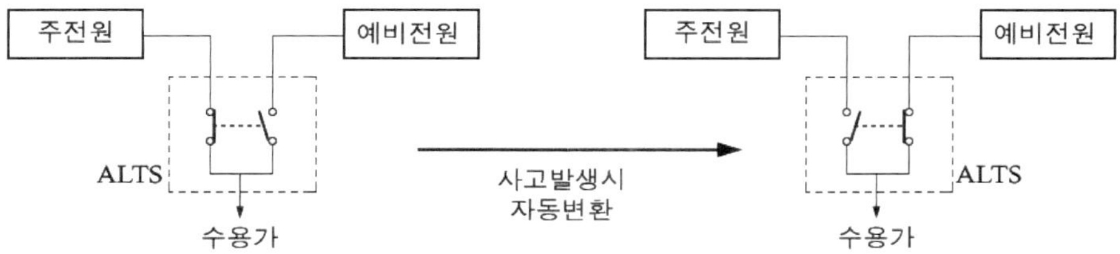

그림 14.19 ALTS 동작

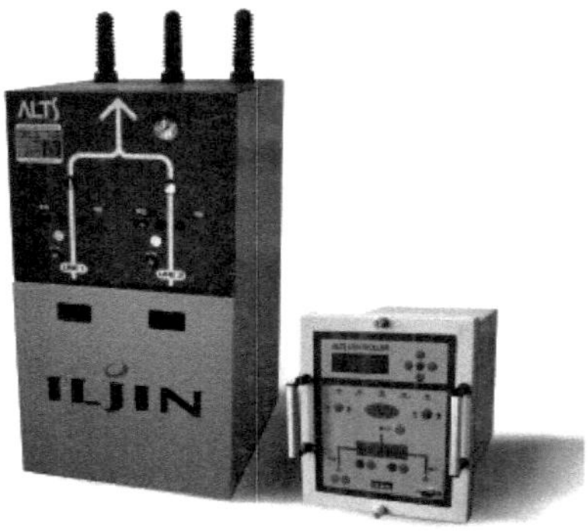

그림 14.20 ALTS(출처:일진전기)

14.4 배전자동화

전력자동화 시스템은 전력의 수요, 공급 및 수송을 제어하는 에너지 관리 시스템[71] (EMS: Energy Management System)과 송변전설비의 감시제어를 담당하는 원격감시제어 시스템[72](SCADA: Supervisory Control And Data Acquisition)과 배전계통을 관리하는 배전자동화 시스템(DAS: Distribution Automation System)으로 구성된다. 이 절에서는 배전자동화 시스템의 필요성과 주요 구성정도를 간략하게 살펴본다.

---

71) 전력계통운용 업무를 능률적이고 효과적으로 처리하기 위해 고속의 대용량 전산설비를 주축으로 한 진보된 자동급전시스템으로서 종래의 AGC/SCADA 위주의 전력계통운용 컴퓨터 시스템에, 주파수와 전압제어는 물론 안전급전기능과 종합적으로 협조 계획하는 시스템.

72) 발·변전소의 차단기의 개폐상태와 모선전압, 전류 등에 대한 자료를 취득하고, 차단기의 개폐제어와 변압기의 탭 등을 제어할 수 있는 원격감시 제어와 자료취득을 하는 장치.

국민들은 전력의존도가 높은 생활을 하면서 안정적이고 고품질의 전력을 요구하고 있는 실정이다. 하지만 배전선로는 주로 외부환경에 노출되어 있기 때문에 고장발생 비율이 높으며, 고장수리에 따른 정전시간이 길어질 수 있다. 그러므로 전력공급의 신뢰도를 향상시키기 위하여 배전자동화 시스템이 필요하다.

배전자동화 시스템은 컴퓨터와 통신기술을 활용하여 원거리에 흩어져 있는 배전용 개폐장치를 중앙제어센터에서 원격으로 조작하고, 고장구간을 자동으로 구분하며, 선로의 운전정보를 자동으로 수집하는 시스템을 말한다. 그러나 최근 배전자동화시스템은 원격감시제어 외에 고장을 자동으로 처리하거나 손실의 최소화 및 부하균등화 등 배전계통을 최적상태로 운전할 수 있는 기능을 탑재한 시스템으로 그 의미가 확대되고 있다.

배전자동화 시스템의 주요 구성품에는 시스템의 두뇌라고 할 수 있는 중앙제어장치(컨트롤센터), 배전선로 중간에 설치되는 자동화용 개폐장치, 중앙제어장치의 명령을 해석하고 운전정보를 전달하는 제어단말장치(FRTU: Feeder Remote Terminal Unit) 및 데이터전송로가 되는 통신망과 통신장치가 있다.

배전자동화 시스템의 주요 기능에는 배전계통 운전상태 표시기능, 원격감시기능, 원격제어기능, 원격계측기능, 원격셋팅기능, 배전계통 최적화 운전기능, 기술계산기능 등이 포함되어 있다.

연 습 문 제

1 우리나라 대표적인 배전방식으로는 다중 접지방식인 22.9[kV] 계통으로 되어 있고, 이 배전선에 사고가 생기면 그 배전선 전체가 정전이 되지 않도록 선로 도중이나 분기선에 아래의 보호 장치를 설치하여 상호 협조를 함으로써 사고 구간을 국한하여 제거시킬 수 있다. 설치 순서로 옳은 것은?

① 변전소 차단기 - 섹셔널라이저 - 리클로저 - 라인 퓨즈
② 변전소 차단기 - 리클로저 - 섹셔널라이저 - 라인 퓨즈
③ 변전소 차단기 - 섹셔널라이저 - 라인 퓨즈 - 리클로저
④ 변전소 차단기 - 리클로저 - 라인 퓨즈 - 섹셔널라이저

풀이 리클로저는 회로의 차단과 투입을 자동적으로 반복하는 기구를 갖춘 차단기의 일종이며, 섹셔널라이저는 유중에서 동작하는 주 접촉자와 사고전류가 흐르는 것을 계산하는 카운터로 구성되어 있으며, 이 둘은 서로 조합하여 쓰며 섹셔널라이저는 변전소쪽에 섹셔널라이저는 부하쪽에 설치. **답** ②

2 Recloser(R), Sectionalizer(S), Fuse(F)의 보호협조에서 보호협조가 불가능한 배열은? (단, 왼쪽은 후비보호, 오른쪽은 전위보호 역할임)

① R-R-F　　② R-S　　③ R-F　　④ S-F-R

풀이 * Recloser : 후비보호 장치 * Sectionalizer : 전위보호 장치 **답** ④

3 절연내력을 시험하기 위해 시험용 변압기를 사용하였다. 이때 전압조정을 하기 위하여 일반적으로 가장 많이 사용되는 것은?

① 수저항 전압조정기　　② 유도전압조정기
③ 소형 발전기의 변속 장치　　④ 다단식 저항 전압조정기

풀이 ①, ②의 조정방법은 2차 전압의 파형을 왜곡시키고 ③은 운반에 불편하므로 유도전압조정기를 많이 사용한다. 유도전압조정기는 전압의 조정을 ±(5 ~ 10%)로 할 수 있는 전압조정기로서 유입자 냉식, 공랭식, 단상, 3상, 수동식, 전동식, 자동식 등이 있다. **답** ②

4 변전소 내에 설치될 역률 개선용 콘덴서용의 차단기에 대한 설명으로 틀리는

것은?

① 차단기 투입시 돌입전류 때문에 차단기의 접점이 손상이 발생하며 절연유가 오손되기 쉽다.

② 콘덴서 회로를 열 때 재점호 하기 쉬우며 재점호가 잘 발생하도록 개로시켜야 하며 점호가 발생치 않으면 직렬리액터의 층간절연을 파괴한다.

③ 콘덴서 회로를 열 때 90°의 진상전류가 흐르기 때문에 재점호가 잘된다.

④ 차단기 투입시 발생하는 돌입전류를 제한하기 위하여 일정용량 이상의 것에는 보조 접점이 있는 것을 사용한다.

답 ③

5 부하 역률이 $\cos\theta$인 선로의 저항 손실은 같은 크기의 부하 전력에서 역률이 1일 때의 저항 손실과의 비는?

① $\sin\theta$ ② $\cos\theta$ ③ $\dfrac{1}{\sin^2\theta}$ ④ $\dfrac{1}{\cos^2\theta}$

풀이 $P_l \propto \dfrac{1}{\cos^2\theta}$ 이므로 $\dfrac{P_l}{P_{l1}} = \dfrac{1/\cos^2\theta}{1/1^2} = \dfrac{1}{\cos^2\theta}$ 답 ④

6 부하 역률 0.8을 0.95로 개선하면 선로 손실은 약 몇[%] 감소되는가? 단, 수전단 전압의 변화는 없다고 한다.

① 15 ② 20 ③ 29 ④ 41

풀이 $P_l \propto \dfrac{1}{\cos^2\theta}$ 이므로 $\dfrac{P_{l0.8} - P_{l0.95}}{P_{l0.8}} \times 100 = \dfrac{\dfrac{1}{0.8^2} - \dfrac{1}{0.95^2}}{\dfrac{1}{0.8^2}} \times 100 = 29.1[\%]$ 답 ③

7 역률개선으로 역률이 0.6에서 0.93으로 되면 전력손실은 처음의 약 몇[%]인가?

① 65 ② 58 ③ 42 ④ 35

풀이 $P_l \propto \dfrac{1}{\cos^2\theta}$ 이므로 $\dfrac{P_{l0.93}}{P_{l0.6}} \times 100 = \dfrac{\dfrac{1}{0.93^2}}{\dfrac{1}{0.6^2}} \times 100 = 42[\%]$ 답 ③

8 역률개선으로 역률을 0.6에서 0.93으로 개선하면 전력손실은 몇[%] 감소되는가?

① 65 ② 58 ③ 42 ④ 35

풀이 $P_l \propto \dfrac{1}{\cos^2\theta}$ 이므로 $\dfrac{P_{l0.6}-P_{l0.93}}{P_{l0.6}}\times 100 = \dfrac{\dfrac{1}{0.6^2}-\dfrac{1}{0.93^2}}{\dfrac{1}{0.6^2}}\times 100 = 58[\%]$ **답** ②

9 부하 역률이 0.8인 선로의 저항 손실은 부하 역률이 0.9인 선로의 저항 손실에 비하여 약 몇 배인가?

① 0.7 ② 1.0 ③ 1.3 ④ 1.8

풀이 $P_l \propto \dfrac{1}{\cos^2\theta}$ 이므로 $\dfrac{P_{l0.8}}{P_{l0.9}} = \dfrac{1/0.8^2}{1/0.9^2} = \dfrac{0.81}{0.64} = 1.3$ **답** ③

10 부하에 따라 전압 변동이 심한 급전선을 가진 배전변전소에서 가장 많이 사용되는 전압조정 장치는?

① 유도 전압조정기 ② 탭절환 변압기

③ 계기용 변압기 ④ 전력용 콘덴서

풀이 부하변동이 심한 경우 탭 절환 방식을 사용할 수 없다. 따라서 유도 전압조정기가 많이 사용된다. **답** ①

11 선로 전압강하 보상기(LDC)는?

① 분로리액터로 전압 상승을 억제하는 것

② 선로의 전압강하를 고려하여 모선 전압을 조정하는 것

③ 승압기로 저하된 전압을 보상하는 것

④ 직렬 콘덴서로 선로 리액턴스를 보상하는 것

풀이 선로 전압강하 보상기는 선로 전압강하를 고려하여 모선 전압을 조정한다. **답** ②

12 주변압기 등에서 발생하는 제5고조파를 줄이는 방법은?

① 전력용 콘덴서에 직렬리액터를 접속

② 변압기 2차측에 분로 리액터 연결

③ 모선에 방전 코일 연결

④ 모선에 공심 리액터 연결

풀이 *방전코일: 잔류 전하 방전 *직렬리액터: 제5고조파 제거 *콘덴서: 역률 개선 **답** ①

13 배전 선로의 역률 개선에 따른 효과로 적합하지 않은 것은?

① 전원측 설비의 이용률 향상 ② 전로 절연에 요하는 비용절감

③ 전압강하 감소 ④ 선로의 전력손실 경감

풀이 역률 개선의 효과(* 설비 이용률 향상 * 전압강하 감소 * 전력손실 경감) 그러나 절연은 전압과 연관되고 역률과는 무관하다. **답** ②

14 전력용 콘덴서에 직렬로 콘덴서 용량의 5[%] 정도의 유도 리액턴스를 삽입하는 목적은?

① 제3 고조파 전류의 억제 ② 제5 고조파 전류의 억제
③ 이상전압 발생 방지 ④ 정전용량의 조절

풀이 송전선로에는 변압기의 유기 기전력이 발생할 때에 생기는 기수 고조파가 존재하게 되는데, 변압기의 △결선방식으로 제3 고조파를 제거하고, 제5 고조파는 전력용 콘덴서에 직렬로 5[%] 가량의 직렬리액터를 설치하여 제거한다. **답** ②

15 전력용 콘덴서를 변전소에 설치할 때 직렬리액터를 설치하고자 한다. 직렬리액터의 용량을 결정하는 계산식은? (단, f_0는 전원의 기본주파수, C는 역률개선용 콘덴서의 용량, L은 직렬리액터의 용량이다.)

① $L = \frac{1}{(2\pi f_0)^2 C}$ ② $L = \frac{1}{(5\pi f_0)^2 C}$
③ $L = \frac{1}{(6\pi f_0)^2 C}$ ④ $L = \frac{1}{(10\pi f_0)^2 C}$

풀이 직렬 리액터는 제5고조파 제거를 목적으로 하므로

$2\pi(5f_0)L = \frac{1}{2\pi(5f_0)C} \quad \therefore L = \frac{1}{(10\pi f_0)^2 C}$ **답** ④

16 1상당의 용량 150[kVA]의 콘덴서에 제5고조파를 억제시키기 위해 필요한 직렬리액터의 기본파에 대한 용량은 몇[kVA] 인가?

① 3 ② 4.5 ③ 6 ④ 7.5

풀이 $2\pi(5f)L = \frac{1}{2\pi(5f)C} \Rightarrow 2\pi f L = \frac{1}{2\pi 5^2 f C} = \frac{1}{25} \times \frac{1}{2\pi f C} = 0.04 \times \frac{1}{2\pi f C}$

직렬 리액터의 용량은 콘덴서 용량의 4[%] 이상이 되는데, 주파수 변동 등의 여유를 봐서 실제로는 약 5~6%인 것이 사용된다. $\therefore 150 \times 0.05 = 7.5[\text{kVA}]$ **답** ④

17 전력용 콘덴서에 방전코일을 설치하는 주목적은?

① 합성 역률의 파형의 개선
② 전원 개방시 잔류전하를 방전시켜 인체의 위험 방지

③ 콘덴서의 등가 용량 증대
④ 전압의 개선

풀이 *방전코일: 잔류 전하 방전 *직렬리액터: 제5고조파 제거 *콘덴서: 역률 개선 **답** ②

18 3상 배전선로의 말단에 지상역률 80[%] 160[kW]인 평형 3상 부하가 있다. 부하점에 부하와 병렬로 전력용 콘덴서를 접속하여 선로손실을 최소로 하려면 전력용 콘덴서 용량은 몇 [kVA]가 필요한가? 단, 여기서 부하단 전압은 변하지 않는 것으로 한다.

① 96　② 120　③ 128　④ 200

풀이 선로 손실을 최소로 하기 위해서는 무효전력 전체의 콘덴서 용량이 필요하다.
콘덴서 용량 $Q_c = P\tan\theta = 160 \times \frac{0.6}{0.8} = 120[\text{kVA}]$ **답** ②

19 피상전력 P[kVA], 역률 $\cos\theta$인 부하를 역률 100[%]로 개선하기 위한 전력용 콘덴서의 용량은 몇[kVA]인가?

① $P\sqrt{1-\cos^2\theta}$　② $P\tan\theta$　③ $P\cos\theta$　④ $P\frac{\sqrt{1-\cos^2\theta}}{\cos\theta}$

풀이 역률을 100[%]로 하기 위한 콘덴서의 용량은 무효전력의 크기와 같으므로
$Q_c = P\sin\theta = P\sqrt{1-\cos^2\theta}$ **답** ①

20 역률(늦음) 80[%], 10[kVA]의 부하를 가지는 주상 변압기의 2차측에 2[kVA]의 전력용 콘덴서를 접속하면 주상 변압기에 걸리는 부하는 약 몇[kVA]가 되겠는가?

① 8　② 8.5　③ 9　④ 9.5

풀이 $P = \sqrt{(P_a\cos\theta)^2 + ((P_a\sin\theta - Q_c)^2}\,[\text{kVA}]$
여기서, P_a:설비용량[kVA], Q_c:콘덴서 용량[kVA]
$\therefore \sqrt{(10\times0.8)^2 + (10\times0.6-2)^2} = 8.94[\text{kVA}]$ **답** ③

21 부하가 $P[\text{kW}]$이고, 그 역률이 $\cos\theta_1$인 것을 $\cos\theta_2$로 개선하기 위해서는 전력용 콘덴서가 몇 [kVA] 필요한가?

① $P(\tan\theta_1 - \tan\theta_2)$　② $P\left(\frac{\cos\theta_1}{\sin\theta_1} - \frac{\cos\theta_2}{\sin\theta_2}\right)$

③ $\frac{P}{(\tan\theta_1 - \tan\theta_2)}$　④ $\frac{P}{(\cos\theta_1 - \cos\theta_2)}$

풀이 $Q_c = P(\tan\theta_1 - \tan\theta_2) = P\left(\frac{\sin\theta_1}{\cos\theta_1} - \frac{\sin\theta_2}{\cos\theta_2}\right) = P\left(\frac{\sqrt{1-\cos^2\theta_1}}{\cos\theta_1} - \frac{\sqrt{1-\cos^2\theta_2}}{\cos\theta_2}\right)$ **답** ①

22 단상 승압기 1대를 사용하여 승압할 경우 승압전의 전압을 E_1이라하면, 승압후의 전압 E_2는 어떻게 되는가? 단, 승압기의 변압비는 $\frac{e_1}{e_2}$이다.

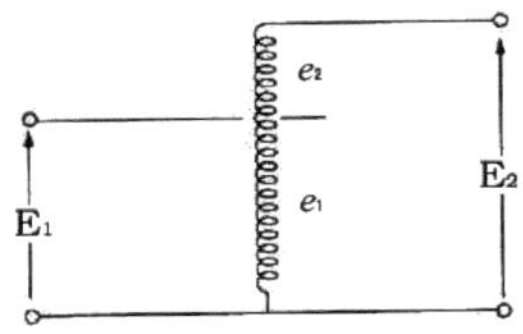

① $E_2 = E_1 + \frac{e_1}{e_2}E_1$　② $E_2 = E_1 + e_2$

③ $E_2 = E_1 + \frac{e_2}{e_1}E_1$　④ $E_2 = E_1 + e_1$

풀이 $E_2 = e_1 + e_2 = E_1 + \frac{E_1}{n} = E_1\left(1+\frac{1}{n}\right) = E_1\left(1+\frac{e_2}{e_1}\right)$ **답** ③

23 500[kVA] 단상 변압기 3대(결선 Δ-Δ), 예비 1대를 갖는 변전소가 있다. 지금 부하의 증가에 응하기 위하여 예비 변압기까지 동원해서 사용한다면 얼마만한 최대 부하[kVA]에까지 응할 수 있게 되겠는가?

① 2000　② 1730　③ 1500　④ 830

풀이 변압기 4대로 V결선하여 2 bank로 운전하면
$2\times\sqrt{3}P_1 = 2\times\sqrt{3}\times 500 = 1730[\text{kVA}]$ **답** ②

24 단상 변압기 300[kVA] 3대로 Δ결선하여 급전하고 있는데 변압기 1대가 고장으로 제거 되었다. 이때의 부하가 750[kVA]라면 나머지 2대의 변압기는 몇 [%]의 과부하로 되는가?

① 115　② 125　③ 135　④ 145

풀이 $P_V = \sqrt{3}P_1 = \sqrt{3}\times 300 = 519.6$ 과부하율 = $\frac{750}{519.6}\times 100 = 144.3[\%]$ **답** ④

25 동일한 2대의 단상 변압기를 V결선하여 3상 전력을 100[kVA]까지 배전할 수 있다면, 똑같은 단상 변압기 1대를 더 추가하여 Δ결선하면 3상 전력은 얼마까지 배전할 수 있는가?

① 약 57.7　② 약 70.5　③ 약 141.4　④ 약 173.2

풀이 $P_v = \sqrt{3}P_1 \rightarrow 100 = \sqrt{3}P_1 \rightarrow P_1 = \frac{100}{\sqrt{3}} = 57.7$

$\therefore P_3 = 3P_1 = 3\times 57.7 = 173.2$ **답** ④

26 150[kVA] 단상 변압기 3대를 Δ - Δ 결선하여 사용한다. 1대의 고장으로 V - V 결선을 사용하면 몇[kVA] 까지 부하를 걸 수 있겠는가?

① 230 ② 240 ③ 250 ④ 260

풀이 $P_v = \sqrt{3}\,P_1 = \sqrt{3} \times 150 = 259.8$ **답** ④

27 정격전압 1차 6600[V], 2차 210[V]의 단상 변압기 2대를 승압기로 V결선하여 6300[V]의 3상 전원에 접속한다면 승압된 전압[V]은?

① 6600 ② 6500 ③ 6300 ④ 6200

풀이 $E_2 = E_1(1+\frac{1}{n})$[V] 여기서, $n = \frac{e_1}{e_2}$ $\therefore E_2 = 6{,}300(1+\frac{210}{6{,}600}) = 6{,}500$[V] **답** ②

28 역률0.8(지상)의 2800[kW]부하에 전력용 콘덴서를 병렬로 접속하여 역률을 0.9로 개선하고자 할 경우, 필요한 전력용 콘덴서의 용량은 약 몇[kVA]인가?

① 372 ② 558 ③ 744 ④ 1,116

풀이 역률 개선용 콘덴서 용량

$$Q_c = P\left(\frac{\sin\theta_1}{\cos\theta_1} - \frac{\sin\theta_2}{\cos\theta_2}\right) = 2800\left(\frac{0.6}{0.8} - \frac{\sqrt{1-0.9^2}}{0.9}\right) = 743.9\,[\text{kVA}]$$

답 ③

29 어떤 공장의 소모 전력이 100[kW]이며, 이 부하의 역률이 0.6일 때, 역률을 0.9로 개선하기 위한 전력용 콘덴서의 용량은 약 [kVA] 인가?

① 30 ② 60 ③ 85 ④ 90

풀이 역률 개선용 콘덴서 용량

$$Q_c = P\left(\frac{\sin\theta_1}{\cos\theta_1} - \frac{\sin\theta_2}{\cos\theta_2}\right) = 100\left(\frac{0.8}{0.6} - \frac{\sqrt{1-0.9^2}}{0.9}\right) = 85\,[\text{kVA}]$$

답 ③

30 어느 수용가가 당초 역률(지상) 80[%]로 60[kW]의 부하를 사용하고 있었는데 새로이 역률(지상) 60[%]로 40[kW]의 부하를 증가해서 사용하게 되었다. 이때 콘덴서로 합성 역률을 90[%]로 개선하려고 할 경우 콘덴서의 소요 용량[kVA]은 대략 얼마인가?

① 45 ② 48 ③ 50 ④ 98

풀이 두 부하를 각각 90[%]로 개선하는 데 필요한 콘덴서 용량

$Q_c = P\left(\frac{\sin\theta_1}{\cos\theta_1} - \frac{\sin\theta_2}{\cos\theta_2}\right)$을 구하여 합하면 된다.

$$Q_{c1} = 60\left(\frac{0.6}{0.8} - \frac{\sqrt{1-0.9^2}}{0.9}\right) = 16[\text{kVA}],\ Q_{c2} = 60\left(\frac{0.8}{0.6} - \frac{\sqrt{1-0.9^2}}{0.9}\right) = 34[\text{kVA}]$$

$$Q_c = Q_{c1} + Q_{c2} = 16 + 34 = 50[\text{kVA}]$$

답 ③

31 역률 0.6, 출력 480[kW]인 부하에 병렬로 용량 400[kVA]의 전력용 콘덴서를 설치하면 역률은 어느 정도로 개선되는가?

① 0.65 ② 0.78 ③ 0.89 ④ 0.97

풀이 $Q_c = P(\tan\theta_1 - \tan\theta_2)$에서

$$\tan\theta_2 = \tan\theta_1 - \frac{Q_c}{P} = \left(\frac{\sin\theta_1}{\cos\theta_1} - \frac{Q_c}{P}\right) = \left(\frac{0.8}{0.6} - \frac{400}{480}\right) = 0.5$$

$$\theta_2 = \tan^{-1}0.5 = 26.57° \quad \therefore \cos\theta_2 = 0.89$$

답 ③

32 배전선로에 정전구간을 축소하기 위하여 사용되는 기기는?

① 단로기 ② 컷아웃스위치 ③ 계자저항기 ④ 유입개폐기

풀이 고압 배전선로의 고장 또는 보수 점검시 정전구간을 축소하기 위하여 구분 개폐기(section switch)를 사용한다. 종류로는 유입개폐기(OS), 기중개폐기(AS), 진공개폐기(VS) 등이 있다.

답 ④

33 배전선의 전압을 조정하는 방법으로 적당하지 않은 것은?

① 유도 전압조정기 ② 승압기
③ 주상 변압기 탭 절환 ④ 동기 조상기

풀이 배전선 전압조정 장치

* 정지형 전압조정기(SVR)
* 유도 전압조정기(IVR)
* 주변압기 1차측의 무부하시(탭 변환 장치), 부하시(탭 절환 장치)
* 동기조상기는 송전계통의 역률이나 전압조정에 사용되는 동기기이다.

답 ④

34 배전 전압을 조정하는 방법은?

① 병렬 콘덴서 사용 ② 중성점 접지
③ 영상 변류기 설치 ④ 주상 변압기 탭 전환

풀이 배전선로의 전압은 변전소로부터 멀어지면서 서서히 떨어지므로 주상변압기의 고압측에 있는 탭을 조정하여 변압기 2차측의 전압을 적정하게 유지한다.

답 ④

35 가공배전선로의 부하 분기점에 설치하여 선로고장 발생시 선로의 타 보호기기와

협조하여 고장 구간을 신속하게 개방하는 개폐장치는?

① 고장구간 자동개폐기 ② 자동 선로 구분개폐기

③ 자동부하 전환개폐기 ④ 기중 부하개폐기

풀이 고장구간 자동 개폐기(ASS)는 고장구간을 후비 보호장치와 협조하여 자동으로 구분, 분리하는 기능을 갖고 있다.

답 ①

찾아보기

[ㄹ]

[ㅁ]

[ㅂ]

[ㅅ]

[ㅇ]

[ㅈ]

[ㅊ]

■ 저자 소개

이경훈 chunja@pohang.ac.kr

포항대학교 전기에너지과 교수

김남오 nokim@cst.ac.kr

조선이공대학교 전기과 교수

현대송배전공학, 2판 수정판

발 행 일 • 2021년 1월 10일

저　　자 • 이경훈·김남오
발 행 인 • 최봉조
발 행 처 • 진샘미디어
주　　소 • 서울시 은평구 연서로5길28
부호아파트 102동 상가5호
전　　화 • 02)353-4421
팩　　스 • 02)353-4431

웹사이트 • www.jinsaem.co.kr
신고번호 • 제311-2005-000025호
I S B N • 979-11-88791-12-5(93560)

값 26,000원